퍼펙트

한국산업인력공단
최신 출제기준 반영

# 가스기능사

## 필기시험문제

대한민국 국가대표 브랜드
국가자격 시험문제 전문출판
에듀크라운
국가자격시험문제 전문출판
최고의 적중률!! 최고의 합격률!!
크라운출판사
국가자격시험문제 전문출판
http://www.crownbook.co.kr

**Name**

이재욱(LEE Jae-Woock)

**Education.**

| | |
|---|---|
| 2003. 8. | 충남대학교 공과대학 대학원 화학공학전공 박사 |

**Career.**

| | |
|---|---|
| 2004. 9.~2004. 12. | 호서대학교 시스템안전공학과 강사 |
| 2009. 3.~2012. 8. | 대구대학교 화학공학과 강사 |
| 2010. 1.~현재 | 온라인교육기관 KISA 위촉강사 |
| 2005. 3.~현재 | 영남대학교 화학공학부 겸임교수 |
| 2017. 3.~현재 | 경북도립대학 소방학부 겸임교수 |

| | |
|---|---|
| LG생산성기술연구원 외 | 소재 및 부품관련 특강 |
| K2(공군군수사령부) | 위험물 자격증 특강 |
| (주) 야성 | 가스관련 특강 |
| 구미대학교 | 위험물 자격증 특강 |
| 영남이공대학교 | 위험물 자격증 계절학기 강의 |
| 조일로봇고등학교 | EBS 잡스쿨 연계 진로특강 |
| 영남대학교 화공학부 | 위험물 자격증 특강 |

**Publication**

BOOK

1. 이재욱, 정태헌, "소화약제학", 2017년 출판
2. 이재욱, 권용수, "위험물질론". 2017년 출판
3. 이재욱, "위험물산업기사(수험서)", 2017년 출판
4. 이재욱, "위험물기능사(수험서)", 2017년 출판
5. 이재욱, "위험물 실기(수험서)", 2017년 출판
6. 이재욱 외, "위험물시설론", 2017년 출판
7. 이재욱 외, "소방기초화학", 2018년 출판

# 책을 펴내며
# Introduction

과학 기술과 문명의 발달에 따라 산업의 규모와 형태가 다양화·대형화되고 있습니다. 이에 발맞추어 화재의 발생 건수도 매년 증가하고, 피해의 규모도 점차 커지고 있으며, 물적·인적 피해가 큰 폭으로 증가하고 있습니다. 특히, 가스는 온도와 압력에 따라 주의해야 할 부분이 많으며, 발화성, 인화성, 가연성, 폭발성으로 인해 사소한 부주의에도 커다란 재해를 가져올 수 있습니다. 최근 의료용뿐만 아니라 산업용 등 그 용도가 다양해지고, 제조시설도 대규모화되면서 생활공간과 가까이 설치되는 경우가 많아짐에 따라 취급과 관리에 대한 안전성을 높이고자 자격제도가 재정되었습니다.

가스 분야에서의 자격증 취득자는 고압가스안전관리법과 산업안전에 규정된 가스의 저장, 제조, 취급시설에서 특수가스 및 고압가스, 일반가스 등을 안전하도록 취급하고 일반작업자를 지시·감독하며, 각 설비 및 시설에 대한 안전점검 실시, 재해발생 시 응급조치 실시 등 위험물에 대한 보안, 감독 업무를 수행할 수 있습니다. 또한, 일반적으로 가스의 제조·저장·취급 전문업체뿐만 아니라 가스가 공정상에서 사용되는 모든 업체에 종사할 수 있습니다.

본 수험서는 가스 자격증에 필요한 내용뿐만 아니라 문제풀이에 필요한 내용을 수록함으로써 수험생들이 최대한 이른 시간에 자격증을 취득할 수 있도록 하였습니다. 또한, 기출문제를 바탕으로 한 출제예상문제를 수록하여 실제문제에 대한 적응력을 높일 수 있도록 하였습니다.

끝으로, 본 수험서가 나올 수 있도록 도와주신 크라운출판사 임직원분들께 감사드리며, 본 수험서로 필기시험을 준비하시는 모든 분들에게 좋은 결과가 있기를 바랍니다. 수록된 내용 중에 부족한 부분이 있다면 수정·보완하여 더 좋은 수험서가 될 수 있도록 노력하겠습니다.

저자 이재욱 드림

# 가스기능사 필기 | 차례 |

## Part 4 2014~2016년 가스기능사 필기 기출문제



* 2017년 부터는 CBT로 시험이 시행되어 문제가 공개되지 않습니다. 이에 CBT에 대비할 수 있는 모의고사를 제공합니다.

## Part 5 가스기능사 필기 CBT 대비 적중 모의고사



## Part 6 정답 및 해설

# 가스기능사 필기 | 자격시험 안내 |

## 기본정보

### (1) 개요

경제성장과 더불어 산업체로부터 가정에 이르기까지 수요가 증가하고 있는 가스류 제품은 인화성과 폭발성이 있는 에너지 자원이다. 이에 따라 고압가스와 관련된 생산, 공정, 시설, 기수의 안전관례에 대한 제도적 개편과 기능인력을 양성하기 위하여 자격제도를 시행하고 있다.

### (2) 변천과정

| 1983. 12. 20.<br>대통령령 제11281호 | 1995. 10. 16.<br>대통령령 제14783호 | 1998. 05. 09.<br>대통령령 제15794호 | 현재 |
|---|---|---|---|
| 고압가스취급기능사 2급<br>고압가스기계기능사 2급<br>고압가스화학기능사 2급 | 고압가스기능사 2급 | 가스기능사 | 가스기능사 |

### (3) 수행직무

고압가스 제조, 저장 및 공급시설, 용기, 기구 등의 제조 및 수리시설을 시공, 조작, 검사하기 위한 기술적 사항의 관리, 생산공정에서 가스생산기계 및 장비를 운전하고 충전하기 위한 예방조치 점검과 고압가스충전용기의 운반, 관리 및 용기 부속품 교체 등의 업무를 수행한다.

### (4) 실시기관

한국산업인력공단(http://www.q-net.or.kr)

### (5) 진로 및 전망

- 고압가스 제조업체·저장업체·판매업체에 기타 도시가스 사업소, 용기제조업소, 냉동 기계 제조업체 등 전국의 고압가스 관련 업체로 진출할 수 있다.
- 최근 국민 생활 수준의 향상과 산업의 발달로 연료용 및 산업용 가스의 수급 규모가 대형화

되고, 가스시설의 복잡 · 다양화됨에 따라 가스 사고건수가 급증하고 사고 규모도 대형화되는 추세이다. 그럼에도 가스 사용 범위는 확대될 것이고 가스 관련 시설물과 가스사용량 증가가 예상되어 가스기능사의 인력수요는 증가할 것이다.

## 가스기능사 필기 출제기준

| 직무분야 | 안전관리 | 중직무분야 | 안전관리 | 자격종목 | 가스기능사 | 적용기간 | 2021. 1. 1. ~ 2024. 12. 31. |
|---|---|---|---|---|---|---|---|
| 직무내용 | 가스 제조·저장·충전·공급 및 사용 시설과 용기, 기구 등의 제조 및 수리시설을 시공, 조작, 검사하기 위한 기술적 사항의 관리, 생산 공정에서 가스 생산기계 및 장비를 운전하고 충전하기 위해 예방조치 등의 업무를 수행하는 직무이다. | | | | | | |
| 필기검정방법 | 객관식 | 문제수 | 60 | 시험시간 | 1시간 | | |

| 필기과목명 | 문제수 | 주요항목 | 세부항목 | 세세항목 |
|---|---|---|---|---|
| 가스 안전관리, 가스장치 및 기기, 가스일반 | 60 | 1. 가스안전관리 | 1. 가스의 성질 | 1. 가연성 가스<br>2. 독성 가스<br>3. 기타 가스 |
| | | | 2. 가스제조 공급 및 충전 | 1. 고압가스 일반제조시설<br>2. 고압가스 특정제조시설<br>3. 고압가스 충전시설<br>4. 액화석유가스 충전시설<br>5. 도시가스 제조 및 공급시설<br>6. 도시가스 충전시설<br>7. 수소 제조 및 충전시설 |
| | | | 3. 가스저장 및 사용 시설 | 1. 고압가스 저장시설<br>2. 고압가스 사용시설<br>3. 액화석유가스 저장시설<br>4. 액화석유가스 사용시설<br>5. 도시가스 사용시설<br>6. 수소 사용시설 |
| | | | 4. 고압가스 특정설비, 가스용품, 냉동기, 히트펌프, 용기 등의 제조 및 검사 | 1. 특정설비 제조 및 검사<br>2. 가스용품 제조 및 검사<br>3. 냉동기 제조 및 검사<br>4. 히트펌프 제조 및 검사<br>5. 용기 제조 및 검사 |
| | | | 5. 가스판매, 운반, 취급 | 1. 고압가스, 액화석유가스 판매시설<br>2. 고압가스, 액화석유가스 운반<br>3. 고압가스, 액화석유가스 취급 |

| 필기과목명 | 문제수 | 주요항목 | 세부항목 | 세세항목 |
|---|---|---|---|---|
| 가스 안전관리, 가스장치 및 기기, 가스일반 | 60 | | 6. 가스화재 및 폭발예방 | 1. 폭발범위<br>2. 폭발의 종류<br>3. 폭발의 피해 영향<br>4. 폭발 방지대책<br>5. 위험성 평가<br>6. 방폭구조<br>7. 위험장소<br>8. 부식의 종류 및 방지대책 |
| | | 2. 가스장치 및 기기 | 1. 가스장치 | 1. 기화장치 및 정압기<br>2. 가스장치 요소<br>3. 가스용기 및 탱크<br>4. 압축기 및 펌프<br>5. 가스 장치 재료 |
| | | | 2. 저온장치 | 1. 공기액화분리장치<br>2. 저온장치 및 재료 |
| | | | 3. 가스설비 | 1. 고압가스설비<br>2. 액화석유가스설비<br>3. 도시가스설비 |
| | | | 4. 가스계측기 | 1. 온도계 및 압력계측기<br>2. 액면 및 유량계측기<br>3. 가스분석기<br>4. 가스누출검지기<br>5. 제어기기 |
| | | 3. 가스일반 | 1.가스의 기초 | 1. 압력<br>2. 온도<br>3. 열량<br>4. 밀도, 비중<br>5. 가스의 기초 이론<br>6. 이상기체의 성질 |
| | | | 2. 가스의 연소 | 1. 연소현상<br>2. 연소의 종류와 특성<br>3. 가스의 종류 및 특성<br>4. 가스의 시험 및 분석<br>5. 연소계산 |
| | | | 3. 가스의 성질, 제조방법 및 용도 | 1. 고압가스<br>2. 액화석유가스<br>3. 도시가스 |

# Part 1

# 가스안전관리



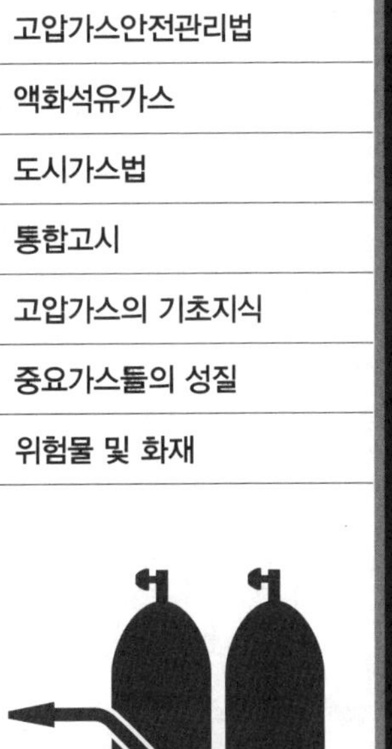

# Chapter 1 | 가스안전관리법에서 정한 용어의 정리

## 1 저장소

산업통상자원부령이 정하는 일정량 이상의 고압가스를 용기 또는 저장탱크에 의하여 저장하는 일정한 장소

> ※ "산업통상자원부령이 정하는 일정량"
> ① 액화가스의 경우에는 5톤. 단, 독성가스인 액화가스의 경우에는 1톤(허용농도가 100만분의 1 미만인 독성가스인 경우는 100kg)을 말한다.
> ② 압축가스의 경우에는 500세제곱미터. 단, 독성가스인 압축가스의 경우에는 $100m^3$(허용농도가 1/100 미만인 독성가스인 경우는 $10m^3$)를 말한다.

## 2 용기

고압가스를 충전·저장하기 위한 것(부속품을 포함)으로서 이동할 수 있는 것

## 3 저장 탱크

고압가스를 충전·저장하기 위하여 지상 또는 지하에 고정 설치된 탱크

## 4 냉동기

고압가스를 사용하여 냉동을 하기 위한 기기로서 산업통상자원부령이 정하는 냉동능력 이상

> ※ 산업통상자원부령이 정하는 냉동능력
> 냉동능력산정기준에 의해 계산된 냉동능력 3톤을 말한다.

## 5 특정설비

저장탱크, 안전밸브, 긴급차단장치, 역화방지장치, 기화장치, 압력용기, 자동차용 가스자동주입기, 독성가스배관용 밸브, 냉동설비를 구성하는 압축기·응축기·증발기 또는 압력용기, 특정고압가스용 실린더 캐비닛

## 6 액화가스

가압·냉각 등의 방법에 의하여 액체상태로 되어 있는 것으로서 대기압에서의 비점이 섭씨 40도 이하 또는 상용의 온도 이하인 것

## 7 압축가스

일정한 압력에 의하여 압축되어 있는 가스

## 8 저장설비

고압가스를 충전·저장하기 위한 설비로 저장 탱크 및 충전용기 보관설비

## 9 저장능력

저장설비에 저장할 수 있는 고압가스의 양

## 10 초저온저장 탱크

-50℃ 이하의 액화가스를 저장하기 위한 탱크. 단열재로 피복하거나 냉각 등의 방법으로 저장 탱크 내의 가스온도가 상용의 온도를 초과하지 않도록 한 것

## 11 저온저장 탱크

액화가스를 저장하기 위한 저장탱크로서 단열재로 피복하거나 냉동설비로 냉각하는 등의 방법으로 저장 탱크 내의 가스온도가 상용의 온도를 초과하지 아니하도록 한 것 중 초저온저장 탱크와 가연성가스 저온저장 탱크를 제외한 것

## 12 가연성가스 저온저장 탱크

대기압에서 비점이 0℃ 이하인 가연성가스를 0℃ 이하 또는 가스의 기상부의 상용압력이 0.1MPa 이하의 액체상태로 저장하기 위한 저장탱크. 단열재로 피복하거나 냉각 등의 방법으로 저장탱크 내의 가스온도가 상용온도를 초과하지 않도록 한 것

## 13 차량에 고정된 탱크

고압가스의 수송·운반을 위하여 차량에 고정 설치된 탱크

## 14 초저온용기

-50℃ 이하의 액화가스를 충전하기 위한 용기.

단열재로 피복하거나 냉각 등의 방법으로 용기 내의 가스온도가 상용의 온도를 초과하지 않도록 한 것

**15 저온용기**

액화가스를 충전하기 위한 용기로서 단열재로 피복하거나 냉동설비로 냉각하는 등의 방법으로 용기 내의 가스온도가 상용의 온도를 초과하지 않도록 한 것 중 초저온용기 외의 것

**16 충전용기**

고압가스의 충전질량 또는 충전압력의 1/2 이상이 충전되어 있는 용기

**17 잔가스용기**

고압가스의 충전질량 또는 충전압력의 1/2 미만이 충전되어 있는 용기

**18 가스설비**

고압가스의 제조·저장설비(제조·저장설비에 부착된 배관은 포함하며, 사업소 외에 있는 배관은 제외) 중 가스(제조·저장되거나 사용 중인 고압가스, 제조공정 중에 있는 고압가스가 아닌 상태의 가스, 해당 고압가스제조의 원료가 되는 가스 및 고압가스가 아닌 상태의 수소)가 통하는 부분

**19 고압가스설비**

가스설비 중 고압가스가 통하는 부분 및 고압가스가 아닌 상태의 수소가 통하는 설비

**20 처리설비**

압축·액화 그밖의 방법으로 가스를 처리할 수 있는 설비 중 고압가스의 제조(충전을 포함)에 필요한 설비와 저장 탱크에 부속된 펌프·압축기 및 기화장치

**21 감압설비**

고압가스의 압력을 낮추는 설비

**22 처리능력**

처리설비 또는 감압설비에 의하여 압축·액화 그밖의 방법으로 1일에 처리할 수 있는 가스의 양(온도 섭씨 0도, 게이지압력 0MPa의 상태를 기준으로 한다)

**23 방호벽**

높이 2m 이상, 두께 12cm 이상의 철근콘크리트 혹은 이와 동등 이상의 강도를 가지는 것으로서 산업통상자원부장관이 정하여 고시하는 것으로 된 벽

**24 보호시설**

제1종 보호시설 및 제2종 보호시설

**25 용접용기**

동판 및 경판을 각각 성형하고 용접으로 접합하여 제조한 용기

**26 이음매 없는 용기**

동판 및 경판을 일체로 성형하여 이음매 없이 제조한 용기

**27 접합 또는 납붙임용기**

동판 및 경판을 각각 성형하여 심용접(seam-welding), 그밖의 방법으로 접합하거나 납붙임하여 만든 내용적 1리터 이하인 1회용 용기로서 에어졸 제조용, 라이터 충전용, 연료용가스용, 절단용 또는 용접용으로 제조한 것

**28 충전설비**

용기 또는 차량에 고정된 탱크에 고압가스를 충전하기 위한 설비로서 충전기와 저장 탱크에 부속된 펌프·압축기

**29 폭발위험**

가연성가스가 공기 또는 산소와 혼합되었을 때 폭발할 수 있는 가연성가스의 부피 %

**30 허용농도**

건강한 성인남자가 1일 8시간 근무해도 인체의 해를 끼치지 않는 농도

# Chapter 1 고압가스안전관리법

## 1 저장능력산정기준

(1) $Q=(10P+1)V_1$ (압축가스의 저장탱크 및 용기의 경우)

(2) $W=0.9dV_2$ (액화가스의 저장탱크의 경우)

(3) $W=V_2/C$ (액화가스의 용기 및 차량에 고정된 탱크의 경우)

Q : 저장능력 [$m^3$]

P : 35℃(아세틸렌 가스의 경우 15℃)에서의 최고충전압력 [MPa]

$V_1$ : 내용적 [$m^3$] $V_2$ : 내용적 [Liter] W : 저장능력 [kg]

d : 상용온도에서의 액화가스의 비중 [lg/Liter]

C : 저온용기 및 차량에 고정된 저온탱크와 초저온용기 및 차량에 고정된 초저온탱크에 충전하는 액화가스의 경우에는 그 용기 및 탱크의 상용온도 중 최고온도에서의 그 가스의 비중(단위 : [kg/L])의 수치에 0.9를 곱한 수치의 역수

**Q1** 내적 50ℓ의 LPG용기에 프로판을 충전할 때에 최대 충전량은 몇 kg으로 해야 하는가? (단, 프로판 충전수는 2.35이다)

① 21.3 ② 47 ③ 117.5 ④ 11.8

해설 충전량 $=\frac{\text{내용적}}{\text{충전상수}} \rightarrow \frac{50}{2.35}$

정답 ①

**Q2** 내용적이 25,000ℓ인 액화산소 저장 탱크의 저장능력은 얼마인가? (단, 비중은 1.04이다)

① 26,000kg ② 23,400kg ③ 22,780kg ④ 21,930kg

해설 W = 0.9×d(액비중)×V(내용적) → 0.9×1.04×25,000

정답 ②

**Q3** 내용적이 2,000ℓ인 탱크에 최고 충전압력 21kg/cm²로 충전하고자 할 때 탱크차의 최대 적재량은 얼마가 되는가? (단, 충전정수는 2.35이다)

① 17,871kg ② 14,562kg ③ 11,254kg ④ 851kg

**해설** 충전량 : $W = \frac{V_2}{C} = \frac{2,000}{2.35}$

**정답** ④

## 2 보호시설

### 1 | 제1종 보호시설의 종류

① 학교·유치원·어린이집·놀이방·어린이놀이터·학원·병원(의원을 포함)·도서관·청소년수련시설·경로당·시장·공중목욕탕·호텔·여관·극장·교회 및 공회당(公會堂)

② 독립된 부분의 연면적이 1천 m² 이상인 사람을 수용하는 건축물(가설건축물은 제외)

③ 예식장·장례식장 및 전시장, 이와 유사한 시설로서 300명 이상 수용할 수 있는 건축물

④ 아동복지시설 또는 장애인복지시설로서 20명 이상 수용할 수 있는 건축물

⑤ "문화재보호법"에 따라 지정문화재로 지정된 건축물

### 2 | 제2종 보호시설의 종류

독립된 부분의 연면적이 100m² 이상 1,000m² 미만인 주택 및 사람을 수용하는 건축물(가설건축물은 제외)

## 3 냉동능력의 산정기준

### 1 | 원심식 압축기를 사용하는 냉동설비

압축기의 원동기 정격출력 1.2kW를 1일의 냉동능력 1톤으로 한다.

### 2 | 흡수식 냉동설비

발생기를 가열하는 1시간의 열량 6,640kcal를 1일의 냉동능력 1톤으로 한다.

## 3 | 그 밖의 설비

냉동능력 계산식

$R=\frac{V}{C}$ ($R$ : 1일의 냉동능력 [ton])

위의 계산식에서 $R$, $V$ 및 $C$는 각각 아래의 내용과 수치를 말한다.

① $V = VH + 0.08VL$ (다단압축방식 및 다원냉동방식)

② $V = 60 \times 0.785tn(D^2 - d^2)$ (회전피스톤형 압축기)

③ $V = K \times D^2 \times \frac{L}{D} \times n \times 60$ (스크루형 압축기)

④ $V = 0.785 \times D^2 \times L \times N \times n \times 60$ (왕복동형 압축기)

⑤ 그 밖의 것의 V = 압축기의 표준회전속도에 있어서의 1시간의 피스톤 압출량 [$m^3$]

VH : 압축기의 표준회전속도에 있어서 최종단 혹은 최종원의 기통의 1시간의 피스톤 압출량 [$m^3$]
VL : 압축기의 표준회전속도에 있어서 최종단 혹은 최종원 앞의 기통의 1시간의 피스톤 압출량 [$m^3$]
t : 회전피스톤의 가스압축부분의 두께 [m]
n : 회전피스톤의 1분간의 표준회전수(스크류형은 호우터의 회전수)
D : 기통의 안지름(스크루형은 로우터의 지름) [m]
d : 회전피스톤의 바깥지름 [m]
K : 치형의 종류에 다른 계수
L : 로우터의 압축에 유효한 부분의 길이 혹은 피스톤의 행정 [m]
N : 실린더의 수
C : 냉매가스의 종류에 따른 수치

**Q4** 시간당 66,400kcal를 흡수하는 냉동기의 용량은 몇 냉동톤(RT)인가?

① 20 ② 24 ③ 28 ④ 32

**해설** 1RT = 3,320kcal/h, $RT = \frac{\text{시간당 흡수량}}{3,320} \rightarrow \frac{66,400}{3,320} = 20$

**정답** ①

## 4 | 고압가스 냉동시설의 냉동능력 합산기준

① 냉매가스가 배관에 의하여 공통으로 되어 있는 냉동설비

② 냉매계통을 달리하는 2개 이상의 설비가 1개의 규격품으로 인정되는 설비 내에 조립되어 있는 것

③ 간수를 공통으로 하고 있는 2 이상의 냉동설비(간수 중 물과 공기는 제외)

* brine배관을 서로 공통으로 사용하는 냉동설비 등

## 4 고압가스제조(특정·일반제조 또는 용기 및 차량에 고정된 탱크 충전)의 시설기준 및 기술기준

### 1 | 특정제조

(1) 시설기준

① 배치기준

가) 고압가스의 처리·저장설비의 그 외면으로부터 보호시설까지의 안전거리

| 가스 | 처리 및 저장능력 (kg) or ($m^3$) | 1종 보호시설 | 2종 보호시설 |
|---|---|---|---|
| 산소 | 1만 이하 | 12m | 8m |
| | 1만 초과 2만 이하 | 14m | 9m |
| | 2만 초과 3만 이하 | 16m | 11m |
| | 3만 초과 4만 이하 | 18m | 13m |
| | 4만 초과 | 20m | 14m |
| 독성, 가연성 | 1만 이하 | 17m | 12m |
| | 1만 초과 2만 이하 | 21m | 14m |
| | 2만 초과 3만 이하 | 24m | 16m |
| | 3만 초과 4만 이하 | 27m | 18m |
| | 4만 초과 5만 이하 | 30m | 20m |
| | 5만 초과 99만 이하 | 30m (가연성 저온저장탱크 $\frac{3}{25}\sqrt{x+10,000}$m) | 20m (가연성 저온저장탱크 $\frac{2}{25}\sqrt{x+10,000}$m) |
| | 99만 초과 | 30m (가연성 저온저장 탱크는 120m) | 20m (가연성 저온저장 탱크는 80m) |
| 기타 | 1만 이하 | 8m | 5m |
| | 1만 초과 2만 이하 | 9m | 7m |
| | 2만 초과 3만 이하 | 11m | 8m |
| | 3만 초과 4만 이하 | 13m | 9m |
| | 4만 초과 | 14m | 10m |

※ 각 처리능력 및 저장능력단위 및×1일간의 처리능력 또는 저장능력으로 압축가스의 경우는 $m^3$, 액화가스는 kg으로 한다.

나) 가스설비 및 저장설비의 화기와의 우회거리 : 2m 이상

다) 가연성가스 또는 산소설비의 화기와의 우회거리 : 8m 이상

라) 가연성가스 제조시설의 고압가스설비와 타 제조시설의 설비와의 거리

㉠ 다른 가연성가스 제조시설의 고압가스설비와의 거리 : 5m 이상

㉡ 산소 제조시설의 고압가스설비와의 거리 : 10m 이상

(2) 저장설비기준

① 내진설비 : 저장능력 5톤(가연성 가스 또는 독성가스가 아닌 경우에는 10톤) 또는 500m³(가연성가스 또는 독성가스가 아닌 경우에는 1000m³) 이상인 저장탱크와 압력용기(반응·분리·정제·증류를 위한 탑류로서 높이 5m 이상인 것)

② 가스방출장치 : 5m³ 이상의 가스를 저장하는 것.

③ 저장탱크간 거리 : 가연성가스저장탱크(저장능력이 300m³ 또는 3톤 이상인 탱크)와 다른 가연성가스 저장탱크 또는 산소저장탱크 사이에는 두 저장탱크 최대지름을 더한 길이의 1/4 이상의 거리 유지

**Q5** 가연성 가스를 저장하는 두 탱크가 있다. 한 탱크의 지름은 5m고 다른 것은 6m일 때, 두 탱크는 얼마만큼의 간격을 유지해야 하는가? (단, 탱크의 저장능력은 300m³ 이상이다.)

① 1.25m ② 2.75m ③ 3.25m ④ 4.25m

**해설** 저장 탱크 간의 이격기준 : 두 저장 탱크의 지름 합에 4로 나눈값.

$\therefore \frac{5+6}{4}=2.75$

**정답** ②

(3) 사고예방설비기준

① 긴급차단장치, 역류방지밸브 및 역화방지장치의 설치

가연성가스 또는 독성가스의 고압가스설비 중 내용적이 5,000L 이상인 액화가스 저장탱크, 특수반응설비와 그 밖의 고압가스설비

② 방폭 전기설비

가연성가스 (암모니아, 브롬화메탄 및 공기중에서 자기발화하는 가스는 제외)

③ 내부반응 감시설비 및 위험사태발생 방지설비의 설치

특수반응설비(암모니아 2차 개질로, 에틸렌 제조시설의 아세틸렌수첨탑, 산화에틸렌 제조시설의 에틸렌과 산소 또는 공기와의 반응기, 싸이크로헥산 제조시설의 벤젠수첨반응기, 석유정제 시의 중유 직접수첨탈황반응기 및 수소화분해반응기, 저밀도 폴리에틸렌중합기 또는 메탄올합성반응탑)

(4) 피해저감설비기준

① 방호벽의 설치 공간

가) 압축기와 그 충전장소 사이의 공간

나) 압축기와 그 가스충전용기 보관장소 사이의 공간

다) 충전장소와 그 가스충전용기 보관장소 사이의 공간

라) 충전장소와 그 충전용 주관밸브 조작밸브 사이의 공간

마) 저장설비와 사업소 안의 보호시설 사이의 공간

## 2 | 제조시설의 구조 및 설비

(1) 내부반응감시장치

① 고압가스설비 중 반응기 또는 이와 유사한 설비로서 현저한 발열반응 또는 부차적으로 발생하는 2차반응에 의하여 폭발 등의 위해가 발생할 가능성이 큰 반응설비에 설치

② 대상설비

가) 암모니아 2차개질로

나) 에틸렌 제조시설의 아세틸렌 수첨탑

다) 산화 에틸렌 제조시설의 에틸렌과 산소 또는 공기와의 반응기

라) 사이크로헥산 제조시설의 벤젠 수첨반응기

마) 석유 정제에 있어서 중유직접수첨탈황반응기 및 수소화분해반응기

바) 저밀도 폴리에틸렌 중합기 또는 메탄올 합성반응탑 등 특수반응설비

③ 내부반응감시장치의 종류

가) 온도감시장치

나) 압력감시장치

다) 유량감시장치

라) 그 밖의 내부 반응감시장치

④ 이상사태의 발생을 가장 먼저 검지할 수 있는 것에 대하여는 계측결과를 자동으로 기록할 수 있는 장치를 설치할 것

(2) 인터록 기구

안전확보를 위한 주요 부문에 설비가 잘못 조작되거나 정상적인 제조를 할 수 없는 경우에 자동으로 원재료의 공급을 차단하는 기구

### (3) 가스 누출검지경보장치 설치기준

① 가스의 종류에 적합한 기능을 가진 것일 것

② 체류할 우려가 있는 장소에 설치

③ 설치 수는 신속하게 감지하고 경보하기에 충분한 숫자

### (4) 긴급차단장치 설치기준

고압가스 설비에서 발생한 사고가 다른 제조설비에 파급될 우려가 있는 곳에 설치

### (5) 긴급이송설비

고압가스설비에 이상사태 발생 시 긴급하고도 안전하게 이송할 수 있는 설비

### (6) 벤트스택(Vent stack)

① 폐기가스를 그대로 방출하는 기구

② 독성가스인 경우에는 중화조치를 한 후에 방출하도록 하고, 가연성가스인 경우에는 지상에서 폭발한계에 도달하지 않도록 할 것

### (7) 플레어스택(Flare stack)

폐기가스를 연소시켜 방출하는 목적으로 설치된 굴뚝

① 긴급이송설비에 의하여 이송되는 가스를 연소시킬 수 있을 것

② 지면에 미치는 복사열이 4,000kcal/$m^2$−hr 이하가 되도록 스택의 높이 조절

③ 최대열량에 장시간 견딜 수 있는 재료 및 구조

④ 파일럿버너를 항상 점화하여 두는 등의 폭발방지 장치 설치

### (8) 저장 탱크

① 가연성가스(500톤 이상), 독성가스(5톤 이상) 또는 산소(1천 톤 이상)의 액화가스 저장탱크의 주위에는 유출을 방지할 수 있는 방류둑 설치

② 방류둑의 내측 및 외면으로부터 10m 이내에는 부속설비와 시설로서 안전상 지장이 없는 것 외에는 설치금지

③ 5천 리터 이상의 것에 설치한 배관 : 10m 이상 떨어진 위치에서 조작할 수 있도록 긴급차단장치 설치(단, 액상의 가연성가스 또는 독성가스를 이입하기 위하여 설치된 배관에는 역류방지 밸브로 갈음할 수 있다.)

**내진설계에 대한 기준**

저장능력이 5톤(비가연성 가스 또는 비독성가스의 경우에는 10톤) 또는 500$m^3$(비가연성 가스 또는 비독성가스의 경우에는 1,000$m^3$) 이상인 저장 탱크 및 압력용기(반응·분리·정제·증류 등을 행하는 탑류로서 동체부의 높이 5m 이상인 것)와 그 저장 탱크 및 압력용기의 지지구조물 및 기초는 산업통상자원부장관이 고시하는 기준에 따라 지진의 영향에 대하여 안전한 구조로 설계·제작·설치되어야 하고, 그 성능이 유지되어야 한다.

**Q6** 고압가스 특정제조시설 중 비가연성 가스의 저장탱크는 몇 $m^3$ 이상일 경우에 내진구조로 설계하여야 하는가?

① 300 ② 500 ③ 1,000 ④ 2,000

**해설** 비가연성 가스나 비독성의 경우에는 10톤이나 1,000$m^3$ 이상인 경우 지진의 영향에 대해 안전한 구조로 설계되어야 한다.

**정답** ③

## 3 | 배관

### (1) 신축흡수조치와 용접

① 배관에 신축이 생길 우려가 있는 부분에는 신축을 흡수하는 조치를 할 것

② 배관 등의 접합부분은 용접을 할 것(플랜지 이음 가능)

### (2) 배관의 설치

① 지하매설의 기준

가) 배관 – 건축물 : 1.5m 이상

나) 배관 – 지하 및 터 : 10m 이상

다) 독성가스의 배관 – 수도시설 : 300m 이상

라) 배관의 외면과 지하의 다른 시설물과의 거리 : 0.3m 이상

마) 지표면으로부터 배관의 외면까지 매설 깊이

- 산이나 들에서는 1m 이상
- 그 밖의 지역에서는 1.2m 이상
- 방호구조물 안에 설치하는 경우 : 방호구조물의 외면까지의 깊이는 0.6m 이상

② 도로밑 매설의 기준(지하매설의 기준의 라) 및 마)는 제외)

가) 원칙적으로 자동차 등의 하중의 영향이 적은 곳에 매설할 것

나) 배관의 외면에서 도로의 경계까지의 수평거리 : 1m 이상

다) 배관(방호구조물 안에 설치하는 경우에는 그 방호구조물)의 외면으로부터 도로 밑의 다른 시설물과의 거리 : 0.3m 이상

라) 시가지의 도로 밑에 배관을 매설하는 경우

- 보호판 : 배관의 정상부로부터 30cm 이상 떨어진 직상부에 설치
- 배관 : 방호구조물 안에 설치

마) 시가지 외의 도로노면 밑에 매설하는 경우

- 노면으로부터 배관의 외면까지의 깊이 : 1.5m 이상
- 방호구조물 안에 설치하는 경우 : 노면으로부터 방호구조물의 외면까지의 깊이는 1.2m 이상

바) 시가지 외의 도로노면 밑에 매설하는 경우

- 노면으로부터 배관의 외면까지의 깊이 : 1.2m 이상

사) 포장되어 있는 차도에 매설하는 경우 : 포장부분의 노반(차단층이 있는 경우에는 그 차단층을 말함) 밑에 매설하고 배관의 외면과 노반의 최하부와의 거리는 0.5m 이상

아) 인도·보도 등 노면 외의 도로 밑에 매설하는 경우

- 지표면으로부터 배관의 외면까지의 깊이 : 1.2m 이상
- 방호구조물 안에 설치하는 경우 : 방호구조물의 외면까지의 깊이는 0.6m(시가지의 노면 외의 도로 밑에 매설하는 경우에는 0.9m) 이상

자) 전선·상수도관·하수도관·가스관 그 밖에 이와 유사한 것(각 사용가구에 인입하기 위하여 설치되는 것만 해당)이 매설되어 있는 도로 또는 매설할 계획이 있는 도로에 매설하는 경우에는 이들의 하부에 매설할 것

③ 철도부지 밑 매설의 기준

가) 배관의 외면으로부터 궤도중심까지 4m 이상, 그 철도 부지의 경계까지는 1m 이상의 거리 유지

나) 지표면으로부터 배관의 외면까지의 깊이 : 1.2m 이상

④ 지상설치의 기준

가) 배관은 고압가스의 종류에 따라 주택·학교·병원·철도 등의 시설과 안전상 필요한 거리를 유지할 것

나) 불활성가스외의 가스의 배관 양측에는 상용압력구분에 따른 공지를 유지할 것. 단, 안전에 필요한 조치를 강구한 경우에는 제외

| 상용압력 | 공지의 폭 |
|---|---|
| 0.2MPa 미만 | 5m |
| 0.2MPa 이상 1MPa 미만 | 9m |
| 1MPa 이상 | 15m |

※ 공지의 폭은 배관양쪽의 외면으로부터 계산하되, 산업통상자원부장관이 정하여 고시하는 지역에 설치하는 경우에는 위 표에서 정한 폭의 $\frac{1}{3}$로 할 수 있다.

⑤ 도로횡단설치 : 도로를 횡단하여 배관을 설치하는 경우에는 2중보호관 및 그 밖의 방호구조물 안에 설치할 것

⑥ 하천 등 횡단매설의 기준

가) 하천을 횡단하여 배관을 설치하는 경우 : 교량에 설치
(단, 교량에 설치할 수 없는 경우 하천 밑을 횡단하여 매설할 수 있다)

나) 하천 또는 수로를 횡단하여 배관을 매설하는 경우 : 고압가스의 종류에 따라 2중관으로 하거나 방호구조물 안에 설치하고, 2중관 또는 방호 구조물의 부양이나 선박의 닻내림 등에 의한 손상을 방지하기 위한 조치를 할 것

⑦ 해저설치 배관의 기준

가) 해저면 밑에 매설할 것. 단, 닻내림 등에 의한 배관손상의 우려가 없거나 그 밖에 부득이 한 경우에는 제외

나) 원칙적으로 다른 배관과 교차 금지

다) 원칙적으로 다른 배관과 30m 이상의 수평거리를 유지할 것

라) 두 개 이상의 배관을 동시에 설치하는 경우에는 배관의 접촉금지

마) 배관의 입상부에는 방호시설물을 설치할 것

(3) 기밀시험 및 내압시험

① 사업소의 경계 밖의 지하에 설치하는 배관은 이를 최초로 설치할 때 기밀시험 및 내압시험을 실시

② 완성검사를 받은 날부터 15년이 경과한 연도 및 그 이후 매 4년이 경과한 날이 속하는 연도의 경기보수기간(당해 연도에 정기보수를 하지 않는 경우에는 전년도 또는 다음 연도의 정기 보수기간으로 한다)이나 그 기간 전후의 적절한 시기에 기밀시험을 실시할 것

**기밀시험**
공기 또는 불활성기체를 배관에 주입하여 가스누출여부를 확인하는 검사

## 4 액화석유가스충전시설에 대한 기준(고압가스특정제조시설 안에 액화석유가스충전시설이 함께 설치되어 있는 경우)

(1) 방호벽 설치

① 지상에 설치된 저장 탱크와 가스충전장소와의 사이에 설치

② 방호벽의 설치로 인하여 조업이 불가능할 정도로 특별한 사정이 있다고 시·도지사가 인정하거나, 그 저장 탱크와 가스충전장소 사이에 20m 이상의 거리를 유지한 경우에는 방호벽을 설치하지 않을 수 있다.

(2) 액화석유가스를 용기 또는 차량에 고정된 탱크에 충전하는 경우

연간 1만 톤 이상의 범위에서 시·도지사가 정하는 액화석유가스물량을 처리할 수 있는 규모일 것(단, 내용적 1리터 미만의 용기와 용기내장형 가스난방기용 용기에 충전하는 시설의 경우는 제외)

(3) 부취제혼합설비 등

① 부치제의 혼합비율 : 공기 중의 혼합비율이 용량의 $\frac{1}{1000}$의 상태에서 감지 가능

② 액화석유가스가 과충전된 경우 초과량을 회수할 수 있는 가스회수장치를 설치할 것

③ 충전설비에는 충전기·잔량측정기 및 자동계량기를 갖출 것

④ 용기충전시설에는 용기보수를 위하여 필요한 잔가스제거장치·용기질량측정기·밸브 탈착기 및 도색설비를 갖출 것

**고압가스제조(production of high pressure gas) 허가**

① 석유정제업자의 석유정제시설 또는 부대시설에서 고압가스를 제조하는 것으로서 저장능력이 100t 이상인 것

② 석유화학공업자의 석유화학공업시설 및 부대시설에서 고압가스를 제조하는 것으로서 저장능력이 100t 이상이거나 처리능력이 10,000$m^3$ 이상인 것

③ 비료생산업자의 비료생산시설 및 부대시설에서 고압가스를 제조하는 것으로서 저장능력이 100t 이상이거나 처리능력이 100,000$m^3$ 이상인 것

④ 철강공업자의 철강공업시설 또는 부대시설에서 고압가스를 제조하는 것으로서 처리능력이 100,000$m^3$ 이상인 것

## 5 고압가스 일반제조의 시설기준 및 기술기준

### 1 | 시설기준

(1) 안전거리

① 고압가스의 처리설비 및 저장설비는 그 외면으로부터 보호시설까지 안전거리 유지(단, 지하에 설치하는 저장설비는 안전거리의 $\frac{1}{2}$ 유지)

② 다른 고압가스 설비와의 거리

가) 가연성가스제조시설의 고압가스설비는 다른 가연성가스 제조시설의 고압가스설비와 5m 이상

나) 산소제조시설의 고압가스설비와 10m 이상의 거리 유지

③ 화기와의 거리

가) 가스설비 및 저장설비는 그 외면으로부터 화기와 2m 이상의 우회거리 유지

나) 가연성가스 및 산소의 가스설비 또는 저장설비와 8m 이상의 우회거리 유지

(2) 시설 등의 표지

① 경계표지 : 사업소 및 저장설비에는 경계표지와 경계책 설치

② 위험표지 : 독성가스제조시설에는 다른 제조시설과 구분하여 쉽게 식별할 수 있는 조치를 할 것. 이 경우 독성가스가 누출될 수 있는 장소에는 위험표지를 설치할 것

(3) 저장탱크

① 저장 탱크의 구조 : $5m^3$ 이상의 가스를 저장하는 것에는 가스방출장치 설치

② 저장 탱크 간의 거리

가) 가연성가스의 저장 탱크(저장능력이 $300m^3$ 또는 3톤 이상인 것)와 다른 가연성가스 또는 산소의 저장 탱크와의 사이 : 두 저장 탱크의 최대지름을 합산한 길이의 $\frac{1}{4}$ 이상

나) 두 저장 탱크의 최대지름을 합산한 길이의 $\frac{1}{4}$이 1m 미만인 경우 : 1m 이상 유지

다) 저장 탱크에 물분무장치를 설치한 경우는 제외

③ 저장 탱크의 설치방법

가) 지하에 매설하는 경우

- 탱크의 외면 : 부식방지 코팅과 전기적 부식방지를 위한 조치
- 저장 탱크의 설치 : 천정·벽 및 바닥의 두께가 각각 30cm 이상인 방수조치를 한 철근콘크리트로 만든 곳(저장 탱크실)에 설치
- 저장 탱크의 주위에 마른 모래를 채울 것
- 지면으로부터 저장 탱크의 정상부까지의 깊이 : 60cm 이상
- 저장 탱크를 2개 이상 인접하여 설치하는 경우 : 상호 간 1m 이상
- 저장 탱크를 매설한 곳의 주위에 지상에 경계표지를 할 것
- 저장탱크에 설치한 안전밸브 : 지상 5m 이상의 높이에 방출구가 있는 가스방출관 설치

나) 저장 탱크 및 처리설비를 실내에 설치하는 경우

- 저장 탱크실과 처리설비실은 구분하여 설치
- 강제통풍시설을 갖출 것
- 저장 탱크실 및 처리설비실은 천정·벽 및 바닥의 두께가 30cm 이상인 철근콘크리트로 만든 실로서 방수처리를 할 것
- 가연성가스 또는 독성가스의 저장 탱크실과 처리설비실 : 가스누출검지경보장치 설치
- 저장 탱크의 정상부와 저장 탱크실 천정과의 거리 : 60cm 이상
- 저장 탱크를 2개 이상 설치하는 경우 : 저장 탱크실을 구분하여 설치
- 저장 탱크 및 그 부속시설 : 부식방지도장
- 저장 탱크실 및 처리설비실의 출입문은 따로 설치

- 외부인이 출입할 수 없도록 자물쇠채움 등의 조치를 할 것
- 저장탱크실, 처리설비실을 설치한 주위 : 경계표지
- 저장탱크에 설치한 안전밸브 : 지상 5m 이상의 높이에 방출구가 있는 가스방출관을 설치

④ 액면계

- 저장탱크와 유리게이지를 접속하는 배관 : 자동 및 수동식 스톱밸브 설치

⑤ 과충전 방지장치 : 내용적이 90%를 초과하는 것을 방지

⑥ 지상에 설치하는 저장탱크의 외부도색 : 은색 · 백색(가스의 명칭 : 적색)

⑦ 방류둑의 설치 : 저장탱크를 지상에 설치하는 경우 저장능력이 1천 톤 이상인 산소, 가연성 가스 또는 5톤 이상인 독성가스의 액화가스저장 탱크 주위에 설치

⑧ 긴급차단장치(5,000ℓ 이상) : 5m 이상에서 조작, 작동 레버 3곳 이상

- 작동원 : 전기식, 유압식, 공기압식, 스프링식

### (4) 고압가스설비의 기초

저장 탱크(저장능력이 압축가스는 $100m^3$, 액화가스는 1톤 이상의 것)의 지주는 동일한 기초 위에 설치하고 지주 상호 간은 단단히 연결할 것

### (5) 가스설비의 재료 · 구조 등

① 아세틸렌용 재료의 제한

- 아세틸렌 제조 설비 중 아세틸렌에 접촉하는 부분에는 동 또는 동함유량이 62%를 초과하는 동합금의 사용금지
- 충전용 지관 : 탄소의 함유량 0.1% 이하의 강 사용, 굴곡에 의한 응력이 일부에 집중되지 않는 형상으로 할 것

② 충전용 교체 벨브 : 아세틸렌의 충전용 교체 밸브는 충전하는 장소에서 격리하여 설치

③ 공기액화분리기로 처리하는 원료공기의 흡입구 : 공기가 맑은 곳에 설치

④ 방폭구조 : 가연성가스(암모니아, 브롬화 메탄 및 공기 중에서 자기발화하는 가스는 제외)의 제조설비 또는 저장설비의 전기설비는 방폭구조

⑤ 불연재료 등

- 가연성가스 가스설비실, 저장설비실, 산소 충전실과 인화성 또는 발화성 원료 저장실 : 불연재료 사용
- 불연성의 재료 또는 난연성의 재료를 사용한 가벼운 지붕을 설치할 것

⑥ 산소제조를 위한 시설 중 액화산소에 접촉하는 부분의 외면의 단열재는 불연성일 것

⑦ 피트의 구조 : 공기액화분리기를 설치하는 피트는 양호한 통풍구조로 할 것

⑧ 설비의 내압시험 : 상용압력의 1.5배 이상, 기밀시험은 상용압력 이상

⑨ 설비두께 : 상용압력의 2배에서 항복을 일으키지 않는 두께

(6) 안전장치

① 압력계의 눈금 범위는 최고 눈금이 상용압력의 1.5 이상 2배 이하로 한다.
(※ 1일 처리능력이 100m$^3$ 이상인 사업소는 표준압력계 2개 이상 구비)

② 가스방출장치

- 저장탱크의 내용적이 5m$^3$ 이상일 때 설치
- 가스방출구의 높이는 지상에서 5m나 탱크 정상부에서 2m 중 높은 위치

③ 안전밸브 : 압축기 최종단에는 내압시험압력의 $\frac{8}{10}$(액화산소 탱크인 경우에는 상용압력의 1.5배) 이하에서 작동되는 안전밸브 설치

④ 역화방지 밸브 : 가연성가스를 압축하는 압축기와 오토클레이브와의 사이, 아세틸렌의 고압 건조기와 충전용교체 밸브 사이의 배관 및 아세틸렌충전용 지관에 설치

⑤ 역류방지 밸브의 설치

- 가연성가스를 압축하는 압축기와 충전용주관 사이
- 아세틸렌을 압축하는 압축기 유분리기와 고압건조기 사이
- 암모니아 또는 메탄올의 합성탑 및 정제탑과 압축기 사이 배관에 설치

⑥ 독성가스 설비 : 중화장치나 흡수장치 설치

⑦ 과압안전장치 : 용전의 용융온도 75℃(단, 저압부에서 사용하는 것은 제외)

(7) 방호벽의 설치기준

아세틸렌가스 또는 압력이 9.8MPa 이상인 압축가스를 용기에 충전하는 경우

① 압축기와 그 충전 장소 사이

② 압축기와 그 가스충전용기보관장소 사이

③ 충전장소와 그 가스충전용기보관장소 사이

④ 충전장소와 그 충전용주관 밸브 조작밸브 사이

(8) 용기보관장소

① 용기보관장소는 그 경계를 명기하고, 외부에 보기 쉬운 곳에 경계표시를 설치할 것

② 가연성가스 및 산소의 충전용기보관실은 불연재료 사용

③ 지붕은 가벼운 재료로 할 것

④ 가연성의 용기보관실은 그 가스가 누출된 때에 체류하지 않도록 통풍구를 갖출 것

⑤ 통풍이 잘되지 않는 곳에는 강제통풍시설 설치

⑥ 독성가스의 용기보관실 : 누출하는 가스의 확산을 적절하게 방지할 수 있는 구조

⑦ 독성가스의 경우에는 흡입장치와 연동시켜 중화설비에 이송시키는 설비를 갖출 것

(9) 기타 시설

① 풍향계 : 독성가스의 제조시설에는 풍향계 설치

② 독성가스의 재해시설 : 아황산가스 · 암모니아 · 염소 · 염화 메탄 · 산화에틸렌 · 시안화수소 · 포스겐 또는 황화수소의 제조설비에 대한 재해설비 설치

③ 정전기 제거

가) 가연성가스제조설비에 발생하는 정전기에 대한 제거 조치

나) 탑류, 저장탱크, 열교환기, 회전기계, 벤트스택 등은 단독으로 접지

다) 본딩용 접속선 및 접지접속선 : 단면적 5.5$mm^2$ 이상의 것 사용

라) 접지저항치의 총합 : 100Ω(피뢰설비를 설치한 것은 10Ω) 이하

④ 살수장치 : 아세틸렌가스를 용기에 충전하는 장소 및 충전용기보관장소에 설치

⑤ 여과기 : 석유류 · 유지류 그 밖의 탄화수소를 여과 · 분리하기 위해 공기액화분리기(1시간의 공기압축량 1천 $m^3$ 이하의 것은 제외)의 액화공기탱크와 액화산소증발기 사이에 설치

⑥ 통신시설 : 긴급사태가 발생한 경우에 이를 전파할 수 있는 통신시설을 갖출 것

⑦ 통행시설 : 사업소 사이를 연결하여 설치된 배관에는 사람이 통행할 수 있는 시설을 갖출 것

⑧ 표준압력계 : 압축 및 액화 등의 방법으로 처리할 수 있는 가스용적이 1일 100$m^3$ 이상인 사업소에는 표준교정검사주기를 경과하지 않은 압력계를 2개 이상 비치할 것

⑨ 에어졸 누출시험시설 : 에어졸 제조시설에는 온도를 46℃ 이상 50℃ 미만으로 누출시험을 할 수 있는 에어졸 충전용기의 온수시험 탱크를 갖출 것

⑩ 자동충전기 등 : 에어졸 제조시설은 정량을 충전할 수 있는 자동충전기를 설치하고, 인체에 사용하거나 가정에서 사용하는 에어졸의 제조시설에는 불꽃길이시험장치를 갖출 것

## 2 | 기술기준

(1) 시운전 등

산소의 고압가스의 제조설비의 기밀시험이나 시운전을 하는 때에는 산소 외의 고압가스를 사용하고, 공기를 사용하는 때에는 미리 그 설비 중에 있는 가연성 가스를 방출한 후에 실시하여야 하며, 온도를 그 설비에 사용하는 윤활유의 인화점 이하로 유지할 것

(2) 가스의 분석

① 가연성가스 또는 산소(물을 전기분해하여 제조하는 것에 한함)의 제조(용기에 충전하는 것은 제외) 시 : 발생장치 · 정제장치 및 저장 탱크의 출구에서 1일 1회 이상 가스를 채취하여 분석

② 공기액화분리기(1시간의 공기 압축량이 1,000$m^3$ 이하의 것은 제외) 내에 설치된 액화산소 통 내의 액화산소 : 1일 1회 이상 분석

(3) 압축금지사항

① 산소 중 가연성가스가 4% 이상 시(상대적)

② 산소 중 아세틸렌, 에틸렌, 수소의 각각 혹은 그 합이 1% 이상 시(상대적)

(4) 공기액화분리기의 불순물 유입금지

액화산소 5ℓ 중 아세틸렌 5mg, 탄화수소중 탄소가 500mg을 넘을 때에는 그 공기 액화분리기의 운전을 중지하고 액화산소를 방출할 것

(5) 윤활유

① 석유류·유지류 또는 글리세린 : 산소압축기의 내부윤활제로 사용금지

② 공기압축기의 내부윤활유는 재생유가 아닌 것으로서 잔류탄소의 질량이 전체 질량의 1% 이하이면 인화점이 200℃ 이상으로서 170℃에서 8시간 이상 교반하여 분해되지 않거나, 잔류탄소의 질량이 1% 초과 1.5% 이하이면 인화점이 230℃ 이상으로서 170℃에서 12시간 이상 교반하여 분해되지 않는 것을 사용할 것

(6) 스톱 밸브

안전밸브 또는 방출밸브에 설치된 스톱밸브는 항상 완전히 열어 놓을 것

(7) 제조설비의 점검

① 1일 1회 이상 작동상황 점검 확인

② 충전용 주관의 압력계는 매월 1회 이상, 그 밖의 압력계는 3개월에 1회 이상 검사

③ 압축기 최종단에 설치한 안전밸브는 1년에 1회 이상, 그 밖의 안전밸브는 2년에 1회 이상 점검

(8) 음향검사 및 조명검사

압축가스(아세틸렌 제외) 및 액화가스(액화암모니아·액화탄산가스 및 액화염소만 해당)를 이음매없는 용기에 충전하는 경우 : 용기에 대하여 음향검사를 실시하고 음향이 불량한 용기는 내부조명검사 실시

(9) 용기의 넘어짐 방지조치 등

밸브가 돌출한 용기(내용적 5리터 미만인 용기 제외) : 고압가스 충전 후 용기의 넘어짐 및 밸브의 손상을 방지하는 조치를 할 것

### (10) 밸브의 가열

밸브 또는 충전용 지관을 가열할 경우 : 열습포 또는 40℃ 이하의 물을 사용할 것

> 모든 밸브 또는 충전용 지관을 가열할 경우는 열습포 또는 40℃ 이하의 물을 사용하며, 밸브류의 조작은 항상 서서히 하여야 한다.

### (11) HCN(시안화수소)의 충전

① 순도 98% 이상

② 아황산가스, 황산 등의 안정제 첨가

③ 용기 충전 후 24시간 정치 후 1일 1회 이상 질산구리벤젠지 등의 시험지로 누출 검사

④ 충전한 후 60일이 지나기 전에 다른 용기에 옮겨 충전(순도 98% 이상으로 착색되지 않은 것은 예외)

### (12) 산화에틸렌 충전

① 산화에틸렌의 저장탱크 : 질소가스 또는 탄산가스로 치환하고 5℃ 이하로 유지

② 산화에틸렌을 저장탱크 또는 용기에 충전하는 경우 : 미리 내부가스를 질소가스 또는 탄산가스로 바꾼 후에 산 또는 알칼리를 함유하지 않은 상태로 충전할 것

③ 산화에틸렌의 저장탱크 및 충전용기에는 45℃에서 그 내부가스의 압력이 0.4MPa 이상이 되도록 질소($N_2$)가스 또는 $CO_2$가스를 충전할 것

### (13) 산소의 충전

① 석유류와 유지류 제거

② 수취기 설치 : 압축기와 충전용배관 사이에 설치

### (14) 아세틸렌의 충전

① 아세틸렌을 2.5MPa의 압력으로 압축하는 경우 : 질소, 메탄, 일산화탄소 또는 에틸렌 등의 희석제 첨가

② 습식 아세틸렌 발생기의 표면온도 : 70℃ 이하

③ 아세틸렌 다공물질 : 다공도가 75% 이상 92% 미만이 되도록 한 후 아세톤 또는 디메틸포름아미드를 침윤시키고 충전할 것(다공도는 다공물질을 용기에 충전한 상태로 20℃에서 아세톤 또는 물의 흡수량으로 측정)

④ 아세틸렌을 용기에 충전하는 때의 충전 중의 압력은 2.5MPa 이하로 하고, 충전 후에는 압력이 15℃에서 1.5MPa 이하로 될 때까지 정치하여 둘 것

⑤ 상하의 통으로 구성된 아세틸렌 발생장치로 아세틸렌을 제조하는 때에는 사용 후 그 통을 분리하거나 잔류가스가 없도록 조치할 것

(15) 산소, 아세틸렌 및 수소의 품질검사(1일 1회 이상)

| 구분 | 시약 | 순도 | 충전압력, 질량 |
|---|---|---|---|
| 산소($O_2$) | 동암모니아시약(올잣드법) | 99.5% 이상 | 35℃, 11.8MPa |
| 아세틸렌<br>($C_2H_2$) | 발연황산(올잣드법)<br>브롬시약(뷰렛법)<br>질산은시약(정성시험) | 98% 이상 | 3kg 이상 |
| 수소($H_2$) | 피로갈롤 또는 하이드로설파이드시약 | 98.5% 이상 | 35℃, 11.8MPa |

**Q7** 다음 각 가스의 품질검사 합격기준으로 바른 것은?

① 수소 : 99.0% 이상
② 산소 : 98.5% 이상
③ 아세틸렌 : 98.0% 이상
④ 모든 가스 : 99.5% 이상

정답 ③

(16) 용기보관장소에 용기를 보관할 때의 기준

① 충전용기와 잔가스용기는 구분하여 놓을 것
② 가연성가스·독성가스 및 산소의 용기는 구분하여 용기보관장소에 놓을 것
③ 주위 2m 이내에는 화기 또는 인화성물질이나 발화성물질을 두지 말 것
④ 충전용기는 항상 40℃ 이하의 온도 유지
⑤ 가연성가스 용기보관장소에는 방폭형 휴대용손전등 외의 등화는 휴대금지
⑥ 충전용기(내용적 5리터 이하의 것은 제외)에는 넘어짐 등에 의한 충격 및 밸브의 손상을 방지하는 등의 조치를 할 것

(17) 차량에 고정된 탱크

① 차량에 고정된 탱크(내용적이 2,000리터 이상의 것)에 고압가스를 충전하거나 그로부터 가스를 이입받을 때에는 차량정지목 등을 설치하는 등 그 차량이 고정되도록 할 것
② 차량에 고정된 탱크 및 용기의 부속품은 기준
가) 가연성가스 또는 독성가스를 충전하는 차량에 고정된 탱크 및 용기 : 안전밸브가 부착되어 있고 내압시험압력의 8/10 이하의 압력에서 작동할 수 있는 것일 것
나) 긴급차단장치 : 원격조작에 의하여 작동되고 차량에 고정된 탱크 또는 이에 접속하는 배관 외면의 온도가 110℃일 때에 자동적으로 작동되어야 한다.

(18) 에어로졸의 제조기준

① 에어로졸의 내용적기준 : 1리터 이하(100cm³ 초과 용기는 강이나 경금속 사용)

② 금속제 용기의 두께 : 0.125mm 이상

③ 1.3MPa에서 변형되거나, 1.5MPa에서 파열되면 불합격

④ 100cm³ 초과 용기 : 제조자의 명칭이나 기호 표시

⑤ 30cm³ 이상의 용기는 재사용된 일이 없을 것

⑥ 50℃에서 용기 내압력의 1.5배에서 변형되지 않고 1.8배에서 파열되지 않을 것

⑦ 인화성이나 발화성 물질과는 8m 이상 우회거리를 둘 것

⑧ 용기 내압 : 35℃에서 0.8MPa 이하, 90% 이하

⑨ 온수 시험 시 탱크의 수온 : 46℃ 이상 50℃ 미만

## 6 고압가스자동차 충전(고정식 압축천연가스이동충전차량 충전 포함)의 시설·기술·검사 기준

### 1 | 고정식 압축천연가스자동차 충전

(1) 시설기준

① 배치기준

- 방호벽 설치기준 : 처리설비·압축가스설비로부터 30m 이내에 보호시설(사업소에 있는 보호시설 및 전용공업지역에 있는 보호시설은 제외)이 있는 경우에 설치
- 저장설비의 그 외면으로부터 보호시설(사업소 안에 있는 보호시설 및 전용공업지역 안에 있는 보호시설은 제외)까지의 거리 기준

| 저장능력 | 제1종 보호시설 | 제2종 보호시설 |
|---|---|---|
| 1만 이하 | 17m 이상 | 12m 이상 |
| 1만 초과 2만 이하 | 21m 이상 | 14m 이상 |
| 2만 초과 3만 이하 | 24m 이상 | 16m 이상 |
| 3만 초과 4만 이하 | 27m 이상 | 18m 이상 |
| 4만 초과 5만 이하 | 30m 이상 | 20m 이상 |
| 5만 초과 99만 이하 | 30m(가연성가스 저온저장탱크는 $\frac{3}{25}\sqrt{x+10,000}$) | 20m(가연성가스 저온저장탱크는 $\frac{2}{25}\sqrt{x+10,000\text{m}}$) |
| 99만 초과 | 30m 이상<br>(가연성가스 저온저장탱크는 120m) | 20m 이상<br>(가연성가스 저온저장탱크는 80m) |

※ 비고 1. 저장능력란의 단위 및 $x$는 저장능력으로서 압축가스의 경우에는 $m^3$, 액화가스의 경우에는 kg
2. 한 사업소에 2개 이상의 저장설비가 있는 경우에는 그 저장능력별로 안전거리 유지

- 저장설비, 처리설비, 압축가스설비 및 충전설비 : 외면으로부터 사업소경계까지 10m 이상의 안전거리 유지
- 충전설비 : "도로법"에 따른 도로경계까지 5m 이상의 거리 유지
- 저장설비 · 처리설비 · 압축가스설비 및 충전설비 : 철도까지 30m 이상의 거리 유지

**사업소의 경계**

버스차고지 안에 설치한 경우 차고지 경계를 사업소 경계로 보며, 사업소 경계가 바다·호수·하천·도로 등의 경우에는 그 반대편 끝을 사업소의 경계로 본다.

② 가스설비기준 : 처리설비 · 압축가스설비 및 충전설비는 원칙적으로 지상에 설치
③ 배관설비기준 : 배관은 안전율이 4 이상이 되도록 설계

**안전율**

- 재료의 기준강도 F에서 설계에 있어서의 허용응력 a를 결정할 때의 계수
- S = F/a로 표시된다.

④ 사고예방설비기준 : 충전시설에는 충전설비 근처 및 충전설비로부터 5m 이상 떨어진 장소에서 긴급 시 가스의 누출을 차단할 수 있는 조치를 할 것

(2) 기술기준

① 안전유지기준 : 안전밸브 또는 방출밸브에 설치된 스톱밸브는 항상 완전히 열어 놓을 것
② 점검기준 : 충전시설의 사용 전후에는 설비의 이상 유무를 점검하는 것 외에 1일 1회 이상 충전설비의 작동상황에 대하여 점검 · 확인할 것

## 2 | 이동식 압축천연가스자동차 충전

이동충전차량으로부터 공급받은 압축천연가스를 자동차에 충전

(1) 시설기준

① 방호벽 설치 기준 : 이동충전차량 및 충전설비로부터 30m 이내에 보호시설(사업소 안에 있는 보호시설 및 전용공업지역 안에 있는 보호시설은 제외)이 있는 경우
② 가스배관구(이동충전차량의 압축천연가스를 충전설비로 이입하기 위하여 충전 시설에 설치한 배관)와 가스배관구 사이 또는 이동충전차량과 충전설비 사이에는 8m 이상의 거리를 유지할 것(단, 가스배관구와 가스배관구 사이 또는 이동충전차량과 충전설비 사이에 방호

벽을 설치할 경우에는 제외)

③ 이동충전차량 및 충전설비는 그 외면으로부터 사업소 경계까지 10m 이상 안전거리 유지(단, 이동충전차량 외부에 방화판을 설치하거나 충전설비 주위에 방호벽을 설치하는 경우에는 5m 이상의 안전거리를 유지할 수 있다)

④ 충전소 안 주정차 또는 충전작업을 하는 이동충전차량의 설치대수 : 3대 이하

⑤ 이동충전차량을 구성하는 각 용기에는 상용압력 이하로 되돌릴 수 있는 조치를 할 것

⑥ 충전시설에는 충전설비 근처 및 충전설비로부터 5m 이상 떨어진 장소에서 가스의 누출을 차단할 수 있는 조치를 할 것

⑦ 가스역류차단조치 : 집합용기에 가스를 이입하는 관

⑧ 충전설비는 도로경계로부터 5m(방호벽을 설치하는 경우에는 2.5m) 이상 거리 유지

⑨ 이동충전차량 및 충전설비 : 철도에서부터 15m 이상 거리 유지

## 3 | 고정식 압축천연가스이동충전차량 충전

(1) 시설기준

① 충전설비 사이에는 8m 이상 거리 유지(단, 충전설비 사이에 방호벽을 설치한 경우는 제외)(이동식 압축천연가스자동차 충전기준과 동일)

② 충전기 수량에 1을 더한 수량의 이동충전차량을 주정차할 수 있는 공간을 확보할 것

③ 충전시설에는 충전설비 근처 및 충전설비로부터 5m 이상 떨어진 장소에서 가스의 누출을 차단할 수 있는 조치를 할 것(이동식 압축천연가스자동차 충전기준과 동일)

④ 방호벽 설치 : 압축장치와 충전설비 사이, 압축가스설비와 충전설비 사이

⑤ 압축천연가스의 원활한 공급 및 운반을 위하여 이동충전차량을 보유할 것

## 4 | 액화천연가스자동차 충전

(1) 시설기준

① 액화천연가스 충전시설 중 저장설비의 외면으로부터 사업소경계까지의 안전거리

| 저장설비의 저장능력(W) | 사업소 경계와의 안전거리 |
|---|---|
| 25톤 이하 | 10m 이상 |
| 25톤 초과 50톤 이하 | 15m 이상 |
| 50톤 초과 100톤 이하 | 25m 이상 |
| 100톤 초과 | 40m 이상 |

※ 비고 1. 이 표의 저장능력(W)의 산정계산식 $w = 0.9dV$

w : 저장탱크의 저장능력(단위 : kg)

d : 상용온도에서의 액화천연가스 비중(단위 : kg/L)

v : 저장탱크의 내용적

2. 한 사업소에 두 개 이상의 저장설비가 있는 경우, 각 사업소 경계와의 안전거리 유지

② 처리설비 및 충전설비는 그 외면으로부터 사업소 경계까지 10m 이상 안전거리 유지. 다만, 처리설비 및 충전설비 주위에 방호벽(방류둑이 높이 2m 이상, 두께 12cm 이상의 철근콘크리트인 경우에는 방류둑을 방호벽으로 본다)을 설치하는 경우에는 5m 이상의 안전거리를 유지할 수 있다.

(2) 기술기준

① 안전유지기준

- 차량에 고정된 탱크(내용적이 5,000리터 이상의 것만 해당)로부터 액화천연가스를 이입하는 경우에는 탱크가 고정된 차량을 차량정지목 등으로 고정할 것
- 자동차에 고정된 탱크 : 저장탱크의 외면으로부터 3m 이상 떨어져 정지할 것
- 배관에는 그 온도를 항상 40℃ 이하로 유지할 수 있는 조치를 할 것
- 충전장의 충전기앞(옆) 노면 : 충전할 자동차용 주정차선과 입구 및 출구방향 표시
- 기밀시험이나 시운전 : 불활성가스 사용(단, 공기를 사용하는 경우에는 설비 중에 있는 가스를 방출한 후에 실시하며, 설비에 사용하는 윤활유의 인화점 이하로 유지할 것)
- 가스누출검지기와 휴대용손전등 : 방폭형
- 저장설비 및 가스설비의 외면으로부터 8m 이내에는 화기 취급금지

② 제조 및 충전기준

- 충전량 : 상용의 온도에서 저장탱크 내용적의 90%를 넘지 않을 것

③ 점검기준

- 슬립튜브식 액면계의 패킹을 주기적으로 점검하고 이상이 있을 때에는 교체할 것
- 충전설비는 사용개시 전과 사용개시 후에 반드시 그 충전설비에 속하는 설비의 이상 유무를 점검하는 것 외에 1일 1회 이상 충전설비의 작동상황에 대하여 점검·확인을 하고 이상이 있을 때에는 보수 등 필요한 조치를 할 것
- 충전용주관의 압력계는 매월 1회 이상, 그 밖의 압력계는 3개월에 1회 이상 '국가표준기본법'에 따라 교정을 받은 압력계로 그 기능을 검사할 것
- 안전밸브는 1년에 1회 이상 적절한 조건의 압력에서 작동하도록 조정할 것

## 5 | 제조식 수소자동차 충전 (수소를 제조 · 압축하여 자동차에 충전)

(1) 시설기준

① 배치기준

가) 보호시설과의 거리

| 처리능력 및 저장능력 | 제1종 보호시설 | 제2종 보호시설 |
|---|---|---|
| 1만 이하 | 17m | 12m |
| 1만 초과 2만 이하 | 21m | 14m |
| 2만 초과 3만 이하 | 24m | 16m |
| 3만 초과 4만 이하 | 27m | 18m |
| 4만 초과 5만 이하 | 30m | 20m |
| 5만 초과 99만 이하 | 30m(가연성가스 저온저장탱크는 $\frac{3}{25}\sqrt{x+10,000}$) | 20m(가연성가스 저온저장탱크는 $\frac{2}{25}\sqrt{x+10,000\text{m}}$) |
| 99만 초과 | 30m<br>(가연성가스 저온저장탱크는 120m) | 20m<br>(가연성가스 저온저장탱크는 80m) |

비고

1. 위 표 중 각 처리능력 및 저장능력란의 단위 및 $x$는 1일 처리능력 또는 저장능력으로서 압축가스의 경우에는 $m^3$, 액화가스의 경우에는 kg으로 한다.
2. 한 사업소에 2개 이상의 처리설비 또는 저장설비가 있는 경우에는 그 처리능력별 또는 저장능력별로 각각 안전거리를 유지하여야 한다.

② 방호벽의 설치 : 보호시설 또는 사업소 안에 사람을 수용하는 건축물이 처리설비(충전설비는 제외) 및 압축가스설비로부터 30m 이내에 있는 경우

③ 충전시설의 고압가스설비와 다른 시설과의 거리

가) 다른 가연성가스 제조시설의 고압가스설비와의 거리 : 5m 이상

나) 산소제조시설의 고압가스설비와의 거리 : 10m 이상

④ 안전거리

가) 저장설비, 처리설비, 압축가스설비 및 충전설비와 사업소경계와의 거리 : 10m 이상

나) 설시비설 주위에 방호벽이 설치된 경우 : 5m 이상

⑤ 충전설비와 도로경계까지의 거리 : 5m 이상

⑥ 저장설비, 처리설비, 압축가스설비 및 충전설비와 철도까지의 거리 : 30m 이상

(2) 저장설비 기준

① 내진설비

저장능력 5톤(가연성가스 또는 독성가스가 아닌 경우에는 10톤) 또는 500m$^3$(가연성가스 또는 독성가스가 아닌 경우에는 1000m$^3$) 이상인 저장탱크 및 압력용기(반응·분리·정제·증류 등을 위한 탑류로서 높이 5m 이상인 것)

② 가스방출장치 : 5m$^3$ 이상의 가스를 저장하는 것.

③ 저장탱크간 거리

가연성가스저장탱크(저장능력이 300m$^3$ 또는 3톤 이상인 탱크)와 다른 가연성가스 저장탱크 또는 산소저장탱크 사이에는 두 저장탱크 최대지름을 더한 길이의 1/4 이상의 거리 유지

(3) 기술 기준

① 용기보관장소 및 용기의 보관 기준

가) 충전용기와 잔가스용기는 각각 구분하여 용기보관장소에 놓을 것

나) 가연성가스 · 독성가스 및 산소의 용기는 각각 구분하여 용기보관장소에 놓을 것

다) 용기보관장소의 주위 2m 이내에는 화기 또는 인화성 물질 등 금지

라) 충전용기는 항상 40℃ 이하의 온도를 유지

마) 가연성가스 용기보관장소에는 방폭형 휴대용 손전등 외의 등화는 금지

② 안전밸브 또는 방출밸브에 설치된 스톱밸브 : 항상 완전히 열어 놓을 것

(4) 제조 및 충전 기준

① 자동차에 수소가스를 충전할 때에는 엔진 정지, 수동브레이크를 채울 것

② 충전을 마친 후 충전설비를 분리할 경우에는 충전호스 안의 가스를 제거할 것

③ 수소가스를 제조할 때에는 정제장치 및 압축가스설비의 출구에서 주요 성분에 대해서는 1일 1회 이상 그 가스를 채취하여 분석할 것

## 6 | 저장식 수소자동차 충전 (배관 또는 저장설비로부터 공급받은 수로를 압축하여 자동차에 충전)

(1) 시설기준

① 저장설비와 충전설비간의 거리 : 8m 이상

② 안전거리

가) 저장설비, 처리설비, 압축가스설비 및 충전설비와 사업소경계와의 거리 : 10m 이상

나) 설비시설 주위에 방호벽이 설치된 경우 : 5m 이상

③ 저장설비의 설치 대수 : 3대 이하

(2) 기술기준

① 저장설비는 충전소 안의 지정된 장소에 두어야 하며, 충전 중에는 정지목 등을 설치하여 고정할 것.

② 이동하는 경우를 제외하고는 저장설비를 충전소 외의 지역에 주정차 금지

③ 수소자동차에 적합하지 아니한 수소 성분을 포함금지

## 7 고압가스 냉동제조의 기술·시설·검사 기준

### 1 | 기술기준

(1) 배치기준

압축기·유분리기·응축기 및 수액기와 이들 사이의 배관은 인화성물질 또는 발화성물질(작업에 필요한 것은 제외)을 두는 곳이나 화기를 취급하는 곳과 인접하여 설치금지

(2) 가스설비기준

세로방향으로 설치한 동체의 길이가 5m 이상인 원통형 응축기와 내용적이 5,000리터 이상인 수액기에는 지진 발생 시 응축기 및 수액기를 보호하기 위한 내진성능을 확보할 것

(3) 피해저감설비기준

유출 방지조치 : 독성가스를 사용하는 내용적이 1만 ℓ 이상인 수액기 주위

### 2 | 시설기준

(1) 안전유지기준

- 안전밸브 또는 방출밸브에 설치된 스톱밸브는 항상 완전히 열어 놓을 것
- 기밀시험이나 시운전을 할 때에는 산소 외의 가스를 사용하고, 공기를 사용하는 때에는 냉매설비 중의 가연성가스를 방출한 후에 실시

## 8 고압가스 저장·사용의 시설·기술·검사 기준

### 1 | 특정고압가스 사용 시설기준

(1) 배치기준

① 가연성가스의 가스설비 또는 저장설비는 그 외면으로부터 화기(그 설비 안의 것은 제외)를 취급하는 장소까지 8m의 우회거리를 둘 것

② 산소의 저장설비 주위 5m 이내에는 화기 취급금지

③ 저장능력이 500kg 이상인 액화염소사용시설의 저장설비(기화장치 포함)는 그 외면으로부터 보호시설(사업소 안에 있는 보호시설 및 전용 공업지역 안에 있는 보호시설은 제외)까지 제1종 보호시설은 17m 이상, 제2종 보호시설은 12m 이상의 거리 유지

④ 사용시설 중 압축모노실란 · 압축디보레인 · 액화알진 · 포스핀 · 셀렌화수소 · 게르만 · 디실란 · 오불화비소 · 오불화인 · 삼불화인 · 삼불화질소 · 삼불화붕소 · 사불화유황 · 사불화규소의 저장설비 및 감압설비는 그 외면으로부터 보호시설(사업소 안에 있는 보호시설 및 전용공업지역 안에 있는 보호시설은 제외)까지 규정하는 안전거리를 유지할 것

## 9 고압가스 판매 및 고압가스 수입업의 시설 · 기술 · 검사기준

### 1 | 용기에 의한 고압가스 판매 시설기준

(1) 배치기준

① 사업소의 부지는 한 면이 폭 4m 이상의 도로에 접할 것(단, 교통소통에 지장이 없는 경우는 제외)

② 저장설비는 그 외면으로부터 화기를 취급하는 장소까지의 우회거리 : 2m 이상

(2) 저장설비기준

① 용기보관실 : 불연성 재료 사용

② 용기보관실의 지붕 : 불연성 재료를 사용한 가벼운 것

③ 용기보관실 및 사무실은 한 부지 안에 구분하여 설치

④ 가연성가스, 산소 및 독성가스 용기보관실 : 구분 설치(각 면적 : 10$m^2$ 이상)

⑤ 별도 설치 용기보관실 : 누출된 가스가 혼합될 경우 폭발하거나 독성가스가 생성될 우려가 있는 가스의 용기보관실

(3) 부대설비기준

① 판매시설에는 압력계 및 계량기를 갖출 것

② 판매업소에는 용기보관실 주위에 11.5$m^2$ 이상의 부지를 확보할 것

③ 사무실의 면적 : 9$m^2$ 이상

## 10 고압가스 운반차량의 시설 및 기술기준

### 1 | 시설기준

(1) 허용농도가 100만 분의 200(200ppm) 이하인 독성가스 용기 운반차량

① 차량 구조 : 적재함·리프트 등의 설비를 갖출 것(단, 내용적이 1,000리터 이상인 충전용기를 운반하는 차량의 경우에는 그렇지 않으며, 차량의 적재함은 밀폐된 구조로 한다)

② 경계표시 설치 : 독성가스 운반 차량에는 붉은 글씨로 "위험 고압가스" 및 "독성가스"라는 경계표시와 위험을 알리는 도형 및 전화번호를 표시할 것

③ 보호장비 비치

가) 독성가스로 인한 위해를 예방하기 위한 소화설비 및 응급조치 장비 구비

나) 용기의 충격을 완화하기 위한 완충판 등 비치

(2) 차량에 고정된 탱크 운반차량

① 탱크 설치

가) 가연성가스(액화석유가스는 제외) 및 산소탱크의 내용적은 18,000리터, 독성가스(액화암모니아는 제외)의 탱크의 내용적은 12,000리터 초과금지(단, 철도차량 또는 견인되어 운반되는 차량에 고정하여 운반하는 탱크의 경우에는 제외)

나) 저장탱크의 보호와 가스 누출에 따른 재해방지를 위하여 온도계 및 액면계 등 필요한 설비 설치

② 경계표지 설치 : 차량에 고정된 저장탱크에는 "위험 고압가스" 경계표지를 할 것

(3) 차량에 고정된 2개 이상을 서로 연결한 이음매 없는 용기의 운반차량

① 용기 설치

가) 차량에 고정된 2개 이상을 서로 연결한 이음매 없는 용기(차량에 고정된 용기)의 운반차량에는 용기 보호와 가스 누출에 따른 재해방지를 위하여 검지봉, 주밸브, 안전밸브, 압력계 및 긴급탈압밸브 등 필요한 설비 설치

나) 용기 고정조치, 용기, 부속품의 보호조치 및 밸브콕 개폐표시조치 등 필요한 조치를 마련할 것

② 경계표지 설치 : 차량에 고정된 용기 운반차량에는 붉은 글씨로 "위험 고압가스"라는 경계표지를 할 것

## 2 | 기술기준

### (1) 허용농도가 100만 분의 200(200ppm) 이하인 독성가스 용기 운반차량

① 적재 및 하역 작업

가) 충전용기를 차량에 적재하여 운반할 때에는 용기를 세워서 운반할 것

나) 밸브가 돌출한 충전용기 : 고정식 프로텍터 또는 캡을 부착시켜 밸브의 손상을 방지하는 조치를 하고 운반할 것

② 운행기준

가) 운반 중에는 충전용기를 항상 40℃ 이하로 유지할 것

나) 독성가스를 운반하는 때에는 가스의 명칭·성질 및 재해방지를 위하여 필요한 주의사항을 적은 서면을 운반책임자 또는 운전자에게 주고 운반 중에 지니게 할 것

다) 200km 이상의 거리를 운행하는 경우에는 중간에 충분한 휴식을 취한 후 운행

라) 독성가스 충전용기를 적재하여 운반하는 중 누출 등의 위해 우려가 있는 경우에는 소방서 및 경찰서에 신고하고, 독성가스의 도난·분실 시에는 경찰서에 신고

마) 노면이 나쁜 도로를 운행할 때에는 운행개시 전에 충전용기의 적재상황을 재점검하고 운행

③ 운반책임자 : 독성가스 충전용기 차량의 동승기준

| 가스의 종류 | 기준(허용농도 200ppm 이하) | 기준(허용농도 200ppm 초과, 5,000ppm 이하) |
|---|---|---|
| 압축가스 | 10$m^3$ 이상 | 100$m^3$ 이상 |
| 액화가스 | 100kg 이상 | 1,000kg 이상 |

※ 운전자가 운반책임자의 자격을 가진 경우에는 운반책임자의 자격이 없는 자를 동승시킬 수 있다.

**운반책임자**

한국가스안전공사에서 실시하는 운반에 관한 소정의 교육을 이수한 자, 안전관리책임자 또는 안전관리원 자격을 가진 자

### (2) 차량에 고정된 탱크 운반차량

① 운반책임자의 동승기준(독성가스 포함 : 허용농도 200ppm 초과, 5,000ppm 이하)

| 가스의 종류 | | 기준 |
|---|---|---|
| 액화가스 | 가연성가스 | 3천 kg 이상 |
| | 독성가스 | 1천 kg 이상 |
| | 조연성가스 | 6천 kg 이상 |
| 압축가스 | 가연성가스 | 300$m^3$ 이상 |
| | 독성가스 | 100$m^3$ 이상 |
| | 조연성가스 | 600$m^3$ 이상 |

## 11 용기 등의 수리자격자별 수리범위 등

| 수리자격자 | 수리범위 |
|---|---|
| 가. 용기제조자 | 1) 용기몸체의 용접<br>2) 아세틸렌용기 내의 다공질물 교체<br>3) 용기의 스커트 · 프로텍터 및 넥크링의 교체 및 가공<br>4) 용기부속품의 부품 교체<br>5) 저온 또는 초저온용기의 단열재 교체<br>6) 초저온용기부속품의 탈 · 부착 |
| 나. 특정설비제조자 | 1) 특성설비몸체의 용접<br>2) 특정설비의 부속품(그 부품을 포함한다)의 교체 및 가공<br>3) 단열재 교체 |
| 다. 냉동기제조자 | 1) 냉동기용접부분의 용접<br>2) 냉동기부속품(그 부품을 포함한다)의 교체 및 가공<br>3) 냉동기의 단열재 교체 |
| 라. 고압가스제조자 | 1) 초저온용기부속품의 탈 · 부착 및 용기부속품의 부품(안전장치는 제외) 교체(용기부속품제조자가 그 부속품의 규격에 적합하게 제조한 부품의 교체만을 말한다)<br>2) 특정설비의 부품 교체<br>3) 냉동기의 부품 교체<br>4) 단열재 교체(고압가스특정제조자만을 말한다)<br>5) 용접가공[고압가스특정제조자로 한정, 특정설비몸체의 용접가공은 제외. 단, 특정설비몸체의 용접수리에 대한 능력을 갖추었다고 한국가스안전공사가 인정하는 제조자의 경우에는 특정설비(차량에 고정된 탱크는 제외)몸체의 용접가공도 할 수 있다] |
| 마. 검사기관 | 1) 특정설비의 부품교체 및 용접(특정설비몸체의 용접은 제외. 단, 특정설비제조자와 계약을 체결하고 해당 제조업소로 하여금 용접을 하게 하거나, 특정설비몸체의 용접수리를 할 수 있는 용접설비기능사 또는 용접기능사 이상의 자격자를 보유하고 있는 경우에는 그러하지 아니하다)<br>2) 냉동설비의 부품 교체 및 용접<br>3) 단열재 교체<br>4) 용기의 프로텍터 · 스커트 교체 및 용접(열처리설비를 갖춘 전문검사기관만을 말한다)<br>5) 초저온용기부속품의 탈 · 부착 및 용기부속품의 부품 교체<br>6) 액화석유가스를 액체상태로 사용하기 위한 액화석유가스용기 액출구의 나사사용 막음조치(막음조치 나사의 규격은 KS B 6212에 적합한 경우만을 말한다) |
| 바. 액화석유가스 충전사업자 | 액화석유가스용기용 밸브의 부품 교체(핸들 교체 등 그 부품의 교체 시 가스누출의 우려가 없는 경우만을 말한다) |
| 사. 자동차관리 사업자 | 자동차의 액화석유가스용기에 부착된 용기부속품의 수리 |

## 12 고압가스제조자 또는 고압가스판매자가 실시하는 용기의 안전점검 및 유지·관리기준

① 용기의 내·외면을 점검하여 사용할 때에 위험한 부식·금·주름 등의 여부 확인

② 용기는 도색 및 표시가 되어 있는지의 여부 확인

③ 용기의 스커트에 찌그러짐이 있는지, 사용할 때에 위험하지 않도록 적정 간격을 유지하고 있는지의 여부 확인

④ 유통 중 열영향을 받았는지의 여부를 점검할 것. 열영향을 받은 용기는 재검사 대상

⑤ 용기 캡이 씌워져 있거나 프로텍터가 부착되어 있는지의 여부 확인

⑥ 재검사기간의 도래 여부 확인

⑦ 용기 아랫부분의 부식 상태 확인

⑧ 밸브의 몸통·충전구나사·안전밸브에 사용에 지장을 주는 흠, 주름, 스프링의 부식 등의 여부 확인

⑨ 밸브의 그랜드너트가 고정핀 등에 의하여 이탈 방지를 위한 조치가 있는지 여부 확인

⑩ 밸브의 개폐조작이 쉬운 핸들이 부착되어 있는지 여부 확인

⑪ 용기에는 충전가스의 종류에 맞는 용기부속품이 부착되어 있는지 여부 확인

⑫ 고압가스판매자는 부적합한 용기의 경우에는 고압가스제조자에게 반송하여야 하고, 고압가스제조자는 부적합한 용기를 수선하거나 보수하며, 수선·보수할 수 없는 용기는 폐기

## 13 용기 및 특정설비의 재검사기간

### 1 | 용기의 재검사기간의 기준

<table>
<tr><th colspan="2" rowspan="3">용기의 종류</th><th colspan="3">재검사주기</th></tr>
<tr><th colspan="3">신규검사 후 경과연수</th></tr>
<tr><th>15년 미만</th><th>15년 이상<br>20년 미만</th><th>20년 이상</th></tr>
<tr><td rowspan="2">용접용기</td><td>500ℓ 이상</td><td>5년마다</td><td>2년마다</td><td>1년마다</td></tr>
<tr><td>500ℓ 미만</td><td>3년마다</td><td>2년마다</td><td>1년마다</td></tr>
<tr><td rowspan="2">이음매 없는 용기<br>또는<br>복합재료용기</td><td>500ℓ 이상</td><td colspan="3">5년마다</td></tr>
<tr><td>500ℓ 미만</td><td colspan="3">신규검사 후 경과연수가 10년 이하인 것은 5년마다, 10년을 초과한 것은 3년마다</td></tr>
<tr><td rowspan="2">용기부속품<br>(산업통상자원부장관이 정하여 고시하는 것은 제외)</td><td>용기에 부착되지 아니한 것</td><td colspan="3">2년마다</td></tr>
<tr><td>용기에 부착된 것(압축천연가스 자동차용기용 밸브 외의 내용적 125리터 이하의 용기용 용기부속품은 제외)</td><td colspan="3">검사 후 2년이 지나 용기부속품을 부착한 해당 용기의 재검사를 받을 때마다</td></tr>
</table>

※ 단, 재검사기간이 되었을 때에 소화용 충전용기 또는 고정장치된 시험용 충전용기의 경우에는 충전된 고압가스를 모두 사용한 후에 재검사 실시

## 2 | 특정설비

① 재검사대상에서 제외되는 특정설비

가) 저형 및 이중각 진공단열형 저온저장탱크

나) 역화방지장치

다) 독성가스배관용 밸브

라) 자동차용가스 자동주입기

마) 냉동용특정설비

바) 초저온가스용 대기식 기화장치

사) 저장탱크 또는 차량에 고정된 탱크에 부착되지 않은 안전밸브 및 긴급차단밸브

아) 저장탱크 및 압력용기 중 다음에서 정한 것

- 초저온 저장탱크
- 초저온 압력용기
- 분리할 수 없는 이중관식 열교환기
- 그 밖에 산업통상자원부장관이 재검사를 실시하는 것이 현저히 곤란하다고 인정하는 저장탱크 또는 압력용기

자) 특정고압가스용 실린더 캐비넷

차) 자동차용 압축천연가스 완속충전설비

카) 액화석유가스용 용기잔류가스회수장치

② 특정설비의 재검사기간

<table>
<tr><th colspan="2" rowspan="3">특정설비의 종류</th><th colspan="3">재검사주기</th></tr>
<tr><th colspan="3">신규검사 후 경과연수</th></tr>
<tr><th>15년 미만</th><th>15년 이상 20년 미만</th><th>20년 이상</th></tr>
<tr><td colspan="2" rowspan="2">차량에 고정된 탱크</td><td>5년마다</td><td>2년마다</td><td>1년마다</td></tr>
<tr><td colspan="3">해당 탱크를 다른 차량으로 이동하여 고정할 경우에는 이동하여 고정한 때마다</td></tr>
<tr><td colspan="2">저장탱크</td><td colspan="3">1) 5년(재검사에 불합격되어 수리한 것은 3년, 다만, 음향방출시험에 의하여 안전성이 확인된 경우에는 5년)마다. 다만, 검사주기가 속하는 해에 음향방출시험 등의 신뢰성이 있다고 인정하는 방법에 의하여 안전성이 확인된 경우에는 검사주기를 2년간 연장할 수 있다.<br>2) 다른 장소로 이동하여 설치한 저장탱크(소형저장탱크는 제외)는 이동하여 설치한 때마다</td></tr>
<tr><td colspan="2">안전밸브 및 긴급차단장치</td><td colspan="3">검사 후 2년을 경과하여 안전밸브 또는 긴급차단장치가 설치된 저장탱크 또는 차량에 고정된 탱크의 재검사 시마다</td></tr>
<tr><td rowspan="3">기화장치</td><td>저장탱크와 함께 설치된 것</td><td colspan="3">검사 후 2년을 경과하여 해당 탱크의 재검사 시마다</td></tr>
<tr><td>저장탱크가 없는 곳에 설치된 것</td><td colspan="3">3년마다</td></tr>
<tr><td>설치되지 아니한 것</td><td colspan="3">2년마다</td></tr>
<tr><td colspan="2">압력용기</td><td colspan="3">4년마다. 단, 압력용기의 내부에 대한 재검사주기는 산업통상자원부장관이 고시하는 기법에 따라 산정하여 적합성을 인정받는 경우 그 주기로 할 수 있다.</td></tr>
</table>

## 14 불합격용기 및 특정설비의 파기방법

### 1 | 신규의 용기 및 특정설비

① 절단 등의 방법으로 파기하여 원형으로 가공할 수 없도록 할 것

② 파기하는 때에는 검사장소에서 검사원 입회하에 용기 및 특정설비제조자로 하여금 실시하게 할 것

### 2 | 재검사의 용기 및 특정설비

① 절단 등의 방법으로 파기하여 원형으로 가공할 수 없도록 할 것

② 잔가스를 전부 제거한 후 절단할 것

③ 검사신청인에게 파기의 사유, 일시, 장소, 인수시한 등을 통지하고 파기할 것

④ 파기하는 때에는 검사장소에서 검사원으로 하여금 직접 실시하게 하거나 검사원 입회하에 용기 및 특정설비의 사용자로 하여금 실시하게 할 것

⑤ 파기한 물품은 검사신청인이 인수시한(통지한 날부터 1개월 이내) 내에 인수하지 아니하는 때에는 검사기관으로 하여금 임의로 매각 처분하게 할 것

## 15 용기 등의 표시

### 1 | 용기에 대한 표시

(1) 용기의 각인사항

① 용기제조업자의 명칭 또는 약호와 충전하는 가스의 명칭

② 용기의 번호

③ 내용적(기호 : V, 단위 : ℓ)

④ 초저온용기 외의 용기는 밸브 및 부속품(분리할 수 있는 것에 한한다)에 포함하지 아니한 용기의 질량(기호 : W, 단위 : kg)

⑤ 아세틸렌가스 충전용기는 ④의 질량에 용기의 다공물질·용제 및 밸브의 질량을 합한 질량(기호 : TW, 단위 : kg)

⑥ 내압시험에 합격한 연월과 내압시험압력(기호 : TP, 단위 : MPa)

⑦ 압축가스를 충전하는 용기는 최고충전압력(기호 : FP, 단위 : MPa)

⑧ 내용적이 500ℓ를 초과하는 용기에는 동판의 두께(기호 : t, 단위 : mm)

⑨ 충전량(g)(납붙임 또는 접합용기에 한정한다)

(2) 용기의 도색 및 표시방법

① 가연성가스 및 독성가스의 용기

| 가스의 종류 | 도색의 구분 | 가스의 종류 | 도색의 구분 |
|---|---|---|---|
| 액화석유가스 | 회색 | 액화암모니아 | 백색 |
| 수소 | 주황색 | 액화염소 | 갈색 |
| 아세틸렌 | 황색 | 그 밖의 가스 | 회색 |

※ 비고

1. 가연성가스(액화석유가스는 제외한다)는 "연"자, 독성가스는 "독"자를 표시
2. 내용적 2ℓ 미만의 용기는 제조자가 정하는 바에 의한다.
3. 액화석유가스용기 중 부탄가스를 충전하는 용기는 부탄가스임을 표시하여야 한다.
4. 선박용 액화석유가스용기의 표시방법

1) 용기의 상단부에 폭 2cm의 백색띠를 두 줄로 표시
2) 백색띠의 하단과 가스명칭 사이에 백색글자로 가로·세로 5cm 크기로 "선박용"이라고 표시
5. 그 밖의 가스에는 가스명칭 하단에 가로·세로 5cm의 크기의 백색글자로 용도("절단용")를 표시

② 의료용 가스용기

| 가스의 종류 | 도색의 구분 | 가스의 종류 | 도색의 구분 |
|---|---|---|---|
| 산소 | 백색 | 질소 | 흑색 |
| 액화탄산가스 | 회색 | 아산화질소 | 청색 |
| 헬륨 | 갈색 | 사이클로프로판 | 주황색 |
| 에틸렌 | 자색 | 그 밖의 가스 | 회색 |

※ 비고
1. 용기의 상단부에 폭 2cm의 백색(산소는 녹색)의 띠를 두 줄로 표시
2. 용도의 표시 : 글자마다 백색(산소는 녹색)으로 가로 · 세로 5cm로 띠와 가스명칭 사이에 표시

③ 그 밖의 가스용기

| 가스의 종류 | 도색의 구분 |
|---|---|
| 산소 | 녹색 |
| 액화탄산가스 | 청색 |
| 질소 | 회색 |
| 소방용 용기 | 소방법에 따른 도색 |
| 그 밖의 가스 | 회색 |

## 2 | 용기부속품에 대한 표시

① 부속품제조업자의 명칭 또는 약호
② ⑥목의 규정에 의한 부속품의 기호와 번호
③ 질량(기호 : W, 단위 : kg)
④ 부속품검사에 합격한 연월
⑤ 내압시험압력(기호 : TP, 단위 : MPa)
⑥ 용기종류별 부속품의 기호
가) 아세틸렌가스를 충전하는 용기의 부속품 : AG
나) 압축가스를 충전하는 용기의 부속품 : PG
다) 액화석유가스 외의 액화가스를 충전하는 용기의 부속품 : LG
라) 액화석유가스를 충전하는 용기의 부속품 : LPG
마) 초저온용기 및 저온용기의 부속품 : LT

**Q7 용기종류별 부속품 기호로 잘못된 것은?**

① AG : 아세틸렌가스를 충전하는 용기의 부속품
② LPG : 액화석유가스를 충전하는 용기의 부속품
③ TL : 초저온용기 및 저온용기의 부속품
④ PG : 압축가스를 충전하는 용기의 부속품

**해설** 초저온용기 및 저온용기의 부속품에 대한 기호는 LT이다. **정답** ③

### 3 | 냉동기에 대한 표시

① 냉동기제조자의 명칭 또는 약호와 냉매가스의 종류
② 냉동능력(단위 : RT). 다만, 압력용기의 경우에는 내용적(단위 : ℓ)을 표시하여야 한다.
③ 원동기소요전력 및 전류(단위 : KW, A). 다만, 압축기의 경우에 한한다.
④ 제조번호
⑤ 내압시험에 합격한 연월일과 내압시험압력(기호 : TP, 단위 : MPa)
⑥ 최고사용압력(기호 : DP, 단위 : MPa)

### 4 | 특정설비에 대한 표시

① 저장탱크·차량에 고정된 탱크 및 압력용기
  가) 제조자의 명칭 또는 약호와 충전하는 가스의 명칭
  나) 제조번호 및 제조연월
  다) 사용재료명
  라) 동체 및 경판의 두께(기호 : t, 단위 : mm)
  마) 내용적(기호 : V, 단위 : ℓ)
  바) 설계압력(기호 : DP, 단위 : MPa)
  사) 설계온도(기호 : DT, 단위 : ℃)
  아) 검사기관의 명칭 또는 약호
  자) 내압시험에 합격한 연월
② 기화장치
  가) 제조자의 명칭 또는 약호와 사용하는 가스의 명칭
  나) 제조번호 및 제조연월일
  다) 내압시험에 합격한 연월
  라) 내압시험압력(기호 : TP, 단위 : MPa)

마) 가열방식 및 형식

바) 최고사용압력(기호 : DP, 단위 : MPa)

사) 기화능력(단위 : kg/hr 또는 $m^3$/hr)

## 16 합격용기 등에 대한 각인 또는 표시

### 1 | 제조 · 수리 · 수입검사에 합격한 용기 등에 대한 각인 · 표시

① 용기(납붙임 또는 접합용기는 제외)에는 어깨부분 또는 프로텍터부분 등 보기 쉬운 곳에 "검"자 각인(단, 고압가스가 충전되어 수입되는 용기는 가스를 사용할 때까지 한국가스안전공사가 발행하는 표지를 부착할 수 있다)

원의 바깥지름 : 10mm(다만, 내용적 5ℓ 미만인 용기의 경우에는 5mm)

② 납붙임 또는 접합용기에는 "검"자의 표시를 할 것

크기 : 15mm×15mm

바탕에 흑색문자(명확히 식별할 수 있는 경우는 색상제한 없음)

② 용기부속품의 "검"자의 각인

(검) 원의 바깥지름 : 5mm

③ 냉동기의 "검"자의 각인

(검) 원의 바깥지름 : 10mm

④ 특정설비의 각인

가) 저장탱크, 차량에 고정된 탱크, 기화장치 및 압력용기에 "검"자 각인. 단, 재검사에 불합격되어 수리를 한 저장탱크의 경우에는 "검"자의 각인과 함께 "R"자 각인

(검) 원의 바깥지름 : 10mm

(R) 원의 바깥지름 : 10mm

나) 그 밖의 특정설비의 "검"자 각인(단, 각인하기가 곤란한 냉동용특정설비의 경우에는 다른 금속박판에 각인한 것을 부착할 수 있다)

(검) 원의 바깥지름 : 7mm(안지름이 25mm를 초과하는 특정설비)

(검) 원의 바깥지름 : 5mm(안지름이 25mm 이하인 특정설비)

## 17 고압가스 운반 등의 기준

### 1 | 용기에 의한 가스 운반 기준

(1) 독성가스 외 용기 운반 기준

① 적재 및 하역 작업

가) 충전용기는 이륜차에 적재하여 운반하지 않을 것. 단, 다음 모두에 해당하는 경우는 액화석유가스 충전용기를 이륜차(자전거는 제외)에 적재 운반가능

- 차량이 통행하기 곤란한 지역의 경우 또는 시·도지사가 이륜차에 의한 운반이 가능하다고 지정하는 경우
- 이륜차가 넘어질 경우 용기에 손상이 가지 않도록 제작된 용기운반 전용적재함을 장착한 경우
- 적재하는 충전용기의 충전량이 20kg 이하이고, 적재하는 충전용기의 수가 2개 이하인 경우

나) 납붙임용기와 접합용기에 고압가스를 충전하여 차량에 적재할 때에는 포장상자(외부의 압력 또는 충격 등에 의하여 그 용기 등에 흠이나 찌그러짐 등이 발생되지 않도록 만들어진 상자)의 외면에 가스의 종류·용도 및 취급 시 주의사항을 적은 것만 적재하고, 그 용기의 이탈을 막을 수 있도록 보호망을 적재함 위에 씌울 것

다) 염소와 아세틸렌·암모니아 또는 수소는 동일 차량에 적재하여 운반금지

라) 가연성가스와 산소를 동일차량에 적재하여 운반하는 때에는 그 충전용기의 밸브가 서로 마주보지 않도록 적재할 것

마) 충전용기와 「소방법」에서 정하는 위험물과는 동일차량에 적재하여 운반금지

## 18 냉동기의 시설·기술·검사 기준

### 1 | 냉동기의 검사기준

(1) 가스히트펌프 냉·난방기

① 설계단계 검사

가) 가스히트펌프 냉、난방기의 엔진 및 엔진 관련 부분

- 제조사업자가 그 제조소에서 일정형식의 엔진등을 처음 제조하는 경우
- 수입업자가 일정형식의 엔진등을 처음 수입하는 경우
- 설계단계검사를 받은 형식의 엔진등 중 성능의 변경을 수반하는 재료 및 구조 등이 변경된 경우

나) 설계단계검사 성능항목

- 구조성능
- 재료성능
- 안전장치 작동성능
- 절연저항성능
- 그 밖에 엔진등의 안전 확보에 필요한 성능

② 생산단계 검사

가) 설계단계검사에 합격한 가스히트펌프 냉·난방기에 대하여 실시.

나) 생산단계 성능항목

- 재료의 기계적·화학적 성능
- 용접부의 기계적 성능
- 내압성능
- 기밀성능
- 구조성능
- 안전장치 작동성능
- 절연저항성능
- 그 밖에 가스히트펌프 냉·난방기의 안전 확보에 필요한 성능

### (2) 냉동기 (가스히트펌프 냉·난방기 제외)

① 기술기준 성능항목

가) 재료의 기계적·화학적 성능

나) 용접부의 기계적 성능

다) 내압성능

라) 기밀성능

마) 그 밖에 냉동기의 안전 확보에 필요한 성능

## 2 | 기타 사항

### (1) 일체형 냉동기 정의

① 냉매설비 및 압축기용 원동기가 하나의 프레임위에 일체로 조립된 것.

② 냉동설비를 사용할 때 스톱밸브 조작이 필요 없는 것

③ 사용장소에 분할·반입하는 경우에는 냉매설비에 용접 또는 절단을 수반하는 공사를 하지 않고 재조립하여 냉동제조용으로 사용할 수 있는 것

④ 냉동설비의 수리 등을 하는 경우에 냉매설비 부품의 종류, 설치개수, 부착위치 및 외형치수와 압축기용 원동기의 정격 출력 등이 제조 시 상태와 같도록 설계·수리될 수 있는 것.

⑤ 응축기 유닛 및 증발 유닛이 냉매배관으로 연결된 것으로 하루 냉동능력이 20톤 미만인 공조용 패키지에어콘 등.

**1 액화석유가스**

프로판과 부탄을 주성분으로 한 가스를 액화한 것(기화된 것을 포함)

**2 액화석유가스충전사업**

저장시설에 저장된 액화석유가스를 용기 또는 자동차에 고정된 탱크에 충전(배관을 통하여 다른 저장 탱크에 이송하는 것을 포함)하여 공급하는 사업

**3 액화석유가스집단공급사업**

액화석유가스를 일반의 수요에 따라 배관을 통하여 연료로 공급하는 사업

**4 액화석유가스판매사업**

용기에 충전된 액화석유가스를 판매하거나 자동차에 고정된 탱크(탱크의 규모 등이 산업통상자원부령이 정하는 기준에 적합한 것에 한한다)에 충전된 액화석유가스를 산업통상자원부령이 정하는 규모 이하의 저장설비에 공급하는 사업

**5 액화석유가스 위탁운송사업**

산업통상자원부령으로 정하는 액화석유가스 충전사업자나 액화석유가스 판매사업자로부터 액화석유가스의 운송을 위탁받아 산업통상자원부령으로 정하는 자동차에 고정된 탱크를 이용하여 소형저장탱크에 운송하여 공급하는 사업

**6 가스용품제조사업**

액화석유가스 또는 도시가스사업법에 의한 연료용 가스를 사용하기 위한 기기를 제조하는 사업

**7 액화석유가스저장소**

산업통상자원부령이 정하는 일정량 이상의 액화석유가스를 용기 또는 저장 탱크에 의하여 저장하는 일정한 장소

**8 저장설비**

액화석유가스를 저장하기 위한 설비로서 저장탱크 · 마운드형 저장탱크 · 소형저장탱크 및 용기(용기집합설비와 충전용기보관실을 포함)

**9 저장 탱크**

액화석유가스를 저장하기 위해 지상 또는 지하에 고정설치된 탱크로서 그 저장능력이 3톤 이상인 탱크

**10 마운드형 저장탱크**

액화석유가스를 저장하기 위하여 지상에 설치된 원통형 탱크에 흙과 모래를 사용하여 덮은 탱크로서 「액화석유가스의 안전관리 및 사업법 시행령」에 따른 자동차에 고정된 탱크 충전사업 시설에 설치되는 탱크

**11 소형 저장 탱크**

액화석유가스를 저장하기 위하여 지상 또는 지하에 고정설치된 탱크로서 그 저장능력이 3톤 미만인 탱크

**12 용기집합설비**

2 이상의 용기를 집합하여 액화석유가스를 저장하기 위한 설비로서 용기 · 용기집합장치 · 자동절체기(사용 중인 용기의 가스공급압력이 저하하면 자동적으로 예비 용기에서 가스가 공급되도록 하는 장치를 의미)와 이를 접속하는 관 및 그 부속설비

**13 자동차에 고정된 탱크**

액화석유가스의 수송 · 운반을 위해 차동차에 고정설치된 탱크

**14 충전용기**

액화석유가스 충전 질량의 1/2 이상이 충전되어 있는 상태의 용기

**15 잔가스용기**

액화석유가스 충전 질량의 1/2 미만이 충전되어 있는 상태의 용기

### 16 가스설비

저장설비 외의 설비로서 액화석유가스가 통하는 설비(배관을 제외한다)와 그 부속설비

### 17 충전설비

용기 또는 자동차에 고정된 탱크에 액화석유가스를 충전하기 위한 설비로서 충전기와 저장 탱크에 부속된 펌프·압축기

### 18 용기가스소비자

용기에 충전된 액화석유가스를 연료로 사용하는 자(다만, 자동차연료용·용기내장형 가스난방기용·이동식부탄연소기용 또는 공업용·선박용으로 사용하는 자와 이동하면서 액화석유가스를 사용하는 자는 제외)

### 19 공급설비

용기가스소비자에게 액화석유가스를 공급하기 위한 설비로서 아래에 정하는 설비를 말한다.

- 액화석유가스를 부피단위로 계량하여 판매하는 방법(이하 "체적판매방법")에 의하여 공급하는 경우에는 용기에서 가스계량기 출구까지의 설비
- 액화석유가스를 무게단위로 계량하여 판매하는 방법(이하 "중량판매방법")에 의하여 공급하는 경우에는 용기

### 20 소비설비

용기가스소비자가 액화석유가스를 사용하기 위한 설비로서 아래에 정하는 설비를 말한다.

- 체적판매방법에 의하여 액화석유가스를 공급하는 경우에는 가스계량기 출구에서 연소기까지의 설비
- 중량판매방법에 의하여 액화석유가스를 공급하는 경우에는 용기 출구에서 연소기까지의 설비

### 21 집단공급시설

저장설비에서 가스사용자가 소유하거나 점유하고 있는 건축물의 외벽(외벽에 가스계량기가 설치된 경우에는 그 계량기의 전단 밸브)까지의 배관 기타 공급시설

# Chapter 2 액화석유가스

## 1 액화석유가스 충전의 시설 등에 관한 기준

### 1 | 용기(소형용기 및 가스난방기용기를 포함)의 충전

(1) 시설기준

① 배치기준

가) 저장설비와 가스설비는 그 외면으로부터 화기(그 설비 안의 것은 제외)를 취급하는 장소까지 8m 이상의 우회거리를 두어야 한다.

나) 액화석유가스 충전시설 중 저장설비의 외면으로부터 사업소경계까지의 거리 기준(저장설비를 지하에 설치하거나 지하에 설치된 저장설비 안에 액중펌프를 설치하는 경우에는 저장능력별 사업소 경계와의 거리에 0.7을 곱한 거리)

| 저장능력 | 사업소경계와의 거리 |
|---|---|
| 10톤 이하 | 24m 이상 |
| 10톤 초과 20톤 이하 | 27m 이상 |
| 20톤 초과 30톤 이하 | 30m 이상 |
| 30톤 초과 40톤 이하 | 33m 이상 |
| 40톤 초과 200톤 이하 | 36m 이상 |
| 200톤 초과 | 39m 이상 |

※ 비고

1. 이 표의 저장능력산정은 다음의 계산식에 따른다.

$W=0.9dV$

W : 저장탱크의 저장능력(단위 : kg)

d : 상용온도에 있어서의 액화석유가스 비중(단위 : kg/ℓ)

V : 저장탱크의 내용적(단위 : ℓ)

2. 동일한 사업소에 두 개 이상의 저장설비가 있는 경우에는 각 저장설비별로 안전거리 유지

다) 액화석유가스 충전설비의 외면으로부터 사업소경계까지의 거리 : 24m 이상

라) 자동차에 고정된 탱크 이입ㆍ충전장소에는 정차위치를 지면에 표시

• 그 중심으로부터 사업소경계까지 24m 이상 유지할 것.

• 사업소 경계가 도로에 접한 경우에는 : 가장 가까운 도로경계선까지 2.5m 이상 유지할 것.

마) 충전설비 중 충전기는 사업소 경계가 도로에 접한경우에는 충전기 바깥면으로부터 도로 경계선까지 4m 이상 유지

② 기초기준 : 저장탱크(저장능력이 3톤 미만의 저장설비는 제외)의 받침대(받침대가 없는 저장탱크에는 그 아랫부분)는 같은 기초 위에 설치할 것

③ 저장설비기준

가) 폭발방지장치를 설치한 것으로 간주하는 경우.

• 물분무장치(살수장치 포함)나 소화전을 설치하는 저장탱크.

• 저온저장탱크(2중각 단열구조의 것)로서 그 단열재의 두께가 해당 저장탱크 주변의 화재를 고려하여 설계 시공된 저장탱크.

• 지하에 매몰하여 설치하는 저장탱크.

나) 같은 장소에 설치하는 소형저장탱크의 수 : 6기 이하 (충전질량 합계 5,000kg)

④ 피해저감설비기준

가) 유출 방지 조치 : 저장탱크를 지상에 설치하는 경우 저장능력(2개 이상의 탱크가 설치된 경우에는 이들의 저장능력을 합한 것)이 1천 톤 이상의 저장탱크 주위

나) 지상에 설치된 저장탱크와 가스충전장소 사이에 방호벽 설치 및 전이방지조치

다) 저장탱크(지하에 매설하는 경우는 제외)·가스설비 및 자동차에 고정된 탱크의 이입·충전장소에 살수장치, 물분무장치 또는 이와 같은 수준 이상의 소화설비 설치.

⑤ 부대설비기준

가) 가스설비 설치실과 충전용기 보관실 : 불연재료 (지붕은 가벼운 불연재료)

나) 사무실 등 건축물의 창 : 망입유리나 안전유리

다) 용기 전용 운반자동차의 기준

가로·세로 5cm 이상 크기의 상호와 전화번호 도색

라) 벌크로리 소형저장탱크 및 저장능력 10톤 이하인 저장탱크에 액화석유가스를 공급하는 경우

• 벌크로리에는 가로·세로 5cm 이상 크기의 상호와 전화번호 도색

• 벌크로리의 안전을 위한 유동방지시설 설치

• 벌크로리의 저장능력 산성식

$G = V/C$

G : 액화석유가스의 질량(kg), V : 벌크로리의 내용적 (L)

C : 프로판은 2.35, 부탄은 2.05

(2) 기술기준

① 안전유지기준

가) 1년에 1회 이상 침하 상태 측정

나) 저장탱크의 온도유지 : 항상 40℃ 이하

다) 저장설비실 안으로 등화를 휴대하고 출입할 때에는 방폭형 등화 휴대

라) 가스누출검지기와 휴대용 손전등은 방폭형일 것

마) 저장설비와 가스설비의 외면으로부터 8m 이내의 곳에서는 화기취급금지

바) 소형저장탱크의 주위 5m 이내에서는 화기취급금지

사) 소형저장탱크 주위에 있는 밸브류의 조작 : 수동조작을 원칙

아) 소형저장탱크의 세이프티커플링의 주밸브는 항상 열어 둘 것(단, 그 커플링으로부터의 가스누출이나 긴급 시의 대책을 위하여 필요한 경우에는 닫아 두어야 한다)

자) 용기보관장소에 충전용기를 보관할 때의 기준

- 용기보관장소의 주위 8m(우회거리) 이내에는 화기 취급 금지
- 충전용기는 항상 40℃ 이하 유지
- 충전용기(내용적이 5ℓ 이하인 것은 제외)에는 넘어짐 등에 의한 충격이나 밸브의 손상을 방지하는 조치를 할 것
- 용기보관장소에는 방폭형 휴대용 손전등 외의 등화는 금지
- 용기보관장소에는 충전용기와 잔가스용기를 구분하여 놓을 것

차) 벌크로리는 수요자의 주문에 따라 운반 중인 경우 외에는 해당 충전사업소의 주차장소에 주차할 것.

② 제조 및 충전기준

가) 저장탱크에 가스를 충전하려면 가스의 용량이 상용 온도에서 저장탱크 내용적의 90%(소형저장탱크의 경우는 85%)를 넘지 않도록 충전할 것

나) 자동차에 고정된 탱크는 저장탱크의 외면으로부터 3m 이상 떨어져 정지할 것(단, 저장탱크와 자동차에 고정된 탱크와의 사이에 방호 울타리 등을 설치한 경우는 제외)

다) 액화석유가스는 공기 중의 혼합비율의 용량이 $\frac{1}{1000}$의 상태에서 감지할 수 있도록 냄새가 나는 물질(공업용의 경우는 제외)을 섞어 용기에 충전할 것

라) 액화석유가스의 충전 기준

- 안전밸브 또는 방출밸브에 설치된 스톱밸브는 항상 열어둘 것. 다만, 안전밸브 또는 방출밸브의 수리·청소를 위하여 특히 필요한 경우에는 제외
- 자동차에 고정된 탱크(내용적이 5천 ℓ 이상인 것)로부터 가스를 이입 받을 때에는 자동차가 고정되도록 자동차 정지목 등을 설치할 것

• 액화석유가스를 자동차에 고정된 탱크로부터 이입할 때에는 배관접속부분의 가스누출 여부를 확인

마) 가스의 용기 충전량(kg)

$$G = \frac{V}{C}$$

$G$ : 액화석유가스의 질량(단위 : kg)

$V$ : 용기의 내용적(단위 : L)

$C$ : 프로판은 2.34, 부탄은 2.05의 수치

바) 소형용기 중 접합 또는 납붙임용기와 이동식부탄연소기용 용접용기 및 이동식 프로판연소기용 용접용기에 액화석유가스 충전시 충전가스의 압력과 성분의 구분

㉠ 접합 또는 납붙임용기와 이동식부탄연소기용 용접용기

• 가스의 압력: 40℃에서 0.52Mpa 이하

• 가스의 성분

프로판 + 프로필렌은 10mol% 이하.

부탄 + 부틸렌은 90mol% 이상.

㉡ 이동식 프로판연소기용 용접용기

• 가스의 압력 : 40℃에서 1.53Mpa 이하

• 가스의 성분 : 프로판 + 프로필렌 90mol% 이상

③ 점검기준

가) 액화석유가스의 충전설비 : 1일 1회 이상

나) 액화석유가스가 충전된 이동식부탄연소기용 용접용기는 연속공정에 의하여 55±2℃의 온수조에 60초 이상 통과시키는 누출검사를 전수에 대하여 실시하고, 불합격된 이동식부탄연소기용 용접용기는 파기

다) 안전밸브 : 1년에 1회 이상 설정압력 이하에서 작동하도록 조정

라) 가스시설에 설치된 긴급차단장치 : 1년에 1회 이상

마) 정전기 제거설비 검사기준

• 지상에서 접지저항치

• 지상에서의 접속부의 접속상태

• 지상에서의 절선 그 밖에 손상부분의 유무

바) 물분무장치, 살수장치와 소화전

• 월 1회 이상 작동상황 점검

• 동결할 우려가 있는 경우에는 펌프 구동만으로 통수시험을 갈음할 수 있음.

사) 슬립튜브식 액면계의 패킹을 주기적으로 점검

아) 충전용주관의 압력계

- 매월 1회 이상
- 그 밖의 압력계 : 1년에 1회 이상

## 2 | 자동차에 고정된 용기 충전

(1) 시설기준

① 충전시설의 기준

가) 저장설비 저장능력 : 총합 15톤 이상.

나) 로딩암, 충전기, 충전호스. 차양 등 설치

② 가스설비 설치실 : 불연재료 (지붕은 가벼운 불연재료)

③ 건물의 창 : 망입유리 및 안전유리

④ 사무실 등의 건출물의 벽, 기둥 등 : 내화구조 또는 불연재료

⑤ 고정 용기 충전소에 설치가능한 시설물

가) 충전을 위한 작업장

나) 충전소 업무를 하기 위한 사무실과 회의실, 충전소 관계자가 근무하는 대기실

다) 액화석유가스 충전사업자가 운영하고 있는 용기 재검사 시설

라) 충전소 종사자의 숙소

마) 충전소의 종사자가 이용하기 위한 연면적 100$m^2$ 이하의 식당
저장설비 · 가스설비 외면 및 지면에 표시된 정차위치까지 8m 이상

바) 비상발전기실 또는 공구 등을 보관하기 위한 연면적 100$m^2$ 이하의 창고
저장설비 · 가스설비 외면 및 지면에 표시된 정차위치까지 8m 이상

사) 자동차 세차를 위한 시설
저장설비 · 가스설비 외면 및 지면에 표시된 정차위치까지 8m 이상

아) 충전소에 출입하는 사람을 대상으로 한 자동판매기와 현금자동지급기
저장설비 · 가스설비 외면 및 지면에 표시된 정차위치까지 8m 이상

자) 자동차 등의 점검 및 간이정비(용접, 판금 등 화기를 사용하는 작업 및 도장작업 제외)를 위한 작업장
저장설비 · 가스설비 외면 및 지면에 표시된 정차위치까지 8m 이상

차) 충전소에 출입하는 사람을 대상으로 한 소매점(건축법 시행령에 따른 소매점), 자동차 전시장, 고객휴게실, 휴게음식점, 자동차 영업소 및 일반사무실 (상세기준에 따른 적절한 위치, 구조 등을 갖춘 것)

저장설비 · 가스설비 외면 및 지면에 표시된 정차위치까지 8m 이상

카) 자동차용 배터리 충전을 위한 작업장

저장설비 · 가스설비 외면 및 지면에 표시된 정차위치까지 8m 이상

타) 계량에 관한 법률에 따른 계량증명업을 위한 작업장

파) 규정에 따른 태양광 발전설비

하) 사무실, 회의실, 근무실, 식당, 창고, 작업장, 소매점 등의 연면적의 합 : 500m2초과 금지

## 3 | 자동차에 고정된 탱크 충전

(1) 시설기준

① 충전시설의 기준

가) 저장설비 저장능력 : 총합 40톤 이상.

나) 마운드형 저장탱크는 유지·관리에 지장이 없고, 그 탱크에 대한 위해의 우려가 없도록 설치할 것.

(2) 기술기준

① 액화석유가스의 충전 기준

가) 안전밸브 또는 방출밸브에 설치된 스톱밸브 : 항상 열어 둘 것.

나) 자동차에 고정된 탱크(내용적이 5천L 이상인 것)에 가스를 충전하거나 그로부터 가스를 이입받을 때에는 자동차가 고정되도록 자동차 정지목 등을 설치.

다) 액화석유가스를 자동차에 고정된 탱크에 충전하거나 자동차에 고정된 탱크로부터 이입한 후에는 그 배관 안의 가스로 인한 위해가 발생하지 않도록 조치할 것

② 자동차에 고정된 탱크에 가스를 충전하려면 액화석유가스 운반자동차 운전자의 교육이수 여부 및 운반책임자의 자격 또는 교육이수 여부를 확인할 것

③ 배관을 통한 저장탱크 충전의 경우 배관을 통하여 다른 저장탱크에 액화석유가스를 이송할 경우에는 그 저장탱크 내용적의 90%(소형저장탱크의 경우는 85%)를 넘지 않도록 충전할 것.

## 2 액화석유가스 집단공급·저장소의 시설 등에 관한 기준

### 1 | 일반집단공급

(1) 시설기준

① 배치기준

가) 저장설비(소형저장탱크는 제외)의 그 외면으로부터 사업소 경계(사업소 경계가 바다·호수·하천·도로 등과 접한 경우에는 그 반대편 끝)까지의 안전거리 기준

| 저장능력 | 제1종 보호시설 |
|---|---|
| 10톤 이하 | 17m |
| 10톤 초과 20톤 이하 | 21m |
| 20톤 초과 30톤 이하 | 24m |
| 30톤 초과 40톤 이하 | 27m |
| 40톤 초과 | 30m |

※ 비고

- 사업소에 두 개 이상의 저장설비가 있는 경우에는 그 설비별로 각각 안전거리를 유지하여야 한다.
- 지하에 저장설비를 설치하는 경우에는 다음 표에 따른 거리의 $\frac{1}{2}$로 할 수 있고, 시장·군수 또는 구청장이 공공의 안전을 위해 필요하다고 인정하는 지역에 대하여는 일정거리를 더하여 정할 수 있다.
- 저장능력 계산식

  W = 0.9dV 다만, 소형저장탱크의 경우에는 W = 0.85dV

  W : 저장탱크 또는 소형저장탱크의 저장능력(단위 : kg)

  d : 상용온도에서의 액화석유가스 비중(단위 : kg/L)

  V : 저장탱크 또는 소형저장탱크의 내용적(단위 : L)

나) 저장설비와 가스설비는 그 외면으로부터 화기(그 설비 안의 것은 제외)를 취급하는 장소까지 8m 이상의 우회거리를 둔다.

(2) 기술기준

① 이입 및 충전기준

가) 자동차에 고정된 탱크로부터 액화석유가스를 저장탱크 또는 소형저장탱크에 송출 또는 이입하는 때에는 "가스충전 중"의 표시를 하고, 자동차가 고정되도록 그 자동차에 자동차 정지목 등을 설치하는 것

나) 저장탱크에 가스를 충전하려면 정전기를 제거한 후 저장탱크의 내용적의 90%(소형저장탱크의 경우는 85%)를 넘지 않도록 충전

다) 자동차에 고정된 탱크는 저장탱크의 외면으로부터 3m 이상 떨어져 정지할 것. 단, 저장탱크와 자동차에 고정된 탱크와의 사이에 방호 울타리 등을 설치한 경우는 제외

라) 충전설비에서 발생하는 정전기를 제거하는 조치를 할 것

② 안전유지기준

가) 1년에 1회이상 침하상태 측정

나) 저장탱크 및 배관의 온도유지 : 40℃이하

다) 저장설비 및 가스설비에는 방폭형 휴대전등만 가능.

라) 저장설비 및 가스설비 주위 8m이내에는 화기취급금지

마) 밸브류의조작은 수동조작 원칙.

사) 소형저장탱크의 안전 커플링 주밸브는 항상 열어 둘 것.

아) 기밀시험이나 시운전에는 불활성 가스 사용할 것. (단, 공기를 사용하는 경우, 설비 중의 가스를 방출한 후 온도를 설비에 사용하는 윤활유의 인화점이하로 유지)

③ 점검기준

가) 충전설비 : 1일1회이상

나) 압축기 맨 끝 부분에 설치한 안전밸브 : 1년 1회 이상
(그 밖의 안전밸브 : 2년에 1회 이상)

다) 긴급차단장치 : 1년 1회이상 누출검사 및 작동검사

라) 물분무장치, 살수장치와 소화전 : 매월1회 이상

마) 충전용 주관의 압력계 : 매월1회 이상 (그 밖의 압력계 : 1년 1회 이상)

### (3) 저장설비기준

① 일반집단공급시설의 저장설비 : 저장탱크나 소형저장탱크로 설치.

② 탱크간의 거리 : 두 저장탱크의 최대지름을 더한 길이의 $\frac{1}{4}$이상

③ 같은 장소에 설치하는소형저장탱크의 수 : 6기 이하 (충전질량의 합계는 5,000kg 미만)

### (4) 피해저감설비기준

① 유출방지댐의 설치 : 저장능력 1천톤 이상의 저장탱크를 지상에 설치하는 경우.

② 저장탱크(지하매설의 경우는 제외) 및 가스설비에는 살수장치 설치.

## 2 | 저장탱크에 의한 저장소

### (1) 시설기준

① 저장탱크에 의한 저장소의 시설기준은 일반집단공급시설의 기준을 따름.

(2) 기술기준

① 방폭형 등화 사용

② 충전용량 : 저장탱크내용적의 90%를 넘지 않도록 충전

③ 안전밸브 또는 스톱밸브 : 항상 열어둘 것.

④ 내용적 5천L이상인 자동차에 고정된 탱크로부터 가스를 이입받을 때는 장동차 정지목 등을 설치.

## 3 | 용기에 의한 저장소

(1) 시설기준

① 배치기준

가) 저장설비 및 가스설비의 화기와의 우회거리 : 8m 이상.

나) 용기보관실과 사업소의 경계는 일반집단공급의 배치기준 표를 따름.

② 저장설비기준

가) 충전용기와 잔가스용기의 보관장소 : 1.5m 이상의 간격을 두어 구분

나) 실외저장소 안의 용기군 사이의 통로 기준

- 용기의 단위 집적량은 30톤을 초과금지
- 팰릿(pallet)에 넣어 집적된 용기군 사이의 통로 너비 : 2.5m 이상
- 팰릿에 넣지 아니한 용기군 사이의 통로 너비 : 1.5m 이상

다) 실외저장소 안의 집적된 용기의 높이의 기준

- 팰릿에 넣어 집적된 용기의 높이 : 5m 이하
- 팰릿에 넣지 않은 용기 : 2단 이하로 적재

(2) 기술기준

① 안전유지기준

가) 용기보관실을 설치한 저장소에서의 안전기준

- 충전용기는 항상 40℃ 이하를 유지하여야 하고 사용 중인 경우를 제외하고는 충전용기와 잔가스용기를 구분하여 용기보관실에 저장
- 용기를 차에 싣거나 내리거나 이동시 필요한 경우에는 손수레 이용.

나) 용기보관실의 안전기준

- 용기보관실 주위의 2m(우회거리) 이내에는 화기 취급 금지
- 용기보관실에서 사용하는 휴대용손전등은 방폭형일 것
- 용기의 2단 이상 적재금지(단, 내용적이 30ℓ 미만의 용기는 가능)

다) 실외저장소에서 용기를 보관할 경우의 기준

- 용기보관장소의 경계 안에서 세워서 보관할 것.
- 충전용기는 항상 40℃ 이하로 유지

## 3 액화석유가스 판매·액화석유가스 충전사업자의 영업소에 설치하는 용기저장소의 시설 등에 관한 기준

### 1 | 액화석유가스 판매

(1) 시설기준

① 배치기준

가) 사업소업소의 부지는 한 면이 폭 4m 이상의 도로에 접할 것

나) 용기보관실은 그 외면으로부터 화기를 취급하는 장소까지 2m 이상의 우회거리를 두거나, 화기를 취급하는 장소와의 사이에는 그 용기보관실로부터 누출된 가스가 유동하는 것을 방지하기 위한 조치를 할 것

② 저장설비기준

가) 용기보관실 : 불연성재료 사용

나) 용기보관실의 지붕 : 불연성재료를 사용한 가벼운 지붕

다) 판매업소의 용기보관실 벽 : 방호벽

라) 용기보관실의 면적 : $19m^2$ 이상

마) 용기보관실 바닥의 높이 : 적재함의 높이가 가장 낮은 운반차량의 적재함 높이.

③ 사고예방설비기준

가) 용기보관실에는 분리형 가스누출경보기 설치

나) 용기보관실의 전기설비 : 방폭구조(용기보관실 안에 전기스위치 설치금지)

다) 환기가 잘되지 않는 곳에는 강제 통풍시설 설치.

라) 용기보관실 온도 : 40℃ 이하.

④ 부대설비기준

가) 용기보관실과 사무실은 동일한 부지에 구분하여 설치

나) 사무실의 면적 : $9m^2$ 이상

다) 판매업소에는 용기보관실 주위에 $11.5m^2$ 이상의 부지를 확보할 것

라) 벌크로리 액화석유가스 판매업소

- 상호와 전화번호를 가로·세로 5cm 이상의 글자로 도색하여 표시

• 벌크로리의 통행을 위한 충분한 부지 확보
• 안전거리

| 저장능력 | 제1종 보호시설 | 제2종 보호시설 |
|---|---|---|
| 10톤 이상 | 17m | 12m |

저장능력 산정식 : G = V/C
G : 액화석유가스의 질량(단위 : kg)
V : 벌크로리의 내용적(단위 : L)
C : 프로판은 2.35, 부탄은 2.05의 수치(2) 기술기준

⑤ 판매시설의 시설기준

가) 사무실과 용기보관실은 구분하여 설치

나) 용기보관실의 면적 : 12$m^2$ 이상

다) 용기보관실 : 불연성재료 (용기보관실의벽은 방호벽으로 설치)

(2) 기술수준

① 안전유지기준

가) 충전용기는 항상 40℃ 이하 유지.

나) 충전 용기와 잔가스용기를 구분하여 용기보관실에 저장할 것.

다) 용기보관실 주위의 2m(우회거리)이내에는 화기취급금지.

라) 2단이상 적재 금지 (내용적 30L 미만의 용기는 2단적재 가능)

마) 용기의 폐기 : 액화석유가스 충전소 또는 액화석유가스 용기 전문검사기관에 보내 폐기

바) 벌크로리는 운반중인 경우 외에는 해당 판매사업소의 주자장소에 주차

② 이입 및 충전 기준

가) 액화석유가스를 충전하려면 소형저장탱크 또는 저장능력이 10톤 이하인 저장탱크 안의 잔량을 확인한 후 충전.

나) 충전작업은 안전관리자가 지켜보는 가운데에 할 것.

다) 벌크로리로부터 액화석유가스를 소형저장탱크 또는 저장능력이 10톤 이하인 저장탱크에 송출하거나 이입하려면 "가스충전 중"이라 표시하고, 자동차 정지목 설치.

라) 저장능력이 10톤 이하인 저장탱크에 가스를 충전하려면 정전기를 제거한 후 저장탱크의 내용적의 90%(소형저장탱크의 경우는 85%)를 넘지 않도록 충전.

마) 벌크로리로 저장능력이 10톤 이하인 저장탱크에 액화석유가스를 충전하려면 벌크로리의 탱크주밸브를 통하여 충전할 것. (단, 탱크주밸브를 통하여 충전이 어려운 경우에는 벌크로리의 충전호스 커플링을 통하여 충전 가능)

## 2 | 액화석유가스 충전사업자의 영업소에 설치하는 용기저장소

(1) 시설기준 및 기술기준

① 용기보관실과 사업소의 경계는 일반집단공급의 배치기준 표를 따름.

② 액화석유가스판매 기술기준을 따름.

# 4 액화석유가스 사용시설의 시설 등에 관한 기준

## 1 | 용기에 의한 사용시설

(1) 시설기준

① 배치기준

가) 저장설비 · 감압설비 및 배관(건축물 안에 설치한 배관은 제외)의 화기(그 설비 안의 것은 제외)취급장소와의 우회거리(주거용 시설은 2m)

| 저장능력 | 화기와의 우회거리 |
|---|---|
| 1톤 미만 | 2m 이상 |
| 1톤 이상 3톤 미만 | 5m 이상 |
| 3톤 이상 | 8m 이상 |

※ 비고 : 2개 이상의 저장설비가 있는 경우에는 그 설비별로 각각 거리를 유지해야 한다.

나) 가스계량기는 화기(해당 시설 안에서 사용하는 자체화기는 제외)와 2m 이상의 우회거리를 유지하는 곳으로서 수시로 환기가 가능한 장소에 설치

다) 가스계량기($30m^3/h$ 미만)의 설치 높이 : 바닥으로부터 1.6m 이상 2m 이하의 높이에 수직 · 수평으로 설치하고, 밴드 · 보호가대 등 고정장치로 고정시킬 것(단, 격납상자 안에 설치하는 경우에는 설치 높이 제한없음.)

라) 가스계량기와 전기계량기 및 전기개폐기와의 거리 : 60cm 이상

마) 입상관이 화기 우려가 있는 주위를 통과할 경우에는 화기 등과 차단조치를 하여야 하고, 이에 부착된 밸브는 분리가능한 것으로서 바닥으로부터 1.6m 이상 2m 이내(단단한 상자 안에 설치하는 경우는 제외)에 설치.

② 저장설비기준

가) 저장설비를 용기로 하는 경우 : 저장설비의 저장능력은 500kg 이하.
(500kg을 초과하여 저장할 경우, 저장탱크 또는 소형저장탱크를 설치할 것.)

나) 용기의 보관기준

(용기내장형 가스난방기 용기 및 내용적 1L이하 이동식 부탄연소용 용기 제외)

• 용기집합설비 설치.

• 저장능력 100kg 초과시 옥외 용기보관실 안에 설치

③ 가스설비기준

가) 호스(금속플렉시블호스 제외)의 길이 : 3m 이내(용접 또는 용단작업용 시설은 제외)

나) 호스는 T형으로 연결금지

④ 연소기(가스보일러와 가스온수기)설치기준

가) 개방형가스온수기(실내에서 연소용 공기를 흡입하고 폐가스를 실내로 방출하는 가스온수기)는 설치 금지.

나) 가스온수기나 가스보일러는 목욕탕 또는 환기가 잘되지 않는 곳에 설치금지(단, 중독사고가 일어나지 않도록 적절한 조치를 한 경우에는 제외)

다) 가스보일러는 전용보일러실(보일러실 안의 가스가 거실로 들어가지 않는 구조로서 보일러실과 거실 사이의 경계벽은 출입구를 제외하고는 내화 구조의 벽으로 한 것)에 설치할 것(단, 중독사고가 일어나지 않도록 적절한 조치를 한 경우에는 제외)

라) 배기통의 재료 : 스테인리스강판 또는 내열·내식성 재료

마) 가스보일러를 설치 시공한 자는 시공자·보일러 및 시공내역 등과 관련된 정보를 기록한 시공 표지판을 부착할 것

바) 가스보일러를 설치·시공한 자는 사용자·시공자·보일러가 설치된 건축물·보일러시공내역·시공확인 사항 등과 관련된 정보가 기록된 가스보일러 설치시공확인서를 작성하여 5년간 보존 및 사본을 사용자에게 교부하고 작동요령에 대한 교육을 실시할 것

⑤ 사고예방설비기준

• 저장능력이 250kg 이상(자동절체기를 사용하여 용기를 집합한 경우에는 저장능력 500kg 이상)인 경우 : 용기에서 압력조정기 입구까지의 배관에 압력상승에 따른 안전장치 설치

(2) 기술기준

① 안전유지기준

가) 내용적 20ℓ 이상의 충전용기를 옥외를 이동하면서 사용하는 때에는 용기 운반전용 손수레에 묶어 사용하여야 하고, 사용한 후에는 용기 보관실에 보관할 것

나) 밸브 또는 콕(조작스위치에 의하여 밸브 또는 콕을 개폐하는 경우에는 그 조작스위치)에는 안전하게 조작할 수 있는 조치를 마련할 것

다) 사이폰용기는 기화장치가 설치되어 있는 시설에서만 사용할 것

라) 충전용기 밸브는 서서히 개폐, 밸브 및 배관 가열시 열습포 또는 40℃이하의 더운 물 사용.

마) 용접 등의 장소로부터 5m 이내에는 화기사용 금지.

② 점검기준

가) 가스사용자는 그 설비의 작동상황을 1일 1회 이상 점검할 것. (단, 주거용 가스사용자는 3개월에 1회 이상 자율적으로 시설점검 실시.)

나) 비상전력은 정기적으로 검사.

## 2 | 소형저장탱크에 의한 사용시설

### (1) 시설기준

① 소형저장탱크의 가스충전구와 토지경계선 및 건축물개구부 사이의 거리, 소형저장탱크와 다른 소형저장탱크 사이의 거리기준

| 소형저장탱크의 충전질량(kg) | 가스충전구로부터 토지경계선에 대한 수평거리(m) | 탱크 간 거리(m) | 가스충전구로부터 건축물개구부에 대한 거리(m) |
|---|---|---|---|
| 1,000 미만 | 0.5 이상 | 0.3 이상 | 0.5 이상 |
| 1,000 미만<br>2,000 미만 | 3.0 이상 | 0.5 이상 | 3.0 이상 |
| 2,000 이상 | 5.5 이상 | 0.5 이상 | 3.5 이상 |

② 같은 장소에 설치하는 소형저장탱크의 수는 6기 이하로 하고 충전 질량의 합계는 5,000kg 미만이 되도록 할 것

③ 소형저장탱크, 소형저장탱크(저장능력이 250kg 이상인 경우)와 압력조정기 입구까지의 배관에는 허용압력 이하로 되돌릴 수 있는 안전장치 등을 설치할 것

④ 토지 경계선이 바다 · 호수 · 하천 · 도로 등과 접하는 경우에는 그 반대편 끝을 토지 경계선으로 보며, 이 경우 탱크 바깥 면과 토지 경계선 사이에는 최소 0.5m 이상의 거리 유지.

※ 고속도로휴게소에서 액화석유가스 저장능력이 500kg을 초과하는 경우에는 소형저장탱크를 설치해야 한다.

### (2) 기술기준

① 소형저장탱크와 기화장치의 주위 5m 이내에는 화기 취급 금지

② 소형저장탱크 주위에 있는 밸브류의 조작은 원칙적으로 수동조작으로 할 것

③ 소형저장탱크의 세이프티커플링의 주밸브는 항상 열어둘 것(단, 그 커플링으로부터의 가스 누출이나 긴급 시의 대책을 위하여 필요한 경우에는 닫아둘 것)

④ 소형저장탱크에의 액화석유가스 충전은 벌크로리 등에서 발생하는 정전기를 제거하고, "화

기엄금" 등의 표지판을 설치

⑤ 살수장치와 소화전은 매월 1회 이상 작동상황 점검. 다만, 동결할 우려가 있는 경우에는 펌프구동만으로 통수시험을 갈음함.

## 3 | 저장탱크에 의한 사용시설

### (1) 시설기준

① 저장탱크는 그 외면으로부터 사업소 경계(사업소 경계가 바다 · 호수 · 하천 · 도로 등과 접한 경우에는 그 반대편 끝.)까지의 안전거리기준.

| 저장능력 | 제1종 보호시설 |
|---|---|
| 10톤 이하 | 17m |
| 10톤 초과 20톤 이하 | 21m |
| 20톤 초과 30톤 이하 | 24m |
| 30톤 초과 40톤 이하 | 27m |
| 40톤 초과 | 30m |

※ 단, 지하에 저장설비를 설치하는 경우에는 $\frac{1}{2}$로 할 수 있으며, 시장·군수 또는 구청장이 공공의 안전을 위하여 필요하다고 인정하는 지역에 대하여는 일정거리를 더하여 정할 수 있다.

② 저장탱크간 거리 : 두 저장탱크의 최대지름을 합산한 길이의 $\frac{1}{4}$이상

③ 저장탱크 배관에는 긴급 시 가스의 누출을 효과적으로 차단할 수 있는 조치를 할 것. (단, 액체상태의 액화석유가스를 이입하기 위하여 설치된 배관에는 역류방지밸브로 대신함.)

④ 저장탱크(지하 매설은 제외) 또는 가스설비에는 살수장치 등의 소화설비 설치.

### (2) 기술기준

① 1년에 1회 이상 정기적으로 적정한 방법으로 침하상태를 측정할 것

② 가스시설에 설치된 긴급차단장치에 대하여는 1년에 1회 이상 밸브시트의 누출검사 및 작동검사를 실시할 것

③ 정전기 제거설비를 정상상태로 유지하기 위한 기준

가) 지상에서 접지저항치

나) 지상에서의 접속부의 접속상태

다) 지상에서의 절선 그 밖에 손상부분의 유무

④ 물분무장치, 살수장치와 소화전은 매월 1회 이상 작동상황을 점검하고, 그 기록을 작성·유지할 것. 다만, 동결할 우려가 있는 경우에는 펌프구동만으로 통수시험을 대신할 수 있다.

## 4 | 액화석유가스 자동차 연료장치

(1) 시설기준

① 저장설비기준

가) 액화석유가스를 연료로 사용하는 자동차에는 그 자동차 및 연료장치의 안전을 위하여 적절한 방법으로 용기를 설치하고 필요한 조치를 할 것

나) 용기에는 용기의 안전을 위하여 적정한 기능이 있는 용기밸브·과류방지밸브·과충전방지장치·사이폰관 등 필요한 설비나 장치 등을 설치하고, 적절한 조치를 할 것

② 가스설비기준

액화석유가스를 연료로 사용하는 자동차에는 그 자동차 및 연료장치의 안전을 위하여 적정한 기능이 있는 압력조정기·기화장치·연료펌프·여과장치·고압고무호스 및 전자식밸브 등 필요한 설비나 장치 등을 설치하고, 적절한 조치를 할 것.

③ 사고예방설비기준

가) 용기 압력이 허용압력을 초과하는 경우 즉시 그 압력을 허용압력 이하로 되돌릴 수 있는 안전장치 등을 설치할 것.

나) 액출구밸브 또는 그 근처에는 배관의 파손 등으로 연료가스액의 유출에 이상이 생긴 경우 용기로부터 연료가스액의 유출을 자동적으로 차단할 수 있는 기능을 가진 장치 등을 설치할 것.

다) 액화석유가스 충전 중에는 자동차 시동이 걸리지 않도록 자동차에 오발진 방지장치 설치를 권고할 수 있음.

## Chapter 3 | 도시가스법에서 정한 용어의 정리

### 1 도시가스사업

수요자에게 연료용가스(이하 "가스")를 공급하는 사업(석유사업법에 의한 석유정제업을 제외한다)으로서 가스도매사업, 일반도시가스사업, 도시가스충전사업, 나프타부생가스·바이오가스제조사업 및 합성천연가스제조사업.

### 2 가스도매사업

일반도시가스사업자 및 나프타부생가스 · 바이오가스제조사업자 외의 자가 일반도시가스사업자, 도시가스충전사업자, 선박용천연가스자업자 또는 산업통상자원부령이 정하는 대량수요자에게 천연가스(액화한 것을 포함.)를 공급하는 사업.

### 3 대량수요

월 10만$m^3$ 이상 사용자, 발전용(시설용량 100MW 이상)으로 천연가스를 사용하는 자, 열병합용(시설용량 100MW이상), 연료전지용 수소제조(1MPa이상 공급받아 제조)를 위한 천연가스 사용자 및 LNG저장 탱크(시험·연구용 용기포함)에 의한 사용자.

### 4 일반도시가스사업

가스도매사업자 등으로부터 공급받은 도시가스 또는 스스로 제조한 석유가스, 나프타부생가스, 바이오가스를 일반의 수요에 따라 배관을 통하여 수요자에게 공급하는 사업.

### 5 도시가스충전사업

가스도매사업자 등으로부터 공급받은 도시가스 또는 스스로 제조한 나프타부생가스, 바이오가스를 용기, 저장탱크 또는 자동차에 고정된 탱크에 충전하여 공급하는 사업으로서 산업통상자원부령으로 정하는 사업.

### 6 나프타부생가스 · 바이오가스제조사업

나프타부생가스·바이오가스를 스스로 제조하여 자기가 소비하거나 제8조의3제1항 각 호의 어느 하나에 해당하는 자에게 공급하는 사업(고압가스 안전관리법에 따른 제조허가를 받아 나프타부생가스를 제조하여 전용배관을 통해 산업통상자원부령으로 정하는 시설에 직접 공급하는 경우는 제외).

### 7 합성천연가스제조사업

합성천연가스를 스스로 제조하여 자기가 소비하거나, 가스도매사업자에게 공급하거나, 해당 합성천연가스제조사업자의 주식 또는 지분의 과반수를 소유한 자로서 해당 합성천연가스를 공급받아 자기가 소비하려는 자에게 공급하는 사업.

### 8 가스공급시설

가스의 제조·공급을 위한 시설 (산업통상자원부령으로 정하는 가스제조시설, 가스배관시설, 가스충전시설, 나프타부생가스·바이오가스제조시설 및 합성천연가스제조시설).

### 9 가스사용시설

가스공급시설 외의 가스사용자의 시설.

### 10 도시가스사업자 외의 가스공급시설 설치자

- 자기가 소비할 목적으로 천연가스를 수입하는 자로서 가스공급시설을 설치하는 자.
- 도시가스사업자와 가스공급시설의 이용에 관한 계약을 체결한 자로서 당해 가스 공급시설 설치하는 자.

### 11 배관

본관, 공급관, 내관 또는 그 밖의 관.

### 12 본관

일반도시가스사업의 경우, 도시가스제조사업소(액화천연가스의 인수기지 포함)의 부지경계에서 정압기까지 이르는 배관.

### 13 공급관

- 공공주택, 오피스텔, 콘도미니엄 그 밖에 안전관리를 위하여 산업통상자원부장관이 필요하다고 인정하여 정하는 건축물(공동주택 등)에 도시가스를 공급하는 경우에는 정압기에서 가스사용자가 구분하여 소유하거나 점유하는 건

축물의 외벽에 설치하는 계량기의 전단 밸브(계량기가 건축물의 내부에 설치된 경우에는 건축물의 외벽)까지에 이르는 배관.

- 공동주택 등 외의 건축물 등에 가스를 공급하는 경우에는 정압기에서 가스사용자가 소유하거나 점유하고 있는 토지의 경계까지에 이르는 배관.
- 가스도매사업의 경우에는 정압기에서 일반도시가스사업자의 가스공급시설이나 대량수요자의 가스사용시설까지에 이르는 배관.
- 나프타부생가스·바이오가스제조사업 및 합성천연가스제조사업의 경우에는 해당 사업소의 본관 또는 부지 경계에서 가스사용자가 소유하거나 점유하고 있는 토지의 경계까지 이르는 배관.

### 14 사용자공급관

공급관 중 가스사용자가 소유하거나 점유하고 있는 토지의 경계에서 가스사용자가 구분하여 소유하거나 점유하는 건축물의 외벽에 설치된 계량기의 전단 밸브(계량기가 건축물의 내부에 설치된 경우에는 그 건축물의 외벽)까지에 이르는 배관.

### 15 내관

가스사용자가 소유하거나 점유하고 있는 토지의 경계(공동주택 등으로서 가스 사용자가 구분하여 소유하거나 점유하는 건축물의 외벽에 계량기가 설치된 경우에는 그 계량기의 전단 밸브, 계량기가 건축물의 내부에 설치된 경우에는 건축물의 외벽)에서 연소기까지에 이르는 배관을 말한다.

### 16 고압, 중압, 저압

- 고압 : 1MPa 이상의 압력(게이지 압력을 말한다).
- 중압 : 0.1 MPa 이상 1MPa 미만의 압력. 다만, 액화가스가 기화되고 다른 물질과 혼합되지 않은 경우는 0.01MPa 이상 0.2MPa 미만의 압력.
- 저압 : 0.1MPa 미만의 압력. 다만, 액화가스가 기화되고 다른 물질과 혼합되지 아니한 경우에는 0.01 MPa 미만의 압력.

### 17 액화가스

상용의 온도 또는 섭씨 35도의 온도에서 압력이 0.2MPa 이상이 되는 것.

### 18 특정가스사용시설

- 월사용예정량 2,000$m^3$(제1종보호시설안에 있는 경우에는 1,000$m^3$)이상인 가스사용시설.
- 월사용예정량 2,000$m^3$(제1종보호시설안에 있는 경우에는 1,000$m^3$)미만인 가스사용시설 중 내관 및 그 부속시설이 바닥·벽 등에 매립 또는 매몰 설치되는 가스사용시설과 다중이 이용하는 시설로서 시·도지사가 안전 관리상 필요하다고 인정하여 지정하는 가스사용시설.

### 19 액화천연가스 저장탱크

- 지상식 저장탱크(aboveground storage Tank) : 지표면 위에 설치하는 형태의 저장탱크.
- 지중식 저장탱크(inground storage tank) : 액화천연가스의 최고액면을 지표면과 동등 또는 그 이하가 되도록 설치하는 형태의 저장탱크.
- 지하식 저장탱크(underground storage tank) : 지하에 설치하는 구조로서 콘크리트 지붕을 흙으로 완전히 덮어버린 형태의 저장탱크.
- 단일방호식 저장탱크(single containment tank) : 탱크 외부에 방류둑을 설치하여 탱크가 파괴되어 누출된 경우 액화천연가스가 체류되도록 하는 구조의 저장탱크.
- 이중방호식 저장탱크(double containment tank) : 내부탱크와 외부탱크 사이에 공간을 확보하여 내부탱크가 파괴되어 누출한 경우 외부탱크가 액화천연가스를 잠시 저장할 수 있는 구조의 저장탱크.
- 완전방호식 저장탱크(full containment tank) : 내부탱크가 파괴되어 액화천연가스가 누출될 경우 외부탱크에 의해 액상 뿐만 아니라 기상의 가스도 누출을 방지할 수 있는 구조의 저장탱크.
- 내부탱크(inner tank) : 액화천연가스(LPG)와 직접 접촉하여 액화천연가스를 저장하기 위한 것으로서 자기지지형(self supporting) 9% 니켈강, 알루미늄 합금 또는 멤브레인식 스테인레스강 등을 재료로 하여 만든 저장탱크의 안쪽 부분.
- 외부탱크(outer tank) : 내부탱크의 외면에 설치되는 것으로서 내부 탱크를 지지하기 위하여 금속 또는 철근콘크리트 등을 재료로 하여 만든 저장 탱크의 바깥쪽 부분.

# Chapter 3 도시가스법

## 1 가스도매사업의 가스공급시설의 시설·기술·검사·정밀안전진단·안전성평가의 기준

### 1 | 제조소 및 공급소

(1) 시설기준

① 배치기준

가) 액화석유가스의 저장설비와 처리설비 : 그 외면으로부터 보호시설까지 30m 이상의 거리를 유지할 것(단, 산업통상자원부장관이 필요하다고 인정하는 지역의 경우는 이 기준 외에 거리를 더하여 정할 수 있다)

나) 제조소 및 공급소에 설치하는 가스(저압의 것으로서 지면에 체류할 우려가 없는 것은 제외)가 통하는 가스공급시설(배관은 제외)은 그 외면으로부터 화기(그 설비 안의 것은 제외)를 취급하는 장소까지 8m 이상의 우회거리를 유지할 것

다) 액화천연가스(기화된 천연가스는 포함)의 저장설비와 처리설비(1일 처리 능력이 52,500$m^3$ 이하인 펌프·압축기·응축기·기화장치는 제외)는 그 외면으로부터 사업소 경계(사업소경계가 바다·호수·하천(「하천법」에 따른 하천)·연못 등의 경우에는 이들의 반대편 끝을 경계로 본다)까지 다음 계산식에 따라 얻은 거리(그 거리가 50m 미만의 경우에는 50m) 이상을 유지할 것

$$L = C \times \sqrt[3]{143000W}$$

$L$ : 유지하여야 하는 거리(단위 : m)
$C$ : 저압 지하식 저장탱크는 0.240, 그 밖의 가스저장설비와 처리설비는 0.576
$W$ : 저장탱크는 저장능력(단위 [ton])의 제곱근, 그 밖의 것은 그 시설 안의 액화천연가스의 질량(단위 [ton])

**Q1** 액화천연가스의 저장설비 및 처리설비에서 안전거리 계산식으로 옳은 것은? (단, L은 유지하여야 하는 거리(m), C는 상수, W는 저장능력 또는 액화천연가스의 질량을 나타낸다)

① $L = C^2\sqrt{143000W}$
② $L = C\sqrt[3]{143000W}$
③ $L = W \cdot C\sqrt[3]{143000W}$
④ $L = C\sqrt{143000W}$

정답 ②

라) 고압의 가스공급시설의 설치 : 20,000$m^2$ 미만의 안전구역 안에 설치(단, 공정상 밀접한 관련을 가지는 가스공급시설로서 두 개 이상의 안전구역을 구분함에 따라 그 가스공급시설의 운영에 지장을 줄 우려가 있는 경우는 제외)

마) 안전구역 안의 고압인 가스공급시설(배관은 제외하나 고압인 가스공급시설과 같은 제조설비에 속하는 가스설비는 포함)은 그 외면으로부터 다른 안전구역 안에 있는 고압인 가스공급시설의 외면까지 30m 이상의 거리를 유지할 것

바) 두 개 이상의 제조소가 인접하여 있는 경우의 가스공급시설은 그 외면으로부터 다른 제조소의 경계까지 20m 이상의 거리를 유지할 것

사) 액화천연가스의 저장탱크는 그 외면으로부터 처리능력이 20,000$m^3$ 이상인 압축기까지 30m 이상의 거리를 유지할 것

아) 제조소 및 공급소에는 안전조업에 필요한 공지를 확보하여야 하며, 가스공급시설은 안전조업에 지장이 없도록 배치할 것

② 기초기준

가) 저장탱크·가스홀더·압축기·펌프·기화기·열교환기·냉동설비의 지지구조물과 기초는 지진에 견딜 수 있는 안전한 구조로 할 것

나) 내진설계 대상 제외 시설

- 건축법령에 따라 내진 설계를 하여야 하는 것으로서 같은 법령이 정하는 바에 따라 내진설계를 한 시설
- 저장능력이 3톤(압축가스의 경우에는 300$m^3$) 미만인 저장탱크 또는 가스홀더
- 지하에 설치되는 경우

③ 저장설비기준

가) 저장탱크와 다른 저장탱크 또는 가스홀더와의 사이에는 두 저장탱크의 최대지름을 더한 길이의 $\frac{1}{4}$ 이상에 해당하는 거리(두 저장탱크의 최대지름을 더한 길이의 $\frac{1}{4}$이 1m 미만인 경우에는 1m 이상의 거리)를 유지(저장탱크 상호 간에 물분무장치를 설치한 경우

에는 제외)하여 저장탱크에서 발생한 위해요소가 전이되지 않도록 하고, 저장탱크를 지하나 실내에 설치하는 경우에는 가스폭발을 방지하기 위하여 필요한 조치를 마련할 것

나) 저장탱크에는 폭발방지장치, 액면계, 물분무장치, 방류둑, 긴급차단장치 등 저장탱크의 안전을 확보하기 위한 설비 설치

다) 압력저하 방지조치 등 저장탱크의 안전을 확보하기 위한 조치 마련

- 설치 예외 규정
  - 물분무장치(살수장치는 포함한다)와 소화전을 설치하는 저장탱크
  - 저온저장탱크(2중각 단열구조의 것)로서 그 단열재의 두께가 해당 저장탱크 주변의 화재를 고려하여 설계·시공된 저장탱크
  - 지하에 매몰하여 설치하는 저장탱크

④ 사고예방설비기준

가) 제조소 및 공급소의 가스공급시설의 도시가스가 통하는 부분에 직접 액체를 옮겨 넣는 가스발생설비(액화석유가스를 원료로 하는 것은 제외)와 가스정제설비에는 액체의 역류를 방지하기 위한 장치 설치.

나) 제조소 또는 그 제조소에 속하는 계기를 장치한 회로에는 정상적인 도시가스의 제조 조건에서 벗어나는 것을 방지하기 위하여 제조설비 안 도시가스의 제조를 제어하는 장치(인터록기구) 설치

다) 제조소에는 누출된 도시가스를 신속히 감지하기 위하여 공기 중의 혼합비율의 용량이 1/1,000의 상태에서 감지할 수 있는 냄새가 나는 물질(부취제)을 혼합하기 위한 장치 설치

⑤ 피해저감설비기준

유출 방지 조치 : 저장능력이 500톤 이상(서로 인접하여 설치된 것은 그 저장능력의 합계)인 액화가스 저장탱크 주위

⑥ 표시기준

가) 저장탱크(국가보안목표시설로 지정된 것은 제외)의 외부 도색 : 은색·백색(가스의 명칭 : 붉은 글씨)

나) 제조소 및 공급소에는 경계표지와 경계책을 설치할 것

(2) 기술기준

① 물분무장치 등 : 매월 1회 이상 작동점검 및 기록

② 긴급차단장치 : 1년에 1회 이상 밸브시트의 누출검사와 작동검사 실시

③ 부취제가 첨가된 도시가스 : 매월 1회 이상 최종 소비장소에서 채취한 시료를 측정·기록하

고 2년간 보존

④ 제조소 및 공급소에 설치된 가스누출경보기 : 1주일에 1회 이상 작동점검

## 2 | 정압기(지) 및 밸브기지

### (1) 시설기준

① 피해저감설비기준

가) 지상에 설치하는 정압기실의 벽 : 방호벽으로 하고, 지붕은 가벼운 난연 이상의 재료

나) 정압기의 입구 : 자동차단 및 원격조작이 가능한 긴급차단장치 설치
(출구에는 원격조작이 가능한 차단장치 설치)

다) 정압기지 및 밸브기지에는 벤트스택 설치

② 표시기준 : 정압기지 및 밸브기지에는 경계표지와 경계책을 설치할 것

### (2) 기술기준

가) 정압기는 설치 후 2년에 1회 이상 분해점검을 실시할 것.

나) 예비 용도로만 사용되는 정압기로서 월 1회 이상 작동점검을 실시하는 정압기는 설치 후 3년에 1회 이상 분해점검을 실시

## 3 | 제조소 및 공급소 밖의 배관

### (1) 시설기준

① 배관설비기준

가) 배관은 그 배관의 강도 유지와 수송하는 도시가스의 누출 방지를 위한 방법으로 접합하고, 이를 확인하기 위하여 중압 이상의 용접부(가스용 폴리에틸렌관은 제외)와 저압의 용접부(가스용 폴리에틸렌관, 노출된 사용자공급관 및 호칭지름 80mm 미만인 저압 배관은 제외)에는 비파괴시험을 실시하고, 접합부의 안전을 유지하기 위해 응력을 제거할 것

나) 신축을 흡수하는 조치를 할 것

다) 배관을 매설하는 경우에는 설치환경에 따른 매설 깊이 및 설치 간격 기준

- 지하에 매설하는 경우 : 배관의 매설 깊이 : 산이나 들에서는 1m 이상, 그 외 1.2m 이상(다만, 방호구조물 안에 설치하는 경우에는 제외)
- 배관의 외면으로부터 도로의 경계까지 수평거리 : 1m 이상, 도로 밑의 다른 시설물과는 0.3m 이상
- 시가지의 도로 노면 밑에 매설하는 경우 : 노면으로부터 배관의 외면까지 1.5m 이상.

다만, 방호구조물 안에 설치하는 경우에는 노면으로부터 그 방호구조물의 외면까지 1.2m 이상

- 시가지 외의 도로 노면 밑에 매설하는 경우 : 노면으로부터 배관의 외면까지 1.2m 이상
- 포장되어 있는 차도에 매설하는 경우 : 그 포장부분의 노반(차단층이 있는 경우는 차단층)의 밑에 매설하고 배관의 외면과 노반의 최하부와의 거리는 0.5m 이상
- 인도·보도 등 노면 외의 도로 밑에 매설하는 경우 : 지표면으로부터 배관의 외면까지 1.2m 이상. 다만, 방호구조물 안에 설치하는 경우에는 그 방호구조물의 외면까지 0.6m(시가지의 노면 외의 도로 밑에 매설하는 경우에는 0.9m) 이상
- 철도부지에 매설하는 경우 : 배관의 외면으로부터 궤도 중심까지 4m 이상, 그 철도부지 경계까지는 1m 이상의 거리를 유지하고, 지표면으로부터 배관의 외면까지의 깊이는 1.2m 이상
- 하천 밑을 횡단하여 매설하는 경우
  - 하천구역 : 4m 이상.

    단, 하천구역의 폭이 배관 바깥지름의 30배보다 좁은 경우나 최고사용압력이 중압 이하인 배관을 하상폭 20m 이하인 하천에 매설하는 경우로서 하상폭 양 끝단으로부터 보호시설과의 거리가 다음의 계산식에서 산출한 수치 이상인 경우에는 2.5m 이상.

    $L = 220\sqrt{P} \cdot d$

    L : 하상폭 양 끝단으로부터 보호시설까지의 이격거리(m)

    P : 사용 압력(MPa), d : 배관 지름(m)
  - 소하전·수로(용수로·개천 또는 이와 유사한 것을 포함) : 2.5m 이상
  - 그 밖의 좁은 수로 : 1.2m 이상
  - 하천 바닥이 암반으로 이루어진 경우 : 배관의 외면과 하천바닥면의 암반 상부와의 거리는 1.2m 이상
- 하상을 제외한 하천구역에 하천과 병행하여 설치하는 경우 : 배관의 외면으로부터 2.5m 이상의 매설깊이 유지

라) 배관이나 그 지지물이 손상을 받을 우려가 있는 경우에는 단단하고 내구력이 있는 방호설비를 적절한 위치에 설치할 것

마) 가스용 폴리에틸렌관은 노출배관으로 사용금지(단, 지상배관과 연결을 위하여 금속관을 사용하여 보호조치를 한 경우로서 지면에서 30cm 이하로 노출하여 시공하는 경우에는 노출배관으로 사용가능)

바) 배관을 옥외의 공동구에 설치하는 경우의 기준

• 환기장치가 있을 것
• 전기설비가 있는 것은 그 전기설비가 방폭구조일 것
• 온도변화에 따른 신축을 흡수하는 조치를 할 것

② 부대설비기준

가) 배관장치에는 비상전력, 내용물제거장치설치 등의 조치를 할 것

나) 순회감시 자동차를 보유하고, 필요한 경우에는 안전을 위한 기자재의 창고 등을 설치할 것

다) 물이 체류할 우려가 있는 배관에는 수취기를 콘크리트 등의 박스에 설치할 것(단, 수취기의 기초와 주위를 튼튼히 하여 수취기에 연결된 수취 배관의 안전 확보를 위한 보호박스를 설치한 경우에는 콘크리트 등의 박스에 설치하지 않을 수 있다)

③ 표시기준

가) 매설된 배관 주위에는 배관이 매설되어 있음을 표시할 것

나) 배관의 외부에 사용가스명, 최고사용압력 및 가스의 흐름방향을 표시할 것. 다만, 지하에 매설하는 경우에는 흐름방향을 표시하지 않을 수 있다.

다) 가스배관의 표면색상

• 지상배관 : 황색
• 매설배관 : 최고사용압력이 저압인 배관은 황색, 중압인 배관은 적색. 다만, 지상배관 중 건축물의 내·외벽에 노출된 것으로 바닥(2층 이상 건물의 경우에는 각 층의 바닥)으로부터 높이 1m에 폭 3cm의 황색띠를 2중으로 표시한 경우는 황색으로 하지 않을 수 있다.

**Q2 고압가스배관의 설치기준 중 하천과 병행하여 매설하는 경우로서 바르지 않는 것은?**

① 배관은 견고하고 내구력을 갖는 방호구조물 안에 설치한다.
② 매설 깊이는 배관의 외면으로부터 1.5m 이상 유지한다.
③ 설치지역은 하상(하천의 바닥)이 아닌 곳으로 한다.
④ 배관손상으로 인한 가스누출 등 위급한 상황이 발생한 때에 그 배관에 유입되는 가스를 신속히 차단할 수 있는 장치를 설치한다.

**해설** 매설 깊이는 배관의 외면으로부터 1.2m 이상 유지한다. **정답** ②

## 2 일반도시가스사업의 가스공급시설의 시설 등에 관한 기준

### 1 | 제조소 및 공급소

(1) 시설기준

① 배치기준

가) 가스혼합기 · 가스정제설비 · 배송기 · 압송기 그 밖에 가스공급시설의 부대설비(배관은 제외)는 그 외면으로부터 사업장의 경계까지의 거리를 3m 이상 유지.

(단, 최고사용압력이 고압인 것은 그 외면으로부터 사업장의 경계까지의 거리를 20m 이상, 제1종보호시설(사업소 안에 있는 시설은 제외)까시의 거리를 30m 이상으로 유지.)

나) 가스발생기와 가스홀더는 그 외면으로부터 사업장의 경계(사업장의 경계가 바다 · 하천 · 호수 · 연못 등으로 인접되어 있는 경우에는 이들의 반대편 끝을 경계로 함)까지 최고사용압력이 고압인 것은 20m 이상, 최고 사용압력이 중압인 것은 10m 이상, 최고사용압력이 저압인 것은 5m 이상의 거리 유지

② 피해저감설비기준

- 방류둑 등의 설치 : 지상에 설치하는 저장능력 1천 톤 이상의 저장설비 주위

③ 예비시설 기준

가) 예비시설

- 천연가스를 가스도매사업자의 배관으로부터 공급받지 않는 도시가스사업자가 공급중단 등 비상사태에 대응하여 이미 공급 중인 가스성상과 상호호환성이 있는 가스를 안정적으로 공급할 수 있는 시설
- 예비시설의 종류와 범위
  - 가스제조설비 : 액화석유가스와 공기의 혼합(LPG/Air)시설, 납사분해시설, 액화천연가스(LNG)제조시설
  - 가스저장설비 : 가스홀더

나) 예비시설의 기준에 따른 가스제조설비로 가스를 공급하는 도시가스사업자는 해당연도 연 최대수요를 공급할 수 있는 가스제조설비 능력의 20% 이상을 예비시설로 보유할 것 해당 연도 연 최대수요를 공급할 수 있는 가스 제조설비 능력의 산출식

$$\text{해당 연도 최대수요 월의 일 평균수요} \times \frac{\text{전년도 일 최대수요}}{\text{전년도 최대수요 월의 일 평균수요}} - \text{가스저장설비와 이용능력}$$

## 2 | 정압기

(1) 시설기준

① 배치기준

가) 원칙적으로 건축물(건축물 외부에 설치된 정압기실은 제외)의 내부 또는 기초 밑에 설치 금지

나) 정압기를 건축물 내부에 설치할 수 있는 기준

- 단독사용자에게 가스를 공급하기 위한 정압기로서 부득이하게 건축물 외부에 설치할 수 없는 경우로 외부와 환기가 잘 되는 지상층에 설치하거나 외부와 환기가 잘 되고 기계환기설비를 갖춘 지하층에 설치하는 경우
- 건축물 내부에 설치된 도시가스사업자의 정압기로서 가스누출경보기와 연동하여 작동하는 기계환기설비를 설치하고, 1일 1회 이상 안전점검을 실시하는 경우

② 정압기(실)기준

가) 정압기의 분해점검과 고장에 대비하여 예비정압기를 설치하고, 이상압력이 발생할 때에는 자동으로 기능이 전환되는 구조일 것

나) 도시가스를 안전하고 원활하게 수송할 수 있는 기밀성능을 가질 것

③ 사고예방설비기준

가) 정압기에는 안전밸브 및 가스방출관 설치

나) 가스방출관의 방출구 위치와 높이 : 화재위험이 없는 안전한 위치로 지면으로부터 5m 이상(단, 전기시설물과의 접촉 등으로 사고의 우려가 있는 장소에서는 3m 이상 가능)

다) 정압기실 : 누출가스를 검지하여 안전관리자가 상주하는 곳에 통보할 수 있는 설비를 갖출 것

라) 정압기 출구의 배관 : 가스압력이 비정상적으로 상승한 경우 안전관리자가 상주하는 곳에 통보할 수 있는 경보장치 설치

마) 정압기의 입구 : 수분 및 불순물 제거장치 설치

바) 동결방지조치 : 가스 중 수분의 동결로 정압기능을 해칠 우려가 있는 정압기

사) 전기설비 : 방폭조치할 것.

④ 피해저감설비기준

가) 정압기의 입구와 출구 : 가스차단장치 설치

나) 지하에 설치되는 정압기의 경우 : 가스차단장치 외에 정압기실 외부의 가까운 곳에 가스차단장치를 추가로 설치(단, 정압기실의 외벽으로부터 50m 이내에 그 정압기실로 가스공급을 지상에서 쉽게 차단할 수 있는 장치가 있는 경우에는 제외)

(2) 기술기준

① 환상 배관망에 설치되는 정압기 중 1개 이상의 정압기에는 다른 정압기의 안전밸브보다 작동압력을 낮게 설정하여 이상 압력이 발생할 때 안전한 장소에서 가스를 우선적으로 방출할 수 있도록 할 것

② 정압기의 점검 : 설치 후 2년에 1회 이상 분해점검 시, 1주일 1회 이상 작동점검

③ 필터의 점검 : 가스공급개시 후 1개월 이내, 가스공급개시 후 매년 1회 이상 분해점검

## 3 | 제조소 및 공급소 밖의 배관

(1) 시설기준

① 가스설비기준 : 공동주택 등에 압력조정기를 설치하는 경우(단, 한국가스안전공사의 안전성평가를 받고 그 결과에 따라 안전관리 조치를 하는 경우에는 아래의 가) 및 나)에서 규정하는 전체 세대수를 2배로 할 수 있다)

가) 공급되는 가스압력이 중압 이상으로서 전체 세대수가 150세대 미만인 경우

나) 공급되는 가스압력이 저압으로서 전체 세대수가 250세대 미만인 경우

② 배관설비기준

가) 배관의 최고사용압력 : 중압 이하

- 4MPa 이하로 할 수 있는 경우
  - 한국가스안전공사의 안전성평가 결과에 따라 안전관리조치를 한 배관
  - 집단에너지 사업의 허가를 받은 자에게 도시가스를 공급하기 위한 배관
  - 산업체 원료용(연료용 포함)으로 도시가스를 공급하기 위한 배관
  - 수소제조 목적으로 고압가스제조허가를 받은 자에게 도시가스를 공급하기 위한 배관

나) 중압 이하의 배관과 고압배관은 2m 이상의 거리를 유지하여 설치(단, 기존에 설치된 배관의 지반침하·손상 등을 방지하기 위하여 철근 콘크리트 방호구조물 안에 설치하는 경우에는 1m 이상, 중압 이하의 배관과 고압배관의 관리주체가 같은 경우에는 0.3m이상.)

다) 본관과 공급관은 건축물의 내부나 기초 밑에 설치금지. 다만, 그 건축물에 가스를 공급하기 위한 저압의 공급관으로서 아래의 안전조치기준에 맞게 설치하는 경우는 건축물의 내부에 설치할 수 있다.

- 배관, 밸브 및 배관이음매의 재료는 그 배관의 안전성을 확보하기 위하여 도시가스 압력, 사용 온도 및 환경에 적절한 기계적 성질과 화학적 성분을 갖는 것일 것
- 배관의 접합은 도시가스의 누출을 확실하게 방지할 수 있도록 하고, 필요한 경우에는

비파괴시험을 할 것

- 배관을 피트(지상 또는 지하의 구조물) 또는 파이프 덕트 안에 설치하는 경우 피트 또는 파이프 덕트의 재료 및 구조는 도시가스를 안전하게 공급할 수 있는 적절한 것일 것
- 배관의 안전한 유지·관리를 위하여 입상관 차단밸브 등 필요한 조치를 할 것

라) 입상관이 화기가 있는 주위를 통과할 경우는 불연성재료로 차단조치를 하고, 입상관의 밸브는 분리가 가능한 것으로서 바닥으로부터 1.6m 이상 2m 이내에 설치(단, 보호 상자에 설치하는 경우에는 제외)

마) 배관의 고정 : 호칭지름이 13mm 미만의 것에는 1m마다, 13mm 이상 33mm 미만의 것에는 2m마다, 33mm 이상의 것에는 3m마다 고정 장치를 설치할 것

바) 배관의 이음매(용접이음매는 제외)와 전기계량기 및 전기개폐기와의 거리는 60cm 이상, 전기 점멸기 및 전기접속기와의 거리는 30cm 이상, 절연전선과의 거리는 10cm 이상, 절연조치를 하지 않은 전선 및 단열조치를 하지 않은 굴뚝 (배기통 포함)과의 거리는 15cm 이상의 거리를 유지할 것.

사) 배관의 설치환경에 따른 안전조치

ⓐ 배관의 매설 깊이와 설치간격 기준

ㄱ. 공동주택 등의 부지 안 : 0.6m 이상

ㄴ. 폭 8m 이상의 도로 : 1.2m 이상(단, 도로에 매설된 최고사용압력이 저압인 배관에서 횡으로 분기하여 수요가에게 직접 연결되는 배관의 경우에는 1m 이상으로 할 수 있다)

ㄷ. 폭 4m 이상 8m 미만인 도로 : 1m 이상(단, 다음 어느 하나에 해당하는 경우에는 0.8m 이상으로 할 수 있다)

- 호칭지름이 300mm 이하로서 최고사용압력이 저압인 배관
- 도로에 매설된 최고사용압력이 저압인 배관에서 횡으로 분기하여 수요가에게 직접 연결되는 배관

ㄹ. 철도부지에 매설하는 경우

- 배관의 외면으로부터 궤도중심까지 4m 이상, 철도부지 경계까지는 1m 이상의 거리를 유지하고, 지표면으로부터 배관의 외면까지의 깊이는 1.2m 이상

ㅁ. 하천 밑을 횡단하여 매설하는 경우

- 하천 구역 : 4m 이상.

  단, 하천구역의 폭이 배관 바깥지름의 30배보다도 좁은 경우나 최고사용압력이 중압 이하인 배관을 하상폭(정비가 완료된 하천의 경우에는 양쪽 저수호안(기슭·둑 침식 방지시설)의 상부 사이의 폭을, 정비가 완료되지 않은 하천의 경우에는

하천구역의 폭) 20m 이하인 하천에 매설하는 경우로서 하상폭 양 끝단으로부터 보호시설과의 거리가 다음의 계산식에서 산출한 수치 이상인 경우에는 2.5m 이상.

$L = 220\sqrt{P} \cdot d$

L : 하상폭 양 끝단으로부터 보호시설까지의 거리(m)

P : 사용 압력(MPa), d : 배관 안지름(m)

– 소하천 · 수로(용수로 · 개천 및 이와 유사한 것 포함) : 2.5m 이상

– 그 밖의 좁은 수로 : 1.2m 이상

– 하천의 바닥이 암반으로 이루어진 경우 : 배관의 외면과 하천바닥면의 암반 상부와의 거리는 1.2m 이상

ㅂ. ㄱ~ㅁ까지에 해당되지 않는 곳 : 0.8m 이상.

– 0.6m 이상으로 할 수 있는 경우.

폭 4m 미만인 도로에 매설하는 배관, 암반 · 지하매설물 등으로 매설깊이의 유지가 곤란하다고 시장 · 군수 · 구청장이 인정하는 경우.

ⓑ 매설되어 있는 배관 외의 배관(옥외공동구에 설치된 것과 굴착으로 주위가 노출된 것은 제외)은 온도변화에 따른 신축을 흡수하는 조치를 할 것

(2) 기술기준

① 전산화 : 배관, 정압기 등의 설치도면, 시방서(호칭지름 및 재질 등에 관한 사항 기재), 시공자, 시공연월일 등

② 도시가스공급시설에 설치된 압력조정기의 안전점검 : 매 6개월에 1회 이상(필터나 스트레이너의 청소는 매 2년에 1회 이상)

## 3 도시가스충전사업의 시설 · 기술 · 검사기준

### 1 | 고정식 압축도시가스 자동차 충전시설

(1) 시설기준

① 배치기준

가) 철근콘크리트제 방호벽 설치 : 처리설비 및 압축가스설비로부터 30m 이내에 보호시설(사업소에 있는 보호시설 및 전용공업지역에 있는 보호시설은 제외)이 있는 경우. (단, 처리설비 주위에 방류둑 설치 등 액확산방지조치를 한 경우는 제외.)

나) 저장설비와 보호시설간의 거리

| 저장능력 | 제1종 보호시설 | 제2종 보호시설 |
|---|---|---|
| 1만 이하 | 17m | 12m |
| 1만 초과 2만 이하 | 21m | 14m |
| 2만 초과 3만 이하 | 24m | 16m |
| 3만 초과 4만 이하 | 27m | 18m |
| 4만 초과 5만 이하 | 30m | 20m |
| 5만 초과 99만 이하 | 30m<br>[「고압가스 안전관리법 시행규칙」 제2조제1항제10호에 따른 가연성가스 저온저장탱크(이하 "가연성가스 저온저장탱크"라 한다)는 $\frac{3}{25}\sqrt{x+10,000}$] | 20m(가연성가스 저온저장탱크는 $\frac{2}{25}\sqrt{x+10,000\text{m}}$) |
| 99만 초과 | 30m<br>(가연성가스 저온저장탱크는 120m) | 20m<br>(가연성가스 저온저장탱크는 80m) |

다) 설비시설과의 거리

- 저장설비, 처리설비, 압축가스설비 및 충전설비 : 10m 이상
- 처리설비(액확산방지시설에 설치된 처리설비는 제외) 및 압축가스설비의 주위에 철근콘크리트제 방호벽을 설치한 경우 : 5m 이상

라) 충전설비와 도로경계까지의 거리 : 5m 이상

마) 저장설비, 처리설비, 압축가스설비 및 충전설비와 철도와의 거리 : 30m 이상

② 저장설비 기준

가) 원칙적으로 지상에 설치

나) 저장탱크(가스홀더 포함)의 구조

- 내진조치 : 저장능력 5톤 또는 500m$^2$ 이상인 저장탱크 및 압력용기(반응·분리·정제·증류를 위한 탑류로서 높이 5m 이상인 것만 해당)
- 가스방출장치 : 5m$^2$ 이상의 도시가스를 저장하는 것

다) 저장탱크(저장능력이 300m$^3$ 또는 3톤 이상인 탱크만 해당)와 다른 가연성가스 저장탱크 또는 산소저장탱크 간 거리 : 두 저장탱크 최대지름을 더한 길이의 $\frac{1}{4}$이상의 거리 유지

라) 저장탱크에는 부압파괴방지 조치, 과충전 방지 조치 등 필요한 조치를 할 것

③ 가스설비 기준

가) 가스설비 : 처리설비, 압축가스설비, 충전설비

나) 원칙적으로 지상에 설치

④ 배관설비 기준

가) 배관의 안전율 : 4 이상

⑤ 사고예방설비 기준

가) 누출차단 장치 : 충전설비 근처 및 충전설비로부터 5m 이상 떨어진 장소

나) 역류 방지 장치 : 압축가스설비의 인입배관 및 압축장치의 입구측 배관 등 위험성이 높은 도시가스 설비 사이에 설치

다) 환기구 설치 : 가스설비실 및 저장설비실

라) 긴급사태 발생 시 그 확대를 방지하기 위하여 압력조정기·압력계·통신시설·전기방폭설비·냄새가나는 물질 첨가장치·소화기·호스·조명등 등 필요한 설비를 설치하고, 부식방지·정전기제거 조치 등 필요한 조치를 할 것.

⑥ 피해저감설비 기준

가) 방호벽 : 저장설비와 사업소의 보호시설과의 사이, 압축장치와 충전설비 사이, 압축가스설비와 충전설비 사이

나) 저장탱크 및 배관에 온도상승방지조치를 할 것.

### (2) 기술기준

① 안전유지 기준

가) 도시가스설비를 이음쇠로 접속할 경우 : 이음쇠와 접속되는 부분에 잔류응력 제거

나) 이음쇠밸브를 나사로 조일 경우 : 상용압력 19.6MPa 이상이 되는 곳의 나사는 나사게이지로 검사

다) 안전밸브 및 방출밸브에 설치된 스톱 밸브 : 항상 완전히 열어둘 것.

② 충전 기준

가) 자동차에 압축도시가스 충전 :  엔진 정지 및 수동브레이크를 채울 것

나) 이동충전차량의 용기 및 압축도시가스 자동차의 용기 : 통상 온도에서 설계압력 이상으로 충전금지.

다) 충전을 마친 후 충전설비를 분리할 경우 : 충전호스 안의 도시가스 제거.

라) 충전설비 점검기준 : 1일 1회 이상

## 2 | 이동식 압축도시가스 자동차 충전시설

(1) 시설기준

① 방호벽 설치 : 이동충전차량 및 충전설비로부터 30m 이내에 보호시설이 있는 경우

② 거리유지 기준

가) 가스배관구 (충전설비로 이입하기 위한 충전시설에 설치한 배관)와 가스배관구 사이 : 8m 이상

나) 이동충전차량과 충전설비 사이 : 8m 이상

다) 가)와 나)의 경우에 방호벽을 설치할 경우에는 8m 이상을 유지하지 않아도 됨.

라) 안전거리

- 이동충전차량 및 충전설비로부터 사업소 경계 : 10m 이상
- 이동충전차량 외부에 방화판 설치시 : 5m 이상
- 충전설비 주위에 방호벽을 설치한 경우 : 5m 이상

마) 철도와의 거리 : 15m 이상

마) 사업소내 이동충전차량의 대수 : 3대 이하

마) 주차공간 : 이동충전차량 보유수량을 동시에 주차할 수 있는 공간.

## 3 | 고정식 압축도시가스 이동충전 차량 충전시설

(1) 시설기준

① 이동충전차량 충전설비사이 거리 : 8m 이상 (방호벽을 설치한 경우는 제외)

② 주정차 공간 : 이동충전차량 충전설비 수량에 1을 더한 수량의 이동충전차량 공간

③ 긴급차단장치 : 이동충전차량 충전설비 근처 및 이동충전차량 충전설비로부터 5m 이상

④ 방호벽의 설치

가) 압축장치와 이동충전차량 충전설비 사이

나) 압축가스설비와 이동충전차량 충전설비 사이

⑤ 이동충전차량의 원활한 충전 및 운행을 위하여 이동충전차량 충전설비는 그 외면으로부터 이동충전차량의 진입구 및 진출구까지 12m 이상의 거리 유지.

⑥ 이동충전차량 충전설비에는 그 설비가 이동충전차량 충전설비임을 알 수 있도록 표시.

⑦ 이동충전차량 충전장소에는 지면에 정차위치와 진입 및 진출의 방향 표시.

## 4 | 액화도시가스 자동차 충전시설

### (1) 시설기준

① 저장설비의 안전거리 유지 기준

| 저장탱크의 저장능력 | 사업소 경계와의 안전거리 |
|---|---|
| 25톤 이하 | 10m |
| 25톤 초과 50톤 이하 | 15m |
| 50톤 초과 100톤 이하 | 25m |
| 100톤 초과 | 40m |

② 처리설비 및 충전설비의 안전거리 : 사업소 경계까지 10m 이상 (단, 방호벽을 설치한 경우 5m 이상)

### (2) 기술기준

① 탱크가 고정된 차량은 저장탱크의 외면으로부터 3m 이상 떨어져 정지할 것. (단, 저장탱크와 차량에 고정된 탱크와의 사이에 방호책 등을 설치한 경우에는 제외)

② 배관에는 그 온도를 항상 40℃ 이하로 유지할 수 있는 조치를 할 것.

③ 충전기앞(옆)노면에 충전할 자동차용 주정차선과 입구 및 출구방향을 표시할 것.

④ 가스설비의 기밀시험이나 시운전을 할 때에는 불활성가스를 사용할 것. (단, 공기를 사용하는 경우에는 그 설비 중에 있는 도시가스를 방출한 후에 실시하며, 온도를 설비에 사용하는 윤활유의 인화점 이하로 유지할 것)

⑤ 가스누출검지기와 휴대용손전등은 방폭형일 것

⑥ 저장설비 및 가스설비의 외면으로부터 8m 이내의 곳에서 화기 취급금지

⑦ 안전밸브 또는 방출밸브에 설치된 스톱밸브 : 항상 완전히 열어 놓을 것.

### (3) 충전기준

① 차량에 고정된 탱크로부터 액화도시가스를 이입하는 경우에는 배관접속 부분의 도시가스누출 여부를 확인.

② 저장탱크에 도시가스를 충전할 때에는 도시가스의 용량이 상용의 온도에서 저장탱크 내용적의 90%를 넘지 않을 것.

③ 충전설비에는 정전기 제거 조치를 할 것.

④ 충전설비에서 도시가스충전작업을 할 때에는 그 외부로부터 보기 쉬운 곳에 충전작업 중임을 알리는 표시를 할 것.

⑤ 밸브 또는 충전용 지관을 가열할 필요가 있을 때에는 열습포 또는 40℃ 이하의 물을 사용.

(4) 점검기준

① 충전설비는 사용개시 전과 사용개시 후에 반드시 그 충전설비에 속하는 설비의 이상 유무를 점검하는 것 외에 1일 1회 이상 충전설비의 작동상황에 대하여 점검 · 확인.

② 충전용주관의 압력계는 매월 1회 이상, 그 밖의 압력계는 3개월에 1회 이상 교정을 받은 압력계로 검사.

③ 안전밸브는 1년에 1회 이상 적절한 조건의 압력에서 작동하도록 조정.

## 5 | 이동식 액화도시가스 야드 트랙터 충전시설

(1) 시설기준

① 배치 기준

가) 사업소는 항만구역 중 육상구역에 설치

나) 충전설비와 보호시설간 거리

- 제1종 보호시설 : 20m 이상
- 제2종 보호시설 : 14m 이상

다) 방호벽 : 처리설비로부터 30m 이내에 보호시설이 있는 경우

라) 충전장소와 사업소 경계와의 거리 : 10m 이상 (단, 충전장소 주위에 방호벽을 설치한 경우는 5m 이상)

마) 처리설비 및 충전설비와 사업소 경계와의 안전거리 : 10m 이상 (단, 설비 주위에 방호벽을 설치한 경우는 5m 이상)

바) 충전설비와 도로경계와의 거리 : 5m 이상

사) 처리설비 및 충전설비와 철도와의 거리 : 30m 이상

아) 충전차량의설치대수 : 1대

② 사고예방설비 기준

가) 누출차단 장치 : 충전설비 및 충전설비로부터 5m 이상

나) 가스충전시설에는 충전차량의 위치 및 충전상태를 모니터링하는 장치 설치

다) 충전차량에 설치된 충전기에는 충전장소 외에서는 가스공급을 차단하는 인터록장치 설치

③ 표시 기준

가) 충전장소의 지면 : 충전차량의 주정차위치와 진입 및 진출 방향을 표시 및 "액화도시가스 충전장소" 표시.

나) 충전 중 엔진정지 표시 : 황색바탕에 흑색문자

다) 가스충전시설에는 눈에 잘 띄는 곳에 충전순서, 충전 작업 준수사항 등을 포함한 안전수칙을 명시한 표지판 설치.

라) 충전기앞(옆) 노면 : 야드 트랙터 주정차선과 입구 및 출구 방향 표시.

## 4 나프타부생가스, 바이오가스 및 합성천연가스제조사업의 시설 · 기술 · 검사기준

### 1 | 제조소

(1) 시설기준

① 안전거리 유지기준

가) 최고사용압력이 중압인 설비와 사업장의 경계 : 3m 이상

나) 최고사용압력이 고압인 설비와 사업장의 경계 : 20m 이상

다) 최고사용압력이 고압인 설비와 제1종 보호시설 : 30m 이상

라) 가스발생기, 가스홀더 및 저장탱크와 사업장의 경계

- 최고사용압력이 고압 : 20m 이상
- 최고사용압력이 중압 : 10m 이상
- 최고사용압력이 저압 : 5m 이상

② 기초기준

가)내진설계 예외 대상

- 법령에 따른 내진설계를 한 시설
- 저장능력 3통(압축가스의 경우 300m3) 미만인 저장탱크 또는 가스홀더
- 지하에 설치되는 시설

③ 기타 : 가스도매사업의 기준을 준용함.

## 5 선박용 천연가스제조사업의 시설 · 기술 · 검사기준

### 1 | 자동차에 고정된 탱크를 이용한 천연가스 선박 충전

(1) 시설기준

① 충전장소로부터 선박의 외면까지의 거리 : 3m 이상

② 선박에 충전하기 위한 자동차의 설치대수 : 2대 이하

③ 공지 : 2대의 자동차가 진입, 진출 및 동시에 주정차할 수 있는 공지

④ 충전장소의 지면 : 자동차의 주정차위치와 진입 및 진출 방향을 표시 및 "천연가스 선박 충

전장소" 표시.

⑤ 충전 중 엔진정지 표시 : 황색바탕에 흑색문자

⑥ 정전기 제거설비 설치

⑦ 화기와의 유지거리 : 8m 이상

## 6 수소연료사용시설의 시설 · 기술 · 검사기준

### 1 | 시설기준

(1) 배치기준

① 안전거리

| 저장능력(단위: $m^3$) | 제1종 보호시설 | 제2종 보호시설 |
|---|---|---|
| 1만 이하 | 17m | 12m |
| 1만 초과 2만 이하 | 21m | 14m |
| 2만 초과 3만 이하 | 24m | 16m |
| 3만 초과 4만 이하 | 27m | 18m |
| 4만 초과 | 30m | 20m |

비고

1. 저장능력은 「고압가스 안전관리법 시행규칙」의 계산식에 따라 산정한 저장능력을 말한다.
2. 한 사업소 안에 2개 이상의 수소저장설비가 있는 경우에는 그 저장능력별로 각각 안전거리를 유지해야 한다.

② 수소가스설비와 화기와의 우회거리 : 8m 이상

③ 가스계량기와의 거리

가) 전기계량기 및 전기개폐기 : 60cm 이상

나) 단열조치를 하지 않은 굴뚝, 전기점멸기 및 전기접속기 : 30cm 이상

다) 절연조치를 하지 않은 전선 : 15cm 이상

④ 입상관의 밸브 : 바닥으로부터 1.6m 이상 2m 이내

(2) 피해저감설비기준

① 방호벽 설치 기준 : 수소의 저장능력 $60m^3$ 이상인 수소저장설비를 실내에 설치하는 경우.

## 2 | 기술기준

(1) 안전유지기준

수소연료사용시설은 가스의 누출, 화재 및 폭발이 예방될 수 있도록 안전하게 유지·관리할 것

(2) 점검기준

① 수소연료사용시설은 사용 시작 및 종료 시에 1일 1회 이상 수소연료사용시설의 구조에 따라 수시로 소비설비의 작동 상황 점검

② 수소가 통하는 설비를 수리·청소 및 철거 후에는 그 설비의 성능유지와 작동성 확인 등 안전 확보를 위하여 필요한 조치를 마련할 것

# 7 가스사용시설의 시설·기술·검사기준

## 1 | 배관 및 배관설비

(1) 시설기준

① 배치기준

가) 가스계량기와 화기(그 시설 안에서 사용하는 자체화기는 제외) 사이에 유지하여야 하는 거리는 우회거리 2m 이상으로 하고 가스계량기는 수시로 환기가 가능한 장소에 설치(직사광선이나 빗물을 받을 우려가 있는 곳에 설치하는 경우에는 격납상자에 설치)

나) 가스계량기($30m^3/hr$ 미만인 경우)의 설치높이 : 바닥으로부터 1.6m 이상 2m 이내에 수직·수평으로 설치하고 밴드·보호가대 등 고정 장치로 고정시킬 것. 다만, 격납상자에 설치하는 경우에는 설치 높이의 제한 없음.

다) 가스계량기와 전기계량기 및 전기개폐기와의 거리는 60cm 이상, 굴뚝(단열조치를 하지 아니한 경우)·전기점멸기 및 전기접속기와의 거리는 30cm 이상, 절연조치를 하지 아니한 전선과의 거리는 15cm 이상의 거리를 유지할 것

라) 입상관과 화기(그 시설 안에서 사용하는 자체화기는 제외) 사이에 유지해야 하는 거리는 우회거리 2m 이상으로 하고, 입상관의 밸브는 분리가 가능한 것으로서 바닥으로부터 1.6m 이상 2m 이내에 설치할 것. 다만, 보호 상자에 설치하는 경우에는 제외

② 배관설비기준

가) 배관의 실내 설치기준

- 건축물 안의 배관은 노출하여 시공. 단, 그 건축물에서 가스를 사용하기 위한 저압의 배관으로서 스테인리스강관, 속제의 보호관이나 보호판으로 보호조치를 한 동관·가

스용금속플렉시블호스를 이음매(용접이음매는 제외)없이 설치하는 경우에는 매설 가능

- 배관은 환기가 잘되지 않는 천정·벽·바닥·공동구 등에는 설치금지(단, 그 건축물에서 가스를 사용하기 위한 저압의 배관으로서 스테인리스강관, 동관(보호관으로 보호조치한 경우), 가스용 금속플렉시블호스(못 박음 등으로 배관의 손상우려가 있는 부분은 금속제의 보호관이나 보호판으로 보호조치를 한 경우)를 이음매(용접이음매는 제외)없이 설치하는 경우에는 천정·벽·바닥에 설치할 수 있다)
- 배관의 이음부(용접이음매는 제외)와 전기계량기 및 전기개폐기와의 거리는 60cm 이상, 굴뚝(단열조치를 하지 않은 경우)·전기점멸기 및 전기접속기와의 거리는 30cm 이상, 절연전선(가스누출자동차단장치를 작동시키기 위한 전선은 제외)과의 거리는 10cm 이상, 절연조치를 하지 않은 전선과의 거리는 15cm 이상의 거리를 유지할 것

나) 가스용 폴리에틸렌관은 노출배관용으로 사용금지. 다만, 지상배관과 연결을 위하여 금속관을 사용하여 보호 조치를 한 경우로 지면에서 30cm 이하로 노출하여 시공하는 경우에는 노출배관용으로 사용가능

③ 사고예방설비기준

가) 특정가스사용시설·「식품위생법」에 따른 식품접객업소로서 영업장의 면적이 $100m^2$ 이상인 가스사용시설이나 지하에 있는 가스사용시설(가정용 가스사용시설은 제외)의 경우에는 가스누출경보차단장치나 가스누출자동차단기를 설치하여야 하며, 차단부는 건축물의 외부나 건축물 벽에서 가장 가까운 내부의 배관 부분에 설치할 것

나) 가스누출경보차단장치나 가스누출자동차단기의 설치 예외

- 월 사용예정량 $2,000m^3$ 미만으로 연소기가 연결된 각 배관에 퓨즈콕, 상자콕 및 안전장치(퓨즈콕 등)가 설치되어 있고, 각 연소기에 소화안전장치가 부착되어 있는 경우
- 가스공급이 불시에 차단될 경우 재해와 손실이 막대하게 발생될 우려가 있는 가스사용시설
- 가스누출경보기 연동차단기능의 다기능가스안전계량기를 설치하는 경우

### (2) 기술기준

- 가스사용시설에 설치된 압력조정기의 안전점검 : 매 1년에 1회 이상(필터나 스트레이너의 청소는 매 3년 1회 이상)

## 2 | 월 사용예정량의 산정기준

- 특정가스사용시설에 해당 여부의 판단기준이 되는 월사용예정량은 그 가스사용시설의 설치 환경에 따라 그 가스사용시설에 설치된 연소기의 가스소비량을 기초로 산출한다.
- 도시가스사용시설의 월사용예정량 산출식

$$Q=\frac{(A\times240)+(B\times90)}{11{,}000}$$

$Q$ : 월 사용예정량 [$m^3$]

$A$ : 산업용으로 사용하는 연소기의 명판에 적힌 가스소비량의 합계 [kcal/h]

$B$ : 산업용이 아닌 연소기의 명판에 적힌 가스소비량의 합계 [kcal/h]

**Q3** 산업용 공장에서 사용하는 연소기의 명판에 표시된 용량이 6,000kcal/h인 경우 사용시설의 월 사용예정량($m^3$)은? (단, 도시가스의 월사용예정량을 구할 때의 열량을 기준으로 한다)

① $50m^3$　② $72.6m^3$　③ $88.9m^3$　④ $130.9m^3$

**해설** $Q=\frac{(A\times240)+(B\times90)}{11{,}000}$

$A$ : 산업용으로 사용하는 연소기의 명판에 기재된 가스소비량의 합계(kcal/h)

$B$ : 산업용이 아닌 연소기의 명판에 기재된 가스 소비량의 합계(kcal/h)

$$Q=\frac{6{,}000\times240}{11{,}000}$$

**정답** ④

## 8 도시가스의 유해성분 · 열량 · 압력 및 연소성의 측정 등

### 1 | 열량측정

매일 6시 30분부터 9시 사이와 17시부터 20시 30분 사이에 각각 제조소의 출구나 배송기 또는 압송기의 출구에서 자동열량측정기로 측정한다(단, 가스도매사업자로부터 배관으로 천연가스를 공급받는 일반도시가스사업자의 가스공급시설은 제외).

### 2 | 압력 측정

- 가스홀더의 출구(다른 가스홀더 또는 정압기에 도시가스를 내보내기 위한 것은 제외) · 정압기 출구 및 가스공급시설의 끝부분의 배관에서 자기압력계를 사용하여 측정
- 정압기 출구 및 가스공급시설의 끝부분의 배관에서 측정한 가스압력(일반가정의 취사용 및 난방용만 해당. 가스사용시설 안에 압력조정기를 설치하는 경우는 제외)은 1kPa 이상 2.5kPa 이내를 유지할 것

### 3 | 연소성 측정

매일 6시 30분부터 9시 사이와 17시부터 20시 30분 사이에 각각 1회씩 가스홀더 또는 압송기 출구에서 연소속도 및 웨버지수(Wobbe Index, WI)를 계산식에 따라 측정하되, 웨버지수가 표준웨버지수의 4.5% 이내를 유지할 것(단, 가스도매사업자로부터 배관으로 천연가스를 공급받는 일반도시가스사업자의 가스공급시설은 제외)

#### (1) 연소속도

연소속도 계산식

$$C_p = K\frac{1.0H_2 + 0.6(CO + C_mH_n) + 0.3CH_4)}{\sqrt{d}}$$

$C_p$ : 연소속도

d : 도시가스 중의 공기에 대한 비중

$K$ : 도시가스 중 산소함유율에 따라 정하는 정수로 아래 표에서 구하는 값

$H_2$ : 도시가스 중의 수소 함유율(용량 %)

$CO$ : 도시가스 중의 일산화탄소 함유율(용량 %)

$C_mH_n$ : 도시가스 중의 메탄외의 탄화수소 함유율(용량 %)

$CH_4$ : 도시가스 중의 메탄 함유율(용량 %)

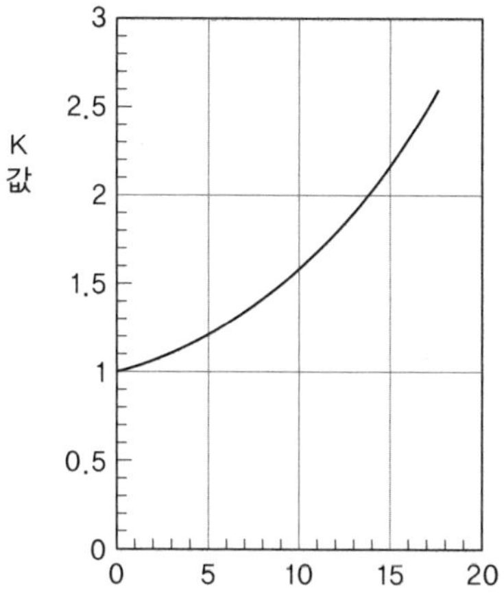

[도시가스 중의 산소 함유율(용량 %)]

(2) 웨버지수

$$\text{계산식} \quad WI = \frac{Hg}{\sqrt{d}}$$

$WI$ : 웨버지수
$d$ : 도시가스 중의 공기에 대한 비중
$Hg$ : 도시가스의 총발열량(kcal/m³)

**Q4** 도시가스의 열량이 11,000kcal/m³이고, 가스비중이 0.6일 때 웨버지수는 얼마인가?

① 8,696.33 ② 7,586.33 ③ 14,202.71 ④ 18,333.33

**해설** $WI = \frac{11000}{\sqrt{0.6}}$

**정답** ③

**도시가스 품질기준에 따른 웨버지수의 허용기준**

웨버지수 : 51.50~56.52MJ/m³, 단, 자동차 연료용 도시가스는 제외

## 4 유해성분 측정

- 도시가스(천연가스 또는 액화석유가스에 공기를 혼합한 것은 제외)의 황 전량, 황화수소 및 암모니아 : 매주 1회씩 가스홀더의 출구(가스홀더가 없는 경우는 정압기의 출구)에서 검사
- 표준상태에서 건조한 도시가스 1m³당 황전량은 0.5g, 황화수소는 0.02g, 암모니아는 0.2g 초과 금지

## 9 가스배관의 안전조치 및 손상방지기준

### 1 | 굴착공사 종류별 작업방법

(1) 파일박기 및 빼기작업

① 공사착공 전에 도시가스사업자와 현장협의를 통하여 공사장소, 공사기간 및 안전조치에 관하여 서로 확인할 것

② 가스배관과 수평거리 2m 이내에서 파일박기를 하는 경우에는 도시가스사업자의 입회 아래 시험굴착으로 가스배관의 위치를 정확히 확인할 것

③ 가스배관의 위치를 파악한 경우에는 가스배관의 위치를 알리는 표지판을 설치할 것

④ 가스배관과 수평거리 30cm 이내에서는 파일박기 금지

⑤ 항타기는 가스배관과 수평거리가 2m 이상 되는 곳에 설치할 것. 다만, 부득이하여 수평거리 2m 이내에 설치할 때에는 하중진동을 완화할 수 있는 조치를 할 것

⑥ 파일을 뺀 자리는 충분히 메울 것

(2) 터파기 · 되메우기 및 포장작업

① 가스배관 주위를 굴착하는 경우 가스배관의 좌우 1m 이내 부분은 인력으로 굴착

② 가스배관 주위에서 다른 매설물을 설치할 때에는 30cm 이상 이격할 것

# Chapter 4 통합고시

## 1 고압가스사업소의 경계표지 및 경계책 등

### 1 | 경계표지

(1) 고압가스를 운반하는 차량의 경계표지의 기준

① 경계표지는 차량의 앞뒤 : "위험고압가스" 표시, 삼각기를 운전석 외부에 게시

② 경계표지 크기 : 가로 치수는 차체 폭의 30% 이상, 세로 치수는 가로 치수의 20% 이상

③ 삼각기 : 적색바탕에 황색글씨, 경계표지는 적색글씨로 표시(차량구조상 정사각형 또는 이에 가까운 형상으로 표시하여야 할 경우 : 면적 600cm$^2$ 이상)

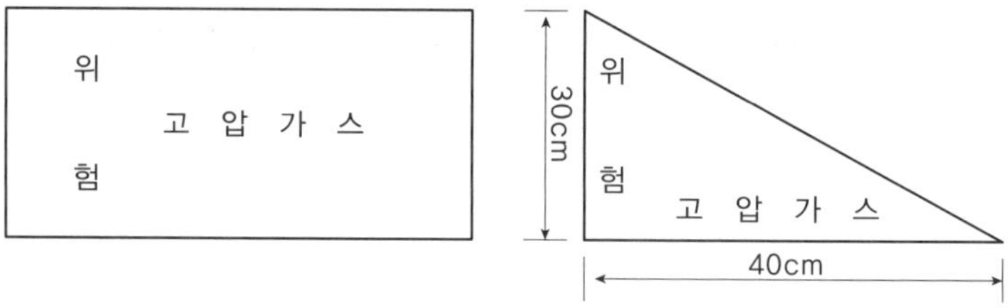


[표지의 예]

(2) 배관의 표지판의 기준

① 표지판은 배관이 설치되어 있는 경로에 따라 배관의 위치를 정확히 알 수 있도록 설치

② 지하에 설치된 배관은 500m 이하의 간격으로, 지상에 설치된 배관은 1,000m 이하의 간격으로 설치하여야 하며, 배관의 위치를 알기 어려운 곳에는 표지판을 추가로 설치

③ 표지판 기재사항 : 가스 종류, 설치구역명, 배관설치위치, 신고처, 회사명 및 연락처 등

### 2 | 독성가스의 식별조치 및 위험표시

- 독성가스제조시설의 식별표지

표지의 예 :

| 독성가스(○○)제조시설 |
|---|

| 독성가스(○○)저장소 |
|---|

- ○○에는 가스의 명칭을 적색으로 기재
- 문자 크기 가로·세로 10cm 이상, 30m 이상의 거리에서 식별 가능
- 식별표지의 바탕색은 백색, 글씨는 흑색

• 독성가스가 누출할 우려가 있는 부분에 게시하여야 할 위험표지

표지의 예 : **독 성 가 스 누 설 주 의 부 분**

- 문자의 크기 : 가로·세로 5cm 이상, 10m 이상 거리에서 식별 가능
- 위험표지 : 백색바탕에 흑색글씨(주위는 적색)

### 3 | 저장실 등의 경계책

저장설비·처리설비 및 감압설비를 설치한 장소 주위 : 높이 1.5m 이상의 철책 또는 철망 등의 경계책을 설치

## 2 안전설비

### 1 | 내부반응감시장치의 기준

(1) 온도감시장치

특수반응설비 내의 국부과열 등에 의한 이상온도 변화상태를 정확히 측정할 수 있는 장소에 온도를 측정하기에 충분한 수일 것

(2) 압력감시장치

특수반응설비 내의 상용압력이 상당한 정도로 달라지거나 달라질 우려가 있는 부위 2곳 이상에 설치

(3) 유량감시장치

특수반응설비와 관련되는 원재료의 송·출입계통 부위마다 1곳 이상 설치

(4) 가스의 밀도, 조성 등의 감시장치

특수반응설비 내의 가스의 밀도, 조성 등을 측정할 수 있는 장소에 1개 이상 설치할 것

### 2 | 긴급이송설비에 부속된 처리설비에서의 처리방법

• 플레어스택에서 안전하게 연소
• 벤트스택에서 안전하게 방출

• 안전한 장소에 설치되어 저장탱크 등에 임시 이송할 수 있어야 한다.
• 독성가스는 제독조치 후 폐기(고압가스제조시설에 한한다)

## 3 가스설비의 점검·수리·청소 및 철거요령

### 1 | 가스의 치환 등

(1) 가연성가스의 가스설비

① 가스설비의 내부가스를 대기압 가까이 될 때까지 다른 저장탱크 등에 회수한 후 잔류가스를 안전하게 방출하거나 연소장치에 연소시키는 방법으로 대기압이 될 때까지 방출

② ①의 처리 후 잔류가스를 불활성가스 또는 물이나 스팀 등의 가스(액체)로 서서히 치환

③ ① 및 ②의 잔류가스를 대기 중에 방출할 경우에는 방출한 가스의 착지농도가 당해 가연성가스의 폭발하한계의 $\frac{1}{4}$ 이하가 되도록 방출관으로부터 서서히 방출시킬 것

(2) 독성가스의 가스설비

① 가스설비의 내부가스를 그 압력이 대기압 가까이 될 때까지 다른 저장탱크 등에 회수한 후 잔류가스를 대기압이 될 때까지 재해설비에 유도하여 재해시켜야 한다.

② ①의 처리 후 불활성가스 또는 물 그 밖의 액체 등으로 서서히 치환. 이 경우 방출하는 가스는 재해설비에 유도하여 재해

③ 치환의 결과는 가스검지기 등으로 측정하고 독성가스의 농도가 허용농도 이하(TLV-TWA 기준농도 이하)로 될 때까지 치환

(3) 산소가스 설비

① 가스설비의 내부가스를 실외까지 유도하여 다른 용기에 회수하거나 산소가 체류하지 않는 조치를 강구하여 대기 중에 서서히 방출하여야 한다.

② ①의 처리 후 내부가스를 공기 또는 불활성가스 등으로 산소의 농도가 22% 이하로 될 때까지 치환. 이 경우 가스치환에 사용하는 공기는 기름이 혼입될 우려가 없는 것으로 선택

(4) 가스설비 내를 대기압 이하까지 가스치환을 생략할 수 있는 경우

① 가스설비의 내용적이 $1m^3$ 이하인 것

② 출입구의 밸브가 확실히 폐지되어 있고 내용적이 $5m^3$ 이상의 가스설비에 이르는 사이에 2개 이상의 밸브를 설치할 것

③ 화기를 사용하지 않는 작업인 것과 사람이 그 설비의 밖에서 작업하는 것

④ 설비의 간단한 청소 또는 가스켓의 교환 및 이들이 준비하는 경미한 작업

### 2 | 가스설비 내 작업

공기로 재치환하고 산소의 농도가 18%에서 22%로 확인될 때까지 공기로 반복 치환

## 4 독성가스의 저장·충전 및 제독조치기준

### 1 | 안전거리

독성가스저장탱크 부속설비 이외의 설비와 방류둑의 외면 사이의 안전거리 기준

| 독성가스 종류 | 저장능력 | 안전거리(m) |
|---|---|---|
| 가연성 | 5톤 이상, 1,000톤 미만 | $\frac{4(x-5)}{995+6}$ |
| | 1,000톤 이상 | 10 |
| 그 밖의 것 | 5톤 이상, 1,000톤 미만 | $\frac{4(x-5)}{995+4}$ |
| | 1,000톤 이상 | 8 |

※ 비고 : $x$는 저장능력(단위 : 톤)을 말한다.

### 2 | 제독설비의 설치 및 제독제의 보유량 기준

(1) 제독설비

① 가압식, 동력식 등으로 작동하는 제독제 살포장치 또는 살수 장치로

② 가스를 흡수·중화제와 접속시키는 장치

(2) 제독제의 보유량

| 가스별 | 제독제 | 보유량 |
|---|---|---|
| 염소 | 가성소다수용액 | 670kg 저장탱크 등이 2개 이상 있을 경우 저장탱크에 관계되는 저장탱크의 수의 제곱근의 수치, 그 밖의 제조설비와 관계되는 저장설비 및 처리설비(내용적이 5m$^3$ 이상의 것에 한함) 수의 제곱근의 수치를 곱하여 얻은 수량. 이하 염소에 있어서는 탄산소다수용액 및 소석회에 대하여도 같다. |
| | 탄산소다수용액 | 870kg |
| | 소석회 | 620kg |
| 포스겐 | 가성소다수용액 | 390kg |
| | 소석회 | 360kg |

| | | |
|---|---|---|
| 황화수소 | 가성소다수용액 | 1,140kg |
| | 탄산소다수용액 | 1,500kg |
| 시안화수소 | 가성소다수용액 | 250kg |
| 아황산가스 | 가성소다수용액 | 530kg |
| | 탄산소다수용액 | 700kg |
| | 물 | 다량 |
| 암모니아<br>산화에틸렌<br>염화메탄 | 물 | 다량 |

(3) 고압가스 특정제조시설에서 제독작업에 필요한 보호구의 장착훈련

매 3개월마다 1회 이상

## 5 고압가스운반기준

### 1 | 충전용기 등의 적재 · 하역 및 운반요령

(1) 충전용기적재차량의 주정차 시 기준

충전용기 등을 적재한 차량은 제1종 보호시설에서 15m 이상 떨어지고, 제2종 보호시설이 밀집되어 있는 지역은 가능한 한 피하여 주정차할 것

**충전용기적재차량의 주정차 시 기준**

- 현저하게 우회하는 도로 : 이동거리가 2배 이상이 되는 경우
- 번화가 : 도시의 중심부 또는 번화한 상점, 차량너비에 3.5m를 더한 너비 이하인 통로의 주위

(2) 휴대품의 점검

① 차량에 고정된 탱크로 산소 또는 가연성가스를 운반할 경우에는 소화설비, 자재 및 공구 등을 구비 및 휴대하여야 한다.

② 차량에 고정된 탱크로 독성가스를 운반할 경우에는 보호구, 자재, 약재 및 공구 등을 구비 및 휴대하여야 한다.

③ 차량에 고정된 탱크를 운행할 경우에 휴대하여야 할 서류

가) 운전면허증, 차량등록증

나) 고압가스 관련 자격증(양성교육 및 정기교육 이수증)

다) 탱크 테이블(용량 환산표)

라) 고압가스 이동계획서 및 차량운행일지

## 2 | 고압가스운반 시 휴대하는 소화설비, 보호구 및 자재 등

### (1) 소화설비

① 차량에 고정된 탱크에 의하여 운반할 때에 비치해야 하는 소화설비

| 가스 구분 | 소화기 종류 | | 비치 개수 |
|---|---|---|---|
| | 소화약제 | 소화기 능력단위 | |
| 가연성가스 | 분말소화제 | BC용 B-10 이상 또는<br>ABC용 B-12 이상 | 차량 좌우에 각각 1개 이상 |
| 산소 | 분말소화제 | BC용 B-8 이상 또는<br>ABC용 B-10 이상 | 차량 좌우에 각각 1개 이상 |

※ BC용은 유류화재나 전기화재, ABC용은 보통화재, 유류화재 및 전기화재 각각에 사용된다.

② 충전용기 등을 차량에 적재하여 운반하는 경우(질량 5kg 이하의 고압가스를 운반하는 경우는 제외)에 휴대하는 소화설비

| 운반하는 가스량에 따른 구분 | 소화기 종류 | | 비치 개수 |
|---|---|---|---|
| | 소화약제 | 소화기 능력단위 | |
| 압축가스 100m³ 또는 액화가스 1,000kg 이상 | 분말소화제 | BC용 B-10 이상 또는<br>ABC용 B-12 이상 | 2개 이상 |
| 압축가스 15m³ 초과 100m³ 미만 또는<br>액화가스 150kg 초과 1,000kg 미만 | 상동 | 상동 | 1개 이상 |
| 압축가스 15m³ 또는 액화가스 150kg 이하 | 상동 | B-3 이상 | 1개 이상 |

### (2) 약제

응급조치에 필요한 약제는 다음 표에 게기한 것으로 하고 비를 맞지 않도록 조치를 한 상자에 넣어 휴대할 것

| 품명 | 운반하는 독성가스의 양 | | 비고 |
|---|---|---|---|
| | 액화가스질량 1,000kg | | |
| | 미만 | 이상 | |
| 소석회 | 20kg 이상 | 40kg 이상 | 염소, 염화수소, 포스겐, 아황산가스 등 효과가 있는 액화가스에 적용 |

## 3 | 방파판

① 탱크의 내부에는 차량의 진행방향과 직각이 되도록 설치

② 설치위치 및 설치면적 등

가) 방파판의 면적 : 탱크 횡단면적의 40% 이상

나) 방파판의 부착위치 : A부 원호부면적이 탱크 횡단면적의 20% 이하가 되는 위치

다) 방파판의 재료 : 두께 3.2mm 이상의 SS41 또는 이와 동등 이상의 것

라) 초저온탱크의 방파판 재료 : 2mm 이상의 오스테나이트계 스테인레스강판 또는 4mm 이상의 알루미늄 합금판

마) 방파판의 설치 개수 : 탱크내용적 $5m^3$ 이하마다 1개씩 설치

## 4 | 배관의 매설

### (1) 되메움 재료

① 기초재료(Foundation)

- 배관의 침하를 방지하기 위하여 배관하부에 포설하는 재료
- 기초재료의 기준 : 19mm 이상의 입자가 포함되지 않은 양질의 흙

② 침상재료(Bedding)

- 배관에 작용하는 하중을 수직방향 및 횡방향에서 지지하고 하중을 기초 아래로 분산시키기 위하여 배관하단에서 배관상단 30cm까지 포설하는 재료
- 침상재료의 기준 : 19mm 이상의 입자가 포함되지 않은 양질의 흙

③ 되메움(Backfill)

- 배관에 작용하는 하중을 분산시켜주고 도로의 침하 등을 방지하기 위하여 침상 재료상단에서 도로노면까지 포설하는 재료
- 되메움 재료 : 암편이나 굵은 돌이 포함되지 않은 양질의 흙(기질토(이탄 등)·실트·점토질 등 연약한 흙은 제외)

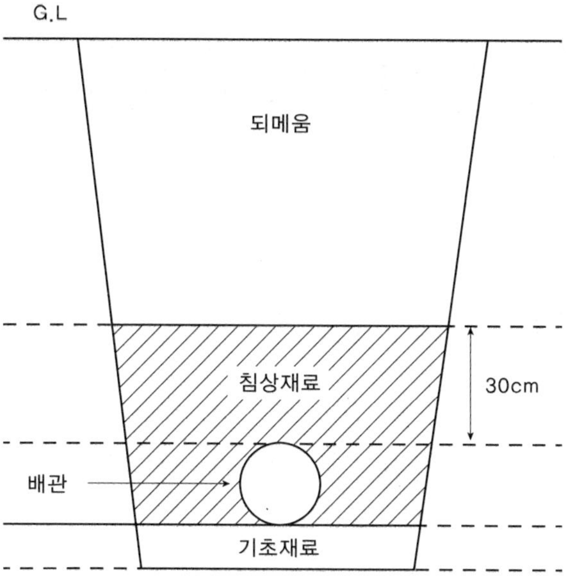


**[배관의 매설방법]**

(2) 다짐 공정

① 기초재료와 침상재료를 포설한 후

② 배관상단으로부터는 30cm마다 다짐 실시

# Chapter 5 고압가스의 기초지식

## 1 고압가스의 분류

### 1 | 상태에 따른 분류

① 압축가스 : 용기 내에 가스상태로 충전되며 비등점이 극히 낮거나 임계온도가 낮아 상온에서 압축하여도 용이하게 액화하지 않은 가스

예 He, $H_2$, Ne Air, CO, $N_2$ 등

② 액화가스 : 용기 내부에 액체상태로 충전되며 상온에서 비교적 낮은 압력(약 7~8kg/cm$^2$)으로 쉽게 액화할 수 있는 가스

예 $C_3H_8$, $C_4H_{10}$, $Cl_2$, $NH_3$ 등

③ 용해가스 : 용제에 가스를 용해시켜 충전 취급되는 고압가스

예 $C_2H_2$ 등

### 2 | 가연성에 의한 분류

(1) 가연성가스

폭발 하한이 10% 이하 또는 상한과 하한 차이가 20% 이상인 것으로 연소가능한 가스(단, 암모니아와 브롬화 메탄 제외)

① 중요가스의 공기 중 폭발범위 : 폭발하한(LEL : Low Explosive Limit) ~ 폭발상한계(UEL : Upper Explosive Limit)

| 가스 | 하한계 | 상한계 | 가스 | 하한계 | 상한계 |
|---|---|---|---|---|---|
| 수소($H_2$) | 4.0 | 75.0 | 벤젠 | 1.4 | 7.1 |
| 일산화탄소(CO) | 12.5 | 74.0 | 톨루엔 | 1.4 | 6.7 |
| 시안화수소(HCN) | 6.0 | 41.0 | 메틸알코올 | 7.3 | 36.0 |
| 메탄 | 5.0 | 15.0 | 에틸알코올 | 4.3 | 19.0 |
| 에탄 | 3.0 | 12.5 | 에테르 | 1.9 | 48.0 |
| 프로판 | 2.2 | 9.5 | 아세톤 | 3.0 | 13.0 |

| | | | | | |
|---|---|---|---|---|---|
| 부탄 | 1.8 | 8.4 | 산화에틸렌($C_2H_4O$) | 3.0 | 80.0 |
| 펜탄 | 1.4 | 7.8 | 산화프로필렌 | 2.0 | 22.0 |
| 에틸렌 | 2.7 | 36.0 | 암모니아($NH_3$) | 15.0 | 28.0 |
| 프로필렌 | 2.4 | 11.0 | 아세틸렌($C_2H_2$) | 2.5 | 81.0 |
| 부텐-1 | 1.7 | 9.7 | 황화수소($H_2S$) | 4.3 | 45.0 |

② 혼합가스의 폭발한계 산출식(르샤틀리에의 공식)

$$\frac{\sum_{i=1}^{n} V_i}{L} = \frac{V_1}{L_1} + \frac{V_2}{L_2} + \frac{V_3}{L_3} \cdots$$

( $L$ : 혼합가스 폭발한계값　　$L_1, L_2, L_3$ : 성분가스 폭발 한계값
$V_1, V_2, V_3$ : 성분가스의 용량(%) )

③ 위험도 계산

$$위험도 = \frac{폭발상한 - 폭발하한}{폭발하한}$$

④ 폭발범위와 압력과의 관계

- 일반적으로 압력이 높아질수록 발화온도는 낮아지고, 폭발범위는 넓어진다.
- 수소와 공기의 혼합가스는 10atm 정도까지는 폭발범위가 좁아지나 그 이상의 압력에서는 다시 점차 넓어진다.
- 일산화탄소 공기의 혼합가스는 압력이 높아질수록 폭발범위가 오히려 좁아진다.

## (2) 지연성(조연성)가스

산소·공기 등 다른 가연성가스의 연소를 돕는 가스

## (3) 불연성가스

자신이 연소하지도 않고 다른 물질을 연소시키지도 않는 가스

**Q1** **부피로 메탄 80%와 아세틸렌 20%로 혼합된 가스의 폭발하한은 약 얼마인가?**

① 4.2%　　② 18.0%　　③ 3.4%　　④ 17.0%

**해설** $\frac{100}{L} = \frac{80}{5} + \frac{20}{2.5}$

**정답** ①

## 3 | 독성에 의한 분류

### (1) 독성가스

- 허용농도가 TLV-TWA 200ppm 이하인 가스 및 $LC_{50}$ 5,000ppm 이하인 가스

**노출기준(TLV-TWA)**

근로자가 유해요인에 노출되는 경우, 노출기준 이하 수준에서는 거의 모든 근로자에게 건강상 나쁜 영향을 미치지 아니하는 기준을 의미하며, 1일 작업시간 동안의 시간가중 평균노출기준(Time weighed average, TWA), 단시간 노출기준(Short term exposure limit, STEL) 또는 최고노출기준(Ceiling, C)으로 표시한다.

**주요독성가스 TLV-TWA 허용농도(ppm)**

$COCl_2$ : 0.1, $Cl_2$ : 1, HCN : 10, $H_2S$ : 10, $NH_3$ : 25, CO : 50, $C_2H_4O$ : 50

**$LC_{50}$(Lethal concentration 50%)**

- 성숙한 흰 쥐 집단에 대해 대기 중에서 1시간 동안의 흡입실험에 의하여 14일 이내에 실험동물의 50%를 사망시킬 수 있는 가스의 농도
- $LC_{50}$값이 200ppm 이하인 경우에는 맹독성으로 분류

- 가스별 $LC_{50}$ 값

| 가스명 | 암모니아 $NH_3$ | 일산화탄소 CO | 염소 $Cl_2$ | 시안화수소 HCN | 황화수소 $H_2S$ | 염화수소 HCl | 벤젠 $C_6H_6$ |
|---|---|---|---|---|---|---|---|
| $LC_{50}$ | 7,338 | 3,760 | 293 | 140 | 444 | 3,120 | 13,700 |

**Q2** 다음 독성가스 중 독성($LC_{50}$)이 가장 강한 것과 가장 약한 것을 순서대로 바르게 나열한 것은?

| 보기 |

㉠ 염화수소　　㉡ 암모니아　　㉢ 황화수소　　㉣ 일산화탄소

① ㉠, ㉡　　② ㉢, ㉡　　③ ㉡, ㉢　　④ ㉢, ㉣

해설 염화수소의 $LC_{50}$ : 3,120　　암모니아의 $LC_{50}$ : 7,338
황화수소의 $LC_{50}$ : 444　　일산화탄소의 $LC_{50}$ : 3,760

정답 ③

### (2) 비독성가스

허용농도가 200ppm 이상인 가스

## 2 고압가스 적용범위(고압가스의 정의)

① 압축가스 : 상용온도 또는 35℃에서 1MPa 이상인 것

② 액화가스 : 상용온도 또는 35℃에서 0.2MPa 이상인 것

③ 아세틸렌가스 : 15℃에서 0Pa 이상인 것

④ 특수가스 : 35℃에서 액화산화 에틸렌, 액화 브롬화메탄, 액화 시안화수소는 0Pa 이상 시 고압이라 한다.

## 3 압력(Pressure)

압력의 단위는 atm, Pa(=1N/m$^2$), mmHg, m$H_2O$, kgf/cm$^2$, psi 등으로 나타낸다.

### 1 | 대기압

1atm = 1.033kgf/cm$^2$ = 760mmHg = 10.33m $H_2O$ = 1.01325bar = 101,325N/m$^2$(Pa)

### 2 | 게이지 압력(Gauge pressure)

대기압을 기준으로 하여 측정한 압력이며 압력계로 측정한 압력

※ 단위표시 : kg$_f$/cm$^2$g, lb$_f$/in$^2$g(또는 psig), 게이지압력에서는 g를 붙이지 않고 그대로 나타내도 된다.

### 3 | 진공압(Vaccum Pressure)

대기압을 기준으로 대기압보다 낮은 압력을 측정한 압력

① 단위 : cmHgV, inHgV

② 진공압력과 절대압력의 관계

$$P = \left(1 - \frac{h}{76}\right) \times 1.0332$$

( $P$ : 절대압력(kgf/cm$^2$a) $h$ : 진공도(cmHgV) )

### 4 | 절대압력(absolute pressure)

완전진공을 기준으로 한 압력

① 절대압력 = 대기압 + 계기압 = 대기압(국소 대기압) − 진공압

② 단위표시 : kg$_f$/cm$^2$a, lb$_f$/in$^2$a 등 절대압을 표시하기 위하여 단위 뒤에 a(혹은 A)를 표기

**Q3** 게이지 압력으로 10kgf/cm²은 절대압력으로 몇 atm인가?

① 10.51atm ② 11.01atm ③ 9.7atm ④ 10.68atm

**해설** 절대압력 = 게이지압력 + 대기압력 → $\frac{10+1.033}{1.033}$

**정답** ④

**Q4** 추의 무게가 5kg이며, 실린더의 지름이 4cm일 때 작용하는 게이지 압력은?

① $0.29kg/cm^2$ ② $0.39kg/cm^2$
③ $0.49kg/cm^2$ ④ $0.59kg/cm^2$

**해설** $\frac{5}{\pi \times r^2} = \frac{5}{\pi \times 2^2} = 0.39$

**정답** ②

## 4 온도(temperature)

온도의 환산

$$T(°F) = 1.8T(℃) + 32$$

$$T(K) = T(℃) + 273.15$$

$$T(°R) = T(°F) + 460 = 1.8T(K)$$

**Q5** 다음 온도 환산식 중 틀린 것은?

① $T(°F) = \frac{5}{9} \times T(℃) + 32$ ② $T(℃) = \frac{5}{9} \times (T(°F) - 32)$
③ $T(K) = T(℃) + 273.15$ ④ $T(°R) = T(℃) + 460$

**정답** ④

**Q6** 25℃는 몇 °R인가?

① 77 ② 298 ③ 420 ④ 537

**해설** $(1.8 \times 25 + 32) + 460$

**정답** ④

## 5 열량(Heat Quantity)

외부에서 열을 받으면 온도변화와 상태변화를 하게 되는데 이 때 외부에서 가해지는 것을 열량이라고 한다.

### 1 | 열량의 단위

- 1kcal(Kilocalorie) : 표준대기압에서 순수한 물 1kg을 14.5℃에서 15.5℃, 즉 1℃ 높이는 데 필요한 열량
- 1BTU(British Thermal Unit) : 표준대기압에서 순수한 물 1lb를 60.5F에서 61.5F 즉, 1F 높이는 데 필요한 열량
- 1CHU(Centigrade Heat Unit) : 표준대기압에서 순수한 물 1lb를 14.5℃에서 15.5℃, 즉 1℃높이는 데 필요한 열량

**열량의 변환 관계**

1kcal = 3.968BTU(=2.205×1.08)
1kcal = 2.205CHU
1BTU = 0.252kcal
1CHU = 0.454kcal

### 2 | 현열(sensible heat)

물질의 상태변화 없이 온도 변화에만 필요한 열량

$Q = m \times C \times \triangle T$ (Q : 현열, m : 질량, C : 열용량 ($\frac{열량}{질량}$ − 온도), △T : 온도차)

### 3 | 잠열(latent heat)

물질의 온도변화 없이 상태변화에만 필요한 열량

$Q = m \times \lambda$ (Q : 잠열, m : 질량, λ : 단위질량 당 잠열)

※ 물의 증발잠열 : 539kcal/kg

### 4 | 열용량과 비열(Specific heat)

- 물체의 온도를 1K 높이는 데 필요한 열량을 그 물체의 열용량이라 한다.
- 열용량의 단위로는 J/K 또는 kcal/K를 주로 사용
- 단위중량인 물질의 온도를 단위 온도만큼 올리는 데 필요한 열량을 그 물질의 비열이라 하고, 단위 J/kg·K 또는 kcal/kg·K를 주로 사용한다.
- 질량 $m_1$, 비열 $C_1$, 온도가 $T_1$인 물체와 질량이 $m_2$, 비열이 $C_2$, 온도가 $T_2(T_1 > T_2)$인 물체가 접촉하여 온도가 T에서 열평형을 이루었다면 열량보존의 법칙에서 $m_1C_1(T_1 - T)$

$=m_2C_2(T-T_2)$가 성립된다.

(1) 정압비열($C_p$)

압력을 일정하게 할 때의 비열을 말한다.

※ 물의 정압열용량 : 1kcal/kg-℃

(2) 정적비열($C_v$)

체적을 일정하게 할 때의 비열을 말한다.

**Q7** 욕조에 들어 있는 15℃ 물 1톤을 연탄보일러를 사용하여 65℃로 데우려면 연탄 몇 장이 필요한가? (단, 연탄 1장의 무게는 3.6kg, 발열량은 4,400kcal/kg, 보일러의 연소효율은 65%이다)

① 2 ② 3 ③ 4 ④ 5

해설 $\frac{\text{온도 변화시키는 데 필요한 총 열량}}{\text{연탄 1장의 열량}}=\frac{1000\times(65-15)}{3.6\times4400\times0.65}\fallingdotseq4.86$

정답 ④

**Q8** 25℃의 물 10kg을 대기압 하에서 비등시켜 전부 기화시키는 데 몇 kcal의 열이 필요한가? (단, 물의 증발잠열은 540kcal/kg이다)

① 700 ② 2,400 ③ 4,860 ④ 6,150

해설 10kg×1kcal/kg-℃×(100℃-25℃)+10kg×540kcal/kg=6,150

정답 ④

## 6 원자량과 분자량

### 1 | 원자량

원자량의 필요성 : 원자의 질량은 $10^{-24}$~$10^{-23}$g으로 매우 작은 값으로 그대로 사용하는 것은 불편하므로 탄소에 대한 상대적 질량으로 원자량을 정하여 사용한다.

예 수소의 원자량이 1이라는 것은 수소 원자의 질량이 1g이라는 뜻이 아니고 H원자 1개의 질량은 C원자 1개의 질량의 $\frac{1}{12}$이 되므로 H의 상대적 질량이 1임을 뜻한다.

### 2 | 분자(molecule)량

분자량은 분자를 구성하는 모든 원자량의 합으로 구한다.

예 메탄($CH_4$)의 분자량은 탄소 원자 1개와 수소 원자 4개로 구성되어 있으므로 각 원자의 원자량의 총합이 분자량이 된다. $CH_4 = 12 + (1 \times 4) = 16$

혼합물의 경우는 각 분자의 조성 백분율로부터 평균적인 분자량을 구한다.

예 공기 중 부피조성으로 질소 79%, 산소 21%일 때 평균 분자량

$28 \times 0.79 + 32 \times 0.21 ≒ 29$ (암기필수!!)

**필수암기 기본 분자량**

탄소 C : 12g/mol, 수소 H : 1g/mol, 산소 O : 16g/mol, 질소 N : 14g/mol

**참고**

문제에서 수소, 산소, 질소라고 말하는 것은 분자로 존재하는 것으로 각각 $H_2$, $O_2$, $N_2$를 의미한다(수소, 산소, 질소는 자연에서 원자로 존재하지 않음).

## 3 | 원자에 관한 기본 법칙

### (1) 질량보존의 법칙

화학반응의 전후에 있어서 반응물의 모든 질량과 생성물의 모든 질량의 합은 같다.

### (2) 일정 성분비의 법칙

모든 화합물에서 구성 원소의 질량비는 고정되어 있고 일정하다는 법칙

예 물($H_2O$)는 항상 수소 2분자가 산소 1분자로 구성된다. 이때, 수소 2분자와 산소 1분자의 질량비(1:8)는 항상 일정하다.

### (3) 몰(mol)

- 아보가드로의 수 : 어떤 원자의 원자량에 존재하는 원자의 개수
  탄소 12g에 존재하는 탄소 원자는 $6.02 \times 10^{23}$개
- 1몰(mol) : 어떤 입자 $6.02 \times 10^{23}$개의 집단
- 분자의 몰수 계산 : 몰수(mol) = 주어진 질량/분자량

### (4) 몰-그램의 전환

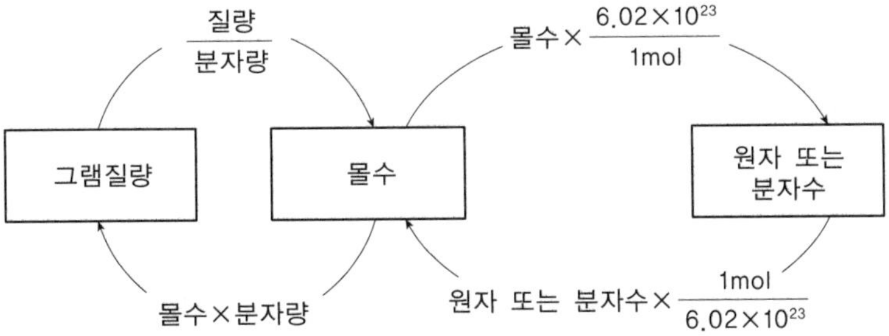

**Q9** 오존($O_3$) 0.3mol은 몇 g인가?

① 12.5 ② 14.4 ③ 22.5 ④ 24.4

**해설** 오존의 분자량 = $16 \times 3 = 48$(g/mol) $\therefore 0.3 \times 48 = 14.4$

**정답** ②

**Q10** 메탄($CH_4$) 48g의 몰수는 얼마인가?

① 1 ② 2 ③ 3 ④ 4

**해설** 메탄의 분자량 = $12 + 1 \times 4 = 16$(g/mol) $\therefore \frac{48}{16} = 3$

**정답** ③

(5) 화학반응식(chemical equation)

① 화학반응에 참여하는 물질을 화학식으로 표시하여 반응식을 쓰는 표현

② 화학반응식으로 알 수 있는 내용

가) 반응물과 생성물

나) 화학반응에 참여하는 물질의 양론적 관계

다) 물질의 상태

**암모니아 생성반응을 통한 화학반응식의 완결 예**

$N_2 + H_2 \rightarrow NH_3$

① 반응물과 생성물에 대한 기본 분자식 작성

② 화살표를 기준으로 반응물과 생성물의 원소별 원자수의 균형을 맞춘다.

- N : 왼쪽의 N 원자수는 2개이지만 오른쪽은 1개이므로, $NH_3$ 앞에 계수 2를 표시
  $N_2 + H_2 \rightarrow 2NH_3$
- H : 위의 화학 방정식에서 왼쪽의 H 원자수는 2개, 오른쪽은 6개이므로 $H_2$ 앞에 계수 3을 표시하면 화학 방정식이 완결된다. 즉, $N_2(g) + 3H_2(g) \rightarrow 2NH_3(g)$

③ 화학반응식에서 물질의 상태표시

고체(solid) 상태 : (s)

액체(liquid) 상태 : (l)

기체(gas) 상태 : (g)

수용액(aqueous solution) 상태 : (aq)

(6) 화학반응식의 양론적 관계

- 화학반응식은 화학반응에 참여하는 물질의 양적관계를 의미
- 화학반응식에서의 계수는 반응물과 생성물 간의 상대적 mol수를 의미

$$2H_2 + O_2 \rightarrow 2H_2O$$

반응물질과 생성물질 : 수소 + 산소 = 물(수증기)

질량 보존의 법칙 : $2 \times 2g + 32g = 2 \times 18g$

일정 성분비의 법칙 : 1g : 8g : 9g

기체 반응의 법칙 : 2부피 : 1부피 : 2부피

각 물질의 몰 수의 비 : 2몰 : 1몰 : 2몰

## 4 | 이상기체의 성질

### (1) 보일의 법칙

- 일정 온도에서 기체의 부피와 압력의 관계 $V \propto \frac{1}{P}$
- 비례상수 k를 도입함으로써 등식으로 변형시킬 수 있다. $V = \frac{k}{P}$ 또는 $PV = k$

### (2) 샤를의 법칙

- 일정 압력에서 기체의 부피와 온도의 관계 $V \propto T$
- 비례상수 k를 도입함으로써 등식으로 변형시킬 수 있다. $V = kT$

### (3) 아보가드로의 법칙

- 모든 기체는 온도, 압력이 일정할 때 같은 부피에는 같은 수의 분자를 포함한다.
- 1mol의 기체에는 표준상태(0℃, 1기압)에서 22.4ℓ, $6.02 \times 10^{23}$개의 분자가 존재한다.

### (4) 이상기체 상태방정식

① 이상기체 상태방정식

$$PV = nRT$$

여기서, P는 압력, V는 부피, n은 몰수, R은 기체상수, T는 절대온도이다.

② 기체 상수(gas constant) : 아보가드로의 법칙에서 0℃ 1기압의 기체 1몰의 부피는 22.4ℓ 이므로 R값은 다음과 같다.

$$R = PV/nT = 1atm \times 22.4\ell/(1mol \times 273K) = 0.082\ atm \cdot L/mol \cdot K$$

**?! 단위의 선택에 따른 기체상수**

848kg-m/kmol·K, 8.3143kJ/kmol·K, 1.98cal/mol·K

③ 압력이 낮고 온도가 높을 때 이상기체상태방정식을 잘 만족시킨다.

**이상기체의 성질**

① 기체 분자들 간에는 인력이나 반발력이 작용하지 않는다.
② 분자의 충돌로 총 운동 에너지가 감소되지 않는 완전 탄성체이다.
③ 0K(절대 영도)에서 부피는 0이어야 하며 평균 운동에너지는 절대 온도에 비례한다.
④ 내부에너지는 체적에 관계없이 온도에 의해서만 정해진다.

**Q11** 0℃, 1atm의 암모니아 1몰의 부피를 일정한 온도에서 부피를 $\frac{1}{3}$로 감소시켰다. 이때 암모니아의 최종 압력은 몇 atm이 되겠는가?

① $\frac{1}{3}$ ② $\frac{2}{3}$ ③ 1 ④ 3

**해설** 압력과 부피는 반비례한다. **정답** ④

**Q12** 어떤 탱크의 부피가 0.5m³이고, 이 때의 온도가 25℃이다. 탱크 내에 분자량 24인 이상기체 10kg이 들어 있을 때 이 탱크의 압력은 몇 kg/cm²a인가?

① 19 ② 21 ③ 25 ④ 27

**해설** $PV = nRT \rightarrow P = \frac{rRT}{V}$, $P = \frac{\frac{10}{24} \times 848 \times 298}{0.5} \times 10^{-4}$ **정답** ②

**Q13** 30℃ 1기압에서 수소 0.15g, 질소 0.90g, 암모니아 0.68g으로 된 혼합가스가 있다. 이 혼합가스의 부피는 몇 리터인가? (단, 원자량 H : 1, N : 14)

① 0.66 ② 1.97 ③ 2.83 ④ 3.66

**해설** $PV = nRT \rightarrow V = \frac{rRT}{P} = (\frac{0.15}{2} + \frac{0.9}{28} + \frac{0.62}{17}) \times 0.082 \times 303$ **정답** ④

(5) 기체의 분자량 측정

- 아보가드로의 법칙과 이상기체 상태방정식 이용
- 표준상태(0℃, 1atm)에서 모든 기체 1몰의 부피는 22.4ℓ이므로 표준상태에서 기체 22.4ℓ의 질량은 1몰의 질량이 되는 것을 이용하여 분자량을 구할 수 있다.

표준상태에서 부피가 V(L)인 기체의 질량이 w(g)이면 분자량 M은,

$$\text{분자량(M)} : 22.4 = \text{질량(g)} : \text{부피(V)}$$

$$\text{분자량(M)} = \frac{\text{질량(w)}}{\text{부피(V)}} \times 22.4 \text{(0℃, 1기압)}$$

밀도는 $\frac{질량}{부피}$이므로 분자량= 밀도×22.4가 된다.

**Q14** 액화염소($Cl_2$) 142g을 표준상태에서 기화시켰을 때 부피는 몇 리터가 되는가? (단, 염소의 분자량은 71g/mol이다)

① 34 ② 34.8 ③ 44 ④ 44.8

**해설** 표준상태에서 기체 1몰의 부피는 22.4리터이다. 염소 142g은 2몰이므로 44.8리터가 된다.

**정답** ④

## 7 열역학 법칙

### 1 | 열역학 제0법칙

- 열평형의 법칙(A = B, B = C이면 A = C)
- 고온체와 저온체가 접촉하게 되면 두 물체는 최종적으로 열평형에 이른다.

### 2 | 열역학 제1법칙

에너지 보존의 법칙(에너지(열)는 생성되거나 소멸되지 않고 보존된다)

### 3 | 열역학 제2법칙

에너지 흐름의 법칙(엔트로피 증가의 법칙)

### 4 | 열역학 제3법칙

- 절대 온도 0K에서 완전한 결정 상태의 엔트로피는 0이다.
- 절대 온도가 0K로 접근함에 따라 계의 엔트로피는 상수로 수렴한다.

# Chapter 6 중요가스들의 성질

## 1 수소($H_2$)

### 1 | 성질

- 무색, 무미, 무취의 기체로 기체 중에서 확산속도가 가장 빠르고, 열선도도가 대단히 크다.
- 수소폭명기 : $2H_2 + O_2 \rightarrow 2H_2O + 36.6kcal$
- 염소폭명기 : $H_2 + Cl_2 \rightarrow 2HCl$
- 환원성이 강하다(고온에서 금속산화물을 환원시킨다).
- 탄소강은 액체수소의 온도에서는 연성을 잃어버리므로 액체수소에 사용할 수가 없다.
- 할로겐원소와 격렬히 반응하며 폭발반응이 일어난다.

### 2 | 제조방법

① 물의 전기 분해법

- $2H_2O \rightarrow 2H_2 + O_2$(순도가 높지만 경제성이 떨어짐)
- 전해액으로 10~25%의 수산화나트륨 용액이 사용된다.

② 수성가스법 : 가열된 코크스에 수증기를 불어 넣어 일산화탄소와 수소를 얻는 방법이다.

$$C + H_2O \rightleftarrows H_2 + CO - 28.2kcal$$

③ 천연가스분해법

가) 수증기 개질법(steam reforming)

- 수소와 일산화탄소를 제조하는 방법으로 반응효율이 높고 황에 의한 피독작용이 적어 최근 많이 사용되고 있다.
- 수소는 나프타에 수증기를 혼합한 가스를 750℃, 150atm 이상에서 산화우라늄 촉매를 이용하여 개질한다.

$$CH_4 + H_2O \rightleftarrows CO + 3H_2 - 49.3kcal$$

나) 부분산화법(partial oxidation) : 메탄을 산소와 불완전연소시켜 일산화탄소와 수소를 생성하는 방법

$$CH_4 + \frac{1}{2}O_2 \rightleftarrows CO + 2H_2 + 8.5kcal$$

④ 석유의 분해법

가) 수증기 개질법 : $C_mH_n + mH_2O \rightarrow mCO + \frac{2m+n}{2}H_2$

나) 부분산화법 : $C_mH_n + \frac{m}{2}O_2 \rightarrow mCO + \frac{n}{2}H_2$

⑤ 일산화탄소 전화법 : $CO + H_2O \rightarrow CO_2 + H_2 + 9.8kcal$

### 3 | 기타

- 환원성을 이용하여 금속제련에 이용한다.
- 안전 밸브는 가용전식과 파열판식을 병용, 상온에서 용기재질은 탄소강 사용
- 폭굉범위는 상온상압에서 공기중 18.3~59%, 산소 중 15~90%

## 2 산소($O_2$)

### 1 | 성질

- 상온에서 무색, 무취의 기체이고 공기 중에 약 21%(부피) 존재한다.
- 강력한 조연성 기체로 그 자신은 연소하지 않는다.
- 산소농도가 커짐에 따라 연소속도의 급격한 증가, 발화온도의 저하, 화염온도의 상승, 화염길이의 감소를 가져온다.
- 화학적으로 활발한 원소이며 희가스, 할로겐원소, 백금, 금 등의 귀금속 이외의 모든 원소와 직접 화합하여 산화물을 만든다.

### 2 | 제조방법

① 물의 전기 분해법 : $2H_2O \rightarrow 2H_2 + O_2$

② 공기액화분리법

- 공기를 조성하고 있는 각 물질은 끓는점이 다르기 때문에 액체 공기로부터 분별증류에 의해 각 성분을 분리할 수 있다.
- 산소의 끓는점은 −183℃이고 질소의 끓는점은 −196℃이므로, 액화 공기로부터 질소가 먼저 증류되고 산소가 남게 된다.

### 3 | 기타

- 안전밸브는 박판식
- 산소 압축기 실린더 윤활에는 기름을 사용할 수 없으므로 물을 사용한다.
- 산소용 압력계는 유압용을 사용할 수 없다.
- 산소를 많이 사용하는 대표적인 공업은 제철공업으로서, 탄소나 황 등의 불순물을 산화시켜 제거하는 데 사용된다.
- 산소는 폐수 처리나 화석 연료의 연소에도 사용된다.

## 3 질소($N_2$)

### 1 | 성질

- 공기 중에 약 78%의 비율을 차지한다.
- 고온 고압 하에서 수소와 반응하여 암모니아를 생성한다.
- 상온에서 다른 물질과 반응하지 않는 안정한 불연소가스이지만 Mg, Ca, Li 등의 금속과는 반응한다.
- 고온에서 산소와 반응하여 산화질소가 된다.
- 고온에서 탄화칼슘과 반응하여 칼슘시아나미드가 된다.
- 질소는 공업적으로 암모니아, 황산암모늄, 질산암모늄 등의 비료 제조에 가장 많이 사용된다.

### 2 | 기타

- 대부분 암모니아 합성용 또는 질소비료의 원료 질산제조에 사용된다.
- 불활성이므로 가연성 가스를 취급하는 장치의 퍼지용으로 사용된다.
- 액체질소는 식품의 저장, 순간 냉동 및 초전도체의 냉각 등에 사용된다.

## 4 일산화탄소(CO)

### 1 | 성질

- 무색, 무취의 기체로 독성이 강하다(TLV−TWA 허용농도 50ppm).
- 환원성이 강한 가스이며 금속산화물을 환원시킨다.
- 철이나 니켈과 금속카보닐을 생성한다.
- 물에 잘 녹지 않으며, 산·염기와 반응하지 않는다.
- 상온에서 염소와 반응하여 포스겐을 생성한다.

### 2 | 제조방법

- 적열한 코크스에 수증기를 통과시켜 넣는다.
- 목탄 또는 코크스와 산소를 사용하여 불완전 연소시켜 얻는다.
- 개미산에 진한 황산을 작용시켜 만든다.

## 5 염소($Cl_2$)

### 1 | 성질

- 상온에서 심한 자극성이 있는 황록색의 무거운 기체이며 자극적인 냄새를 가지고 있고 액체 상태는 진한황색, 등황색의 유상액체이다.
- 독성과 조연성 가스이며 허용농도가 1ppm이다.
- 염소는 수분 존재 하에서 발생기 산소를 발생시켜 살균, 표백, 소독작용을 한다.
- 염소와 수소의 염소폭명기로 가열, 일광의 직사, 자외선 등에 의해 폭발하여 염화수소가 된다.
- 알칼리에 용해되고 물에 미량 녹으며 염소는 수분과 작용하여 염산(HCl)을 생성하고 부식이 크므로 위험하다.
- 암모니아와 반응, 염화암모늄의 흰 연기를 발생한다.
- 10% 암모니아수에 적신 수건 등을 염소가스에 접촉시키면 염화암모늄의 하얀 연기가 나타나므로 누출 검지에 사용된다.

### 2 | 제조방법

① 소금물 전기분해법 : 소금물을 전기분해하면 양극에서 염소가 음극에서 수소가 발생하며, 그 주위에 수산화나트륨이 생긴다.

$$2NaCl + 2H_2O \rightarrow 2NaOH + H_2 + Cl_2$$

가) 격막법

- 양·음극 사이의 격막에 석면을 사용하여 식염수를 전해하는 방법
- 격막법 식염 전해의 반응

  양극 반응 : $2Cl^- \rightarrow Cl_2 + 2e^-$ (산화 반응)

  음극 반응 : $2H_2O + 2e^- \rightarrow H_2 + 2OH^-$

  $Na^+ + OH^- \rightarrow NaOH$

  전해반응 : $2NaCl + 2H_2O \rightarrow 2NaOH + H_2 + Cl_2$

- 격막을 사용하는 것은 양극에서 발생하는 염소와 음극액인 수산화나트륨이 반응하여

부반응이 일어나는 것을 방지하기 위해서이다.

$$2NaOH + Cl_2 \rightarrow NaCl + NAClO + H_2O$$

- 석면 격막법에서는 식염수가 음극으로 혼입하는 것을 완전히 막을 수 없으므로 제품의 순도가 낮다.

나) 수은법

- 식염 전해는 음극 재료로 수은(Hg)을 이용하는 방법
- 수은 전극을 이용하면 수소 과전압이 높아서 $Na^+$의 방전이 $H_2O$의 방전에 우선하여 일어나고, 생성하는 나트륨 금속은 수은에 녹아서 나트륨아말감[Na(Hg)]이 된다.

다) 이온 교환막법

- 식염 전해는 전해 탱크의 격막으로 양이온 교환막을 사용하는 방법
- 전해반응식은 격막법과 동일하며 음극에서 생성하는 수산화나트륨 중에 $Cl^-$이 혼입되지 않아 고순도의 수산화나트륨을 얻을 수 있다.

② 염산의 전해법 : 염산을 전기 분해하면 고순도의 염소와 수소가 생성된다.

$$2HCl \rightarrow H_2 + Cl_2$$

### 3 | 기타

- 용기 내에 이물질이 혼입되거나, 염소가 반응할 경우는 고온 고압이 되어 대규모 재해를 발생시킬 우려가 있으므로, 전량을 사용하지 말고 반드시 가스압력 $1kg/cm^2$(게이지) 이상의 염소가 남도록 보관한다.
- 취급하다 눈에 중독되어 충혈되었을 때, 응급처치로 붕산수 3% 정도로 씻어낸다.

## 6 암모니아($NH_3$)

### 1 | 성질

① 상온에서 무색의 기체이나 강하고 특유한 냄새를 가진 가연성과 독성가스이며 가압에 의해 액화되기 쉽다.

② 물에 잘 녹는다(상압에서 물에 약 800배 녹는다).

③ 암모니아용 장치나 계기에는 직접 구리나 황동, 알루미늄합금을 현저하게 부식시키며 수분이 있으면 그 작용이 더욱 격렬해진다.

④ 암모니아의 건조제 : 소화석회(CaO와 NaOH의 혼합물)

가) 암모니아의 검출방법

- 자극성 냄새
- 붉은 리트머스지를 푸르게 변화시킴.
- 염화수소와 흰 연기를 발생
- 네슬러 시약에 의해 노란색이 된다.

⑤ 공기와 혼합하여 폭발성 가스를 생성하며 공기 중에서 가열하면 질소와 수소로 분해한다.

⑥ 염소가스 또는 요소가스와 혼합하면 폭발의 위험이 있으며 구리, 아연 등의 합금을 자극하여 부식시키고 강알카리성을 나타낸다.

⑦ 액체암모니아의 증발잠열이 크며(301.8cal/g℃) 여러 가지 물질을 쉽게 녹인다.

## 2 | 제조방법

① 하버 보시법 : $N_2 + 3H_2 \rightarrow 2NH_3 + 23kcal$

② 석회질소법 : $CaCN_2 + 3H_2O \rightarrow CaCO_3 + 2NH_3$

## 3 | 암모니아 합성탑

- 내부구조물은 촉매를 유지하고 반응과 열교환을 위한 것이다.
- 암모니아 합성의 촉매는 보통 산화철에 $Al_2O_3$ 및 $K_2O$를 첨가한 것이나 CaO 또는 MgO 등을 첨가한 것으로 5~15mm 정도의 입도가 좋다.

## 4 | 기타

① 질소비료(요소, 황산암모늄, 질산암모늄)의 원료와 화학섬유(레이온, 나일론, 히드라진, 중탄산암모늄)의 제조에 사용된다.

② 암모니아의 합성 반응

가) 수소와 질소를 3 : 1 정도로 혼합하여, 압력은 150~1,000atm 범위 내에서 압축한다.

나) 400~500℃로 예열해서 촉매를 채워 놓은 합성탑으로 보내어 반응시킨다.

다) 공업적으로 암모니아를 합성할 때에는 철(Fe) 촉매를 사용하여 500℃, 300atm 정도에서 실시하는 중압 합성법이 많이 이용된다.

| 방법 | 반응압력 (atm) | 반응온도 (℃) | 합성탑 출구 $NH_3$ 농도(%) | 주촉매 | 조촉매 |
|---|---|---|---|---|---|
| 하버-보시법 | 300 | 500~600 | 8~12 | $Fe_3O_4$ | $Al_2O_3$, $K_2O$, CaO |
| 카자레법 | 500~700 | 450~500 | 18~20 | $Fe_3O_4$ | $Al_2O_3$, $K_2O$ |

| | | | | | |
|---|---|---|---|---|---|
| 파우저법 | 200~300 | 450~500 | 12~15 | $Fe_3O_4$ | $Al_2O_3$, MgO, $SiO_2$ |
| 클라우드법 | 900~1,000 | 500~650 | 24~29 | $Fe_3O_4$ | $Al_2O_3$, MgO, $SiO_2$ |
| 도쿄공법 | 300 | 500 | 10~11 | $Fe_3O_4$ | AlO |
| 겔로그법 | 150 | 500 | 11~12 | $Fe_3O_4$ | $Al_2O_3$ |
| 케미그법 | 240 | 480 | 15~18 | $Fe_3O_4$ | $Al_2O_3$ |

**암모니아합성의 반응압력에 따른 구분**

- 고압합성(600~1,000kg/cm$^2$) : 클라우드법, 카자레법
- 중압합성(300kg/cm$^2$ 전후) : IG법, 신파우저법, 뉴파우더법, 케미그법, JCI법, 하버보시법
- 저압합성(150kg/cm$^2$ 전후) : 구데법, 케로그법

# 7 산화에틸렌($C_2H_4O$)

## 1 | 성질

- 상온에서 무색의 가연성 가스이며 저온에서는 에테르냄새를 가지고 있는 중성의 액체
- 고농도에서는 자극성의 냄새를 가지며 독성이 있다.
- 물, 알코올, 에테르, 아세톤, 메틸알콜, 벤젠, 톨루엔, 사염화탄소 등에 용해된다.
- 산, 알카리, 금속의 염화물, 산화철, 산화알루미늄 등에 의해 중합폭발을 일으킨다.
- 산화에틸렌 증기는 자체산소로 열이나 충격에 의해 분해폭발을 일으킬 위험이 있다.

$$2C_2H_4O \rightarrow 2C_2H_4 + O_2$$

- 금속에 대해서는 부식성이 없으며 산화에틸렌이 포함되어 있을 때에는 아세틸라이드를 형성하는 금속(은, 수은, 동, 마그네슘 등 : Ag, Hg, Cu, Mg 등)을 사용해서는 안된다.

## 2 | 기타

- 액체상태에서는 안정하나 가스상태에서는 폭발성, 가연성가스이다.
- 피부에 접촉되었을 때는 비눗물로 씻고, 눈에 접촉되었을 때는 다량의 물로 씻어낸 후 0.2% 붕산수로 충분히 씻는다.
- 폴리에틸렌글리콜, 에틸렌글리콜 등의 원료로서 폴리에스테르 섬유공업에 이용된다.
- 암모니아와 반응하여 에탄올아민류를 생성한다.
- 염산과 반응하여 에틸렌클로로히드린을 생성한다.
- 알콜류와 반응하여 글리콜에테르류 생성, 고급지방산, 알콜류와 반응하여 폴리옥시에틸렌, 알킬에스테르 및 에테르를 생성한다.

## 8 황화수소($H_2S$)

### 1 | 성질

- 무색, 특유한 계란 썩는 냄새를 가진 기체로서 유독하며 물에 녹아 산성을 나타낸다.
- 완전연소 : $2H_2S + 3O_2 \rightarrow 2H_2O + 2SO_2$
- 불완전연소 : $2H_2S + O_2 \rightarrow 2H_2O + 2S$
- 환원제로 작용한다.

### 2 | 기타

- 공기 중에서 청색 불꽃을 내고 타며, 순수한 것은 염화마그네슘과 황화칼슘의 혼합물에 물을 조금 가한 후 가열하여 얻는다.
- 여러 가지 금속염 용액과 작용하여 각종 황화물을 생성한다.
- 농질산, 발연질산 등의 산화제와는 심하게 반응한다.

## 9 아세틸렌($C_2H_2$)

### 1 | 성질

- 무색의 기체로 순수한 물질은 에테르와 비슷한 향기가 있으나, 보통 공존하는 불순물 때문에 특유의 냄새가 난다.
- 액체 아세틸렌은 불안정하나 고체 아세틸렌은 비교적 안정하다. 15℃에서 아세톤에 부피비로 약 25배 가량 녹는다.
- 흡열화합물로서 충격이나 압축에 의해서 분해폭발할 우려가 있으므로, 용기 충전 시 다공물질 용제를 침윤시켜 충전한다(안전밸브는 가용전식을 쓰며 용융온도는 105±5℃이다).
- 다공물질의 다공도 : 20℃에서 75% 이상 92% 미만
- 다공도 = $\dfrac{V-E}{V} \times 100$

  V : 다공물질의 용적($m^3$)　　　E : 침윤잔용적($m^3$)
- Cu, Ag, Hg과 화합하면 폭발성의 금속아세틸라이트를 생성한다.

  $C_2H_2 + 2Cu \rightarrow Cu_2C_2 + H_2$ : 화합폭발
- 액체공기 제조 시 아세틸렌이 원료 공기 중에 적은 양이라도 함유되어 있으면 정류탑 내에 축적되어 폭발사고의 원인이 된다.

## 2 | 제조방법

① 생석회와 코크스를 원료로 카바이트를 만들고 카바이트를 물과 반응시켜 제조

$$CaO + 3C \rightarrow CaC_2 + CO$$

$$CaC_2 + 2H_2O \rightarrow Ca(OH)_2 + C_2H_2$$

② 석유화학가스를 고온 열분해하거나 천연가스를 부분산화하는 방식

## 3 | 제조공정

① 가스발생기

- 종류 : 투입식(공업적 대량생산용), 주수식, 침지식
- 습식발생기 표면유지온도 : 70℃ 이하(최적온도 50~60℃)
- 압력에 따른 구분 : 고압식(1.6kg/cm$^2$ 이상), 중압식(0.07kg/cm$^2$~1.3kg/cm$^2$), 저압식(0.07kg/cm$^2$ 미만)
- 구비조건 : 열발생율이 적을 것, 가스수요에 적합할 것, 역류나 역화 시 영향을 받지 않는 구조일 것, 내압성이 클 것, 경제적일 것

② 청정기 : 불순물 제거장치(정제장치)

- 불순물의 종류 : $H_2S$, $AsH_4$, $PH_3$, $SiH_4$, $NH_3$ 등
- 청정제 : 에푸렌, 카다리솔, 리카솔

③ (저압, 고압) 건조기 : 건조제로 염화칼슘($CaCl_2$) 사용

④ 압축기

- 용량은 15~60m$^3$/hr이며, 회전수는 100rpm 이하로 2~3단 왕복동압축기이다.
- 압축기의 윤활유는 양질의 광유를 사용한다.

⑤ 유분리기 : 압축된 가스에 함유된 오일을 제거하기 위해 압축기 토출 측에 설치한다.

⑥ 역화방지기 : 불꽃이 역류하지 않도록 내부에 물, 모래, 자갈, 페로실리콘 등의 물질을 채워 넣는다.

⑦ 충전 : 온도에 관계없이 2.5MPa 충전 시에는 희석제를 사용, 충전은 2~3회에 걸쳐 최소 8시간 정도 소요되도록 한다. 충전 후 24시간 동안 정치하며, 정치압력은 15℃에서 1.5MPa 이하로 한다.

## 4 | 다공도에 따른 용제 충전량

| 아세톤 | | |
|---|---|---|
| | 내용적 10ℓ 이하 | 내용적 10ℓ 초과 |
| 90 이상~92 이하 | 41.8% 이하 | 43.4% 이하 |
| 87 이상~90 미만 | | 42.0% 이하 |
| 83 이상~90 미만 | 38.5% 이하 | |
| 80 이상~83 미만 | 37.1% 이하 | |
| 75 이상~87 미만 | | 40.0% 이하 |
| 75 이상~80 미만 | 34.8% 이하 | |

| 디메틸포름아미드(DMF) | | |
|---|---|---|
| | 내용적 10ℓ 이하 | 내용적 10ℓ 초과 |
| 90 이상~92% 미만 | 43.5% 이하 | 43.7% 이하 |
| 85 이상~90% 미만 | 41.1% 이하 | 42.8% 이하 |
| 80 이상~85% 미만 | 38.7% 이하 | 41.3% 이하 |
| 75 이상~80% 미만 | 36.3% 이하 | 37.8% 이하 |

# 10 프레온

## 1 | 성질

- 무색, 무취, 무독성으로 불연성이다.
- 증발잠열이 크고, 쉽게 액화되며 200℃ 이하에서는 대부분의 금속과 반응하지 않는다.

## 2 | 기타

- 냉동기의 냉매나 에어졸의 용제로 사용
- 불소수지(테프론 등)나 우레탄 발포제의 원료로 사용

# 11 불활성가스(희가스)

## 1 | 성질

- 주기율표 8족에 속하는 헬륨(He), 네온(Ne), 아르곤(Ar) 등의 원소이다.

- 대부분 화학적으로 안정하며 반응성 없는 가스로서 불활성이며, 불연성이다.
- 방전색 : He(황백색), Ne(주황색), Ar(적색), Kr(녹자색), Xe(청자색), Rn(청녹색)
- 헬륨은 천연가스로부터 얻으며, 라돈은 방사선 물질의 생성물이다. 다른 기체들은 모두 공기로부터 얻는다.

### 2 | 기타

- 헬륨은 공기보다 가볍기 때문에 광고 풍선이나 기구에 사용되며 아르곤과 혼합하여 용접 과정 중 산화를 방지시키는 역할을 한다.
- 네온은 낮은 압력에서 방전시키면 붉은색을 내므로, 네온사인 등의 전구 제조에 쓰인다.
- 아르곤이나 크립톤은 전구에 수명 연장을 위하여 사용된다.

## 12 특수가스

### 1 | 모노실란($SiH_4$)

① 성질

- 특이한 냄새가 나는 무색 기체로, 상온에서는 안정적이지만 300℃ 이상 가열 시 공기 중에서는 자연발화한다.
- 수산화알칼리용액과 작용하여 수소를 발생하고 규산알칼리가 된다.
- 상온에서 할로겐과는 폭발적 반응을 일으키나 저온에서 할로겐과는 온화하게 진행한다.
- 순수한 실란은 석영유리 중에는 물과 반응하지 않으나 산농도가 높은 경우나 유리제용기에 의하여 약알칼리성이 되면 가수분해된다. 강알칼리 수용액 중에는 급속히 반응한다.

② 기타

- 누출될 때에는 소화약제로서 분말, 이산화탄소를 사용한다.
- 인체에 접촉되었을 때에는 신선한 장소로 이동하여 맑은 물로 씻어낸다.

### 2 | 포스핀($PH_3$)

① 성질

- 불소와 염소 중에서 격렬하게 반응한다.
- 금속과는 액체암모니아 중 Li, Na, Ca 등의 알칼리 및 알칼리 토금속과 반응하며 수소기체 중에서 800℃ 이상 가열하면 Ti, V, Cr, Mo 등과 반응한다. 구리에는 부식성이 있으며 180~220℃에서 반응한다.

② 기타

- 반도체 도핑용가스체, 축합촉매, 중합기폭제, 포스포늄, 할로겐화 유기처리제 등에 사용
- 소화약제로서 분말, 이산화탄소를 사용한다.

## 3 | 알진($AsH_3$)

① 성질

- 가열하면 300℃ 이상의 온도에서 서서히 분해를 시작하여 500℃ 이상에서는 장시간 가열하면 완전하게 분해반응을 일으킨다.
- 건조된 알진은 상온에서 산소와 반응하지 않으나 수분이 있는 경우 즉시 반응한다.
- 강한 산화제로 수용액 중에서 질산은 등을 환원한다. 질산, 사염화질소 등과 같은 반응은 위험하다.

② 기타

- 유기합성 원료 및 반도체 도핑의 원료로 사용된다.
- 인체에 접촉하였을 때는 접촉부를 맑은 물로 충분히 씻어낸다.

## 4 | 디보레인($B_2H_6$)

① 성질

- 40~50℃에서 대기 중의 습기와 반응하여 발화한다.
- 산화성물질, 암모니아, 염소, 리튬, 알루미늄, 알콜 등과 심하게 반응한다.
- 환원성이 강하고 중금속을 금속으로 환원한다.

② 기타

- 올레핀중합솔벤트, 환원제, 붕화수소의 중간체, 도핑가스제 등에 사용된다.
- 누출된 가스는 물로 냉각시켜 자연발화에 주의한다.

## 5 | 시안화수소(HCN)

① 성질

- 특유의 복숭아 향이 나는 맹독성 기체(허용농도 10ppm)로 쉽게 액화된다.
- 물, 암모니아, 수산화나트륨에 쉽게 흡수된다.
- 순수한 HCN 액체는 안정하나 소량의 수분이나 알카리성 물질을 함유하면 중합이 촉진되어 중합열에 의해 폭발하며, 부식성이 있다.
- 누출될 때에는 누출부위를 차단하고 수산화나트륨과 같은 알칼리용액에 염소를 첨가하여 시안을 분리시킨 후 비활성흡착제를 뿌려 수거한다.

② 제법

- 앤드류소우(Andrussow)법 : $2CH_4 + 2NH_3 + 3O_2 \rightarrow 2HCN + 6H_2O + 11.3kcal$
- 포름아미드법 : 일산화탄소에 암모니아를 작용시켜 포름아미드를 만든다.

③ 기타

- 아크릴로니트릴, 아클릴산수지 등 기타 유기합성원료, 살충제로 이용
- 피부에 접촉되었을 때는 비눗물, 순한 세제, 다량의 물로 충분히 씻는다.

**Q1** **프레온의 성질에 대한 설명으로 잘못된 것은?**

① 불연성이다.
② 무색, 무취이다.
③ 증발잠열이 적다.
④ 가압에 의해 쉽게 액화된다.

정답 ③

# Chapter 7 위험물 및 화재

## 1 위험물의 정의

• 일반적으로 상온(20℃) 상압(1기압)에서 대기 중의 산소 또는 수분 등과 쉽게 격렬히 반응하면서 수초 이내에 방출되는 막대한 에너지 때문에 화재 및 폭발을 유발하는 물질

• 위험물별 특징

| 종류 | 특성 | 예 |
|---|---|---|
| 폭발성물질 | 가열, 마찰, 충격 또는 다른 화학물질과의 접촉으로 산소나 산화제의 공급 없이 폭발 | 질산에스테르, 니트로 화합물, 질소화합물 등 |
| 발화성물질 | 스스로 발화하거나 물과 접촉해서 발화하고, 가연성 가스를 발생시킬 수 있는 물질 | 황화인, 황, 철분, 금속분, 칼슘, 나트륨, 인 등 |
| 산화성물질 | 산화력이 강하고 가열, 충격 및 다른 화학 물질과의 접촉으로 격렬히 분해, 반응하는 물질 | 염소산 및 그 염류, 과산화수소 및 과산화나트륨 등 |
| 인화성물질 | 대기압에서 인화점이 65℃ 이하인 가연성 액체 | 에틸에테르, 가솔린 등 |
| 부식성물질 | 금속 등을 쉽게 부식시키고, 인체와 접촉하면 심한 상해를 입히는 물질 | 농도 20% 이상인 염산, 질산, 황산 등 |
| 독성물질 | 단시간 내에, 또는 소량으로도 인체에 치명적인 영향을 줄 수 있는 화학 물질 | 시안화수소, 일산화탄소, 황화수소, 염소, 포스겐 등 |
| 가연성가스 | 폭발 한계 농도의 하한이 10% 이하, 또는 상·하한의 차이가 20% 이상인 가스 | 수소, 아세틸렌, 프로판, 부탄 등 |

### 1 | 화재의 대책 및 종류

(1) 화재의 대책

① 화재의 예방대책 : 화재가 일어날 위험 요소를 미리 찾아내어 확실하게 예방하고 최초 발화를 방지하는 것

② 국한대책

• 발생한 화재의 확대를 막아 피해를 최소화하는 것

• 가연물을 쌓아 놓지 않는 것, 건물 설비에 불연성 소재를 쓰는 것, 방화벽 등의 정비, 공한지의 확보, 위험물 시설의 지하 매설 등

③ 소화대책 : 화재가 발생했을 때 적절한 소화 방법과 소화기를 동원하여 최대한으로 신속히 불을 꺼 피해를 줄이는 것

④ 피난대책 : 화재가 났을 때 인명 피해나 재산의 손실을 막기 위하여 비상구 등을 통하여 안전한 장소로 대피하는 것

### (2) 소화의 원리에 따른 소화법

가연물을 제거하는 제거 소화법, 산소를 차단하는 질식 소화법, 열원을 발화 온도 이하로 냉각시켜 연소 반응을 없애는 냉각 소화법

### (3) 소화기의 종류

소화기는 크게 자동식 소화기와 수동식 소화기로 구분한다.

① 자동식 소화기
- 가연성 가스의 누출이나 화재 발생 시에 경보를 울리며, 자동으로 소화 약제를 방출한다.
- 주로 아파트, 주방 등에 설치된다.

② 수동식 소화기

가) 물이나 소화 약제를 압력에 의하여 방사하는 것으로, 사람이 조작하여 소화하는 것

나) 용기 내에 저장되어 있는 소화 약제에 따라 분말 소화기, 이산화탄소 소화기, 할론가스 소화기 등으로 구분할 수 있다.

- 이산화탄소 소화기
  - 이산화탄소를 고압으로 압축하고 액화한 소화기기로 질식소화효과가 크다.
  - 주로 B급 화재에 적합하다.
  - 이산화탄소는 전기를 통하지 않기 때문에 전기 기구 등의 화재에도 효과적이다.
- 할론 소화기
  - 할로겐화족의 가스를 충전한 소화기
  - 할론가스는 연쇄반응을 차단하는 능력이 아주 강하여 소화능력이 매우 우수하다.
  - 부도체이며, 소화 후에 피해가 적기 때문에 전기기계 등의 소화에 유효하다.
- 포말소화기
  - 약제의 화합으로 포말을 발생시켜 공기의 공급을 차단해서 소화
  - 목재·섬유 등 일반화재에도 사용되지만, 특히 가솔린과 같은 타기 쉬운 유류나 화학약품의 화재에 적당하며, 전기화재는 부적당하다.

• 분말소화기
 – 탄산수소염류분말을 사용하여 질소나 이산화탄소 등 불연성 고압가스에 의해 약제를 방사한다.
 – 유류 · 전기 · 화학약품의 화재에 적당하다.

**드라이케미칼분말**

공기를 차단시키며 화염에서 나오는 복사열을 차단시키는 효과가 있고 발생기 수소나 수산화기와 결합하여 화염의 연쇄 전파 반응을 중단시키는 소화제

(4) 화재의 종류

| 화재종류 | | 소화기색 | 사용소화기구 |
|---|---|---|---|
| A급 | 일반화재 | 백색 | 물, 포말, 분말(ABC급) |
| B급 | 유류화재 | 황색 | 포말, 분말(BC급, ABC급), $CO_2$, 할론소화기 |
| C급 | 전기 | 청색 | 분말(BC급, ABC급), $CO_2$, 할론소화기 |
| D급 | 금속화재 | 무색 | 건조사, 팽창질석 |

## 2 전기 방폭구조 및 위험장소의 등급

### 1 | 방폭구조

전기설비에 의한 점화원인 전기불꽃을 제거함으로써 화재폭발이 일어나지 않도록 하는 것을 전기방폭구조라 한다.

(1) 내압 방폭구조(d)

기기 내부에 가연성가스의 폭발이 발생할 경우 그 용기가 폭발압력에 견딜 수 있는 구조

(2) 유입 방폭구조(o)

내부에 기름을 주입하여 불꽃, 아크 또는 고온발생 부분이 기름 속에 잠기게 함으로써 기름면 위에 존재하는 가연성가스에 인화되지 아니하도록 한 구조

(3) 압력 방폭구조(p)

내부에 보호가스(불활성가스)를 압입하여 내부압력을 유지함으로써 가연성가스가 내부로 유입되지 아니하도록 한 구조

(4) 안전증 방폭구조(e)

정상 운전 중에 가연성가스의 점화원이 될 전기불꽃, 아크 또는 고온부분 등의 발생을 방지하여 기계적, 전기적 구조상 또는 온도상승에 대하여 특히 안전도를 증가시킨 구조

(5) 본질안전 방폭구조(ia 또는 ib)

정상 시 및 사고(단선, 단락, 지락 등) 시에 발생하는 전기불꽃 아크 또는 고온부에 의하여 가연성가스가 점화되지 아니하는 것이 점화시험, 기타 방법에 의하여 확인된 구조

(6) 특수방폭구조(s)

가연성가스에 점화를 방지할 수 있는 구조

(7) 방폭전기기기의 온도등급 및 표기방법

| 방폭전기기기의 온도등급 | 온도범위 |
|---|---|
| T1 | 450℃ 초과 |
| T2 | 300℃ 초과 450℃ 이하 |
| T3 | 200℃ 초과 300℃ 이하 |
| T4 | 135℃ 초과 200℃ 이하 |
| T5 | 100℃ 초과 135℃ 이하 |
| T6 | 85℃ 초과 100℃ 이하 |

• 방폭규격의 표기

| Ex | d | II | III | T4 |
|---|---|---|---|---|
| 방폭기기 | 방폭구조 | 기기분류 | 가스등급 | 온도등급 |
| | 내압방폭구조 | 산업용 | 폭발B등급 | 최고표면온도 135℃ 초과 200℃ 이하 |

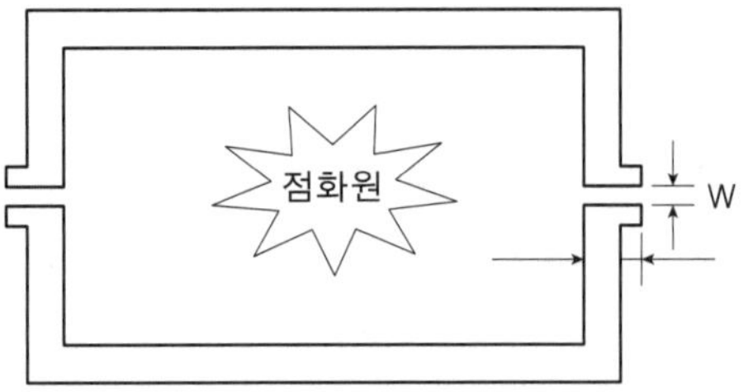

내압 방폭구조

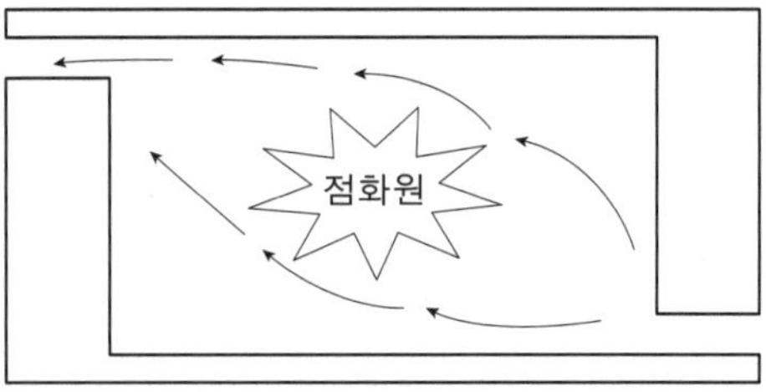

압력 방폭구조

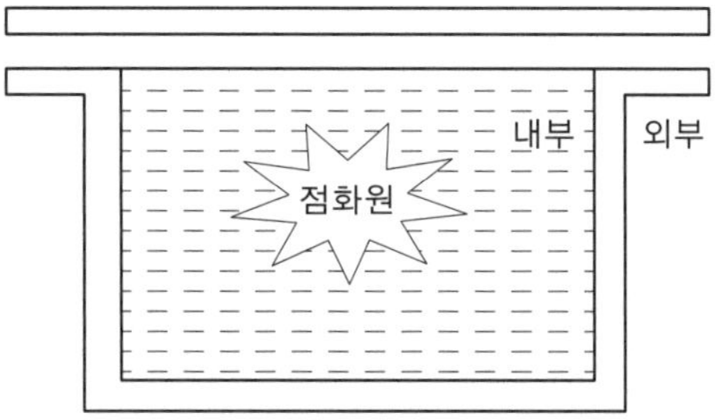


유입 방폭구조

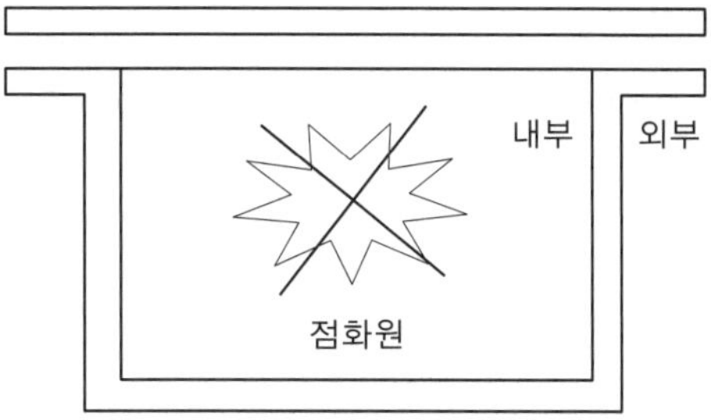


안전증 방폭구조

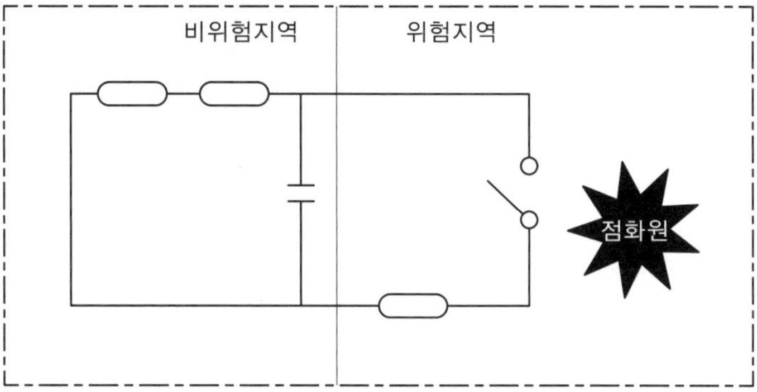


본질안전 방폭구조

## 2 | 위험장소의 등급

위험 장소에 의한 구분, 가연성가스가 폭발할 위험이 있는 농도에 도달할 우려가 있는 장소(위험장소)의 등급

### (1) 1종 장소

- 상용상태에서 가연성가스가 체류하여 위험하게 될 우려가 있는 장소
- 정비보수 또는 누출 등으로 인하여 종종 가연성가스가 체류하여 위험하게 될 우려가 있는 장소

### (2) 2종 장소

- 밀폐된 용기 또는 설비 내에 밀봉된 가연성가스가 그 용기 또는 설비의 사고로 인해 파손되거나 오조작의 경우에만 누출할 위험이 있는 장소
- 확실한 기계적 환기조치에 의하여 가연성 가스가 체류하지 않도록 되어 있으나 환기장치에 이상이나 사고가 발생한 경우에는 가연성가스가 체류하여 위험하게 될 우려가 있는 장소
- 1종 장소의 주변 또는 인접한 실내에서 위험한 농도의 가연성가스가 종종 침입할 우려가 있을 장소

(3) 0종 장소

• 상용의 상태에서 가연성가스의 농도가 연속해서 폭발 하한계 이상으로 되는 장소
• 원칙적으로 본질안전방폭구조를 한다.

**Q1** **0종 장소에는 원칙적으로 어떤 방폭구조의 것으로 하여야 하는가?**

① 내압방폭구조 ② 특수방폭구조
③ 본질안정방폭구조 ④ 안전증방폭구조

정답 ③

## 3 | 폭발등급

• 안전간격에 따른 구분

| 폭발등급 | 안전간격 | 해당가스 |
|---|---|---|
| 1등급 | 0.6mm 이상 | 대부분 가연성가스 |
| 2등급 | 0.4mm 이상 0.6mm 미만 | 에틸렌, 석탄가스 |
| 3등급 | 0.4mm 미만 | 아세틸렌, 수소, 수성가스, 이황화가스 |

※ 최대안전틈새(MESG : Maximum Experimental Safe Gap = 안전간격, 화염일주한계, 소염거리) : 화염일주가 일어나지 않는 틈새의 최대치(틈새길이 25mm 기준)

## 4 | 가연성의 폭발등급 및 이에 대응하는 방폭전기기기의 폭발등급

(1) 내압방폭구조의 폭발등급 분류

| 최대안전틈새 범위(mm) | 0.9 이상 | 0.5 초과 0.9 미만 | 0.5 이하 |
|---|---|---|---|
| 가연성가스의 폭발등급 | A | B | C |
| 방폭전기기기의 폭발등급 | ⅡA | ⅡB | ⅡC |

(2) 본질 안전증 방폭구조의 폭발등급 분류

| 최소점화전류비 | 0.8 초과 | 0.45 이상 0.8 이하 | 0.45 미만 |
|---|---|---|---|
| 가연성가스의 폭발등급 | A | B | C |
| 방폭전기기기의 폭발등급 | ⅡA | ⅡB | ⅡC |

※ 비고 : 최소점화전류비는 메탄의 최소점화전류를 기준으로 나타낸다.

### (3) 최소점화에너지(MIE)

① 폭발성 혼합가스 또는 분진에 전기불꽃으로 점화 시 착화하기 위하여 필요한 최소한의 에너지

② 영향요소

가) 온도가 높을수록 압력이 높을수록 MIE는 작아진다.

나) 농도가 상승하면 탄화수소의 경우 화학양론 조성비에서 최소가 된다.

다) 산소의 농도가 많아지면 MIE는 감소한다.

- MIE는 낮을수록 폭발하기 쉽고 위험한 가스를 의미하고 최대안전틈새(MESG = Maximum Experimental Safe Cap) 값도 적어진다.
- 본질안전증방폭구조에 있어서 방폭전기기기의 폭발등급을 결정하는 가스 또는 증기의 분류에 사용되며 이는 메탄의 MIE값을 기준으로 사용

라) 공기와의 혼합비가 최적일 경우 가장 적고 가연성 분진에서는 가스나 증기에 비하여 훨씬 적다.

**Q2** 가연성가스의 폭발등급 및 이에 대응하는 본질안전방폭구조의 폭발등급 분류 시 사용하는 최소점화전류비는 어느 가스의 최소 점화전류비를 기준으로 하는가?

① 수고　　② 메탄　　③ 프로판　　④ 아세틸렌

정답 ②

## 5 | 정전기의 발생

① 접촉대전 : 서로 다른 물체가 접촉, 분리하였을 때 전기 이중층이 형성된다.

② 마찰대전 : 물체가 마찰을 일으켰을 때 전하 분리가 일어나 정전기가 발생

③ 박리대전 : 서로 밀착되어 있는 물체가 떨어질 때 전하분리가 일어나 정전기 발생

④ 유동대전 : 액체류를 파이프 등으로 수송할 때 이것에 정전기가 발생

⑤ 분출대전 : 분체류, 액체류, 기체류가 단면적이 작은 개구부로부터 분출할 때 이 사이에 마찰이 일어나 정전기가 발생하는 현상

## 3 안전성평가(safety management system = SMS)

기업활동 전반을 시스템으로 보고 시스템 운영 규정을 작성·시행하여 사업장에서의 사고 예방을 위한 모든 형태의 활동 및 노력을 효과적으로 수행하기 위한 체계적이고 종합적인 안전관리체계를 의미

### 1 | 적용대상

- 석유정제사업자의 고압가스시설로서 저장능력이 100ton 이상 시설
- 석유화학공업자의 공업가스시설로서 저장능력 100ton 이상 시설, 1일 처리능력 1만 $m^3$ 이상
- 비료생산업자의 고압가스시설로서 저장능력 100ton 이상 시설, 1일 처리능력 10만 $m^3$ 이상

### 2 | SMS의 구성

(1) 안전관리 규정에 포함할 사항

① 안전에 관한 경영 방침 및 안전관리 조직

② 안전정보기술

③ 시설의 안전성 평가 및 시설관리 및 작업관리

④ 협력업체 관리

⑤ 비상조치 및 사고 관리

⑥ 수요자 관리 및 타공사 관리

(2) 안전성 향상 계획서

① 공정안전자료 및 안전성 평가서

② 안전운전 계획 및 비상조치계획

(3) 평가방법

어떠한 위험 요소가 존재하는지를 찾아내는 정성 분석과 그러한 위험 요소를 확률적으로 분석 평가하는 정략적 분석으로 구분

① 정성분석

가) 체크리스트(Checklist)기법 : 공정 및 설비의 오류, 결함상태, 위험 상황 등을 목록화한 형태로 작성하여 경험적으로 비교함으로써 위험성을 정성적으로 파악하는 기법

나) 상대위험순위(Dow And Mond Indices)기법 : 설비에 존재하는 위험에 대하여 수치적으로 상대위험 순위를 지표화하여 그 피해 정도를 나타내는 상대적 위험 순위를 정하는

기법

다) 작업자 실수분석(Human Error Analysis, HEA)기법 : 설비의 운전원, 정비보수원, 기술자 등의 작업에 영향을 미칠만한 요소를 평가하여 그 실수의 원인을 파악하고 추적하여 정량적으로 실수의 상대적 순위를 결정하는 기법

라) 사고예상질문 분석(WHAT-IF)기법 : 공정에 잠재하고 있으면서 원하지 않은 나쁜 결과를 초래할 수 있는 사고에 대하여 예상질문을 통해 사전에 확인함으로써 그 위험과 결과 및 위험을 줄이는 방법을 제시하는 정성적 평가기법

마) 위험과 운전 분석(Hazard And Operablity Studies, HAZOP)기법 : 공정에 존재하는 위험 요소들과 공정의 효율을 떨어뜨릴 수 있는 운전상의 문제점을 찾아내어 그 원인을 제거하는 정성적인 기법

② 정량분석

가) 결함수 분석(Fault Tree Analysis, FTA)기법 : 사고를 일으키는 장치의 이상이나 운전사 실수의 조합을 연역적으로 분석하는 정량적 평가기법

나) 사건수 분석(Event Tree Analysis, ETA)기법 : 초기사건으로 알려진 특정한 장치의 이상이나 운전자의 실수로부터 발생되는 잠재적인 사고결과를 평가하는 정량적 평가기법

다) 원인결과 분석(Cause-Consequence Analysis, CCA)기법 : 잠재된 사고의 결과와 이러한 사고의 근본적인 원인을 찾아내고 사고 결과와 원인의 상호관계를 예측·평가하는 정량적 안전성 평가기법

라) 이상위험도 분석(Failure Modes, Effects, and Criticality Analysis, FMECA)기법 : 공정 및 설비의 고장의 형태 및 영향, 고장형태별 위험도 순위 등을 분석·평가하는 기법

# Part 2

# 가스설비



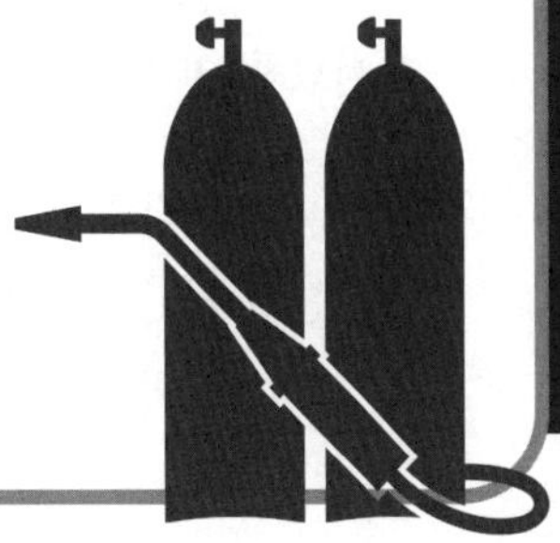

# Chapter 1 압축기와 펌프

## 1 압축기

### 1 | 압축기의 종류 및 적용범위

① 압축기 : 크게 용적형과 터보형으로 구분

<table>
<tr><th></th><th colspan="2">용적형</th><th>터보형</th></tr>
<tr><td>방식</td><td colspan="2">실린더에 공기를 가득 채우고, 이 실린더의 내부 체적을 피스톤을 이용하여 감소시켜서 압력을 얻는 형식</td><td>• 회전 날개에 의하여 흡입된 공기에 주어진 운동 에너지를 압력에너지로 변환시키는 장치<br>• 큰 용량이 필요한 곳에 주로 사용</td></tr>
<tr><td rowspan="2">종류</td><td>왕복식<br>(피스톤, 판(다이어프램))</td><td>비교적 소용량으로 고압을 얻을 수 있다.</td><td rowspan="2">원심식, 축류식</td></tr>
<tr><td>회전식<br>(베인, 스크루(나사))</td><td>중대형 용량에 주로 사용</td></tr>
</table>

② 작동압력에 따라

- 팬(fen) : 토출압력이 0.1kg/cm$^2$ 미만
- 송풍기(blower) : 토출압력이 0.1kg/cm$^2$ 이상 1kg/cm$^2$ 미만
- 압축기(compressor) : 토출압력이 1kg/cm$^2$ 이상

#### (1) 피스톤 압축기(왕복식)

- 1kg/cm$^2$의 낮은 압력에서 수십 kg/cm$^2$의 매우 높은 압력까지 모두 사용 가능
- 가장 많이 사용되는 압축기
- 고압으로 압축하려면 다단식 압축기가 필요하다.

#### (2) 격판 압축기(다이어프램(왕복식))

- 불순물이 없는 깨끗한 공기가 필요한 곳에는 격판 압축기를 사용
- 식료품, 제약 및 화학 산업 등에 이용된다.

#### (3) 베인(vane) 압축기(왕복식)

- 원통형 케이싱 안에 편심 회전자가 있고 그 홈 속에 판상의 깃이 있다.

• 회전자 및 깃의 원심력 또는 스프링 장력에 의해 벽에 밀착하면서 액체를 압송하는 형식

① 장점

가) 정밀한 치수를 가지고 있어서 조용한 운전 가능

나) 공기를 안정되고 일정하게 생산

② 단점

가) 가격이 비교적 고가

나) 높은 압력이 필요한 곳에는 적당하지 않다.

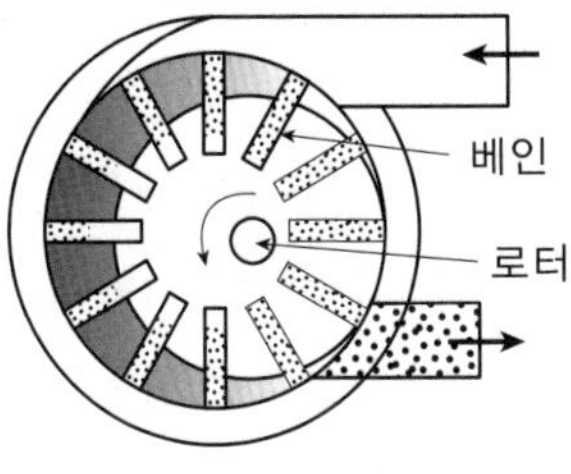


[베인 압축기]

(4) 스크루(screw) 압축기(왕복식)

오목한 측면과 볼록한 측면을 가진 2개의 로터가 한 쌍이 되어 회전하면서 축방향으로 흡입된 공기를 반대 방향으로 밀어 내면서 압축하는 형식

① 장점

가) 소음과 진동이 적다.

나) 연속적으로 송출되기 때문에 압력의 맥동 현상이 작다.

② 단점

가) 높은 압력을 얻는 것이 불가능

나) 용량조절이 어렵다.

**스크루압축기**

2개의 스크루가 정확하게 맞물려 회전하는 것이 아니고 어느 정도의 틈새를 유지하면서 회전운동을 하기 때문에 높은 압력을 얻기가 어려움.

(5) 원심식(터보형)

① 케이싱 내의 임펠러가 회전하면 원심력의 작용에 의해 임펠러 중심부에서 흡입되어 외조부에 토출되고 그 때 압력과 속도 에너지를 얻음으로써 압력을 상승시킨다.

② 임펠러의 출구각도에 따른 구분

가) 터보형 : 90° 보다 작다.

나) 레이디얼형 : 90° 일 때

다) 다익형 : 90° 보다 크다.

(6) 축류식(터보형)

• 선박 또는 항공기의 프로펠러에 외통을 장치한 구조

• 임펠러가 회전하면 축방향으로 흡입하고 축방향으로 토출하여 속도에너지를 얻어 압력상승이 일어난다.

## 2 | 압축기의 특징

### (1) 왕복동식 압축기 특징

① 용적형

② 오일 윤활식 또는 무급유식이다.

③ 압축하면 맥동이 생기기 쉽다.

④ 용량조절의 범위가 넓고 쉽다(0~100%).

⑤ 토출압력에 의한 용량 변화가 적고 기체의 비중에 영향이 없으며 쉽게 고압이 얻어진다.

⑥ 회전이므로 형태가 크고 중량이며, 가격이 비싸며 설치면적, 기초가 크다.

### (2) 터보형 압축기의 특징

① 무급유

② 기체에는 맥동이 없고 연속 송출 가능

③ 고속회전이므로 형태가 적고 경량이며 대용량에 적합하며, 기초설치면적이 적다.

④ 흡입 밸브, 토출 밸브 등의 마찰 부분이 없으므로 내구성이 크고 고장이 적다.

⑤ 토출압력 변화에 의한 용량의 변화가 크다.

⑥ 서어징 현상이 있으므로 운전상 주의할 필요가 있다.

⑦ 일반적으로 효율이 낮다.

⑧ 용량 조정은 가능하지만 비교적 어렵고 범위도 좁다(70~100%).

### (3) 회전식 압축기의 특징

① 일정한 회전속도에 있어서 그 송출량이 대략 일정하다.

② 로우터와 기타 부분의 압력차 때문에 고장이 일어나기 쉽다.

③ 구조상 흡입기체에 기름이 혼입되기 쉽다.

### (4) 나사 압축기의 특징

① 무급유식 또는 급유식

② 기체에는 맥동이 없고 연속적

③ 고속회전이므로 형태가 적고 경량이며 중용량에서 대용량에 적합

④ 기초 설치 면적이 적다.

⑤ 토출압력의 변화에 의한 용량변화가 적고 기체의 비중에 약간 영향을 받는다.

⑥ 일반적으로 효율은 떨어진다. 용량조정이 곤란하고(70~100%) 소음 방지장치가 필요하다.

⑦ 흡입, 압축, 토출의 3행정을 갖는다.

## 3 | 압축기의 윤활유

### (1) 윤활유의 목적

- 활동부에 유막을 형성하여 마찰저항을 적게 하며 운전을 원활하게 한다.
- 유막 형성으로 가스의 누설을 방지하고, 활동부의 마찰열을 제거하여 기계효율을 높인다.

### (2) 윤활유의 선택 시 주의사항

- 사용가스와 화학반응을 일으키지 않을 것
- 인화점이 높고 응고점이 낮을 것
- 점도가 적당하고 항유화성이 클 것
- 수분 등의 불순물이 적을 것

### (3) 중요가스의 윤활유

- 공기 : 양질의 광유
- 아세틸렌 : 양질의 광유
- 아황산가스 : 가스에 침윤하지 않고 수분 함량이 없는 것
- 수소가스 : 순광물성 기름으로 점도가 높은 것
- 산소가스 : 물이나 10% 묽은 글리세린 수용액
- 염소가스 : 진한 황산이나 글리세린에 사탕을 더하고 120℃로 용해한 것

### (4) 급유방식

① 중력 급유방식

- 베어링 위쪽에 윤활유 탱크를 설치하여 중력에 의하여 마찰부에 급유하는 방식
- 급유 방법이 간단한 장점이 있다.
- 베어링의 하중이 큰 경우에는 이용할 수 없다.

② 압력 급유방식

- 주유기(lubricator)에서 압력이 있는 윤활유를 만들어 계속 필요한 양만큼 급유하고 회수하지 않는 방식
- 대형 디젤 기관의 실린더 윤활에 많이 이용하는 급유방식

③ 비산식 급유방식

- 크랭크실 내에서 크랭크가 회전하여 윤활유의 유면을 쳐서 기름을 튀어오르게 하여 실린더 내면과 피스톤 등을 윤활하는 방식
- 소형 기관에 주로 이용

④ 강제 순환식 급유방식

- 윤활유 펌프에 의하여 압력유를 베어링 및 마찰부에 다량 공급하고, 사용한 기름을 섬프 탱크(sump tank)에 모아서 다시 순환시키는 급유 방식
- 급유량이 많으므로 냉각 효과가 크다.
- 공급압력이 적당하므로 큰 하중을 받는 베어링에 적합하다.

**향유화성**

기름이 물과 혼합되어도 유화되지 않을 뿐만 아니라, 유화되어도 신속히 물을 분리하는 성질을 의미

## 4 피스톤 압출량

이론적인 값이며, 단위 시간에 이론적으로 토출시킬 수 있는 압축기의 피스톤 부피이다.

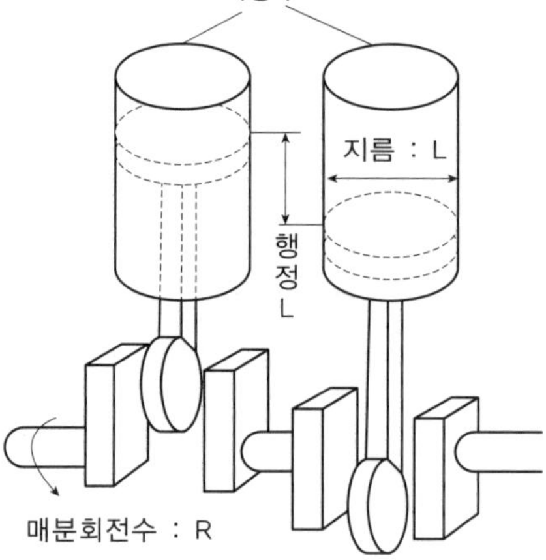


[왕복동 압축기]

① 왕복동식

$$V=\frac{\pi}{4}D^2\times L\times N\times R$$

( $V$ : 피스톤의 압출량($m^3$/min) $L$ : 피스톤의 행정(m) $R$ : 압축기의 분당회전수(rpm)
$D$ : 실린더의 지름(m) $N$ : 기통수 )

② 회전식

$$V=\frac{\pi}{4}(D^2-d^2)\times t\times R\times 60$$

( $V$ : 피스톤의 압출량($m^3$/h) $C$ : 형상계수
$R$ : 압축기의 분당회전수(rpm) $t$ : 실린더의 두께
$D$ : 실린더 내경(m) $d$ : 회전피스톤의 외경(m) )

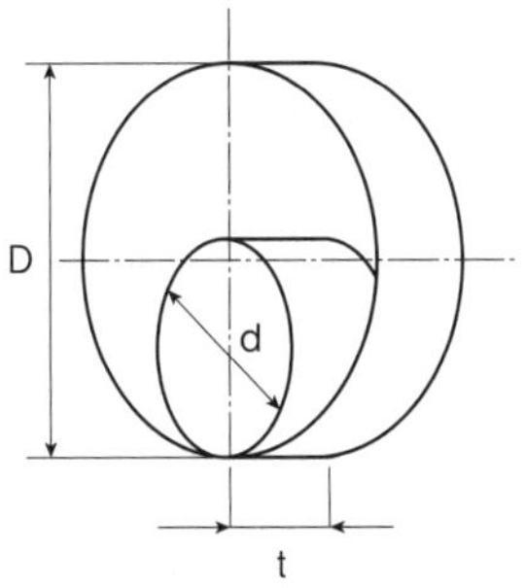


**[회전식 압축기]**

③ 나사식

$$V = C \times D^2 \times L \times R$$

( $V$ : 피스톤의 압출량($m^3$/min) $C$ : 형상계수
$R$ : 압축기의 분당회전수(rpm) $D$ : 로터의 지름(m)
$L$ : 로터의 길이(m) )

④ 기어식

$$V = 2\pi \times N \times a \times b \times R$$

( $V$ : 압출량($m^3$/min) $N$ : 모듈율 $a$ : 잇수
$b$ : 폭(m) $R$ : 회전수(rpm) )

**Q1** 지름 0.1m, 행정 0.15m, 회전수 600rpm, 체적효율이 0.8인 왕복압축기의 송출량은 몇 $m^3$/min인가?

① 0.565 ② 0.842 ③ 1.047 ④ 1.540

**해설** $V = \frac{\pi}{4} D^2 \times L \times N \times R = \frac{\pi 0.1^2}{4} \times 0.15 \times 600 \times 0.8$

**정답** ①

⑤ 내연기관의 용어

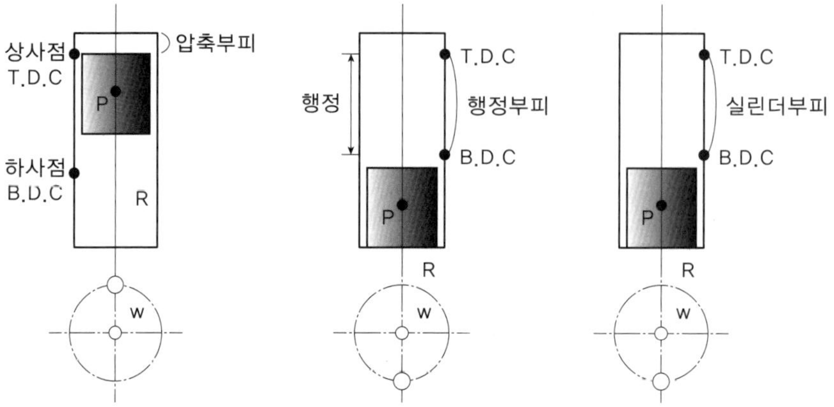


가) 상사점 : 피스톤이 실린더 최상부에 위치했을 때를 말한다.

나) 하사점 : 피스톤이 실린더 최하부에 위치했을 때를 말한다.

다) 행정 : 상사점과 하사점 사이의 거리를 말한다.

라) 기관의 회전수 : 크랭크축이 1분 동안에 회전하는 수를 매분 회전수(RPM, revolution per minute)라 한다.

마) 압축부피(간극용적) : 피스톤이 상사점에 있을 때의 피스톤 상부의 부피

바) 행정부피 : 피스톤이 행정 운동을 하여 움직인 부피를 말한다. 그리고 행정 부피에 압축 부피를 합하면 실린더 부피가 된다.

사) 압축비 : 피스톤이 하사점에 있을 때의 실린더 부피를 피스톤이 상사점에 있을 때의 압축 부피로 나눈 값이다.

$$압축비 = \frac{실린더부피}{압축부피} = \frac{압축부피 + 행정부피}{압축부피} = 1 + \frac{행정부피}{압축부피}$$

압축비가 클수록 압축 압력은 높아지는데, 압축비를 크게 하려면 압축 부피를 작게 하든지 피스톤의 행정을 길게 해야 한다.

## 5 각종 효율

### (1) 체적효율

$$체적효율 = \left(\frac{실제적인\ 가스흡입량}{이론적인\ 가스흡입량}\right)$$

### (2) 압축효율

$$압축효율 = \left(\frac{이론상가스\ 압축소요동력}{실제가스\ 압축소요동력}\right) = \left(\frac{이론동력}{지시동력}\right)$$

(3) 기계효율

기계효율은 크랭크 케이스 내로 크랭크 축이 통과하면서 베어링, 패킹 부위에서의 마찰로 인한 기계 손실의 영향

$$기계효율 = \left(\frac{지시동력}{축동력}\right)$$

**Q2** **다음 중 왕복 압축기의 체적효율을 바르게 나타낸 것은?**

① 실제적인 가스 흡입량에 대한 이론적인 가스흡입량의 비
② 실제가스압축 소요동력에 대한 이론상 가스압축 소요동력 비
③ 축동력에 대한 실제가스압축 소요동력의 비
④ 이론상 가스압축 소요동력에 대한 실제적인 가스흡입량의 비

**해설** 압축효율 : 실제가스압축 소요동력에 대한 이론상 가스압축 소요동력의 비
기계효율 : 축동력에 대한 실제가스압축 소요동력의 비

**정답** ①

## 6 | 운전 중 주의사항

(1) 운전 개시 전 주의사항

- 모든 나사 볼트를 점검하여 확실히 조인다.
- 윤활유를 공급한다.
- 수냉식의 경우는 냉각수를 통수한다. 압력지시의 이상 유무를 확인한다.
- 실린더 내의 이물질이 없는가를 확인한다.

(2) 운전 중 주의사항

- 각단 흡입·토출 가스 온도
- 냉각수량과 윤활유압의 변화
- 누설유무
- 자동장치의 작동 유무

## 7 | 가스압축 방식

(1) 등온압축

- 실린더 주위를 냉각하면서 압축에 수반되는 가스의 온도상승을 완전히 없게 하고, 압축의 전후에 있어서 가스의 온도를 같게 하는 압축방식

• 이와 같은 압축은 실제적으로 불가능하지만 압축일량이 적게 된다.

• 압축 전후의 압력과 체적 간의 관계식

$$P_1V_1 = P_2V_2 \qquad \frac{P_2}{P_1} = \frac{V_1}{V_2}$$

( $P_1$ : 압축 전의 가스 압력(kg/cm²a)　　$V_1$ : 압축 전의 체적(m³)
$P_2$ : 압축 후의 가스 압력(kg/cm²a)　　$V_2$ : 압축 후의 체적(m³) )

(2) 폴리트로픽 압축

• 실제의 압축기에서 이루어지는 압축 방식

• 가스 압축 중에 실린더에서 다소의 열이 방출되나 가스의 온도는 압축 전보다 압축 후가 높다.

• 압력과 체적 간의 관계식

$$P_1V_1^n = P_2V_2^n \left(1 < n < \frac{C_p}{C_v}\right)$$

( $C_p$ : 정압비열　　$C_u$ : 정적비열　　$\frac{C_p}{C_v}$ : 비열비 )

(3) 단열 압축

• 실린더를 완전하게 열전연하고 가스의 압축 중에 열이 외부로 방출되지 않게 하여 압축하는 방식

• 압력과 체적과의 관계식

$$P_1V_1^k = P_2V_2^k \left(k = \frac{C_p}{C_v}\right)$$

**토출가스의 온도가 높은 순서, 소비동력이 많이 드는 순서**

등온압축 > 폴리트로픽 압축 < 단열압축

## 8 | 압축비

• 피스톤이 하사점에 있을 때인 최대 부피와 피스톤이 최대로 압축할 때(상사점에 있을 때)의 부피비로 정의되며, 압력비로 나타낼 수 있다.

• 각 단의 압력을 균등하게 하면 압축에 요하는 동력은 최소가 된다.

① 1단 압축 시

$$r = \frac{P_2}{P_1}$$

$r$ : 압축비

$P_1$ : 흡입절대압력(kg/cm²a)　　　　$P_2$ : 토출절대압력(kg/cm²a)

② 다단압축 시

$$r = \sqrt[z]{\frac{P_e}{P_1}}$$

$r$ : 압축비　　　　$z$ : 단수

$P_1$ : 흡입절대압력(kg/cm²a)　　　　$P_e$ : 토출절대압력(kg/cm²a)

**Q3** 흡입압력이 5kg/cm²·abs인 3단 압축기가 있다. 각 단의 압축비를 2로 한다면 각 단의 토출압력은 몇 kg/cm²·G인가? (단, 대기압은 1kg/cm²이다)

① 9, 19, 39　② 10, 20, 40　③ 11, 21, 41　④ 12, 22, 42

**해설** 흡입절대압력×압축비=토출절대압력, 토출절대압력－대기압=게이지압력

1단 $5 \times 2 = 10 \rightarrow 10 - 1 = 9$

2단 $10 \times 2 = 20 \rightarrow 20 - 1 = 19$

3단 $20 \times 2 = 40 \rightarrow 40 - 1 = 39$

**정답** ①

**Q4** 대기압에서 9kg/cm²·abs까지 2단 압축기로 압축하는 경우 압축동력을 최소로 하기 위해서는 중간압력은 얼마로 하여야 하는가? (단, 대기압은 1kg/cm²이다)

① 1.5kg/cm²·abs　② 2.18kg/cm²·abs

③ 3.16kg/cm²·abs　④ 4.5kg/cm²·abs

**해설** 1kg/cm²·abs → 중간압력 → 10kg/cm²·abs

$\sqrt{\frac{x}{1}} = \sqrt{\frac{10}{1}}$, ∴ 중간압력 $\sqrt{P_1 \times P_2} \Rightarrow \sqrt{1 \times 10} - 1$

**정답** ②

③ 압축비가 클 때의 영향

- 압축일량이 커지므로 토출가스의 온도가 상승
- 실린더의 과열로 오일의 탄화
- 압축기의 과열로 체적효율의 감소
- 체적효율의 감소로 압축기의 능력저하

④ 다단압축기

1개의 실린더로 1단 압축에 의해 가스를 고압으로 하는 것은 좋지 않으며, 실행 불가능하다.

즉 압축비가 커진다. 압축기의 크기, 중량이 증가할 뿐만 아니라 실린더 냉각 효과가 줄고 온도 상승을 초래하며 따라서 동력 소비가 늘어난다.

가) 다단압축의 장점

- 소요일량이 절감된다.
- 중간냉각으로 토출가스의 온도 상승을 피할 수 있다.
- 힘의 평균을 이룬다.
- 압축비가 작아지며, 효율이 증가한다.

나) 다단압축의 단수결정 시 유의사항

- 최종 토출압력
- 취급 가스량과 취급가스의 종류
- 연속운전의 여부
- 제작 및 동력의 경제성

⑤ 실린더 냉각의 목적

- 흡입시에 가스에 주어진 열을 가급적 줄여 흡입 효율을 좋게 한다.
- 활동면을 냉각시켜 윤활이 원활하게 되도록 하여 피스톤링에 탄소가 발생하는 것을 막는다.
- 밸브 및 밸브 스프링에서 열을 제거하여 오손을 줄이고 수명을 길게 한다.

⑥ 흡입, 토출 밸브에 요구되는 조건

- 개방 지연이 없고 작동이 양호할 것
- 충분한 통과면적을 가지고 유체저항이 적을 것
- 파손이 적을 것
- 운전 중 분해하는 경우가 없을 것

## 2 펌프

액체에 에너지를 주어 이것을 저압부에서 고압부로 송출하는 기계

### 1 | 펌프의 종류별 분류

| | 종류 | |
|---|---|---|
| 터보식 | 원심식(centrifugal), 사류식(mixed flow pump), 축류식(axial flow pump) | |
| 용적식 | 왕복식 | 피스톤, 플랜저, 다이어프램 |
| | 회전식 | 기어(gear), 나사(screw), 베인(vane) |
| 특수식 | 재생(vortex), 제트, 기포(air lift), 수격(water hammer) | |

## 2 | 펌프의 특징

### (1) 터보식 펌프

임펠러를 케이싱 내에서 회전시켜 액체에 에너지를 공급하는 펌프

① 원심식 펌프

- 유체가 축방향에서 유입되어 임펠러 부분에서는 축과 직각방향으로 송출되는 펌프
- 밀폐된 케이싱 내에 임펠러를 회전시키면 물의 회전 운동에 의해 원심력이 발생하여 바깥쪽은 고압이 형성되어 양수가 가능하고 안쪽은 저압부가 형성되어 흡입을 하게 된다.

가) 안내 날개의 유무에 의한 분류

- 볼류트(volute) 펌프 : 임펠러에서 나온 물을 직접 볼류트 게이싱에 유도하는 형식으로 양정이 낮은 곳에 주로 사용된다. 안내깃이 없다.
- 터빈(turbine) 펌프 : 안내베인을 통한 다음 볼류트 게이싱에 유도하는 형식이다. 안내깃이 있다.

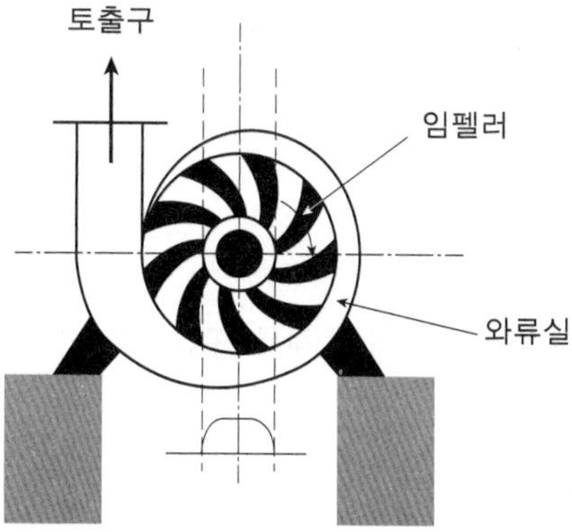

[볼류트 펌프]

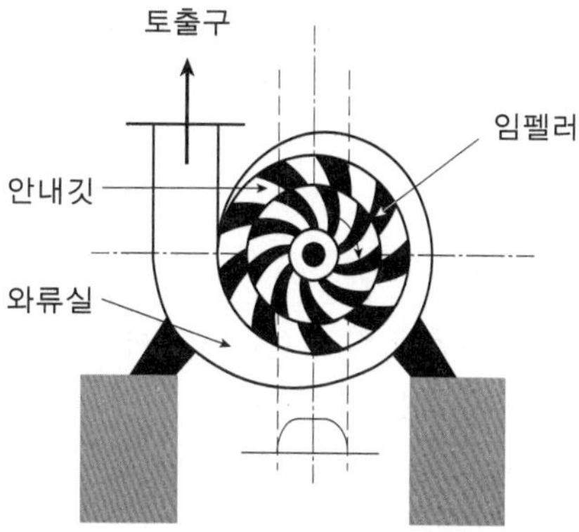

[터빈 펌프]

나) 단수에 따른 분류

- 단단 펌프 : 하나의 케이싱 내에 1개의 임펠러를 가지고 있는 펌프로 비교적 양정이 낮은 경우에 사용한다.
- 다단 펌프 : 하나의 케이싱 내 동일 축상에 2개 이상의 임펠러를 가지고 있는 펌프로 높은 양정을 얻을 수 있다.

다) 흡입구에 따른 분류

- 한쪽 흡입 펌프 : 임펠러 한쪽에서만 물을 흡입하는 펌프를 말한다.
- 양쪽 흡입 펌프 : 임펠러의 양쪽에서 흡입하는 펌프를 말한다. 크기가 동일한 경우 한쪽 흡입펌프와 양정을 같으나 송출량이 2배가 된다.

② 사류펌프 : 유체가 축방향에서 유입되어 임펠러 부분에서는 축 방향에 대하여 비스듬히 송출된다.

③ 축류펌프

- 유체가 축 방향에서 유입되어 임펠러 부분에서도 축 방향으로 송출된다.
- 원리는 비행기 날개와 같은 단면 형상으로 되어 있는 임펠러를 고속으로 회전시키면 양력이 발생하여 흡입구 쪽은 대기압 이하가 되어 물이 흡입되고 송출구 쪽은 대기압보다 높게 되어 송출된다.

④ 비속도 범위

| | 양정 | 비속도 범위(rpm · m³/min · m) |
|---|---|---|
| 원심식 | 고양정 | 100~600 |
| 사류식 | 중양정 | 500~1,300 |
| 축류식 | 저양정 | 1,200~2,000 |

**원심 펌프의 연합 운전**

① 직렬운전 : 양정의 변화가 커서 1대의 펌프로서는 양정이 부족할 경우에는 2대 이상의 펌프를 직렬로 연결하여 운전한다. (양정 증가, 유량 일정)
② 병렬운전 : 유량의 변화가 커서 1대의 펌프로서는 유량이 부족할 경우에는 2대 이상의 펌프를 병렬로 연결하여 운전한다. (유량 증가, 양정 일정)

## (2) 용적형

① 왕복펌프

- 왕복 운동에 의해 실린더 내에 진공을 만들어 낮은 곳에 유체를 흡입하고 이에 압력을 가함으로써 송출하는 펌프
- 대단히 높은 수압과 작은 유량에 적합하며 맥동현상의 발생을 방지하기 위해 공기실(air chamber)을 설치한다.
- 왕복펌프의 피스톤이나 플랜저에 의해 송출되는 유량은 주기적으로 변화하므로, 유량을 변동없이 일정하게 하기 위해 공기실을 설치한다.
- 공기실 : 상부에 공기가 채워져 있는 밀폐용기로 송출량의 변동을 평균화하는 장치

가) 피스톤 펌프

- 원통형의 케이싱 내에서 피스톤을 왕복 운동시켜 유체를 흡입 및 송출한다.
- 일반적으로 플랜저 펌프에 비해 양수량이 많으며 압력이 낮은 곳에 사용한다.
- 고압, 고점도의 소유량에 적당하다.
- 토출량이 일정하므로 정량토출이 가능하다.
- 고압에 의해 물성이 변화하는 경우가 있다.

나) 플랜저 펌프

- 피스톤 대신 플랜저를 사용하는 펌프이다.

• 피스톤 펌프보다 더 큰 송출이 필요한 곳에 사용한다.
• 플랜저에는 실(seal)이 붙어 있지 않다.
• 패킹 교환이 용이하고 고압을 얻기 쉽다.

다) 다이어프램 펌프

• 다이아프램(고무나 테프론)의 왕복운동에 의해 유체를 송출한다.
• 특수유체, 슬러지(불순물)가 많이 함유된 물도 이송하기 쉬우며, 슬러지를 함유한 액체에도 마멸, 폐쇄되지 않으며, 글랜드 패킹이 없어 누설을 방지한다.

라) 버킷 펌프 : 피스톤의 중앙부에 구멍을 뚫어 밸브를 설치한 것으로 수동펌프로 사용된다.

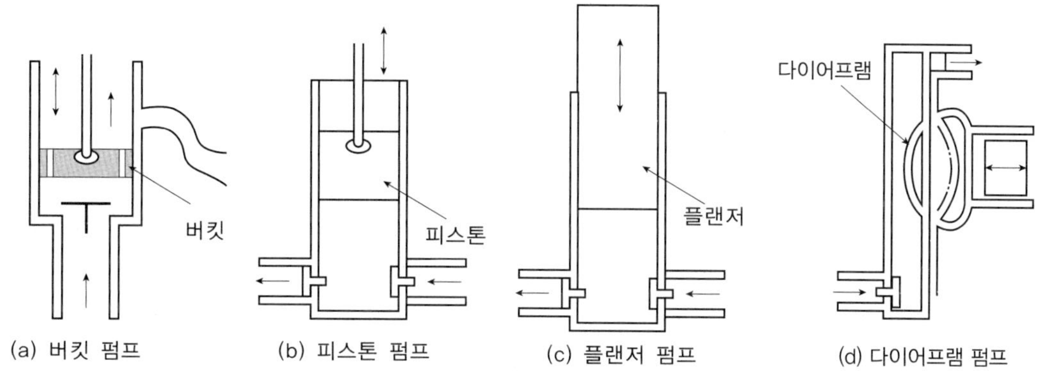


**[왕복펌프의 종류]**

② 회전 펌프 : 날개의 회전에 따라서 생기는 원심력을 이용하여 흡입·송출 밸브 없이 본체(케이싱)와 임펠러 사이에 유체가 밀려 나가서 송출된다.

가) 베인펌프(사절판 펌프) : 원통형 케이싱 안에 편심 회전자가 있고 홈 속에 판상의 깃이 있어 이의 원심력 또는 스프링 장력에 의해 벽에 밀착하면서 액체를 압송하는 형식의 펌프

나) 기어 펌프

• 두 개의 기어를 원통 속에서 맞물리게 케이싱 속에서 회전시켜 그 기어로 액을 송출하는 펌프
• 흡입 양정이 크다.
• 토출압력은 회전수에 영향받지 않고 동력에 의해 얼마든지 높이 올릴 수 있다.
• 토출압력이 바뀌어도 토출량은 크게 바뀌지 않는다.
• 고점도액의 이송에 적합하다.
• 베이퍼록이 일어나기 쉽다.

다) 나사 펌프(스크루 펌프) : 스크루를 회전시켜 그 나사산을 이용하여 액체를 축방향으로 송출하는 펌프

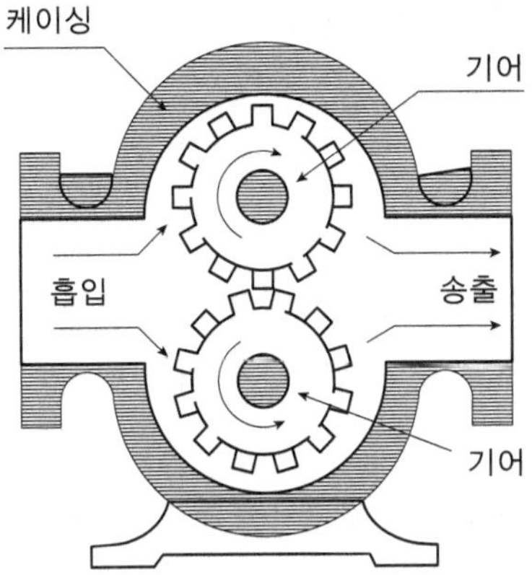


[기어 펌프]

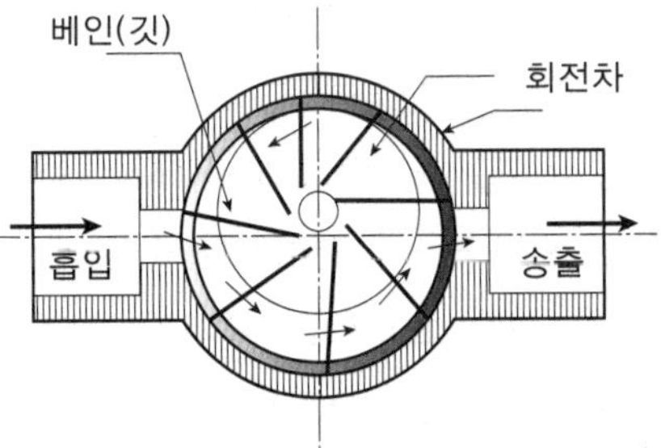


[베인 펌프]

③ 기타 펌프

가) 분사 펌프(제트 펌프)

- 고압의 구동 유체(물이나 증기)를 노즐로 고속 분사하여, 분사되는 노즐 앞쪽의 압력이 낮아지는 현상을 이용하여 송출 유체를 흡입하여 슬로우트부에서 이유체를 혼합시키고 다시 디퓨저에서 감속, 증압하여 송출하는 펌프
- 일반 펌프에 비해 효율이 낮다.
- 기계적으로 운동하는 부분이 없어 제작이 간단하고 취급이 간편하다.
- 원심 펌프의 양정을 높이기 위한 보조펌프로 사용된다.
- 대형 펌프의 시동 시나 소화용으로 사용되며 액체를 구동유체로 하여 공기를 송출하여 진공을 만드는 데 사용된다.

나) 기포 펌프 : 압축공기를 양수관 하단에 송입하는 양수관 속은 물보다 가벼운 물과 공기의 혼합체가 되므로 물과의 비중차로 혼합체가 상승양수된다.

다) 수격 펌프

- 유체의 유동을 갑자기 정지시킬 때 발생하는 수격현상을 이용하여 유체를 높은 곳으로 송출하는 펌프
- 장점
  - 지형상 낙차만 있으면 양수가 가능하므로 경제적이다.
  - 고장이 없고 수명이 반영구적으로 길다.

라) 재생 펌프(와류 펌프)

- 본체 내부에 임펠러를 설치하고 회전시키면 유체가 흡입되어 송출구로 송출된다.
- 임펠러는 외주에 여러 개의 반지름 방향의 직선 깃이 있고 케이싱에는 흡입구와 송출구가 동일 원주상에 근접하게 설치하고 흡입구와 송출구를 나누는 벽을 설치한다.

• 임펠러의 깃에 의해 와류가 생기고, 임펠러와의 마찰에 의해 유체를 송출하며, 마찰 펌프 또는 와류 펌프라고 한다.

마) 점성 펌프 : 유체의 점성을 이용하여 회전체와의 마찰로 유체를 송출하므로 소유량의 송출에 사용된다. 구조에 따라 원통형, 나사형, 나선형 등으로 나누어진다.

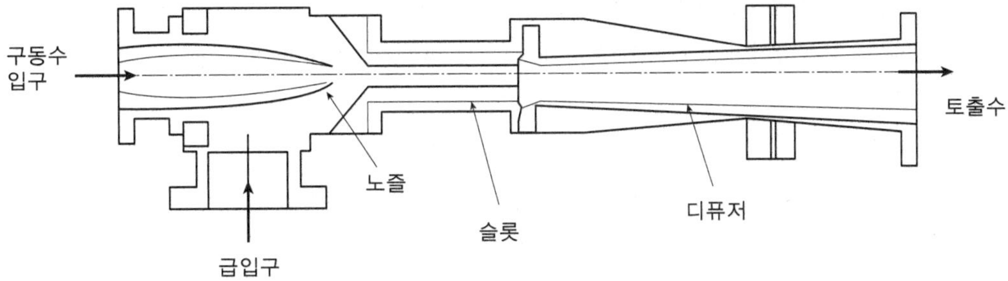


[분사 펌프]

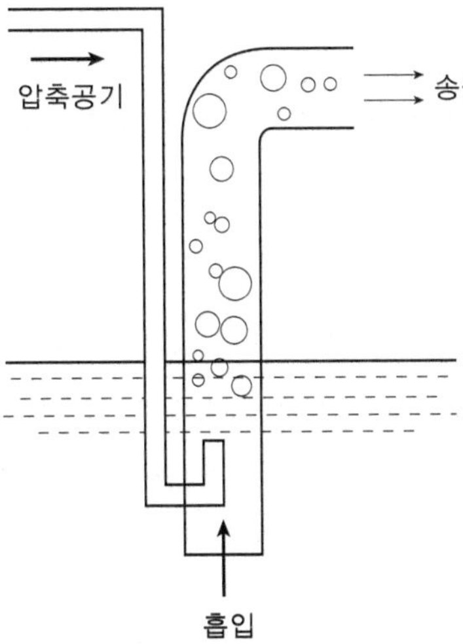


[기포 펌프]

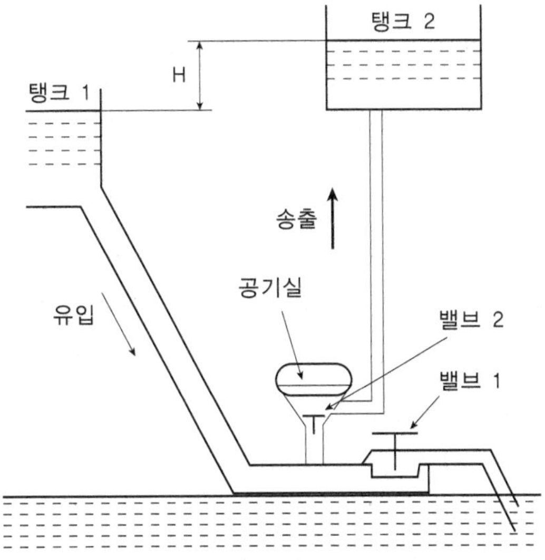


[수격 펌프]

## 3 | 펌프 사용상 발생되는 이상현상

(1) 캐비테이션(cavitation)

• 물이 관 속을 흐를 때 물속의 어느 부분의 정압이 그때의 물의 온도에 해당하는 증기압 이하가 되면 부분적으로 증기가 발생하는 현상

• 액체 내에서 증기에 의해 성장한 기포의 경우, 그 액화가 급속히 진행되며, 기포가 파괴될 때 국부적으로 고압을 일으킨다. 이와 같은 파괴가 기기 근방에서 일어나면 그 충격으로 인해 기기에 손상을 주게 되며, 이와 같은 현상을 공동 현상에 의한 부식이라고 한다.

① 발생조건

- 관 내 어느 지점의 압력이 감소하여 물의 증기압에 도달할 때
- 펌프에 물이 과속으로 인하여 유량이 증가할 때
- 펌프와 흡수면 사이의 수직거리가 너무 부적당하게 길 때
- 펌프의 회전수를 지나치게 증가시키는 경우

② 현상 : 양정곡선과 효율곡선의 저하, 소음과 진동, 깃에 대한 침식

③ 방지법

- 펌프의 설치 위치를 낮추어 흡입양정을 낮게 한다.
- 입축 펌프를 사용하고, 임펠러를 수중에 완전히 잠기게 한다.
- 흡입배관계는 관지름을 굵게 하거나 굽힘을 적게 한다.
- 펌프의 회전수를 낮추어 흡입 비교회전도를 적게 한다. 양흡입 펌프를 사용한다.
- 두 대 이상의 펌프를 사용한다.

**참고**

- 필요흡입양정(NPSH re) : 펌프의 캐비테이션을 일으키지 않기 위해 필요한 수두
- 유효흡입양정(NPSH av) : 펌프의 흡입구에 있어서 정압력이 그 액온에 있어서 기압보다 얼마만큼 높은가를 나타내는 값

(2) 수격작용(water hammering)

- 펌프에서 물을 압송하고 있을 때 정전 등으로 급히 펌프가 멈추거나 수량조절 밸브를 급히 폐쇄할 때, 관속의 유속이 급속히 변화하면 물에 의한 심한 압력의 변화가 생기는 현상
- 배관 내에서 유체의 에너지가 급격하게 변하여 압력 변화를 일으키면 배관이 진동하거나 소음을 일으키며, 때에 따라서는 배관이나 밸브 등의 파손과 같은 현상이 진행된다.

① 방지대책

가) 압력강하를 막는 방법

- 펌프에 플라이휠(fly wheel)을 설치하여 관성효과를 이용, 회전수와 관 내 유속의 변화를 느리게 한다. 즉, 크랭크축의 회전력을 균일하게 해준다.
- surge tank(조압수조)를 설치하여 축적된 에너지를 방출하거나 관 내의 에너지를 흡수한다.
- 관지름을 크게 하여 유속을 줄이고, 관성력을 떨어뜨린다.

나) 압력상승을 막는 방법

- 역류가 일어나기 전에 강제적으로 밸브를 닫아 압력 상승을 줄인다.
- 상승된 압력을 안전밸브에서 직접 배출시킨다.
- 송출구에 설치된 메인 밸브를 정전과 동시에 자동적으로 급속히 닫는다.

### (3) 서징(surging) 현상

- 토출쪽 저항이 커지면 풍량이 감소하고 어느 풍량까지 감소하였을 때 관로에 강한 공기의 맥동과 진동을 발생하여 불완전 운전이 되는 현상
- 운전중에 입구와 출구의 진공계, 압력계의 침이 흔들리고 동시에 송출유량이 변화하는 현상, 즉 송출압력과 송출유량 사이에 주기적인 변동이 일어나는 현상

① 발생원인

- 펌프의 양정곡선이 산고곡선(山高曲線)이고 곡선의 산고 상승부에서 운전했을 때
- 배관중에 물 탱크나 공기 탱크가 있을 때
- 압력이 주기적으로 변화할 때
- 운전상태가 펌프의 고유 진동수와 같을 때

② 방지법

- 회전차나 안내깃의 형상치수를 바꾸어 그 특성을 변화시킨다.
- 방출 밸브 등을 써서 펌프 속의 양수량을 서어징할 때의 양수량 이상으로 증가시킨다.
- 무단 변속 등을 써서 회전차의 회전수를 변화시킨다.
- 관로에 있어서 불필요한 공기 탱크나 잔류공기를 제거하고 관로의 단면적, 양액의 유속 저항 등을 바꾼다.

## 4 | 프라이밍(priming) 현상

펌프를 운전할 때 펌프 내에 액이 충만되지 않으면 공회전하여 펌프 작업이 이루어지지 않는 현상을 방지하기 위해 펌프 내에 액을 충만시키는 것

## 5 | 펌프의 고장 원인과 대책

### (1) 전동기의 과부하 원인

- 펌프가 정상적인 양정 또는 수량으로 운전되지 않을 때
- 액점도가 증가되었을 때
- 액비중이 증가되었을 때
- 베인이나 임펠러에 이물질 혼입 시

### (2) 펌프의 소음 진동의 발생

- 흡입관로가 막힌 경우
- 임펠러에 이물질 혼입
- 공기의 혼입
- 캐비테이션 발생
- 서어징 발생
- 펌프의 회전속도가 빠를 때

## 6 | 펌프의 양정

펌프입구와 출구에 있어서 액체의 단위 무게가 가지는 에너지 차를 양정이라 한다.

- 전양정(H) : 실양정과 총 손실수두를 합친 양정

$$\frac{P_s}{r}+h_1+\frac{u_s^2}{2g}+H=\frac{P_d}{r}+h_2+\frac{u_d^2}{2g}$$

$$H=\frac{Pd-Ps}{r}+y+\frac{u_d^2-u_s^2}{2g}$$

$Ps$ : 펌프의 흡입 노즐에서 측정한 절대압력
$Pd$ : 펌프의 유출 노즐에서 측정한 절대압력
$u_s$ : 펌프의 흡입 노즐에서 측정한 평균속도
$u_d$ : 펌프의 유출 노즐에서 측정한 평균속도
$y$ : 압력계와 진공계 사이의 수직거리

**Q5** 어느 펌프의 정격 운전 중 압력계의 눈금이 수두로 20m, 진공계의 눈금이 수두로 2.5m이었다. 이를 양계가 사이의 수직 거리가 0.3cm였다면 이 펌프의 전양정은 몇 m인가? (단, 흡입관과 송출관의 지름이 같다)

① 20.5 ② 22.8 ③ 31.0 ④ 35.5

**해설** 전양정 = 실양정 + 총손실수두 → 20 + 2.5 + 0.3

**정답** ②

## 7 | 펌프의 회전수 결정방법

① 전동기를 직결하여 사용할 때

$$N=\frac{120f}{P}\left(1-\frac{S}{100}\right)$$

( $f$ : 주파수　$S$ : 미끄럼율　$P$ : 극수 )

② 비속도를 사용할 때

- 기준이 되는 펌프와 형상과 구조가 같게 만들어진 펌프가 양정 1m에서 유량 1m³/분를 양수할 때 필요한 임펠러의 분당 회전수를 비교회전도라 한다.
- 펌프의 성능을 표시하거나 양정과 유량을 주고 임펠러의 형상 또는 가장 적합한 회전수를 결정할 때 사용한다.

$$N_s=\frac{N\times\sqrt{Q}}{\left(\frac{H}{z}\right)^{\frac{3}{4}}}$$

( $N_s$ : 비교회전도　　$Q$ : 유량($m^3$/min)　　$N$ : 원래의 회전수(rpm)
$H$ : 양정(m)　　$z$ : 단수 )

**Q6** 전양정 16m, 송출유량 0.3m³/min, 비교회전도 110m³/min·m·rpm일 때 펌프의 회전수는?

① 1,700　　② 1,800　　③ 1,600　　④ 1,500

**해설** 중간압력 $N_s = \frac{N \times \sqrt{Q}}{\left(\frac{H}{Z}\right)^{\frac{3}{4}}} \rightarrow 110 = \frac{N \times \sqrt{0.3}}{16^{\frac{3}{4}}}$

**정답** ③

## 8 | 펌프의 소요동력과 효율, 상사법칙

### (1) 소요동력

① 일량(work) : 힘×이동한 거리

- 힘이 어떤 거리에 걸쳐서 작용하면 일 W가 행해진다.

② 동력은 일(에너지)의 시간에 대한 비율, 즉 단위시간당 일을 동력이라 한다.

- 1Ps(Pferde Starke) = 75kg$_f$·m/s = 632.3kcal/h
- 1Hp(Horse power) = 76kg$_f$·m/s = 641kcal/h
- 1Kw = 102kg·m/s = 860kcal/h

③ 펌프의 동력

- 펌프의 동력은 수동력(water horse power)과 축동력(shaft horse power)으로 나타낸다.
- 수동력은 펌프로 유체를 송출할 때 필요한 이론 동력이며, 펌프에 의해서 단위 시간 동안 액체에 주어지는 유효에너지를 의미한다.

$$P_s = \frac{rQH}{75} \qquad K_w = \frac{rQH}{102}$$

( $Q$ : 유량($m^3/s$)　　$H$ : 전양전(m)
$\eta$ : 펌프의 효율　　$r$ : 비중량($kg_f/m^3$) )

- 축동력은 원동기로 펌프를 구동할 때 실제로 필요한 동력으로서 펌프에서의 손실량만큼 수동력보다 크게 된다. 펌프의 효율을 $\eta$라 할 때

$$축동력(Ls) = \frac{Lw}{\eta}$$

**Q7** 단독왕복 펌프의 송출량이 0.5m³/min, 전양정 40m, 펌프 효율이 87%일 때 축동력은 몇 PS인가?

① 2.3　② 3.7　③ 4.5　④ 5.1

**해설** $P_s = \frac{rQH}{75} = \frac{1000 \times 0.5 \times 40}{75 \times 60 \times 0.87}$

**정답** ④

**Q8** 양정 2cm, 송출량 2m³/min일 때 축동력 12.7PS를 필요로 하는 원심 펌프의 효율은?

① 약 65%　② 약 70%　③ 약 75%　④ 약 80%

**해설** 마력$(P_s) = \frac{rQH}{75\eta} = \frac{1,000 \times 2 \times 20}{75 \times 60 \times 12.7} \times 100$

**정답** ②

(2) 펌프의 효율

펌프의 효율(전효율) : 펌프의 수동력에 대한 축동력의 비율

(3) 상사법칙

구조가 서로 상사한 두 개의 펌프는 성능 곡선도 서로 상사이다. 이때의 관계를 표현하는 법칙이며, 회전수에 따라 다음과 같이 변한다.

① 유량 : 회전수 변화에 비례 $Q' = Q\left(\frac{N'}{N}\right)\left(\frac{D'}{D}\right)^3$

② 양정 : 회전수 변화의 2승에 비례 $H' = H\left(\frac{N'}{N}\right)^2\left(\frac{D'}{D}\right)^3$

③ 동력 : 회전수 변화의 3승에 비례 $KW' = KW\left(\frac{N'}{N}\right)^3\left(\frac{D'}{D}\right)^5$

※ Q : 유량, H : 양정, KW : 동력, N : 회전수, D : 치수, ′ 표시는 변화 후의 값을 나타낸다.

**Q9** 전양정이 14m인 펌프의 회전수를 1,100rpm에서 16,150rpm으로 변화시킨 경우 펌프의 전양정은 몇 m인가?

① 31.5　② 21.5　③ 25.5　④ 36.5

**해설** $14 \times \left(\frac{1,650}{1,100}\right)^2$

**정답** ①

## 9 | 펌프의 누설방지 실(seal) : 축봉장치

- 펌프에서 회전하는 축 부분과의 틈새로 유체의 누설이나 공기의 유입을 방지하기 위한 장치를 축봉장치라 하며, 실(seal)이나 패킹(packing)을 사용한다.
- 흡입구 및 흡입관, 송출구와 송출관, 케이싱과 케이싱 커버 등의 고정된 부분에는 가스켓을 사용한다. 회전하는 축 주위의 축봉장치로는 글랜드 패킹과 메커니컬 실을 사용한다.

### (1) 글랜드 패킹(gland packing)

① 탄성이 있는 재료를 축 주위에 감고 글랜드로 밀어 붙여 축과 밀착되도록 하여 유체의 누설을 방지한다.

② 특징

가) 구조가 간단하다.

나) 설치와 유지보수가 쉽다.

### (2) 메커니컬 실(mechanical seal)

- 회전부와 검지부의 접촉면이 서로 섭동하여 회전부는 축과 같이 회전하도록 축에 설치하고 접촉면은 스프링에 의해 항상 균일한 압력을 유지하도록 한다.
- 접촉면이 마모되더라도 틈새가 생기지 않도록 한다.
- 특징
  - 글랜드 패킹보다 유체의 누설을 차단하는 능력이 우수하다.
  - 마찰저항이 적다.
  - 구조가 복잡하고 접촉면을 초정밀 가공하여야 하므로 가격이 비싸다.

① 세트형식

가) 인사이드형(내장형) : 고정면이 펌프측에 있는 것으로 보통 많이 사용된다.

나) 아웃사이드형(외장형) : 회전면이 펌프측에 있는 것으로 실재료가 부식될 우려가 있거나 스타팅 박스 내가 고진공이고, 점성계수가 100Cp를 초과하는 고점도, 저응고점 액체 등일 때 사용된다.

② 시일형식

가) 싱글형 : 접촉면(습동면)이 1개로 된 것

나) 더블형 : 접촉면(습동면)이 2개로 누설을 완전히 차단하고, 독성액, 누설 시 응고액, 내부 고진동, 내부가 기체인 곳, 슬러지 함유액에 쓰인다.

③ 면압 밸런스 형식

가) 언밸런스형 : 펌프의 내압이 실의 습동면에 직접 받는 경우 사용한다.

나) 밸런스형 : 펌프의 내압이 4~5kg/cm$^2$일 때, 액체가스와 같이 저비점의 액체일 때 사용한다.

④ 기타 : 오일 실, 노(no) 실 등이 있다.

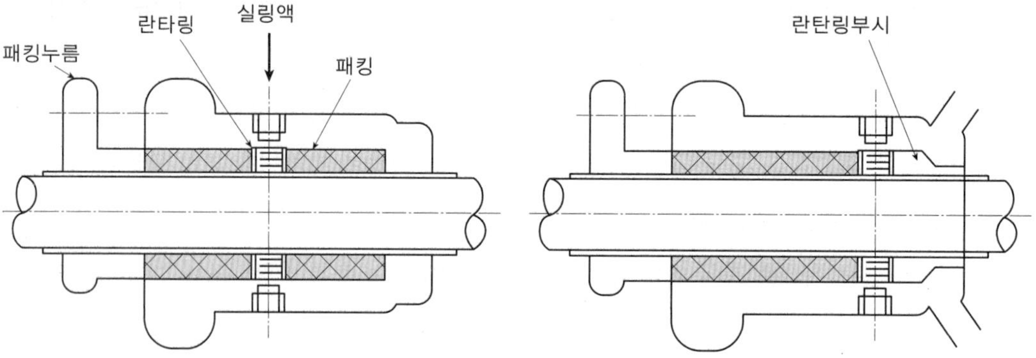


[글랜드 패킹의 구조도]

## 10 | 펌프의 특성곡선

- 회전수를 일정하게 할 때 펌프의 종류에 따른 양정과 송출량과의 관계를 나타내는 선도
- 왕복 펌프는 송출량에 관계없이 양정이 거의 일정
- 원심 펌프는 송출량이 증가하면 양정이 감소
- 왕복 펌프는 양정은 회전수에 비례
- 원심펌프의 양정은 회전수의 제곱에 비례
- 원심 펌프의 송출량과 양정, 효율, 축동력과의 관계

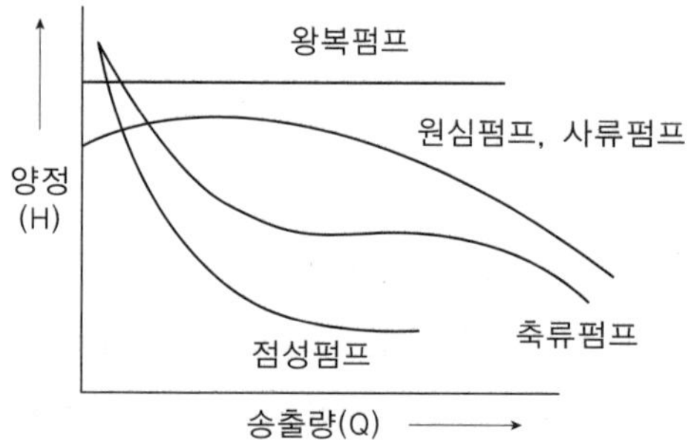


(a) 양정과 송출량의 관계

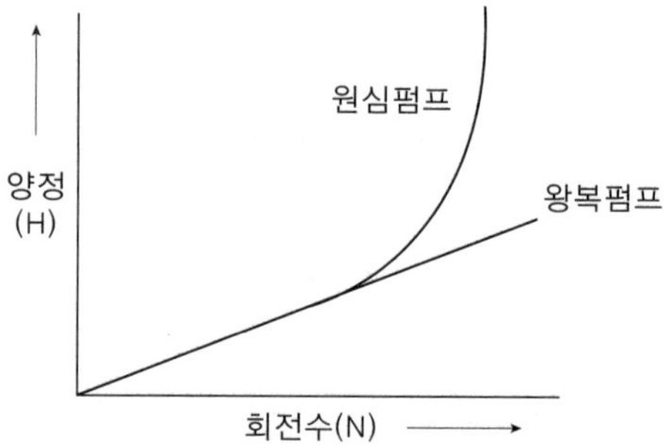


(b) 양정과 회전수와의 관계

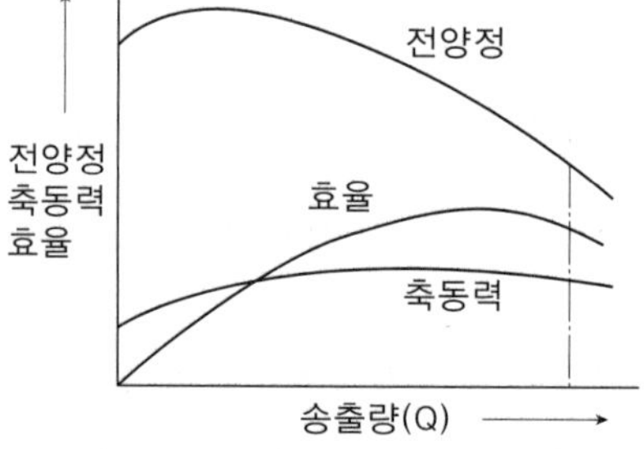


[원심 펌프의 특성 곡선]

# Chapter 2 고압가스 및 액화석유가스

## 1 고압용기

### 1 | 용기의 구분

#### (1) 용접용기(계목 용기)

- 강판을 사용하여 용접에 의해 제작
- 비교적 저압가스용, 액화가스를 충전한다(LPG, $NH_3$, $C_2H_2$, $C_2H_4O$ 등).

**제조방법**

① 심교축용기법, ② 종이음형용기

#### (2) 이음매 없는 용기(무계목 용기)

고압의 압축가스, 상온에서 높은 증기압을 가지는 액화가스, 맹독성이며 부식성이 큰 가스용 ($O_2$, $N_2$, $H_2$, Ar, 액화$CO_2$, 액화$Cl_2$ 등)

**제조법**

① 만네스만식(Mannesmann) : 이음매 없는 강관을 재료로 하는 방법
② 에르하트식(Ehrhadt) : 각재 강편을 재료로 하는 방법
③ 코핑식(Copping) : 강판을 재료로 제조하는 방법

#### (3) 용기재질의 CPS비율

| | C(탄소) | P(인) | S(황) |
|---|---|---|---|
| 이음매 있는 용기 | 0.33 | 0.04 | 0.05 |
| 이음매 없는 용기 | 0.55 | 0.04 | 0.05 |

**탄소, 인, 황(CPS) 함유량에 따른 물성변화**

① 탄소량이 증가하면 연신율, 충격값은 감소한다.
② 인의 양이 많아지면 연신율이 감소한다.
③ 황이 많아지면 고열가공성을 나쁘게 한다.

(4) 용접용기의 이점

① 비교적 저렴한 강판을 사용하므로 같은 내용적의 이음새 없는 용기에 비하여 값이 싸다.

② 재료가 판재이므로 용기의 형태, 치수 선택이 자유롭다.

③ 강판을 사용하므로 두께 공차가 적다.

(5) 가스별 용기의 재질

- LPG, 아세틸렌, 암모니아 : 탄소강
- 산소 : 크롬강
- 수소 : 크롬강, 내수소성을 증가시키기 위하여 바나듐, 텅스텐, 몰리브덴, 티탄 등을 첨가하여 사용
- 염소 : 탄소강(염소용기는 수분에 특히 주의)
- 초저온용기 : 알루미늄 합금강 또는 오스테나이트계 STS강 사용

## 2 | 밸브의 안전사항

(1) 충전구 나사

오른나사로 하는 것이 원칙

- 가연성 가스는 왼나사, 왼나사임을 표시하기 위해 글랜드너트에 V자 홈을 낸다.
- 브롬화메탄 및 암모니아는 오른나사
- 용기용 밸브는 가스충전구의 형식에 의해 A형, B형, C형으로 구분
  A형 : 충전구가 수나사, B형 : 암나사, C형 : 나사 구분이 없다.

(2) 밸브의 누설

① 본체누설 : 밸브 본체의 결함(균열, 부착불량 등)에 의한 누설

② 시트 누설(충전구누설) : 밸브를 닫았을 때 시트 패킹을 통하여 충전구쪽으로 누설

③ 패킹 누설(스핀들 누설) : 충전구를 차단하고 밸브를 열면 스핀들과 글랜드 너트 사이로 누설

## 3 | 용기의 두께 계산식

(1) 용접용기 동판 두께 계산식

$$t = \frac{PD}{2S\eta - 1.2P} + C$$

① 접시형 경판, 온반구형경판

$$t = \frac{PDW}{2S\eta - 0.2P} + C$$

② 반타원형 경판

$$t = \frac{PDV}{2S\eta - 0.2P} + C$$

$t$ : 두께(단위 : mm)의 수치

$P$ : 아세틸렌가스용기는 최고충전압력(단위 : $MPa$)의 1.62배의 압력, 그밖의 용기는 최고충전압력(단위 : $MPa$)의 수치

$D$ : 동판은 동체의 내경, 접시형경판은 그 중앙만곡부내면의 반지름, 반타원체형경판은 반타원체내면의 장축부 길이에 각각 부식여유의 두께를 더한 길이(단위 : mm)의 수치

$W$ : 접시형경판의 형상에 따른 계수로서 다음 산식에 의하여 계산된 수치. 이 경우 다음 산식에서 $n$은 경판중앙만곡부의 내경과 경판둘레의 단곡부안지름의 비를 표시한다.

$$\frac{3+\sqrt{n}}{4}$$

$V$ : 반타원형체경경판의 형상에 의한 계수로서 다음 산식에 의하여 계산된 수치. 이 경우 다음 산식에서 $m$은 반타원체형내면의 장축부와 단축부의 길이의 비를 표시한다.

$$\frac{2+m^2}{6}$$

$S$ : 재료의 허용응력(단위 : $N/mm^2$) 수치

$n$ : 동체의 길이 이음매

| 용기의 종류 | | 부식여유 수치 |
|---|---|---|
| 암모니아를 충전하는 용기 | 내용적이 1천 ℓ 이하인 것 | 1 |
| | 내용적이 1천 ℓ 초과한 것 | 2 |
| 염소를 충전하는 용기 | 내용적이 1천 ℓ 이하인 것 | 3 |
| | 내용적이 1천 ℓ 초과한 것 | 5 |

### (2) 프로판 용기 동판두께 계산식

$$t = \frac{PD}{50f\eta - P} + C$$

$t$ : 동판 두께(mm)
$P$ : 최고충전압력($kg/cm^2$)
$D$ : 용기의 안지름(mm)
$f$ : 인장강도($kg/mm^2$)
$\eta$ : 용접효율
$C$ : 부식여유수치(mm)

(3) 산소용기 동판두께 계산식

$$t = \frac{PD_1}{200fE} + C$$

$t$ : 두께(mm)

$f$ : 인장강도(kg/mm²)

$D_1$ : 용기의 바깥지름(mm)

$P$ : 최고충전압력(kg/cm²)

$C$ : 부식여유수치(mm)

**Q1** 최고충전압력 2.0MPa, 동체의 내경 65cm인 산소용 강재 용접용기의 동판 두께는 약 몇 mm인가? (단, 재료의 인장강도 : 500N/mm², 용접효율 : 100%, 부식여유 : 1mm이다)

① 2.30 ② 6.25 ③ 8.30 ④ 10.25

해설 $t = \dfrac{2 \times 650}{\dfrac{2 \times 500}{4} - \times 1.2 \times 2} + 1$

정답 ②

**Q2** 염소 온도가 30℃일 때 증기압력이 11.5kg/cm²이고, D=226mm, S=38kg/mm²일 경우 염소 용기의 두께는 몇 mm인가?

① 4.3 ② 0.43 ③ 3.4 ④ 0.34

해설 $t = \dfrac{P \times D}{200 \times S} = \dfrac{11.5 \times 226}{200 \times 38}$

정답 ④

**Q3** 프로판의 압력이 18kg/cm²이고 용기의 안지름이 305mm, 인장강도가 41kg/mm², 부식여유 수치가 0이고 용접 효율이 0.85인 프로판 용기의 두께는?

① 2.7mm ② 2.5mm ③ 3.1mm ④ 4.5mm

해설 $t = \dfrac{PD}{50f\eta - P} + c = \dfrac{18 \times 305}{50 \times 41 \times 0.85 - 18}$

정답 ③

## 4 | 용기의 검사

(1) 단열성능시험 및 기밀시험

초저온용기에 대한 단열성능시험기준

가) 시험용 가스 : 단열성능시험은 액화질소, 액화산소 또는 액화 아르곤(시험용가스)을 사용

나) 시험 시의 충전량 : 시험용 가스의 충전량은 충전한 후 기화가스량이 거의 일정하게 되었을

때 시험용 가스의 용적이 초저온용기 내용적의 $\frac{1}{3}$ 이상 $\frac{1}{2}$ 이하가 되도록 충전한다.

다) 침입열량의 계산식

$$Q = \frac{W \times q}{H \times \triangle T \times V}$$

$Q$ : 침입열량(kcal/hr · ℃ · L) $W$ : 기화된 가스량(kg)
$q$ : 시험용 가스의 기화잠열(kcal/kg)
$\triangle T$ : 시험용 가스의 비점과 대기온도와의 온도차(℃)
$H$ : 측정시간(hr) $V$ : 초저온용기의 내용적(ℓ)

라) 합격판정 : 침입열량이 0.0005kcal/hr · ℃ · ℓ(내용적이 1,000ℓ 이상인 초저온용기는 0.005kcal/hr · ℃ · ℓ) 이하인 경우

마) 재시험방법 : 단열성능시험에 합격하지 않은 초저온용기는 단열재를 교체하여 재시험

**Q4** **용적 100ℓ의 초저온용기에 200kg의 산소를 넣고 외기 온도 25℃인 곳에서 10시간 방치한 결과 180kg의 산소가 남아 있다. 이 용기의 열침용량(kcal/h · ℃ · L)의 값과 단열성능시험에의 합격여부로서 옳은 것은? (단, 액화산소의 비점은 −183℃, 기화잠열은 51kcal/kg이다)**

① 0.02, 불합격 ② 0.05, 합격 ③ 0.005, 불합격 ④ 0.008, 합격

**해설** 열침입량 = $\frac{\text{기화량} \times \text{기화잠열}}{\text{측정시간} \times \text{내용적} \times (\text{대기와 비점과의 온도차})}$

$$\frac{(200-180)\times 51}{10\times 100\times [25-(-183)]} = 0.005$$

내용적 1,000리터 이하일 때 침입열량이 0.0005 이하가 합격이므로 불합격이다. **정답** ③

## (2) 아세틸렌의 다공물질 성능시험 종류

- 진동시험, 주위가열시험, 부분가열시험, 역화시험, 충격시험
- 다공물질 충전검사 적합판정기준 : 다공물질은 용기벽을 따라서 용기 안지름의 $\frac{1}{200}$ 또는 3mm를 초과하는 틈이 없는 것으로 한다.

## (3) 용기의 재검사 및 방법

① 용기의 재검사가 필요한 경우

- 용기의 손상 또는 열영향을 입은 경우
- 충전할 고압가스의 종류변경
- 합격표시가 훼손된 용기

② 재검사 방법 : 외관검사(외부육안검사, 내부음향검사), 내압시험, 질량검사, 다공물질 충전검사, 초저온 용기의 기밀 및 단열 성능시험

### (4) 저장 탱크의 검사 항목

외관검사, 두께측정검사, 비파괴검사, 기밀시험, 내압시험

## 5 용기의 각종 시험

### (1) 내압시험

- 용기의 내압시험은 용기의 전수에 대하여 내압시험압력 이상의 압력을 가하여 실시
- 저온용기 및 초저온용기에 대해서는 외통, 그밖의 부속품을 부착하기 전에 실시

① 팽창측정시험

- 내용적이 500ℓ 미만인 용기는 원칙적으로 수조식의 뷰레트법에 의한다.
- 내용적의 전증가량은 규정압력(내압시험압력)을 가하여 용기가 완전히 팽창한 후 30초 이상 그 압력을 유지하여 누출 및 이상팽창이 없는가를 확인(수조식에 있어서는 압력계 및 뷰레트에 의해, 비수조식에 있어서는 육안으로 확인)한 후 그 다음에 압력을 제거했을 때에 잔유하는 용적의 영구증가를 구한다.

가) 비수조식 내압시험에 따른 내용적의 전증가량의 산출식

$$\triangle V = (A - B) - [(A - B) + V]P\beta t$$

$\triangle V$ : 내압시험에 따른 내용적의 전증가량($cm^3$)
$V$ : 용기의 내용적($cm^3$)
$P$ : 내압시험압력(MPa)
$A$ : 내압시험압력 $P$에서의 안입수량(수량계의 물강하량) ($cm^3$)
$B$ : 내압시험압력 $P$에서의 수압펌프에서 용기입구까지의 연결관에 압입된 수량(용기 이외의 압입수량) ($cm^3$)
$\beta$ : 압축계수
$t$ : 온도(℃)

나) 수조식

- 시험용기를 수조에 넣어 펌프에 의해 용기 내에 물을 가압하면 용기가 팽창함에 따라 수조로부터의 압출된 물의 양을 팽창계로 측정하며, 이것을 전증가량이라 하고, 압력을 뺀 후 용기의 영구 팽창을 항구 증가량이라 한다.

$$\text{영구증가율(항구증가율)} = \frac{\text{항구증가량}}{\text{전증가량}} \times 100$$

• 특징

– 내압시험 압력까지의 각 압력에서의 팽창이 정확하게 측정된다.

– 비수조식에 비하여 측정결과에 대한 신뢰성이 크다.

– 보통 소형 용기에 행한다.

※ 영구증가율 10% 이하인 용기가 내압시험에 합격(영구증가율이 작을수록 양호한 용기)

② 가압시험 : 비수조식에 의해 규정압력(내압시험압력)을 가하여 용기가 완전히 팽창한 후 30초 이상 그 압력을 유지하고 누출 및 이상팽창이 없는가를 확인한다.

(2) 기밀시험

① 액화석유가스용기

가) 내용적 125ℓ 미만의 것만 해당

나) 내압시험에 합격한 용기의 전수에 대하여 공기 또는 질소 등의 불활성가스를 사용하여 기밀시험압력 이상의 압력을 가하고 아래의 방법에 의해 누출여부 확인

다) 누출유무의 확인은 용기 1개에 1분(내용적 50ℓ 미만의 용기는 30초) 이상의 시간(발포액의 도포 등에 요하는 시간은 제외)에 걸쳐서 실시

• 수조에 침지하여 용접부 및 그 밖의 부분에서의 기포발생유무를 확인한다.

• 발포액 등을 용접부 및 그 밖의 부분에 도포하여 발포유무를 확인한다.

② 액화석유가스용기 외의 용기

• 내압시험에 합격한 용기의 전수에 대하여 공기 또는 질소 등의 불활성가스를 사용하여 기밀시험압력 이상의 압력을 1분 이상 가하고 발포액 등을 도포하거나 또는 용기를 수조에 담가 누출이 없는가를 확인한다.

• 저온용기 및 초저온용기는 외통, 그 밖에 부속품을 부착하기 전에 실시한다.

**Q5** **수조식 내압시험을 통한 액화석유가스 20kg 용기 재검사 시 전증가량이 200cc, 영구증가량이 20cc이었다면 영구증가율은 몇 %인가?**

① 10% ② 20% ③ 30% ④ 12.2%

**해설** 영구증가율 $= \frac{\text{영구증가율}}{\text{전증가율}} = \frac{20}{200} \times 100$

**정답** ①

## 6 | 초저온용기의 구조

### (1) 용기의 구조

- 초저온용기는 이중단열진공구조로서 액화산소, 액화질소, 액화알곤 등을 액체 상태로 저장, 운반하도록 설계된 용기이다.
- 내조(통)의 재질은 비내식성재료인 Stainless steel(STS)를 사용하고 있다.
- 내·외조의 공간은 고진공단열(super vacuum Insulation) 구조로 외부로부터 열침입을 극소로 하여 액화가스의 증발을 막는 구조로 되어 있다.
- 용기상부에는 조작에 필요한 밸브, 압력계, 액면계, 안전장치 등이 설치되어 있고, 이들을 보호하기 위한 Hand ring이 있다.

### (2) 용기 부속품 기능

① 상부충전 밸브 : 액화가스를 용기에 충전할 때 기상부로 충전하기 위한 밸브

② 하부충전 밸브 : 액화가스를 용기에 충전하는 경우와 액화가스를 기화기에 연결하여 사용하는 경우에 사용한다.

③ 액면계 : 용기 내부의 액화가스의 양 지시

④ 승압조정 밸브 : 용기의 내부압력을 설정 압력으로 일정하게 유지시키고 설정압력이 되면 자동적으로 승압을 차단하는 밸브

⑤ 감압조정 밸브 : 내부압력을 설정압력으로 일정하게 유지시키고 내부압력이 설정압력 이상이 되면 용기 상부의 가스를 배출시켜 용기 내의 압력을 일정하게 유지시켜주는 밸브

⑥ 가스방출 밸브 : 액화가스 충전 시 용기 내부압력 상승을 방지하고, 사용 시 용기압력이 과다하게 상승되었을 경우 밸브 조작에 의해 압력을 강하시킨다.

⑦ 내조 안전밸브 : 스프링식 안전밸브로 용기내조(통) 기상부에 부착되어 용기 내의 압력이 과다하게 상승된 경우 작동하여 압력을 낮추며, 용기 파열을 방지한다.

⑧ 내조파열 안전판 : Safety relief v/v와 함께 내조 기상부에 연결되어 용기의 압력이 과다하게 상승할 때 용기 내부 압력을 낮추어 용기가 파열되지 않도록 하는 안전장치

⑨ 압력계 : 용기 내조의 기상부 압력 지시

⑩ 진공배기구 : 내조(통)과 외조(통)의 공간을 진공 시 사용되는 진공 흡입구이다. 내조의 이상으로 가스누설이나 진공 파괴 시 외조를 보호할 수 있도록 제조사가 설계 시 고려한다.

⑪ 외조 안전밸브 : 내·외조 사이는 높은 진공을 유지하여 외부와 단열을 유지하지만 내조의 누설 등으로 진공이 파열되어 내·외조 사이의 공간에 압력이 형성되면 감압시켜 외조를 보호하기 위해 설치한 안전밸브

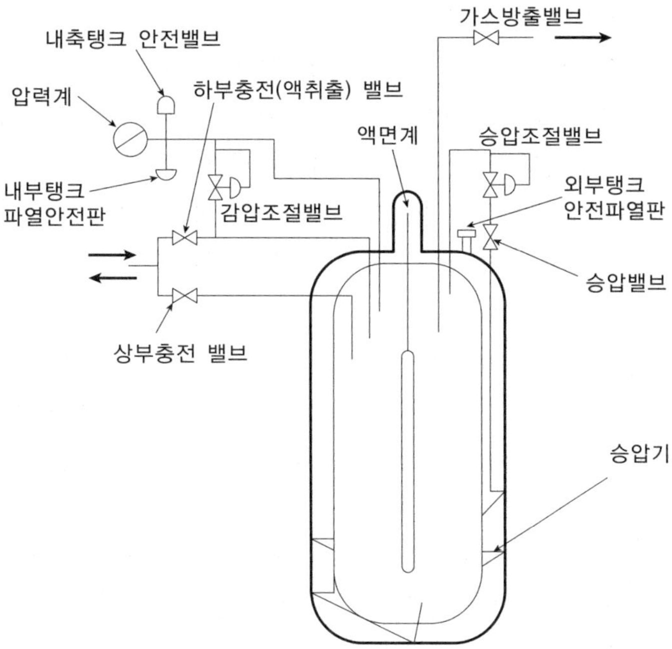


[초저온 용기의 구조]

## 7 | 용기보관실

(1) 벽면의 구조

철근 콘크리트제, 콘크리트 블록제 또는 강판제 구조

(2) 방호벽 기초

- 일체로 된 철근콘크리트 기초
- 높이는 350mm 이상, 되메우기 깊이는 300mm 이상
- 철근콘크리트제 방호벽의 기초는 두께는 144mm(방호벽 두께의 120%) 이상
- 강판제 방호벽의 지주는 기초에 400mm 이상 깊이로 묻을 것

**[방호벽의 규격]**

| 방호벽의 종류 | 높이 | 두께 | 보강제 및 제원 |
|---|---|---|---|
| 철근콘크리트제 | 2,000mm 이상 | 120mm 이상 | 직경 9mm 이상의 철근을 400mm 이하의 간격으로 배근하여 결속 |
| 콘크리트블록제 | 2,000mm 이상 | 150mm 이상 | 직경 9mm 이상의 철근을 400mm 이하의 간격으로 배근하여 결속하고 블록 공동부에는 콘크리트 몰타를 채움. |
| 강판제(Ⅰ형, 후강판) | 2,000mm 이상 | 6mm 이상 | 1,800mm 이하의 간격으로 형강제 지주설치 |
| 강판제(Ⅱ형, 박강판) | 2,000mm 이상 | 3.2mm 이상 | 1,800mm 이하의 간격으로 형강제 지주설치 |

(3) 통풍구조 및 기계환기설비의 설치기준

① 공기보다 비중이 무거운 가스인 경우에는 바닥면에 접하고, 공기보다 비중이 가벼운 가스인 경우에는 천정 또는 벽면상부에서 30cm 이내에 설치한다. 또한, 외기에 면하여 설치된 환기구의 통풍가능 면적의 합계가 바닥면적 $1m^2$마다 $300cm^2$의 비율로 계산한 면적 이상이 되도록 설치한다(1개 환기구의 면적으로 $2,400cm^2$ 이하로 한다. 이때 사방을 방호벽 등으로 설치할 경우에는 환기구를 2방향 이상으로 분산 설치).

② 기계환기설비(강제통풍설비)

가) 통풍능력이 바닥면적 $1m^2$마다 $0.5m^3$/분 이상으로 하여야 한다.

나) 배기구는 바닥면(공기보다 가벼운 경우에는 천정면) 가까이에 설치하여야 한다.

다) 배기가스 방출구를 지면에서 5m 이상의 높이에 설치하여야 한다.

- 예외 규정
  - 공기보다 비중이 가벼운 경우 : 배기가스 방출구를 3m 이상에 설치
  - 정압기에 설치되는 안전밸브 방출구로서 전기 시설물과의 접촉 등으로 사고의 우려가 있는 장소 3m 이상에 설치

**공기보다 비중이 가벼운 도시가스의 공급시설로서 공급시설이 지하에 설치된 경우의 통풍구조 기준**

① 통풍구조는 환기구를 2방향 이상 분산하여 설치하여야 한다.
② 배기구는 천장면으로부터 30cm 이내에 설치하여야 한다.
③ 흡입구 및 배기구의 관경은 100mm 이상으로 하되, 통풍이 양호하도록 하여야 한다.
④ 배기가스 방출구는 지면에서 3m 이상의 높이에 설치하되, 화기가 없는 안전한 장소에 설치하여야 한다.

## 8 안전장치의 종류

- 기체압력상승방지 : 스프링식 안전 밸브, 자동압력제어장치
- 급격한 압력이 우려되는 곳 : 파열판, 자동압력제어장치
- 펌프 및 배관에 액체의 압력상승방지 : 릴리프밸브, 스프링식안전 밸브, 자동압력제어장치 안전장치 중 가연성가스 및 독성가스저장 탱크의 안전 밸브 및 파열판에는 가스방출관을 설치한다.

(1) 안전밸브의 종류

① 스프링식 : 용기 내의 압력이 설정압력을 초과하면 스프링을 밀어내어 가스를 분출시키고 정상으로 회복되면 스프링의 힘에 의해 분출구가 닫힌다.

가) 양정에 의한 분류

- 저양정식 : 안전밸브의 작동거리가 배수구 직경의 $\frac{1}{40}$ 이상 $\frac{1}{15}$ 미만

• 고양정식 : 안전밸브의 작동거리가 배수구 직경의 $\frac{1}{15}$ 이상 $\frac{1}{7}$ 미만

• 전양정식 : 안전밸브의 작동거리가 직경의 $\frac{1}{7}$ 이상

나) 작동기구에 의한 분류

• 스프링식 : 스프링의 힘으로 밸브를 작동시킨다.

• 레버식 : 수동레버로 작동시키며 양정을 눈으로 확인 가능하다.

• 중추식 : 추의 무게를 이용하여 내부압력이 추의 무게를 초과할 경우 작동한다.

다) 배기에 의한 분류

• 개방형 : 분출된 가스를 대기로 방출한다.

• 밀폐형 : 분출된 가스를 다른 공정으로 방출시킨다.

• 벨로즈형 : 벨로즈를 이용하여 부식성 유체로부터 스프링을 보호한다. 주로 독성유체에 사용

② 파열판식(박판식) : 안전판이라고도 하며 내압의 상승에 의해 얇은 박판이 파열되어 내용물을 방출하여 압력을 떨어뜨린다.

가) 스프링식 안전밸브보다 방출량이 많으므로 압력상승 속도가 급속한 곳에 사용한다.

나) 한 번 작동하면 새 것과 교환하여야 한다.

다) 밸브 시트 누설이 없다.

라) 슬러지 함유, 부식성 유체에도 사용할 수 있다.

③ 중추식 : 무게가 있는 추를 달아서 설정압력이 되면 추를 밀어 올리는 힘이 증가되므로 장치 내의 고압의 가스가 분출된다.

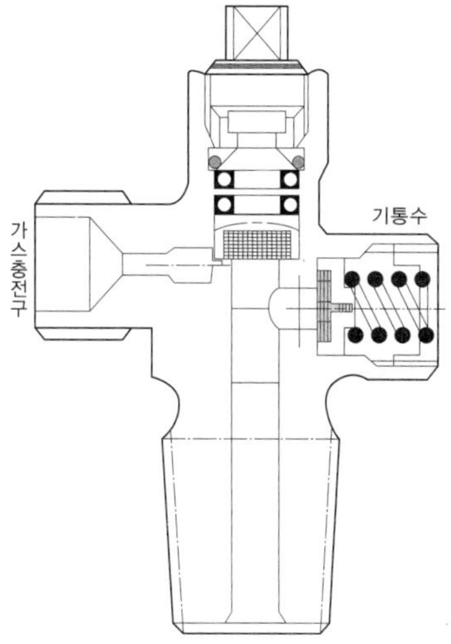

[스프링식]

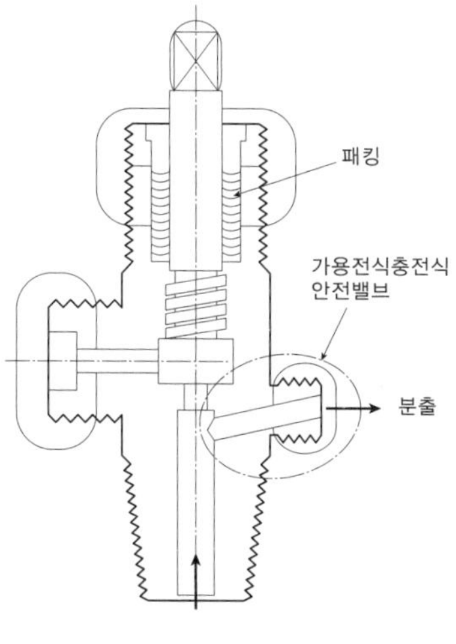

[가용전식]

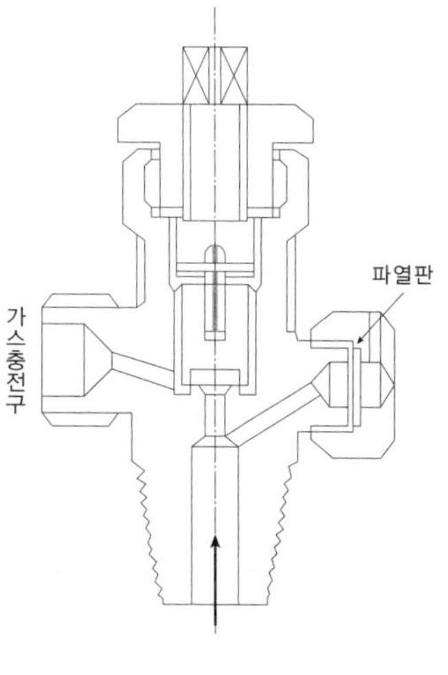

[파열판식]

④ 가용 합금식

- 200℃ 이하의 낮은 용점을 갖는 합금(비스무트, 카드뮴, 납, 주석) 등은 비교적 낮은 온도에서 녹기 때문에 용기가 화재 등으로 인하여 온도가 상승될 경우 용기 내의 가스를 방출시켜 용기가 이상 승압되는 것을 방지하기 위해 설치한다.
- 아세틸렌 105±5℃, 염소 65~68℃, 긴급차단은 110℃

[가스용기에 따른 안전밸브의 형식]

| 용기의 종류 | 안전밸브의 형식 |
|---|---|
| 염소, 아세틸렌, 산화에틸렌, 암모니아 용기 | 가용 합금식(가용전식) |
| 산소, 수소, 실소, 아르곤 등의 압축가스 용기 | 파열판식 |
| 초저온용기 | 파열판식과 스프링식의 2중 구조 |
| LPG 용기 | 스프링식 |

(2) 부압을 방지하는 조치

① 저장 탱크 내부의 압력이 외부의 압력보다 낮아져 저장 탱크가 파괴되는 것을 방지하기 위한 조치

② 부압방지 설비

가) 압력계

나) 압력경보설비

다) 그 밖의 것(다음 중 어느 한 개 이상의 설비)

- 진공안전 밸브
- 다른 저장 탱크 또는 시설로부터의 가스도입배관(균압관)
- 압력과 연동하는 긴급차단장치를 설치한 냉동제어설비
- 압력과 연동하는 긴급차단장치를 설치한 송액설비

**Q6** 어떤 고압장치의 상용압력이 320kg/cm$^2$일 때 안전밸브의 최고 작동압력은 얼마인가?

① 480 ② 426 ③ 384 ④ 360

**해설** 안전 밸브 작동압력은 내압시험압력의 0.8
내압시험압력은 상용압력의 1.5이므로 320×1.5×0.8

**정답** ③

### 9 | 벤트스택과 플레어스택의 기준

(1) 벤트스택

벤트스택 방출구의 위치는 작업원이 정상작업을 하는 데 필요한 장소 및 작업원이 항상 통행하는 장소로부터 10m 이상(그 밖의 벤트스택은 5m) 떨어진 곳에 설치할 것

(2) 플레어스택

역화의 공기 등과의 혼합폭발을 방지하기 위하여 다음 설비 중에서 하나 또는 둘 이상을 갖추어야 한다.

- Liquid Seal의 설치
- Flame Arrestor의 설치
- Vapor Seal의 설치
- Purge Gas($N_2$, Off Gas 등)의 지속적인 주입 등
- Molecular Seal의 설치

## 2 LP가스 시설

### 1 | 조정기(Regulator)

가스의 유출압력을 조정하여 안정된 연소를 도모한다.

(1) 조정기의 종류

① 단단 감압식

가) 장점 : 장치가 간단하며, 조작이 간단하다.

나) 단점 : 배관이 커야 한다. 최종압력의 변동이 심하다.

② 다단 감압식

가) 장점

- 최종압력이 일정하며, 중간 배관이 가늘어도 된다.
- 입상배관에 의한 압력 손실을 보정할 수 있다.
- 각 연소기구에 알맞은 압력으로 공급이 가능하다.

나) 단점

- 설비가 복잡하다.
- 검사방법이 복잡하다.
- 조정기가 많이 든다.

• 재액화의 우려가 있다.

③ 자동교체식(절체식 조정기)

가) 분리형 자동교체식 조정기

• 2차 측 조정기를 함께 사용하는 것으로 고압 → 중압 → 저압의 순으로 감압한다.

• 2단감압 공급방식을 구성하므로 1차측에서 2계열 용기집합설비로부터의 공급가스를 자동적으로 절제하는 기능을 가지고 있다.

• 중규모 공급설비의 공급관이 긴 중압공급방식을 설치하고 있다.

나) 일체형 자동교체식 조정기

• 용기 내의 고압 LP가스를 한 번에 저압으로 감압하기 때문에 1차용과 2차용의 조정기를 일체화시킨 구조

• 소규모 및 중규모의 공급, 사용설비의 중압공급방식에 의한 경우 많이 사용

다) 자동절체식 조정기를 사용할 때의 이점

• 잔액을 모두 소비할 수 있다.

• 전체용기의 개수가 수동 절체식보다 적게 소요된다.

• 용기교환주기의 폭을 넓힐 수 있다.

• 분리형을 사용하면 단단 감압식 조정기의 경우보다 도관의 압력손실을 크게 하여도 된다.

**입상배관에 의한 압력손실을 구하는 식**

$$h = 1.293 \times (S - 1) \times H$$

h : 허용압력손실($mmH_2O$), S : 가스비중, H : 높이 (m)

**Q7** **프로판의 비중을 1.5라 하면 입상 50m 지점에서의 압력손실은 몇 mm 수주인가?**

① 12.6 ② 19.4 ③ 32.3 ④ 75.2

**해설** 입상관에 의한 압력손실 $h = 1.293 \times (1.5 - 1) \times 50 = 32.325$

**정답** ③

(2) 조정기의 압력

| | 1단감압식 저압조정기 | 1차감압식 준저압조정기 | 2단감압식 1차조정기 | 2단감압식 2차조정기 | 자동절체식 일체형조정기 | 자동절체식 분리형조정기 |
|---|---|---|---|---|---|---|
| 입구압력 | 0.07~ 1.56MPa | 0.1~1.56MPa | 0.1~1.56MPa | 0.0.1~ 0.1MPa 또는 0.025~ 0.1MPa | 0.1~1.56MPa | 0.1~1.56MPa |
| 조정압력 | 2.3~ 3.3kPa | 5~30KPa | 0.057~ 0.083MPa | 2.3~3.3KPa | 2.55~3.3kPa | 0.032~ 0.083MPa |
| 내압시험 (입구측) | 3MPa | 3MPa | 3MPa | 0.8MPa | 3MPa | 3MPa |
| 내압시험 (출구측) | 0.3MPa | 0.3MPa | 0.8MPa | 0.3MPa | 0.3MPa | 0.8MPa |
| 기밀시험 (입구측) | 1.56MPa | 1.56MPa | 1.8MPa | 0.5MPa | 1.8MPa | 1.8MPa |
| 기밀시험 (출구측) | 5.5kPa | 조정압력의 2배 | 0.15MPa | 5.5kPa | 5.5kPA | 0.15MPa |
| 최대 폐쇄압력 | 3.5kPa | 조정압력의 1.25배 | 0.095MPa | 3.5kPa | 3.5kPa | 0.095MPa |

(3) 조정압력이 3.3kPa 이하인 조정기의 안전장치의 작동압력

- 작동표준압력 : 7kPa
- 작동개시압력 : 5.6~8.4kPa
- 작동정지압력 : 5.04~8.4kPa

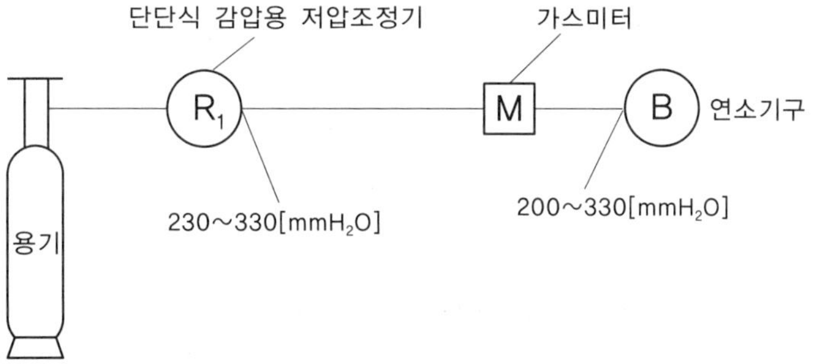


[단단 감압식 조정기의 성능]

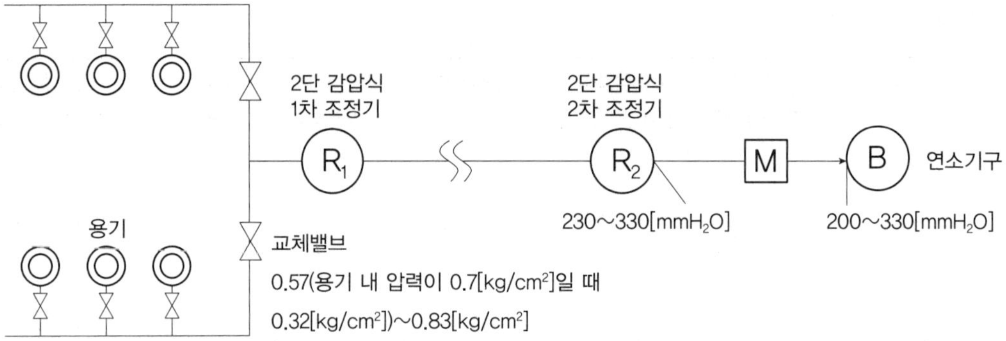


[2단 감압식 1차 조정기 및 2차 조정기]

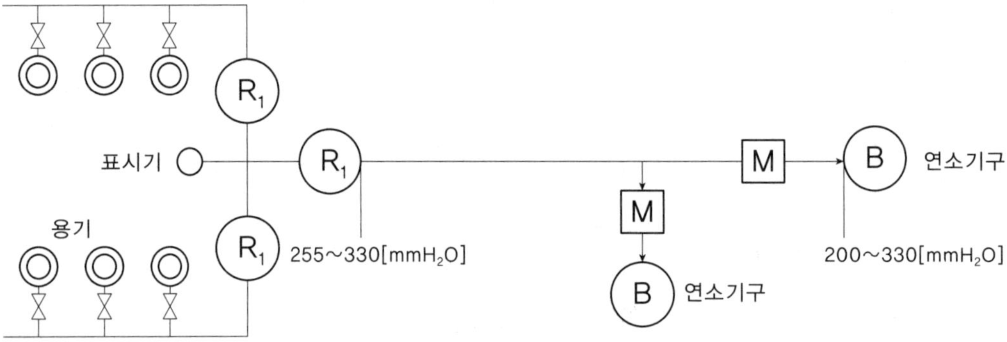


[자동 교체식 일체형 분리기]

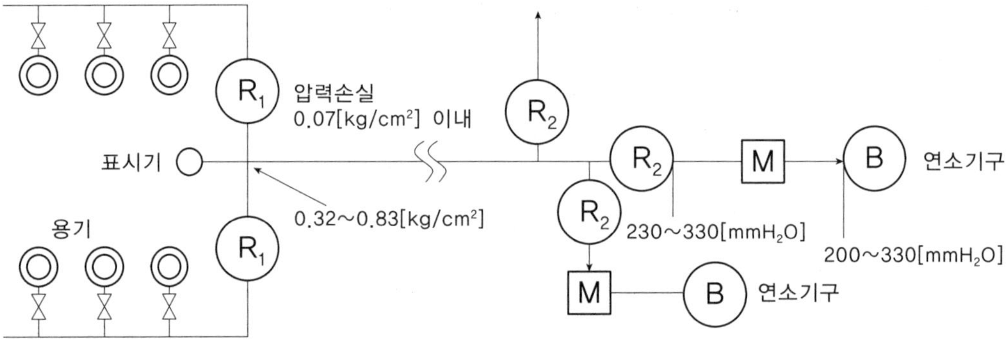


[자동 교체식 분리형 조정기]

## 2 | 충전 · 집단공급 · 저장 및 사용시설의 내압시험 및 기밀시험

(1) 충전 · 집단공급 · 저장 및 사용시설의 내압시험

- 내압시험은 원칙적으로 수압에 의하여 할 것
- 내압시험은 당해설비가 취성파괴를 일으킬 우려가 없는 온도에서 실시
- 내압시험압력은 상용압력의 1.5배(공기 등 기체로 실시할 경우에는 1.25배) 이상으로 하며,

규정압력유지기간은 5 내지 20분간을 표준으로 한다.

- 내압시험에 종사하는 사람의 수는 작업에 필요한 최소인원으로 하고, 관측 등을 하는 경우에는 적절한 방호시설을 설치하고 그 뒤에서 실시한다.
- 내압시험은 내압시험 압력에서 팽창, 누출 등이 이상이 없을 때 합격으로 한다.
- 내압시험을 공기 등의 기체에 의해 하는 경우에는 우선 상용압력의 50%까지 승압하고 그 후에는 상용압력의 10%씩 단계적으로 승압하여 내압시험압력에 달하였을 때 누출 등의 이상이 없고, 그 후 압력을 내려 상용압력으로 하였을 때 팽창, 누출 등이 이상이 없으면 합격으로 한다.

### (2) 충전 및 저장소시설의 기밀시험

- 기밀시험은 원칙적으로 공기 또는 위험성이 없는 기체에 의하여 실시한다.
- 기밀시험은 그 설비가 취성 파괴를 일으킬 우려가 없는 온도에서 실시한다.
- 기밀시험압력은 상용압력 이상으로 하고, 누출의 확인은 규정압력을 10분간 이상 유지한 후 한다.
- 검사의 상황에 따라 위험이 없다고 판단되는 경우에는 그 가스설비에 의해 저장 또는 처리하는 가스를 사용하여 기밀시험을 할 수 있다. 이 경우 압력은 단계적으로 올려 이상이 없음을 확인하면서 승압한다.
- 기밀시험은 기밀시험압력에서 누출 등의 이상이 없을 때 합격으로 한다.
- 기밀시험에 종사하는 인원은 작업에 필요한 최소인원으로 하고 관측 등은 적절한 방호 시설을 설치하고 그 뒤에서 실시한다.

### (3) 사용시설의 기밀시험 순서

(액화석유가스 사용시설 중 조정기 출구로부터 연소기까지의 배관 또는 호스의 기밀시험)

① 배관 또는 호스 중 임의의 장소에 기밀시험압력에 적합한 압력측정기구 및 압력발생기구나 설비를 전용 이음관 또는 고무관 및 이음공구류를 사용하여 부착한다.

② 밸브를 잠그고 압력발생 기구 또는 설비를 사용하여 당해 배관의 내부에 서서히 압력을 가하여 8.4kPa 이상 10kPa 이하의 압력(조정기의 조정압력이 3.3kPa 이상 30kPa 이하의 것은 35kPa 이상의 압력, 30kPa 초과의 것은 최고사용압력의 1.1배 또는 35kPa 중 높은 압력)에 이를 때까지 가압한 후 압력발생기구 또는 설비와 배관 등과의 사이의 밸브를 잠그고 압력발생기구 또는 설비를 떼어낸다.

③ 아래 표에 나타난 배관의 내용적에 따라 소요시간 이상 ②의 상태를 유지하여 압력의 변동을 압력 측정기구에 따라 측정한다.

| 내용적 | 시험 압력유지시간 |
| --- | --- |
| 10ℓ 이하 | 5분 |
| 10ℓ 초과 50ℓ 이하 | 10분 |
| 50ℓ 초과 | 24분 |

## 3 LPG 공급방식 및 기화장치

### 1 | 공급방식

(1) 생가스 공급방식

베이퍼라이져(vaporizer)에 의하면 기화된 그대로의 가스를 공급하는 방식으로 0℃ 이하가 되면 재액화되기 쉽다.

(2) 공기혼합공급방식

- 기화한 부탄에 공기를 혼합하여 공급하는 방식
- 온도변화에 따른 재액화를 방지할 수 있고 발열량 조절이 가능하다.
- 연소효율이 증대되며 누설 시 손실량을 감소할 수 있다.

(3) 변성가스 공급방식

부탄가스를 고온촉매를 사용하여 열분해한 후 $CH_4$, $H_2$, CO 등의 경질가스로 변성시켜서 공급, 재액화를 방지하거나 특수용에 사용한다.

**LPG를 변성하여 도시가스를 제조하는 방법**

공기혼합방식, 직접혼합방식, 변성혼합방식

**Q8** 24,000kcal/m³의 LP가스 1m³에 공기 3m³을 혼합하여 희석하였을 때 혼합기체 1m³당 발열량은 몇 kcal/m³인가?

① 6,000kcal/m³ ② 7,000kcal/m³ ③ 8,000kcal/m³ ④ 9,000kcal/m³

**해설** $발열량 = \frac{열량}{혼합가스부피} = \frac{24,000}{1+3}$

**정답** ①

## 2 | LPG 기화장치

### (1) 자연기화식

- 용기 내의 LPG가 대기 중의 열을 흡수해서 기화하는 방식으로 기화능력의 한계가 있어 소량 소비에 적당하다.
- 가스 조성의 변화가 크다.
- 발열량의 변화가 크다.

**용기의 가스발생능력은 다음에 따라서 결정된다.**

① 용기의 크기와 조정기의 형식
② 용기 내의 LP가스 조성 및 용기 내의 잔가스량
③ 연속소비시간
④ 용기의 주위 온도

### (2) 강제기화방식

- 강제기화방식은 용기 또는 탱크에서 액체의 LP가스가 도관으로 통하여 기화기에 의해서 기화하는 방식
- 기화기의 능력은 10kg/h의 소형에서부터 4ton/h 정도의 대형까지 비교적 대량소비처로서 부탄 등을 기화시키는 경우에 사용

### (3) 기화장치(vaporizer)

- 직화식으로 사용하지 않는다.
- 가열방식은 간접가열방식(매체 : 온수, 증기, 열풍)

① 기화기장치의 구성
- 기화부
- 제어부 : 액유출 방지 장치, 열매 온도제어 장치(과열방지장치, 온도제어 장치)
- 조압부 : 기화부에서 나오는 가스를 소비·목적에 따라 일정한 압력으로 조절하는 부분(일정압력유지)

② 기화장치의 개요도
- 기화부(열교환기) : 액체상태의 LPG를 열 교환기에 의하여 가스화시키는 부분
- 열매온도제어장치 : 열매온도를 일정 범위 내에 보존하기 위한 장치
- 열매과열방지장치 : 열매가 이상하게 가열되었을 때 열매로의 입열을 정지시키는 장치
- 액유출 방지장치 : LPG가 액체상태로 열교환기 밖으로 유출되는 것을 방지하는 부분
- 압력조정기 : 기화부에서 나온 가스를 소비목적에 맞게 일정한 압력으로 조정하는 부분
- 안전밸브 : 기화장치의 내압이 이상 상승했을 때 장치 내의 가스를 외부로 방출하는 장치

③ 기화기를 장치 구성 형식에 따라 분류

- 단관식 기화기
- 다관식 기화기
- 사관식 기화기(고압일 때)
- 열판식 기화기

④ 기화기 사용 시 장점

- 한랭 시에도 공급이 가능하다.
- 설치면적이 좁아도 된다.
- 가스 조성이 일정하다.
- 기화량을 가감할 수 있다.

(4) 기화방식의 종류

① 가온－감압방식 : 일반적으로 많이 사용되고 있는 방식이며 열교환기에 LPG를 송입하여 거기서 기화된 가스를 LPG용 조정기에 의하여 감압공급하는 방식이다.

② 감압－가온방식 : 액체상태의 LPG를 액체조정기 또는 팽창변 등을 통하여 감압하며 온도를 내려서 열교환기에 도입시켜 대기 또는 온수 등으로 가온하여 기화를 시킨다.

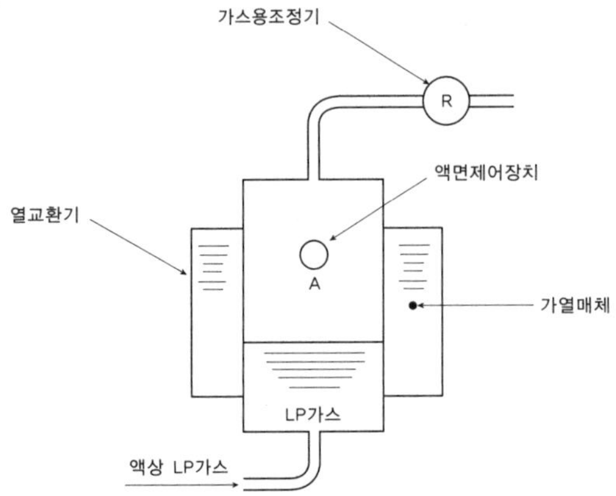


[가온－감압방식]

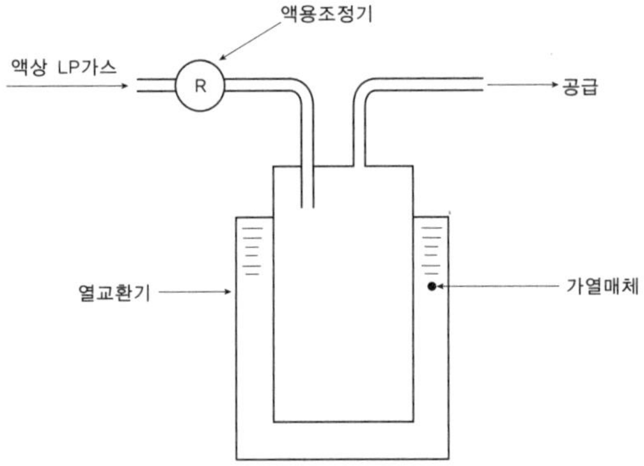


[감압－가온방식]

## 4 필요 저장능력 및 최대가스소비량 산정방법

### 1 | 용기집합시설

(1) 자연기화방식인 경우

① $\text{용기설치수량} = \dfrac{\text{최대가스 소비량}}{\text{용기 1개당 가스발생 능력}} \times 2(\text{예비용기설치})$

② 최대가스 소비량 산정

가) 공동주택 : 개별 가구의 연소기 합산소비량(kg/h)×가구수×동시 사용율

나) 업무용시설 중 사용자가 하나인 경우 : 연소기의 가스소비량×피크 시의 최대가스소비율

다) 업무용시설 중 사용자가 2 이상인 경우 : 사용자별 가스소비량 합계(kg/h)×피크 시의 최대가스소비율(%)

(2) 강제기화방식의 경우

① 용기설치수량$=\dfrac{\text{최대가스 소비량}\times 1\text{일 평균사용 시간}}{\text{용기 1개당 가스발생 능력}}\times 2$(예비용기설치)

② 최대가스소비량의 산정

가) 공동주택 : 개별 가구의 연소기 합산소비량×가구수×동시사용율

나) 업무용시설 중 사용자가 하나인 경우 : 연소기의 가스소비량 합계(kg/h)×피크 시의 최대 가스소비율(%)

다) 업무용시설 중 사용자가 2 이상인 경우 : 사용자별 가스소비량 합계×피크 시의 최대 가스소비율(%)

## 2 | 저장 탱크 및 소형 저장 탱크 시설

(1) 자연기화방식인 경우

① 소형 저장 탱크 및 저장 탱크의 자연기화능력 계산식

$$\text{자연기화능력(kg/h)}=\frac{D\times L\times K\times T}{12{,}000}$$

( $D$ : 외경(mm) $T$ : 외부온도에 대한 보정계수
$L$ : 길이(mm) $K$ : 충전량에 대한 상수 )

② 공급하고자 하는 수요자시설의 최대 가스소비량 산정식

최대가스소비량=개별 가구의 연소기 합산소비량×가구수×동시사용율

(2) 강제기화방식인 경우

저장설비를 강제기화방식으로 설치하고자 하는 경우에는 필요저장능력 산정 시 탱크의 자연기화량을 별도로 계산할 필요가 없이 다음 식에 의하여 저장능력을 산정한다.

필요저장능력=최대가스소비량×1일 평균사용시간×2(최소 이 충전 주기)

## 5 LPG 소형 저장 탱크에 의한 설치·공급 및 사용에 관한 기준

### 1 | 소형 저장 탱크의 설치

(1) 소형 저장 탱크의 설치거리

| 소형 저장 탱크의 충전량(kg) | 가스충전구로부터 토지경계선에 대한 수평거리(m) | 탱크 간의 거리(m) | 가스충전구로부터 건축물개구부에 대한 거리(m) |
|---|---|---|---|
| 1,000 미만 | 0.5 | 0.3 | 0.5 |
| 1,000 이상 2,000 미만 | 3.0 | 0.5 | 3.0 |
| 2,000 이상 | 5.5 | 0.5 | 3.5 |

(2) 가스방출관

- 소형저장탱크의 안전밸브에는 가스방출관 설치
- 가스방출구의 방향 : 건축물 개구부의 반대방향으로 하고, 착화원 등이 없는 위치에 지면으로부터 2.5m 이상 또는 저장 탱크의 정상부로부터 1m 이상의 높이 중 높은 위치로 한다.

(3) 소형 저장 탱크의 설치기준

① 동일 장소에 설치하는 소형 저장 탱크의 수는 6기 이하로 하고 충전 질량의 합계는 5,000kg 미만이 되도록 할 것

② 소형 저장 탱크는 그 바닥이 지면보다 5cm 이상 높게 설치된 콘크리트 바닥 등에 설치할 것. 이 경우 고정방법은 화재 등의 경우 쉽게 분리할 수 있도록 할 것

③ 소형 저장 탱크에는 정전기 제거조치를 할 것

④ 소형 저장 탱크의 안전 밸브 방출구 부근에는 구축물 및 그 밖의 장애물 설치금지

⑤ 소형 저장 탱크의 안전 밸브 방출구는 수직상방으로 분출하는 구조로 할 것

⑥ 충전질량 1,000kg 이상인 소형 저장 탱크로서 제3자가 쉽게 접근할 수 있는 것에는 높이 1m 이상의 경계책을 만들고 출입구를 설치할 것

### 2 | 소형 저장 탱크에 기화장치의 설치기준

① 기화장치의 출구측 압력은 1MPa 미만이 되도록 하는 기능을 가지거나, 1MPa 미만에서 사용할 것

② 가열방식이 액화석유가스 연소에 의한 방식인 경우에는 파일럿 버너가 꺼지는 경우 버너에 대한 액화석유가스 공급이 자동적으로 차단되는 자동안전장치를 부착할 것

③ 기화장치는 콘크리트 기초 등에 고정하여 설치할 것

④ 기화장치는 옥외에 설치할 것. 다만 옥내에 설치하는 경우 건축물의 바닥 및 천정 등은 불연성의 재료를 사용하고 통풍이 잘 되는 구조로 할 것

⑤ 소형 저장 탱크와 기화장치는 3m 이상의 우회거리를 유지할 것

⑥ 기화장치의 출구 배관에는 고무호스를 직접 연결하지 아니할 것

## 3 | LPG의 이송설비(처리설비)

### (1) 차압식

탱크로리와 저장 탱크의 액상부를 직접 연결하여 액면의 차에 의한 중력차, 온도에 의한 압력차를 이용하여 차압으로 이송하는 방식

### (2) 액펌프에 의한 방식

① 장점

- 재액화 현상이 일어나지 않는다.
- 드레인 현상이 없다.

② 단점

- 충전시간이 길고 잔가스 회수가 불가능하다.
- 베이퍼록(vapor lock) 현상이 일어나 누설의 원인이 된다.

**Vapor lock 현상**

- 저비점의 액화가스이송 시 증기가 발생하여 펌프에 혼입됨에 따라 진동 소음이 발생되는 현상
- 방지법
  ① 펌프의 회전속도를 느리게 한다.
  ② 흡입배관의 관경은 크게 본다.
  ③ 펌프의 설치 위치는 낮춘다.

### (3) 압축기에 의한 방법

① 장점

- 펌프에 비해 충전시간이 짧다.
- 베이퍼록 현상이 생기지 않는다.
- 잔가스 회수가 용이하다.

② 단점

- 부탄의 경우 재액화의 우려가 있다.
- 윤활유가 드레인의 원인이 된다.

## 4 | 가스액화 사이클

### (1) 가스액화분리장치

저온도에서 정류, 분축, 흡수 등의 조작에 의해 기체를 분리하는 장치

### (2) 액화분리장치의 구성

① 한랭발생장치 : 가스 액화분리장치의 열손실을 돕고 또 액화가스를 채취할 때에는 그것에 필요한 한랭을 보급한다.

② 정류(분축, 흡수)장치 : 원료가스를 저온에서 분리 정제하는 장치이며 목적에 따라 선정된다.

③ 불순물제거장치

- 저온도가 되면 동결하는 원료가스 중의 수분, 탄산가스 등을 제거한다.
- 가스를 액화하기 위해 냉각을 시키는 기본적인 방법 : 압축된 가스를 외부에서 열이 들어오지 못하게 하는 단열팽창으로 이루어진다.

### (3) 액화장치의 구분

① 린데(Linde)식 액화장치 : 압축된 공기는 열교환에 들어가 액화기에서 액화하지 않고 나오는 저온공기와 열교환을 하여 저온이 되고 팽창밸브를 통하여 단열팽창시킨 후 온도를 강하시켜 액화기로 보내진다. 이때 일부는 액화기에서 액화되어 나오고 일부는 열교환기로 다시 보내져 압축가스와 열 교환하여 온도가 상승하여 압축기로 흡입되게 한 형식의 액화장치이다.

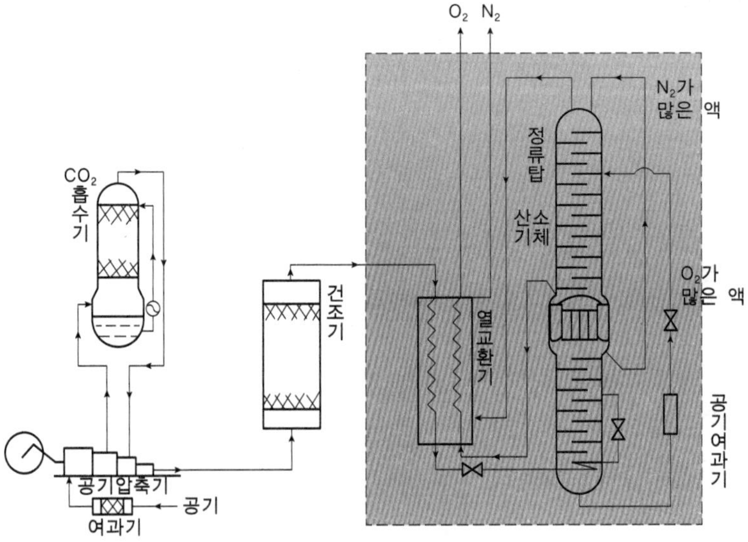


[린데식 공기분리장치]

② 클라우드(Claude)식 액화장치 : 실린더 내에서 압축공기를 팽창시켜 피스톤을 작동시켜 외부에서 일을 하게 된 공기는 자신이 갖고 있던 엔탈피가 감소하게 되어 온도가 강하되는 것을 이용하여 액화시킨다.

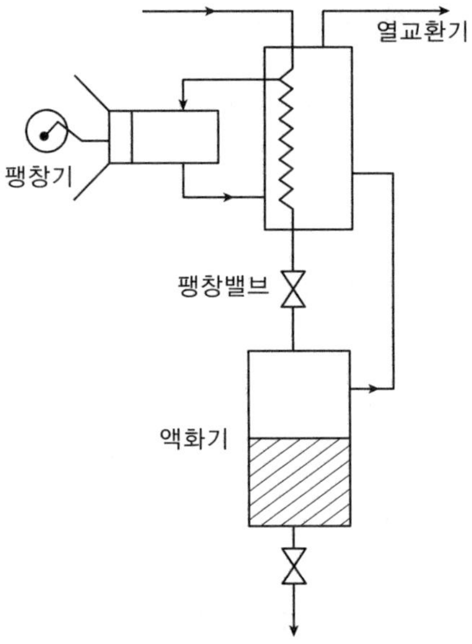


[클라우드 식]

③ 카피자(Kapiza)식 액화장치 : 비교적 저압(7atm)의 압축공기로 하여금 팽창기인 터빈을 돌려 외부로부터 일을 하게 하여 공기의 엔탈피를 감소시킴으로써 온도를 강하시켜 액화하는 방법이다.

④ 필립스(Philips)식 액화장치
- 수소, 헬륨을 냉매로 한 것이 특징
- 하나의 실린더에 피스톤과 보조 피스톤이 있어서 두 개의 피스톤이 팽창기와 압축기의 역할을 하는 것으로 소형이다.

⑤ 캐스케이드 액화사이클(장치) : 여러 대의 압축기를 이용하여 각 단의 압축기를 통과하는 동안에 비점이 점차 낮은 냉매를 사용하여 저비점의 기체를 액화하는 사이클

### (4) 공기액화분리장치의 폭발 원인

- 공기 취입구로부터 아세틸렌의 혼입
- 압축기용 윤활유의 분해에 의한 탄화수소의 생성
- 공기 중에 있는 산화질소, 이산화질소 등의 질소산화물의 혼입
- 액체공기 중의 오존의 흡입

**Q9** 공기액화장치에 아세틸렌가스가 혼입되면 안되는 주된 이유는?

① 배관에서 동결되어 배관을 막아버리기 때문에
② 질소와 산소의 분리를 어렵게 하므로
③ 분리된 산소의 순도를 떨어뜨리므로
④ 분리기 내 액체산소탱크에 들어가 폭발하기 때문에

정답 ④

(6) 공기액화분리장치에서 제거해야 할 불순물

① $CO_2$(이산화탄소)

- 저온에서 고체의 드라이아이스가 되어 배관을 막아 공기의 흐름을 방해한다.
- 제거방법 : $CO_2$ 흡수탑에서 가성소다(NaOH)를 이용하여 제거

$$2NaOH + CO_2 \rightarrow Na_2CO_3 + H_2O$$

② $O_2$(산소)

- 저온에서 물, 얼음이 되어 배관을 막아 공기의 흐름을 방해한다.
- 제거방법 : 건조기에서 실리카겔, 알루미나겔, 제올라이트 등 흡착제를 이용

(7) 공기액화분리장치의 왕복동식 압축기 안전밸브의 분출 유효 면적

$$a = \frac{W}{230P\sqrt{\frac{M}{T}}}$$

( $a$ : 안전밸브분출면적($cm^2$)　W : 분출량(kg/h)　M : 분자량
P : 분출 직전의 압력($kg/cm^2A$)　T : 분출 직전의 압력에 해당하는 절대온도(K) )

## 6 고압장치의 재료

### 1 | 재료시험

(1) 응력(stress)

- 물체에 하중이 작용할 때 그 재료 내부에 생기는 저항력을 내력이라 하고 단위 면적당의 내력의 크기를 응력이라 한다.

$$응력 = \frac{내력}{단면적} = \frac{하중}{단면적}(kg/mm^2)$$

• 아래 그림과 같이 안지름 R, 두께 t, 길이 L인 원통에 내압 P가 작용하는 경우 축방향 응력 $\sigma_1$과 원주 방향 응력 $\sigma_2$은 다음과 같다.

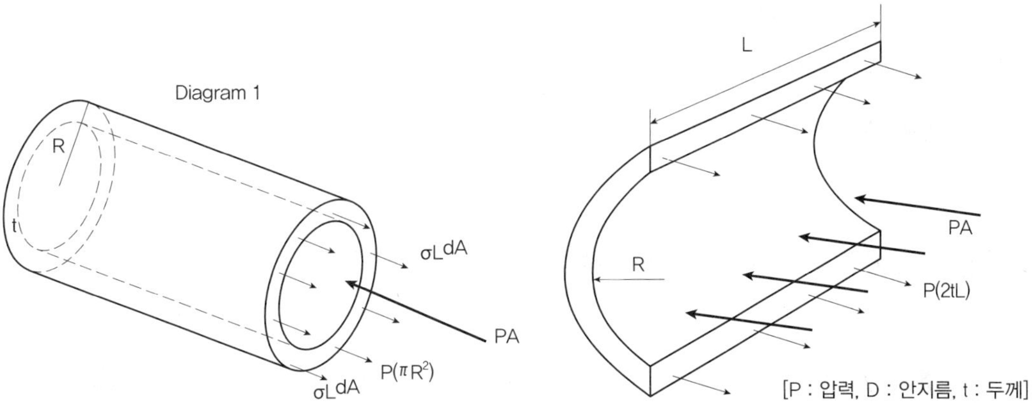

(a) 축방향 응력 (b) 접선방향 응력

[내압을 받는 두께가 얇은 원통에 걸리는 응력]

① 축방향 응력 : 그림 (a)에서 축방향으로 작용하는 힘은 $\pi R^2 P$이고, 원통동체 내부에서 생기는 힘은 $2\pi Rt\sigma_1$이다. 이 두 힘은 서로 같으므로

$$2\pi Rt\sigma_1 = \pi R^2 P \rightarrow \sigma_1 = \frac{RP}{2t} \text{ 또는 } \sigma_1 = \frac{PD}{4t}$$

② 원주(접선)방향 응력 : 그림 (b)에서 원통을 좌우로 분리시키려는 힘은 $2RLP$이고, 원통 두께 부분에 생기는 힘은 $2tL\sigma_2$이며, 이 두 힘은 서로 같으므로

$$2RLP = 2tL\sigma_2 \rightarrow \sigma_2 = \frac{RP}{t} \text{ 또는 } \sigma_2 = \frac{PD}{2t}$$

③ 축방향 응력($\sigma_1$)과 원주방향 응력($\sigma_2$) 비교

$$\frac{\sigma_1}{\sigma_2} = \frac{\frac{PD}{4t}}{\frac{PD}{2t}} = \frac{1}{2} \rightarrow 2\sigma_1 = \sigma_2 \text{ (원주방향응력이 축방향응력의 2배)}$$

따라서, 원통에 파괴압력이 가해졌을 때 축선 방향으로 먼저 평행하게 찢어지면서 파괴된다.

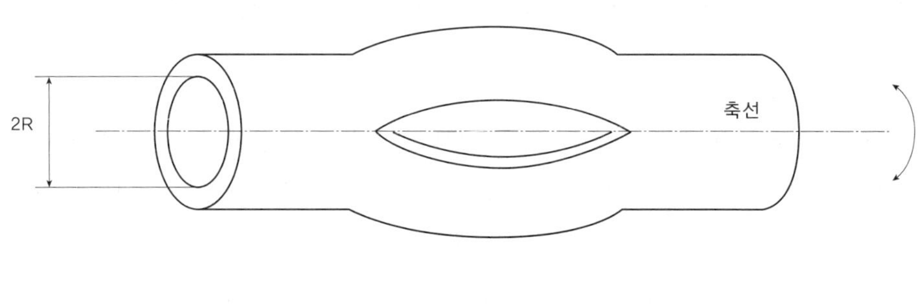

**Q10** 바깥지름이 20cm이고 구경의 두께가 5mm인 강관이 내압 10kg/cm²를 받을 때 관에 생기는 원주방향 응력은?

① 190kg/cm² ② 195kg/cm² ③ 380kg/cm² ④ 390kg/cm²

**해설** $\sigma_2 = \frac{PD}{2t} = \frac{10\times(20-2\times0.5)}{2\times0.5}$ **정답** ①

**Q11** 원통형 용기에서 축방향 응력은 원주방향 응력의 얼마인가?

① 0.5배 ② 1배 ③ 2배 ④ 4배

**해설** 원주방향응력이 축방향응력의 2배, 축방향응력은 원주방향 응력의 $\frac{1}{2}$배 **정답** ①

### (2) 변형률

- 변형 : 외력의 작용에 의해 형상이 변하는 것을 변형이라고 한다. 길이 방향으로 줄거나 늘어나는 변형을 세로 변형이라고 하며, 길이 방향에 직각 방향으로 줄거나 늘어나는 변형을 가로 변형이라 한다.
- 변형률 : 변형량을 재료의 길이로 나눈 것을 변형률(unitstrain)이라고 한다.

① 세로 변형률(longitudinal strain) = 연신율

- 그림에서와 같이 부재에 축방향으로 인장력을 가하면 길이 방향으로 $\triangle l$만큼 늘어나고, 가로 방향으로는 $\triangle d$만큼 줄어든다. 이 때, 길이 방향의 변형량 $\triangle l$의 부재 길이 $l$에 대한 비를 세로 변형률이라고 한다.

$$\varepsilon = \frac{\triangle l}{l}$$

- 늘어나는 것에 의한 세로 변형률은 (+), 줄어드는 것에 의한 세로 변형률은 (−)가 된다.

② 가로 변형률(lateral strain) = 단면수축률 : 기둥의 축방향으로 인장을 받게 되면 길이 방향으로 $\triangle l$만큼 늘어나면서 $\triangle d$만큼 줄어든다. 따라서 이 막대의 지름 방향의 변형률, 즉 가로 변형률 $\beta = -\frac{\triangle d}{d}$이며, $\triangle d$만큼 줄어든 양이기 때문에 (−)부호를 붙인다.

### (3) 응력과 변형률 곡선

- 시험편의 축방향으로 힘 P를 작용시킨 경우에 그 힘을 점점 증가시키게 되면, 시험편에 생기는 응력과 변형도 점점 증가해 간다. 시험편 단면적을 A라고 하면, 하중 단계에 따른 각각의 응력 $f = \frac{P}{A}$로 구할 수 있다. 변형률 $\varepsilon$는 시험편에 전기 저항 변형률 게이지와 변형률 측정기에 의해 구할 수 있다. 이렇게 구한 응력 $f$를 세로축에 잡고, 변형률 $\varepsilon$을 가로축에 잡아 응

력과 변형률의 관계를 표시한 그래프를 응력－변형률 곡선(stress－strain diagram)이라고 한다.

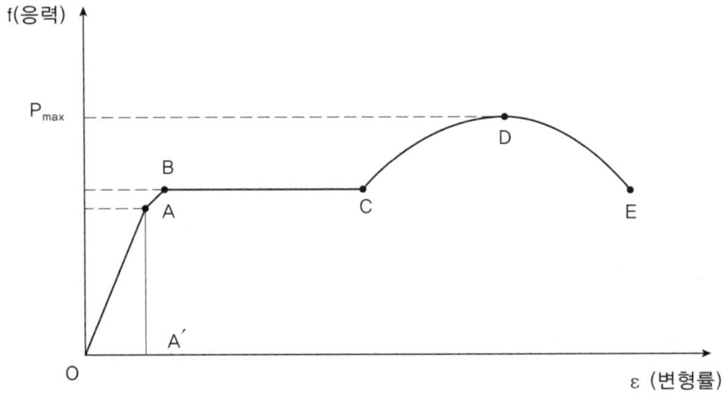


**[응력－변형률 곡선]**

① 비례한도 : OA구간으로 하중과 연신율이 비례 관계를 이루는 구간으로 비례한도이다.

② 탄성한도 : OB구간으로 이 구간도 직선으로 표시되며 하중을 제거하면 시험편은 변형 전의 상태로 되돌아온다. 후크의 법칙이 성립된다. 따라서,

$$\frac{\text{응력}}{\text{연신율}} = \text{세로 탄성률 또는 영률}$$

③ BC 사이 : 점 A를 넘어서 응력도를 증가시키면 점 B에 도달하며, 점 C까지는 응력도가 거의 일정하지만 변형률은 증가한다. 이 때의 점 B를 항복점(yielding point)이라고 하며, BC 구간을 항복 고원이라 한다.

④ CD 사이

- 점 C를 넘어서 응력도를 증가시키면 동시에 변형률도 증가한다. 이 현상을 일반적으로 변형 경화라고 한다.
- 응력도를 증가시키면 최대점 D에 도달하게 되고, 그 후 파괴점 E에 도달한다.
- 인장강도는 최대점 D에 해당하는 $P_{max}$(최대하중)를 처음의 단면적으로 나눈 값이다.

### (4) 허용응력과 안전율

- 허용응력 : 재료를 실제로 사용하여 안전하다고 생각되는 최대응력
- 허용응력의 값은 일반적으로 재료의 종류, 하중의 종류, 공작의 정도, 작업상황 등을 고려하여 정한다.
- 안전율 : 재료의 인장강도와 허용응력의 비

### (5) 온도변화에 의한 열응력(熱應力)

온도변화에 의한 열응력은 매설관이 흙의 마찰력 등으로 구속되어 있으나 양단이 견고하게 고

정되어 있는 지상배관의 경우에 생긴다. 배관은 온도변화에 따라 신축현상이 일어나는데, 그 신축량($\delta$ : mm)은

$$\delta = \alpha \triangle TL$$

( $\alpha$ : 배관의 선 팽창계수(1 : ℃)　　$\triangle T$ : 온도의 차(℃)　　$L$ : 배관의 처음길이(mm) )

(6) 신축이음쇠

신축이음쇠는 증기, 가스, 물 등의 배관에 사용되며 온도 변화에 따라 일어나는 축방향의 신축을 흡수하기 위한 것이다.

① 배관 내의 온도변화에 따른 팽창 및 수축의 길이

$$L = L_0 \times \alpha \times (T_2 - T_1)$$

( $L$ : 온도변화에 따른 관의 길이(m)　　$L_0$ : 설치 당시 온도에서의 관의 길이(m)
$T_2$ : 최고온도(℃)　　$T_1$ : 최저온도(℃) )

**Q12** 최고 사용온도가 100℃, 길이 10m인 배관을 15℃에서 설치하였다면 최고온도 사용 시 팽창으로 늘어나는 길이는 몇 mm인가? (단, 선팽창계수 $\alpha = 12 \times 10^{-5}$ m/m-℃)

① 5.1　　② 10.2　　③ 102　　④ 204

**해설** 늘어난 길이는 $L \times \alpha \times \triangle T$, $10{,}000 \times (12 \times 10^{-5}) \times (100 - 15)$　　**정답** ③

② 신축이음쇠(Expansion Joint)의 종류

가) 슬리브 형

- 슬리브 파이프를 이음쇠 본체와 미끄러지게 하여 신축을 흡수한다.
- 신축흡수량이 크고 응력발생이 적다.
- 배관에 곡선부분이 있으면 비틀림으로 파손의 원인이 된다.
- 장기 사용 시에는 패킹마모로 누설의 우려가 있다.
- 유체누설을 글랜드 패킹으로 방지하므로 정기적으로 패킹교환이 필요하며 이 때문에 옥내 배관에는 그다지 사용되지 않는다.

나) 플렉시블

- 소화용 배관에 가장 많이 이용된다.
- 축방향의 변화는 없으나 축의 직각변위의 작동 및 각도 변위용으로서 비틀림 또는 휨

의 흡수용으로 사용된다.

다) 밴드형

- 관으로 곡관을 만들어 그 휨을 이용하여 신축량을 흡수
- 배관 접속부는 나사식 또는 용접식으로 구조가 매우 간단하고 내구성이 좋다.
- 고온 및 고압에도 사용되며 고장이 없다.

라) 콜드스프링

- 배관의 자유팽창을 미리 계산하여 관의 길이를 약간 짧게 절단하여 강제배관을 함으로써 열팽창을 흡수하는 방법
- 절단하는 길이는 계산에서 얻은 자유팽창량의 $\frac{1}{2}$ 정도로 하는 방법

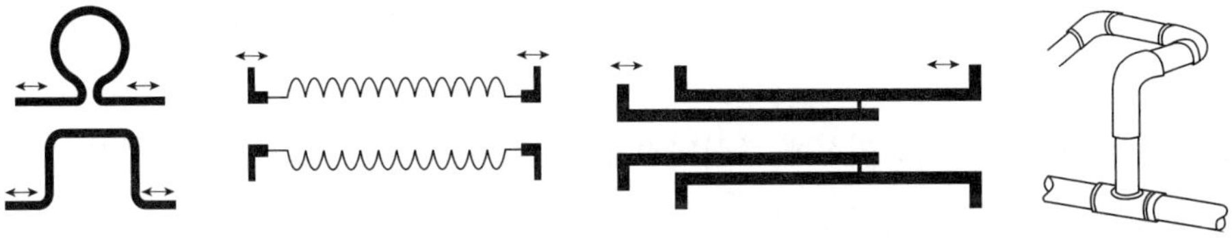

[루프형] [벨로스형] [슬리브형] [스위블형]

## 2 | 탄소강

탄소강은 규소·망간·인·황을 함유하지만, 철과 탄소의 합금 중에서 0.03~1.7%의 탄소를 함유한 것을 말한다.

### (1) 용어정의

- 강도(strength) : 재료가 작용하는 힘에 대하여 파괴되지 않고 어느 정도 견딜 수 있느냐를 나타내는 수치
- 경도(hardness) : 재료의 단단한 정도를 나타내는 수치
- 인성(toughness) : 재료에 충격이 가해졌을 때 파괴되지 않는 질긴 성질
- 취성(brittleness) : 유리와 같이 파괴되기 쉬운 여린 성질

### (2) 원소의 영향

① 탄소 : 공석조성(C : 0.77%)까지는 강도와 경도가 증가하나 공석조성(C : 0.77%)에서 최대 강도가 되며 이 조성을 넘으면 강도는 감소되나 경도는 계속 높아지고 연신율은 탄소증가와 함께 계속 감소한다.

② 망간

- 보통 8% 이하(0.2~0.8%)의 양을 포함, 황과 화합하여 MnS가 되어 FeS가 나타내는 적열 취성을 방지한다.

• 담금질 효과를 높이고 강도, 경도, 강인성을 증가시키나 연성은 감소시킨다.

③ 황

• 망간과 결합하여 MnS로 제거되고 MnS상태는 절삭성이 개선된다.

• 유리상태의 유황은 기계적 성질을 나쁘게 하고 고온가공성을 저하하며 적열취성의 원인이 된다.

④ 규소 : 유동성, 탄성한도, 강도, 경도를 증가시키며 단접 및 냉간 가공성을 저하시키고, 연신율, 충격치가 감소한다.

⑤ 인 : 상온에 대한 취성을 증가시키고 경도, 인장강도를 높이며 연신율 충격치는 감소시킨다.

### (3) 탄소강의 성질

① 물리적 성질 : 탄소함유량에 따라 비중, 선팽창율, 열전도율은 감소하고 비열, 전기저항은 증가한다.

② 화학적 성질 : 강은 알칼리성에 부식되지 않고 산에는 약하며 탄소 0.2% 이상의 강은 탄소함유량이 많을수록 부식이 많다.

③ 기계적 성질 : 탄소함유량이 많을수록 강도, 경도가 증가하지만 인성, 충격값은 감소된다.

## 3 | 특수강

탄소강에 니켈, 크롬, 망간 등을 가하여 특수한 목적에 적당한 재질을 갖도록 한 것을 말한다.

① Ni(니켈) : 강인성을 증가시키며 내식성 및 내산성을 증가시킨다.

② Cr(크롬) : 적은 양으로도 경도, 인장강도를 증가시키고 함량의 증가에 따라 내식성, 내열성도 커진다. 자경성 이외에 탄화물을 만들기 쉽고, 내마멸성이 커진다. 크롬강은 수소 가스를 충전하는 데 가장 적합하다.

③ Mn(망간) : 적은 양인 때에는 니켈과 거의 같은 작용을 하며, 함유량이 증가하면 내마멸성이 커지며 황에 의한 해를 막아준다.

④ Mo(몰리브덴) : 텅스텐과 거의 비슷하나 효과는 텅스텐의 2배이다. 담금질 깊이가 커지고 크리프 저항과 내식성이 커지며 뜨임·메짐을 방지한다.

⑤ Cu(구리) : 석출 경화를 일으키기 쉽고 내산화성을 나타낸다.

⑥ Si(규소) : 적은 양은 경도와 인장강도를 다소 증가시키고, 함량이 많아지면 내식성, 내열성 증가, 전자기적 성질을 개선한다.

⑦ Ti(티탄) : 규소나 바나듐과 비슷하며, 입자 사이의 부식에 대한 저항을 증가시켜 탄화물을 만들기 쉽다.

⑧ W(텅스텐) : 적은 양일 때는 크롬과 거의 비슷하며 탄화물을 만들기 쉽고, 경도가 커지며,

내마멸성이 커진다. 또, 고온 경도와 고온 강도가 커진다.

- 크롬 17~20(%), 니켈 7~10(%)을 함유한 강을 18-8 스테인레스강이라 한다.
- 동과 주석의 합금은 청동이고 동과 아연의 합금은 황동이다.

## 4 | 재료의 열처리

금속에 열변화를 주어 가열 전과 다른 성질의 것을 만드는 조작

### (1) 담금질(quenching)

- 강을 일정 온도 이상 가열하고 그 온도에서 충분한 시간을 유지한 다음, 물 또는 기름 등에 담가 급랭시키는 조작
- 탄소강을 보다 강하게 하거나 경도를 높이기 위한 열처리
- 담금질 온도가 너무 높으면 결정조직이 너무 커져 기계적 성질이 나빠지며, 변형이나 균열을 일으키기 쉽고 담금질 효과가 저하된다.

### (2) 불림(normalizing)

재료를 가열한 후 일정 시간을 유지하여 균일한 결정 조직으로 만든 다음, 공기 중에서 냉각시키면 미세하고 균일한 표준 조직이 된다. 이와 같이 재료의 조직을 미세하게 균일화시켜 기계적 조작을 향상시키는 조작

### (3) 풀림(annealing)

재료를 연화하여 결정조직을 조정하며, 잔류응력을 제거하고 상온가공을 쉽게 하기 위하여 가열 후 노 중에서 서서히 냉각시키는 열처리 방법

### (4) 뜨임(tempering)

재료의 내부응력을 제거하며 재료에 연성이나 인장강도를 주기 위하여 담금질 온도보다 낮은 적당한 온도로 재가열한 후 냉각시키는 조작

### (5) 표면경화법(surface hardening)

- 재료는 마멸이나 충격에 견디기 위해서는 내마멸성과 충분한 강도 그리고 인성이 있어야 한다. 이러한 성질을 갖추도록 강의 표면은 단단하고 내부는 질기게 열처리하는 것이다.
- 표면경화법에는 첨가 원소의 확산에 의한 화학적인 방법과 강의 화학적인 성질은 그대로 두고 표면만을 단단하게 하는 물리적 방법이 있다.

## 7 가스배관

일반가정용으로 사용되는 가스는 저압공급 방식으로 공급압력은 도시가스 1kPa~2.5kPa, LPG 2.5±0.5kPa로 유지되고 중압으로 공급할 때에는 저압으로 감압되기 전의 중압 배관에서 직접 공급된다. 이는 빌딩의 냉난방용 또는 공업용과 같이 대량으로 사용되는 가스를 공급하기 위한 것이다.

### 1 | 저압배관설계

#### (1) 최대가스 수요량

$$Q=\sum_q \times \alpha$$

( $Q$ : 최대가스수요량 ($m^3/h$)　　$\sum_q$ : 수요가의 가스기구 소비량 합계($m^3/h$)
$\alpha$ : 동시사용률 )

#### (2) 저압배관의 유량 결정식

$$Q=K\sqrt{\frac{H\times D^5}{S\times L}} \rightarrow D=\left(\frac{Q^2\cdot S\cdot L}{K^2\cdot H}\right)^{\frac{1}{5}}$$

( $Q$ : 가스유량($m^3/h$)　　$D$ : 배관의 내경(cm)　　$L$ : 배관의 길이(m)
$H$ : 배관입구의 압력과 배관 말단 압력의 차($mmH_2O$)
$S$ : 가스의 비중　　$K$ : 유량계수(0.707) )

#### (3) 중고압배관의 유량 결정식

$$Q=K\sqrt{\frac{(P_1^2-P_2^2)\times D^5}{S\times L}}$$

( $P_1$ : 최초 절대압력($kg/cm^2a$)　　$P_2$ : 종점 절대압력($kg/cm^2a$)
$K$ : 유량계수(52.31) )

#### (4) 노즐 변경률

$$\frac{D_2}{D_1}=\sqrt{\frac{WI_1\sqrt{P_1}}{WI_2\sqrt{P_2}}},\ WI=\frac{Hq}{\sqrt{S}}$$

( $S$ : 가스비중　　$Hq$ : 총발열량　　$WI$ : 웨버지수 )

(5) 가스의 분출량

$$Q = 0.009 \times D^2 \times \sqrt{\frac{P}{S}}$$

( $Q$ : 분출량($m^3/h$)　　$D$ : 지름(mm)　　$P$ : 분출압력($mmH_2O$)　　$S$ : 가스비중 )

**Q13** 연소기구에 접속된 염화비닐호스가 지름 1mm의 구멍이 뚫려 280$mmH_2O$의 압력으로 LPG가 5시간 유출하였을 경우 분출량은 몇 리터인가? (단, LPG의 비중 : 1.7)

① 487ℓ　② 577ℓ　③ 687ℓ　④ 760ℓ

**해설** $Q = 0.009 \times D^2 \times \sqrt{\frac{P}{S}} = 0.009 \times 1^2 \times \sqrt{\frac{280}{1.7}} \times 5 \times 10^3$

**정답** ②

**Q14** 1호당 1일 평균 가스소비량이 1.33kg/day이고 소비자 호수가 60호라면 피크 시의 평균가스 소비량은 시간당 약 몇 kg인가? (단, 피크 시의 평균가스 소비율은 80%이다)

① 2.66kg/hr　② 3.50kg/hr　③ 4.18kg/hr　④ 4.60kg/hr

**해설** 피크 시의 평균가스 소비량
= 1일 평균가스 소비량×가구수×피크 시의 평균가스 소비율 1.33×60×0.8
= 63.84kg/day = 2.66kg/hr

**정답** ①

**Q15** 발열량이 10,000kcal/$m^3$, 비중이 1.2인 도시가스의 웨버지수는?

① 8,333　② 9,129　③ 10,954　④ 12,000

**해설** 웨버지수(WI) $= \frac{\text{발열량}}{\sqrt{1.2}} = 9{,}128.71$

**정답** ②

## 8 오토 클레이브(auto clave)

- 밀폐 반응가마로 액체를 가열하면 온도의 상승과 더불어 증기압이 상승하므로 액상을 유지하면서 반응시킬 경우에 사용된다.
- 종류 : 교반형, 진탕형, 회전형, 가스교반형
- 450℃, 200kg/$cm^2$의 가스에 사용하는 오토 클레이브의 덮개에는 동을 사용한 가스켓을 이용한다.

## 1 | 교반형

① 장점

- 기·액 반응으로 기체를 계속 유통시킬 수 있다.
- 교반 효과는 특히 횡형교반의 경우 뛰어나고 진탕식에 비해 효과가 크다.
- 종형 교반의 경우 특수한 라이닝을 하지 않아도 되는 경우가 있다.

② 단점

- 회전속도나 압력을 올리면 누설되기 쉽다.
- 교반층의 패킹에 사용한 물질이 내부로 들어갈 가능성이 있다.

## 2 | 가스 교반형

가늘고 긴 수직형 반응기로 유체가 순환됨으로써 교반이 행하여지는 방식

## 3 | 회전형

교반효율이 떨어지기 때문에 용기벽에 장애판을 설치하거나 용기 내에 다수의 볼을 넣어 내용물의 혼합을 촉진시켜 교반효과를 올리는 형식이다.

## 4 | 진탕형

가스누설의 가능성이 있다.

**Q16** 다음 [보기]의 특징을 가진 오토클레이브는 무엇인가?

| 보기 |

- 가스누설의 가능성이 적다.
- 고압력에서 사용할 수 있고 반응물의 오손이 없다.
- 뚜껑판에 뚫어진 구멍에 촉매가 끼여 들어갈 염려가 없다.

① 교반형 ② 진탕형 ③ 회전형 ④ 가스교반형

정답 ①

## 9 재료의 부식 및 방식

### 1 | 부식의 원인

① 부식 : 금속이 토양이나 물과 같은 전해질 속에 있을 때 주위 환경조건과의 차이(농도차, 온도차), 금속 자체에 함유된 불순물, 잔존 응력, 표면 부착물 등의 금속 측 원인 등에 의하여 그 표면에 국부적으로 전위차가 생겨 양극부와 음극부가 형성되어 표면이 소모되는 전기화학적 반응

② 전위가 높은 쪽이 음극이 되어 양극에서 방출한 전류를 토양을 통하여 받으면서 방식이 되기 때문에 배관의 외면에 전류를 유입시켜 양극반응을 저지함으로써 배관의 전기적 부식을 방지할 수 있다.

③ 부식의 조건

가) 전해질 존재

나) 양극부와 음극부가 전기적으로 접촉

다) 금속 표면에 양극과 음극이 존재(전위차 존재)

### 2 | 부식의 종류

#### (1) 건식

- 수분이 존재하지 않는 산소, 공기, $CO_2$가스 등에 대한 부식 현상
- 건식은 일반적으로 고온 가스, 건조 기체와 접촉하고 있는 경우가 많으므로 고온 부식에도 해당

  예 탄소강의 고온에 대한 산화로 500℃ 이상이 되면 강의 표면에 산화물 층이 생겨서 소모해 가는 현상

#### (2) 습식

금속 표면에 수용액이 존재하며 용액의 작용에 의하여 생기는 부식

#### (3) 지하매설관의 부식 종류

① 전식(전기부식) : 주로 전철에 의한 미주전류에 의한 부식형태로 전철의 레일에 흐르는 전류의 일부가 대지에 누설됨으로써 일어나는 부식

② macro cell 부식 : 금속이 주위 환경과 반응하여 전지(cell)를 형성하여 전위차의 크기에 따라 양극부와 음극부가 정해져 양극부가 부식하는 형태

가) 토질의 차이에 의한 부식 : 배관이 점토와 모래 사이에 걸쳐서 배관공사를 했을 때 점토

중의 관이 부식하게 된다.

나) 콘크리트의 영향 : 콘크리트 속의 철이 중성 환경 중의 철에 비하여 높은 전위를 나타낸다. 따라서 콘크리트와 토양 사이에 걸친 배관은 토양 중에서 부식을 일으킨다.

다) 관의 재질, 신관과 기존관에 의한 부식

- 주철관과 강관 사이에도 약간의 전위차가 있어 강관이 양극부가 되어 부식한다.
- 같은 강관일지라도 표면에 녹이 있는 강관과 녹이 없는 강관과 녹이 없는 강관에서도 전위차가 있어 새로운 신관이 양극부가 되어 부식한다.

라) 다른 종류의 금속과 접촉 : 중성 환경하에서 철은 스테인리스강, 황동 등에 대하여 양극부가 된다. 예를 들면 땅속에 있는 강관라인에 동합금의 밸브를 부착하면 그 접속부 부근의 철부분이 부식을 일으킨다.

### (4) 에로션, 코로숀(corrosion : 부식마모)

- 부식성 유체가 장치 내에 흐를 때 그 흐름이 고속이거나 난류를 일으킨다거나 유체 내에 고체입자가 함유되어 있는 경우 등에는 통상에 비해 부식속도가 매우 빠르게 되는 현상
- 열교환기 입구, 관의 굽힘부분 펌프의 흡입구 등에 발생하기 쉽다.

### (5) 갈바닉 부식

두 개의 다른 금속이 접촉되어 전해질 용액 내에 존재할 때 다른 재질의 금속 간 전위차에 의해 용액 내에서 전류가 흐르고 이에 의해 양극부가 부식이 되는 현상

### (6) 고온 부식

① 수소에 의한 강의 취성작용

- 고온고압의 수소는 강 속으로 침입하여 강 중의 탄화물과 반응하여 강을 탈탄시키고 메탄을 생성한다. 이 작용에서 강이 열화된다. (수소가스 충전 시에는 크롬강 용기가 주로 사용)
- 메탄가스는 강의 결정입계에 축적되고 그 압력에 의하여 균열을 발생시키므로 고온 고압하의 장치에는 크롬, 몰리브덴, 텅스텐, 티탄강이 사용된다.

② 일산화탄소에 의한 금속의 침탄 및 카아보닐화

- CO를 함유한 가스는 강에 고온가스 중에서 침탄이 일어나고 그것이 심하면 강은 산화한다. Cr 및 Ni를 함유한 강에서는 특히 심하다. 이를 방지하려면 Si(규소), Al(알루미늄), Ti(티탄), V(바나듐) 등이 유효하다.
- CO를 함유한 가스는 고온, 고압에서 Fe, Ni와 작용하고 휘발성의 카아보닐화합물을 생성한다. 이것을 방지하기 위해 Cu 혹은 Cu−Mn 합금으로 라이닝한다.

③ 황화수소에 의한 부식

- Fe, Ni과 작용하여 황화물을 만들고 다음에 금속조직의 입계로 석출되어 재료는 취하된다.
- 황화부식을 방지하기 위해 Cr, Al, Si를 첨가한다.

④ 암모니아에 의한 강의 질화

- 고온, 고압하에서 $NH_3$의 해리가 일어나는 조건에서는 보통강에 대해 질화와 수소취성을 일으킨다.
- 질화작용의 방지제 : Ni
- 수소취성의 방지제 : Cr, Mo, W(텅스텐), Ti이 사용된다.

⑤ 산소에 의한 산화

- 장치 속에 수분이 있으면 철과 산화를 일으켜 녹을 발생시키며 부식된다.
- 산소에 의한 부식 방지 : Cr, Al, Si를 사용한다.

⑥ 바나듐어택 : 오산화 바나듐의 용융물이 회분으로 금속 표면에 부착하여 금속의 산화물 피막을 용해한다. 이 때문에 부식이 진행된다.

**Q17** **수소가스를 충전하는 데 가장 적합한 용기의 재료는?**

① Mo강 ② Cu ③ Cr강 ④ Al

**해설** 크롬강은 수소가스를 충전하는 데 가장 적합하다. **정답** ③

## 3 | 부식 방지방법

### (1) 내식성 금속

- 사용되는 환경에서 내식성이 있는 금속 재료를 이용하는 것이 가장 우수한 방식

  예 스테인리스강 : 우수한 내식 합금의 하나이지만 이것도 산화성 환경에서만 우수한 성질을 발휘하는 것으로 환원성 환경에서는 부식되기 쉽다.
- 내식성 금속 : 스테인리스강, Ni−Cu계, Ni−Cr계 합금, 내식성 Al 합금 등이 있다.
- 사용 조건에 따라 금속 재료를 적재 적소에 선택하여 사용하는 것이 중요하다.

### (2) 부식 환경 처리

전해질 용액을 피한다.

(3) 표면 처리방법(피복에 의한 방법)

- 금속 표면에 새로운 금속을 입히는 것
- 도금, 도장, 금속 피막 처리 등이 있다.
- 표면 처리는 방식과 더불어 표면의 강도를 높이고, 아름답게 하는 데도 목적을 두고 있다.

(4) 금속 재질의 개선

금속물질을 균질화하여 양극과 음극이 생기지 않도록 한다.

(5) 기타

전기 화학적 방식

## 4 | 전기방식법의 종류

전기방식 : 배관 등의 외면에 전류를 유입시켜 양극반응을 저지함으로써 배관 등의 전기적 부식을 방지하는 것

(1) 전기방식의 기준

- 배관의 부식방지를 위한 전위상태 유지 기준
  가) 전기방식 전류가 흐르는 상태에서 포화황산동 기준 상한 값은 −0.85V 이하(황산염환원 박테리아 번식하는 토양에서는 −0.95V 이하), 하한 값은 −2.5V 이상
  나) 자연전위와의 전위변화가 −300mV 이하
  다) 배관에 대한 전위측정은 가능한 가까운 위치에서 기준전극으로 실시한다.

(2) 전기방식 종류

① 희생양극법

지중 또는 수중에 설치된 양극금속과 매설배관 등을 전선으로 연결하여 양극금속과 매설배관 등 사이의 전지작용에 의하여 전기적 부식을 방지하는 방법

가) 특징 : 전위차가 일정하고 비교적 적기 때문에 전위기울기가 작은 장소에 적용한다. 발생하는 전류가 적기 때문에 피복저항이 큰 배관에 적용한다.

나) 장점
- 단거리배관에는 저렴하다.
- 간섭영향이 적다.
- 과방식 우려가 없다.

다) 단점
- 효과범위가 좁다.

• 일정기간 후 보충이 필요(Anode)하다.
• 전류조절이 곤란하고, 유지 관리가 번거롭다.

② 외부전원법 : 외부직류전원장치의 양극(+)은 매설배관 등이 설치되어 있는 토양이나 수중에 설치한 외부 전원용 전극에 접속하고, 음극(−)은 매설배관 등에 접속시켜 전기적 부식을 방지하는 방법

가) 특징
• 전압조정이 가능하고 한 곳에서 큰 전류를 흘릴 수 있으므로 장거리 배관의 방식 가능
• 전위 기울기가 큰 장소, 피복저항이 적은 구조물, 방식대상 면적이 큰 구조물에 적용 가능

나) 장점
• 방식효과 범위가 넓다.
• 장거리 배관에 적합하다.
• 전극소모가 없으므로 관리가 용이, 전식에 대한 방식이 가능하다.
• 전압전류의 조정이 용이하다.

다) 단점
• 초기투자비가 많이 든다.
• 간섭에 대하여 충분한 검토가 필요하다.
• 전원을 필요로 한다.

③ 배류법 : 매설배관 등의 전위가 주위의 타 금속 구조물의 전위보다 높은 장소에서 매설배관 등과 주위의 타 금속 구조물을 전기적으로 접속시켜 매설배관 등에 유입된 누출전류를 복귀시킴으로써 전기적 부식을 방지하는 방법

가) 선택배류법
• 특징 : 전철 부근의 누설전류에 의한 전식방지만 가능, 누설전류에 대한 전식 방지대책으로 효과가 크다.
• 장점 : 전철전류를 이용하므로 유지비가 극히 적다. 전철의 위치에 따라서 매우 효과적이다. 전철운행 시에는 자연부식의 방지도 된다.
• 단점 : 간섭에 대한 충분한 검토가 필요, 전철의 위치에 따라서 효과범위가 제한된다. 전철정지 시 또는 레일 전위가 높을 때는 전식방지가 용이하지 않음, 과방식 우려가 있다.

나) 강제배류법
• 특징 : 선택배류법과 외부전원법을 합성한 형태로 선택배류가 가능한 시간대는 선택배류기가 작동하고 레일의 전압이 높아져 선택배류가 불가능하는 경우에는 레일을

전극으로 하는 외부전원법의 직류전원장치로서 작동할 수 있다.

- 장점 : 효과 범위가 넓다. 전압전류의 조정이 용이하다. 전철의 정지 시에도 방식이 가능하다. 양극효과에 의한 간섭이 거의 없다.
- 단점 : 간섭에 대한 충분한 검토가 필요하다. 전원이 필요하다. 배류점부근에서 과방식이 되기 쉽다.

(3) 전기방식의 설치기준

① 전기방식 방법의 선택

- 직류전철 등에 의한 누출전류의 영향이 없는 경우에는 외부전원법 또는 희생양극법으로 할 것
- 직류전철 등에 의한 누출전류의 영향을 받는 배관 등에는 배류법으로 하되, 방식 효과가 충분하지 않을 경우에는 외부전원법 또는 희생양극법을 병용할 것

② 전기방식시설의 시공

- 전기방식시설의 유지관리를 위하여 전위측정용 터미널 설치
- 희생양극법 · 배류법은 배관길이 300m 이내의 간격으로 터미널 설치
- 외부전원법은 배관길이 500m 이내의 간격으로 터미널 설치

③ 전기방식의 기준

- 전기방식시설의 관대지전위(管對地電位) 등을 1년에 1회 이상 점검
- 외부전원법에 의한 전기방식시설은 외부전원점 관대지전위, 정류기의 출력, 전압, 전류, 배선의 접속상태 및 계기류 확인 등을 3개월에 1회 이상 점검
- 배류법에 의한 전기방식시설은 배류점 관대지전위, 배류기의 출력, 전압, 전류, 배선의 접속상태 및 계기류 확인 등을 3개월에 1회 이상 점검
- 절연부속품, 역전류방지장치, 결선(bond) 및 보호절연체의 효과는 6개월에 1회 이상 점검

## 10 자동차 충전시설 충전기 보호대 설치 및 주 · 정차선 표시 방법

① 보호대의 규격

- 재질 : 철근콘크리트 또는 강관제
- 높이 : 45cm 이상(차량의 범퍼 높이 이상)
- 두께가 철근콘크리트 구조 : 12cm 이상
- 강관제 : 80A 이상

② 충전기와 주 · 정차선이 1m 이상 이격되도록 표시

# Chapter 3 도시가스설비

## 1 도시가스 제조

### 1 | 도시가스의 원료

- 고체연료 : 석탄, 코크스
- 액체원료 : 원유, 나프타, LNG, LPG
- 기체연료 : 천연가스, off가스

#### (1) 천연가스(Natural gas)

- 지하에서나 유전 지역에서 산출되며, 천연 가스(natural gas)를 액화한 것을 LNG(Liquefied Natural Gas)라고 한다.
- 천연가스는 건성 천연가스와 습성 천연가스로 나눈다.

① 건성 천연가스

- 대부분의 메탄에 소량의 다른 알칸을 포함하며, 이 가스는 상온에서 압축시킬 경우 액화가 잘 일어나지 않는다.
- 일반적으로 가스전에서 나오는 것이 대부분이다.

② 습성 천연가스

- 메탄 외에 상당량의 에탄, 프로판, 부탄을 포함하는 유전가스
- 일반적으로 압축하면 액화가 잘되는 가스, 제유소 가스를 액화하는 것과 거의 같다.

#### (2) 나프타(Naphtha)

원유의 상압증류 시 비점 200℃ 이하의 유분

① 원료의 특징

가) PONA값

- P : 파라핀계, O : 올레핀계, N : 나프텐계, A : 방향족계 탄화수소
- 파라핀계 탄화수소가 많은 것이 좋다.
- 올레핀, 나프텐, 방향족계는 카본 석출, 촉매노화 등으로 가스화 효율이 저하되므로 적을수록 좋다.

나) C/H비가 5~6이기 때문에 도시가스 C/H를 약 3으로 하기 위해 개질장치가 필요하지만 가스화가 용이하고 가스효율이 좋아서 타르, 카본 등의 부생물이 거의 없다.

다) 유황분이 적기 때문에 정제장치도 간략하게 할 수 있다.

라) 저장취급도 비교적 간편하다. 매연물의 오염 등의 공해문제가 없다.

마) 비중이 0.67 이하인 것을 라이트 나프타, 그 이상인 것을 헤비 나프타라고 하는데 헤비 나프타는 가스화 원료로 적당하지 않다.

(3) 액화석유가스(Liquefied Petroleum Gas)

원유를 상압증류하여 얻어지는 석유가스로서 프로판과 부탄이 주성분인 C(탄소)수가 3~4개인 탄화수소

① 원료의 특성

가) 공기보다 무거워서 누설 시 낮은 곳에 체류한다.

나) 액체는 물보다 가볍다.

다) 연소 할 때 다량의 공기가 필요하며 발열량이 크다.

라) 연소속도가 늦어서 안전하다.

마) 기화시 체적이 약 250배 증가한다.

바) 기화와 액화가 되기 쉽다.

- 상온 20℃ 부근에서 프로판은 $7kg/cm^2$, 부탄은 $1kg/cm^2$ 정도 가압하면 쉽게 액화되며 상압(1atm)에서 프로판은 −42.1℃, 부탄은 −0.5℃ 이하로 하면 액화된다.

사) 기화열이 크다.

- 대기압에서 기화할 때 프로판 101.8kcal/kg, 부탄 106kcal/kg를 흡수한다.

② LPG의 장점

가) 열용량이 크기 때문에 작은 배관 지름으로도 공급할 수 있다.

나) 특별한 가압장치가 필요하지 않고 입지적 제약이 없다.

다) 항상 일정한 압력으로 공급될 수 있고 공급압을 자유롭게 설정할 수 있다.

라) 가스 조성이 일정하며 발열량 당 가격이 저렴하여 경제적이다.

③ LPG의 단점

가) 저장 탱크 또는 용기의 집합공급장치가 필요하다.

나) 부탄의 경우 재액화의 우려가 있다.

다) 연소 시 공기 또는 산소가 다량 필요하다.

- 도시가스 : 10배, 프로판 : 25배, 부탄 : 30배

라) 공급을 중단시키지 않고 공급하기 위해서는 예비용기의 확보가 필요하다.

④ 제조법

가) 습성 천연가스 및 원유에서의 제조(유전지대에서 채취되는 습성천연가스 및 원유에서 LP가스를 회수)

- 흡수유에 의한 회수법 : 등유, 경유 등의 흡수유에 흡수해서 회수하는 방법으로 다량의 가스를 처리하는 경우에 이용된다.
- 흡착법 : 흡착제로 LP가스 성분, 가솔린 성분을 흡착시켜 회수하는 방법으로 비교적 저농도에서 소량의 가스를 처리하는 경우에 이용된다.
- 압축 냉동법 : 냉동기 또는 고압에서 가스의 팽창에 따른 자기 냉각을 이용해서 천연가스를 저온에서 액화 분리하는 방법으로 비교적 고농도에서 소량의 가스를 처리하는 경우에 이용된다.

나) 제유소가스의 분리 : 석유 정제 공정에서 발생하는 가솔린 유분과 수소 및 $C_1$~ $C_4$의 탄화수소 가스를 가스회수 장치에서 경질 가스(메탄, 에탄), $C_3$유분, $C_4$유분, 가솔린 유분으로 각각 분리한다.

**가스회수 장치**

흡수탑이나 탈부탄탑, 탈프로판탑 등으로 구성되어 있다.

다) 나프타 분해 생성물로부터 제조 : 나프타 분해에 의한 에틸렌 제조장치에서는 수소 및 $C_1$~$C_4$탄화수소가 발생하므로 발생가스 중에 함유된 불순물을 정제 제거한 후 저온 분류법, 흡수법, 흡착법 등에 의해 분리한다.

라) 나프타의 수소화분해 생성물로부터 제조

- 원료 나프타를 수소화분해 장치에 의해서 수소화분해하여 제조하는 방법
- 비점 170℃ 이하의 나프타를 수소분해함으로 $C_3$ 탄화수소 43%, $C_4$ 탄화수소 34%, $C_5$ 탄화수소 23% 등을 얻을 수 있다.

⑤ LP가스 수입기지 플랜트 시스템 : 수입가스설비 → 수입설비 → 저온저장설비 → 이송설비 → 고압저장설비 → 출하설비

### (4) 액화천연가스(Liquefied Natural Gas)

- 천연가스를 −162℃까지 냉각 액화한 것
- 기화된 LNG는 불순물을 포함하지 않는다.
- 액화 시 체적은 약 $\frac{1}{600}$으로 줄어든다.

① LNG의 제조 : 천연가스를 전처리한 후 액화한 것이다.

가) 전처리 : 제진 − 탈유 − 탈탄산 − 탈수 − 탈습

나) 액화방법 : 단열팽창법, 카스케이드법

② LNG의 성질

가) 무독, 무공해의 청결한 가스로 발열량이 높다(9,500~11,000kcal/$m^3$).

나) 폭발한계는 5~15%이며, 연소속도가 느리다.

다) 공기보다 가벼워서 누설 시 바닥에 체류하지 않는다.

라) 천연고무나 기타 석유제품에 대한 용해성이 있다.

마) 냉열 이용이 가능하다.

**LNG 냉열**

- 영하 162℃인 LNG가 0℃인 NG로 변화하는 과정에서 LNG가 흡수하게 되는 열
- LNG가 NG로 변할 때에는 액체에서 기체로 상이 변하기 위한 열량 120kcal/kg인 잠열과 −160℃에서 0℃까지 가열하는 데 필요한 열량 80kcal/kg인 현열이 필요하다. 즉, LNG는 총 200kcal/kg인 냉열을 가지고 있다.
- LNG 인수기지의 경우 LNG를 NG로 만들기 위한 열을 대부분 해수에서 얻으며, 동절기에는 해수온도가 낮아지므로 천연가스를 연소시켜 그 열을 이용한다.
- 아이스링크, 냉열발전, 식품냉동창고, 저온분쇄 등 다양하게 이용되고 있다.

## 2 | 가스의 제조

### (1) 제조방식

① 열분해 프로세스

가) 원유, 나프타, 중유 등의 분자량이 큰 탄화수소를 고온(800~900℃)으로 분해하여 10,000(kcal/$m^3$) 정도의 고열량가스를 제조하는 방법

나) 단점

- 타르 경유 등의 처리설비, 배수설비가 필요
- 나프탈렌, 벤졸 등이 포함되므로 복잡한 가스정제공장이 필요
- $SO_2$ 등의 제거설비가 필요
- 고압공급에 적합하지 않다.

② 접촉분해(수증기개질) 프로세스

가) 촉매를 사용하여 반응온도 400~800℃로 탄화수소와 수증기를 반응시켜 메탄($CH_4$), 수소($H_2$), 일산화탄소(CO), 이산화탄소($CO_2$)로 변환시키는 방법

나) 메탄 합성반응에서 조건에 따른 영향

| | 상승 | 하강 |
|---|---|---|
| 반응 온도 | CO, $H_2$가 ↑($CH_4$, $CO_2$가 ↓) | $CH_4$, $CO_2$가 ↑(CO, $H_2$가 ↓) |
| 반응 압력 | CO, $H_2$가 ↓($CH_4$, $CO_2$가 ↑) | $CH_4$, $CO_2$가 ↓(CO, $H_2$가 ↓) |
| 수증기 비(일정온도 압력) | $CH_4$, CO가 ↓($CO_2$, $H_2$가 ↑) | |

③ 사이크링식(수증기개질) 프로세스

가) 연소속도가 빠르고 열량 3,000kcal/$m^3$ 전후의 가스를 제조하기 위해 이용

나) 반응조건, 촉매 등을 변경해서 4,500~5,000kcal/$m^3$의 가스를 제조하는 개량된 프로세스

다) 가스의 제조방법 : 가열유 연소공기에 의해 수분간 반응에 필요한 온도까지 증기 예열기, 반응기로 가열하고 수증기 원료를 주입해서 가스를 제조한다.

라) 조업조건

- 원료 : 천연가스에서 원유에 이르는 넓은 범위의 원료를 사용할 수 있다.
- 반응온도 · 압력 : 반응온도 700~800℃이며 반응압력은 저압에 한한다.
- 촉매 : 니켈계의 촉매가 주로 사용된다.
- 수증기비 : 일반적으로 1~2(수증기 kg/원료 kg)이다.

**가스화 촉매에 요구되는 성질**

- 열, 마찰, 분리 카본 등에 대한 강도가 클 것
- 활성이 높을 것
- 수명이 길 것
- 유황분에 강할 것

④ 고온수증기개질 프로세스(ICI : Imperial Chemical Industry)

가) 구성 : 수소분이 많고 연소속도가 빠른 열량 3,000kcal/$m^3$ 전후의 가스를 제조

나) 조업조건

- 원료 : 천연가스에서 나프타까지 사용이 가능하다.
- 반응온도 · 압력 : 반응온도는 650~800℃, 반응압력은 35kg/$cm^2$
- 수증기비 : 최저가 3몰 $H_2O$/1몰
- 촉매 : 니켈계의 촉매 주로 사용

⑤ 저온수증기개질 프로세스

가) $CH_4$이 많은 열량 6,500kcal/$m^3$ 전후의 가스를 제조

나) CRG, MRG, Lurgi 프로세스 등이 있다.

다) 조업조건

- 원료 : LPG에서 나프타까지 사용이 가능하다.
- 반응온도 · 압력 : 반응온도는 450~500℃, 반응압력은 20kg/$cm^2$이다.
- 수증기비 : 2kg$H_2O$/kg
- 촉매 : 니켈계의 촉매가 주로 사용

⑥ 부분연소 프로세스

가) 메탄에서 원유까지의 탄화수소를 산소 또는 공기 및 수증기를 이용하여 $CH_4$, $CO_2$, CO,

$CO_2$등으로 변환하는 방법

나) 탄화수소와 수증기, 산소(공기)와의 반응은 700℃ 이상에서 고활성인 촉매상에서 일어난다.

다) 반응에 필요한 열을 원료의 일부를 연소시켜 얻으므로 내연식, 오트사밍식이라 한다.

라) 반응식 : 총괄 반응식은 접촉분해와 같다.

- $aCmHn + bH_2O + cCO_2 + dN_2$
  $\rightarrow eCO + fCO_2 + gH_2 + hCH_4 + iC + jH_2O + kN_2$
- 최종가스조성, 카본의 생성은 다음 반응의 평행에 의해 정해진다.

$$CO + 3H \leftrightarrow CH_4 + H_2O + Q$$

$$CO + H_2O \leftrightarrow CO_2 + H_2 + Q$$

$$2CO \leftrightarrow CO_2 + C + Q$$

$$CH_4 \leftrightarrow 2H_2 + C - Q$$

마) 반응 조건에 따른 영향

| 반응조건 | 영향 |
|---|---|
| 반응온도의 상승 | $CH_4$, $CO_2$가 적고 CO, $H_2$가 많은 저열량의 가스가 생성 |
| 반응압력의 상승 | $H_2$, CO가 감소해 $CH_4$, $CO_2$가 증가하고 발열량이 증대 |
| 수증기비의 증가 | $CH_4$, CO가 적고 $H_2$, $CO_2$가 많은 가스가 생성 |
| 공기비의 증가 | $CH_4$, $H_2$, CO가 감소해 $CO_2$가 증가 |

바) 조업조건

- 원료 : $CH_4$ 또는 나프타를 사용
- 반응온도 : 800℃ 정도이며, 압력은 저압이다.
- 수증기비 : 0.4kg(수증기)/1(나프타)이다.
- 공기비 : $1.5m^3$(공기)/1(나프타)이다.
- 촉매 : 니켈계 촉매가 사용

⑦ 수소화분해(수첨분해) 프로세스 : 수소기류 중에 탄화수소원료를 열분해 또는 접촉분해해서 메탄을 주성분으로 하는 고열량의 가스를 제조하는 방법

가) 반응식

$$aCmHn + bH_2 \leftrightarrow cCH_4 + dC_2H_6 + eC_3H_8 + fC_4H_{10} + gH_2 + hC$$

$$C_4H_{10} + 3H_2 \leftrightarrow 4CH_4 + Q$$

$$C_3H_8 + 2H_2 \leftrightarrow 3CH_4 + Q$$

$$C_2H_6 + H_2 \leftrightarrow 2CH_4$$

$$CH_4 \leftrightarrow 2H_2 + C - Q$$

나) 반응 조건에 따른 영향

| 반응조건 | 영향 |
|---|---|
| 반응온도 | 400~700℃의 범위에서 수소비의 변화가 없으면 가스 조성은 변동이 없다. |
| 반응압력 | 평형에 영향을 주지 않지만 고압에서 반응속도는 빨라진다.<br>카보생성을 방지하기 위해서 고압이 좋다. |
| 수소비 증가 | 잉여 수소가 남아 $CH_4$의 함유량은 적게 된다. |
| 수소비 감소 | $C_2H_6$, $C_3H_8$, $C_4H_{10}$를 함유하는 가스로 된다. |
| 반응열 | 반응열을 제거해주어야 반응기 내의 온도상승과 카본생성을 막는다. |

다) 조업조건

- 원료 : 나프타를 사용하지만 LPG도 사용가능하다.
- 반응온도 : 750℃ 정도이며, 압력은 카본생성의 방지에서 20~30kg/cm$^2$이다.
- 수소비 : 원료 1kg당 1,000m$^3$ 정도이다.
- 순환비율 : 10 : 1 정도

**순환비율**

반응기 내에서 순환하고 있는 가스량과 원료 송입량과의 비

⑧ 대체천연가스제조 프로세스(Substitute or Synthetic Natural Gas, SNG)

- 천연가스 이외의 원료에서 천연가스의 물리적·화학적 성질과 거의 일치하도록 가스를 제조하는 방법
- 원료로는 LPG, 나프타, 원유, 서간 등이 있고 이들의 C/H는 4.5~16으로 메탄(C/H=3)과 같이 만들려면 수소를 첨가하거나 탄소를 제거하는 방법을 택해야 한다.
- 공업적으로는 $H_2$, O, $O_2$, $H_2$를 원료와 반응시켜 수증기개질, 부분연소, 수첨분해에 의해 가스화해 메탄합성, 탈탄산 등의 프로세스와 병용해서 사용한다.

가) LPG, 나프타 SNG 프로세스

- 원료가 LPG, 나프타, SNG인 프로세스로 저온수증기 프로세스를 기본으로 한다.
- 공정
  - 탈황공정 : 예열 후 탈황탑에서 탈황된다.
  - 저온수증기개질 공정 : 탈황 나프타의 약 60%가 저온수증기개질되어 가스화가 된다.
  - 수첨분해공정 : 저온수증기개질공정에서 생성한 가스와 탈황공정의 나머지가 혼합되어 수첨분해된다.
  - 메탄합성공정 : 가스 중의 CO, $CO_2$와 $H_2$의 반응으로 다시 $CH_4$의 함유량이 많은 가스가 된다.

$CO + 3H_2 \leftrightarrow CH_4 + H_2O + Q$, $CO_2 + 4H_2 \leftrightarrow CH_4 + 2H_2O + Q$

– 탈탄산공정 : 탈탄산공정에서 $CO_2$가 제거되어 95% 이상의 $CH_4$를 조성으로 하는 가스가 제조된다.

나) 원유 SNG 프로세스

- 원유를 원료로 쓰는 SNG 프로세스는 수첨분해와 부분연소법에 따라 제조된다.
- 공정의 종류
  – 유동식 수첨분해에 의한 프로세스
  – 부분연소법에 의한 프로세스

다) 석탄 SNG 프로세스 : 수소를 쓰는 가스화제 프로세스에는 메탄합성, 탈탄산공정은 필요 없다.

**Q1** **도시가스의 원료 중 탈황 등에 정제장치를 필요로 하는 것은?**

① NG ② SNG ③ LPG ④ LNG

**해설** 도시가스 원료 중 탈황 등에 정제장치를 필요로 하는 것은 NG이다. **정답** ①

## 2 도시가스 설비

### 1 | 공급설비

(1) 기화장치

① 해수식기화기(ORV : Open Rack Vaporizer)

- LNG 2차 펌프에서 의해서 77kg/cm$^2$ 고압으로 승압하여 이송된 LNG가 열교환기 내를 하부에서 상부로 통과하는 동안 해수를 상부에서 하부방향으로 분사함으로써 판넬 Tube 하부는 LNG 공급상태, 중간부는 LNG와 NG의 혼합상태, 상부는 NG 상태로 기화되어 송출되는 과정으로 이루어진다.

- 설비가격이 고가이고, 기동정지 및 부하변동 시 신속하지 못한 단점이 있다.
- LNG의 기화열원으로 해수를 사용하므로 다른 설비에 비해 운전비가 가장 저렴하다.

**염소주입설비**

해수온도가 약 12℃ 이상일 때는 해수에 서식하고 있는 해상생물체가 관내 및 장치 등에 부착 서장하여 해수로의 유체 저항 증가와 해수식기화기의 효율저하 등을 유발시킨다. 이를 미연에 방지하는 방법으로 염소가 사용되는데 저농도의 액체 상태 차아염소나트륨(NaOCl) 용액을 해수에 살포한다.

② 연소식기화기(SMV : Submerged Combustion Vaporizer)

- 열교환기가 수조 속에 잠겨 있어 수조 안에 설치된 버너에서 공기와 연료가스를 연소시켜 발생되는 연소가스로 물을 가열하여 LNG를 기화시키는 설비이다.
- 해수식보다는 운영비용이 고가이나 기동정지가 신속하고 해수식기화기의 보충용으로 가스수요가 증대하거나 해수식기화기 보수 시 사용된다.
- 동절기 때 낮은 해수온도로 인한 기화능력 저하를 보충하기 위해 반드시 필요한 설비

③ 중간열매체식 기화기(Intermediate Fluid Vaporizer)

- 해수와 LNG 사이를 프로판 등의 중간열매체를 개재시켜 열교환하는 방식
- 해수, 프로판 모두 빙결될 우려가 없으나 직접가열방식에 비해 약 2배의 전열면적이 필요하다.
- 부하변동 및 해수온도에 대응하여 해수량의 연속적인 제어가 필요하다.
- 해수 측 열교환기의 tube 내면의 부식에 대한 내구성과 보수상의 진행도가 확인하기 곤란하다.

### (2) 열량조절설비

도입된 LNG의 열량을 균일하게 수요처에 공급하며 고열량의 가스공급으로 공급능력을 향상시키기 위해 천연가스 열량조절설비를 설치한다.

① 열량조절방법

가) 증열법

- 저열량을 증열하는 방법
- 제조된 가스의 발열량이 공급가스의 발열량보다 낮은 저열량일 때 나프타나 LPG 등과 같은 고발열량의 가스로 증열하여 열량을 조정한다.

나) 희석법 : 제조된 가스의 발열량이 공급가스의 발열량보다 높을 때 공기 등을 사용하여 희석시킴으로써 열량을 조정하는 방법

② 열량조절방식

가) 유량비율제어방식 : 제조가스의 발열량이 일정한 경우에 사용되는 방식으로서 단순히 열량비를 조절하는 방식(고열량가스의 유량변동에 맞추어 저열량가스의 유량을 조정하는 방식)

나) Cascade(케스케이드)방식

- 일반적으로 고열량가스나 저열량가스의 발열량이 변동하는 경우 사용하는 방식
- 발열량의 변화가 있는 경우에 유량비의 설정치를 열량계에서의 신호에 의하여 자동적으로 바꾸어 목적하는 유량비로 열량을 제어하는 방식이다.

다) Summerizer(써머라이저)방식 : 여러 가스의 유량, 발열량을 거물하고 혼합되는 공기량을 제어하여 열량을 조정하는 방식

### (3) 원료의 송입법에 따른 분류

① 연속식 : 원료를 연속적으로 공급한다.

② 배치(batch)식 : 원료를 일정하게 투입시킨 다음 가스를 발생시킨 후 제거한다.

③ 사이크링식 : 연속식과 배치식의 중간 형태

### (4) 가열방식에 따른 분류

① 외열식 : 외부에서 가열하는 방식

② 축열식 : 반응기 내에서 연소 후 원료를 송입하는 방식

③ 부분연소식 : 원료에 소량의 공기와 산소를 혼합하여 가스발생의 반응기에 넣어 원료의 일부를 연소시켜 그 열을 열원으로 사용하는 방식

④ 자열식 : 산화나 수첨분해반응에 의한 발열반응을 시켜 가열하는 방식

### (5) 부취제

- 도시가스 누설 시 조기에 발견, 처리할 수 있도록 공급 가스를 부취하는 것
- 생산기지에서는 가스를 주배관으로 송출하기 직전에 배관상에 설치된 injector에서 부취제를 분사하여 주입하며, 공급가스 1Nm$^3$ 당 12~20mg 사용한다.

① 부취제의 조건

- 저 농도에서 냄새 식별이 가능할 것
- 화학적으로 안정할 것
- 연소 후 유해가스를 발생시키지 않을 것
- 가스배관이나 미터에 흡착되지 말 것
- 물에 녹지 않고 토양부과성이 있을 것
- 가격이 저렴할 것

② 부취제 주입방식

가) 액체 주입식

- 펌프 주입방식 : 부취제 첨가율의 조절이 용이하다. 대규모 공급용에 적합하다.
- 적하 주입방식 : 부취제 첨가율을 일정하게 하기 위해 수동조절이 필요하다. 긴급용, spot용, 소규모용에 적합하다.
- 미터 연결 바이패스식

나) 증발식

- 바이패스 증발식 : 온도, 압력 등의 변동에 따라 부취제 첨가율이 변동한다. 중·소규모용에 적합하다.
- 위크 증발식 : 부취제 첨가율이 변동한다. 소규모용에 적합하다.

③ 부취제의 종류

- THT(Tetra hydro Thiophene) : 석탄가스 냄새, 주로 단일제품으로 사용(요즘 TBM과 70~50% 혼합), 부취제 중 파이프 산화 저항력 가장 강함.
- TBM(Tertiary Buthyl Mercaptan) : 양파 썩는 냄새, 적은 양에서 감지 가능하고 안정하다. 산화저항력이 강하고 토양투과성이 우수하다.
- DMS(Dimethyl Sulfide) : 마늘 냄새, TBM과 혼합하여 널리 사용, 부취제 중 토양 투과성이 가장 좋다.

④ 부취농도 측정방법의 종류 : 오더(odor)메타법, 주사기법, 냄새주머니법, 무취실법

⑤ 부취제를 엎질렀을 때 냄새를 감소시킬 수 있는 방법

가) 활성탄에 의한 흡착 : 밀폐한 용기와 실내외 소량의 부취제 용기의 흡착제거에는 유효하지만 대량의 처리에는 적합하지 않다.

나) 화학적 산화처리 : 차아염소산 나트륨 용액 등의 강한 산화제로 부취제를 분해 처리하는 방법으로 산화제 농도가 높은 경우에는 급격한 산화에 의해서 자연발화할 수 있으므로 주의가 필요하다. 이 방법은 T.H.T 등 안정한 부취제에는 적합하지 않다.

다) 연소법

- 부취제 용기, 배관 등은 기름으로 닦고 그 기름을 연소 처리하는 방법과 부취제 수입 시의 증기를 퍼어지(purge)하는 대로 연소 처리하는 방법이 있다.
- 부취제는 일반적으로 인화점이 낮으므로 화기에 대한 주의가 필요하다.

### (6) 롤오버(Roll-over) 현상

① LNG 저장탱크에서 상층액과 하층액의 밀도차가 있으면 층상화된 액체의 불안정한 상태가 바로잡힐 때 생기는 LNG의 급격한 물질 혼합현상

② 상당한 양의 증발가스(BOG)가 발생한다.

③ 방지방법

가) 저장탱크 내의 LNG를 펌프 및 배관에서 순환시킨다.

나) 층상화한 하층의 LNG를 전부 배출하여 층상화를 방지한다.

다) 밀도차이를 이용해 중력혼합을 시킨다.

라) 여러층을 고루 혼합시키기 위하여 저밀도 LNG는 바닥으로 고밀도 LNG는 위에서 하역한다.

## 2 | 가스 홀더

### (1) 가스 홀더의 기능

① 제조 공장에서 제조된 가스를 저장하여 가스의 질을 균일하게 유지하며 제조량과 수요량을 조절하는 저장 탱크

② 도시가스의 공급 설비 중 하나

③ 기능

가) 가스수요의 시간적 변동에 대하여 제조자가 충분히 공급할 수 있는 가스량을 확보하기 위한 일종의 저장탱크

나) 정전, 배관공사 등 제조나 공급 설비의 일시적 중단에 대비하여 일정 정도의 공급량 확보

다) 조성이 변동하는 제조가스를 혼합하여 공급가스의 성분, 열량, 연소성 등의 성질을 균일화

라) 가스 홀더를 소비지역 근처에 설치하여 피크 시의 공급, 수송효율을 높일 수도 있다.

### (2) 가스 홀더 설치기준

① 고압 또는 중압의 가스 홀더 : 최고사용압력이 고압 또는 중압인 가스 홀더의 기준

가) 관의 입구 및 출구 : 온도 또는 압력의 변화에 의한 신축을 흡수하는 조치

나) 응축액을 외부로 뽑을 수 있는 장치 설치

다) 응축액의 동결 방지 조치

라) 맨홀 또는 검사구 설치

마) 저장능력이 300$m^3$ 이상의 가스 홀더와 다른 가스 홀더와의 사이에는 두 가스 홀더의 최대지름을 합산한 길이의 $\frac{1}{4}$ 이상에 해당하는 거리(두 가스 홀더의 최대지름을 합산한 길이의 $\frac{1}{4}$이 1m 미만인 경우에는 1m 이상의 거리)를 유지할 것

② 저압의 가스 홀더

가) 최고사용압력이 저압인 유수식 가스 홀더의 기준

- 원활히 작동하는 것일 것
- 가스방출장치를 설치한 것일 것
- 수조에 물공급관과 물 넘쳐 빠지는 구멍을 설치한 것일 것
- 봉수의 동결방지조치를 한 것일 것

나) 최고사용압력이 저압인 무수식 가스 홀더의 기준

- 피스톤이 원활히 작동되도록 설치한 것일 것
- 봉액을 사용하는 것은 봉액공급용 예비펌프를 설치한 것일 것

③ 긴급차단장치 : 고압가스 설비에서 가스누설 및 화재 발생 시 1차적인 재해의 확산을 방지하기 위해서는 설비를 구분하거나 원재료 등의 공급을 차단시켜 2차적인 재해를 방지하기

위하여 설치하는 안전장치

가) 구조 : 성능이 원격조작에 의해 작동되고 주위 온도에 의한 이상사태 발생 시 자동으로 차단되는 구조

나) 설치대상 : 가연성가스 또는 독성가스 내용적 $5m^3$ 이상의 저장 탱크

다) 설치위치 : 저장탱크 주밸브 외측으로서 가능한 한 저장 탱크에 가까운 위치 또는 저장 탱크 내부에 설치(저장 탱크의 주밸브와의 겸용금지)

라) 긴급차단장치 조작기구

- 액압, 기압, 전기, 스프링을 동력으로 하되 fail safety 구조로 할 것
- 저장 탱크로부터 5m 이상 떨어진 안전한 곳에서 조작할 수 있을 것
- 방류둑의 외측에서 조작할 수 있을 것

### (3) 고압 저장탱크의 특징

① 구형 저장탱크의 특징

- 동일용량의 가스 또는 액체를 동일압력 및 재료하에서 저장하는 경우 구형구조가 표면적이 가장 적고 강도가 높다.
- 기초구조가 단순하며 공사가 용이하다.
- 보존이 용이하고, 구형 저장 탱크는 완성 시 충분한 용접검사, 내압 및 기밀시험을 하므로 가스누출이 거의 없다.
- 형태가 아름답다.

② 원통형 저장탱크의 특징

- 동일용량, 동일압력의 경우 구형 탱크와 비교하면 원통형이 두께가 크므로 중량은 무거워지거나 원통형이라는 제작용이성 때문에 굽힘가공, 용접, 조립이 구형 탱크에 비하여 용이하다.
- 횡형탱크는 강도상이나 설치 상 및 안전성이 수직형보다 뛰어나므로 설치예가 많다.
- 수직형 탱크는 높이가 높아지면 풍압, 지진에 의한 굽힘 모멘트를 받기 때문에 판 두께를 두껍게 할 필요가 있다.
- 수직형 저장탱크는 저장물질 중에 침전물이 고일 가능성이 있는 경우에는 저부를 반추형 경판을 사용하여 배출이 용이하게 한다.
- 탱크의 사용온도가 높은 경우에는 열팽창에 의한 응력이 생기지 않도록 새들이 한 쪽은 고정하고 다른 쪽 롤러로 받거나 또는 슬라이드하도록 한다.
- 경판 구조 중 내압강도가 큰 순서 : 반구형 경판 > 반타원형 경판 > 접시형 경판 > 원추형 경판

③ 구형 저장탱크의 종류(단각식과 이중각식)

가) 단각식

- 상온 또는 −30℃ 전후까지의 저온 범위에 사용된다.
- 외면에 충분한 단열재를 장치하고 흡열엔 의한 온도상승을 방지하고, 동시에 방습조치가 필요하다. 재료는 2.5%Ni강, 3.5%Ni강이 사용된다.

나) 이중각식

- 내구에는 저온용 강재를 외구에는 보통강판을 사용한 것으로 내외 구간은 진공 또는 건조공기 및 질소가스를 넣고 보냉재를 충전한다.
- 영하 50℃이하의 저온에서 액화가스를 저장하는 데 적합하다.
- 내구는 스테인리스강, 알루미늄강, 9% Ni강이 사용된다.

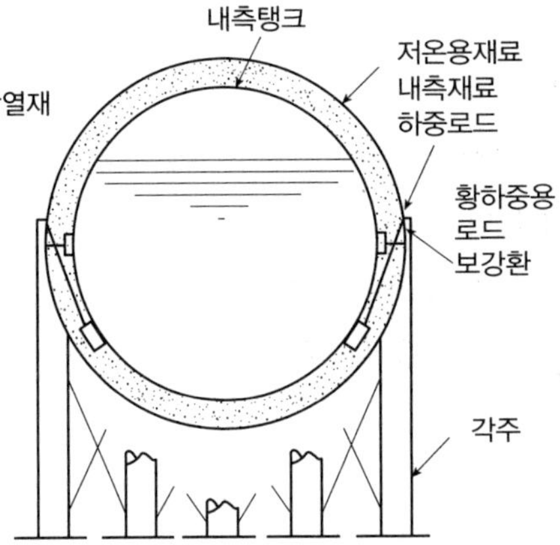


**[이중각식 저장 탱크]**

④ 저장탱크의 내용적

가) 2 : 1 반타원체형의 경판을 갖는 원통형 저장탱크의 내용적

$$V = \frac{\pi}{4} \times d^2 \times l + \frac{\pi}{12} \times d^3$$

( $V$ : 내용적($m^3$)　　$d$ : 저장탱크의 내경(m)　　$l$ : 원통부의 길이(m) )

나) 구형 저장탱크의 내용적

$$V = \frac{4}{3} \times \pi \times r^3$$

( $V$ : 구형저장 탱크 내용적($m^3$)　　$r$ : 구형저장 탱크의 내측 반지름(m) )

⑤ 가스 홀더의 용량 결정

$$S \times a = \frac{t}{24} \times M \times \Delta H$$

| | |
|---|---|
| $S$ : 최대공급량($m^3$/day) | $a$ : $t$시간의 공급률 |
| $M$ : 1일 최대제조능력($m^3$/day) | $t$ : 시간당 공급량이 제조능력보다 많은 시간 |
| $\Delta H$ : 홀더의 가동용량 | |

⑥ 구형가스 홀더의 두께 구하는 방법

$$t = \frac{P \cdot D}{400 \cdot f \cdot \eta - 0.4P} \times C$$

| | |
|---|---|
| $t$ : 두께(mm) | $P$ : 최대사용압력($kg/cm^2$) |
| $D$ : 안지름(mm) | $f$ : 허용응력($kg/mm^2$) |
| $\eta$ : 동판의 계수효율 | C : 부식여유수치(mm) |

⑦ 저장탱크 주위의 온도상승방지조치(살수장치 및 단열비폭)

- 방류둑을 설치한 가연성가스 저장 탱크는 당해 방류독 외면으로부터 10m 이내
- 방류둑을 설치하지 않은 가연성가스저장 탱크는 당해 저장 탱크 외면으로부터 20m 이내
- 가연성물질을 취급하는 설비는 그 외면으로부터 20m 이내

가) 물분무장치의 수원

- 물분무장치와 소화전 등은 당해 설비를 30분 이상 연속하여 동시에 방수할 수 있는 수량을 가지는 수원에 접속할 것
- 매월 1회 이상 작동상황을 점검하여 원활하고 확실하게 작동하는지 확인

나) 저장탱크 본체

- 일반적으로 암면 등의 불연성무기질의 피복재가 사용된다.
- 지주는 내화단열콘크리트로 단열피복이 시공되고 있다.
- 단열재의 조건
  - 열전도율이 적은 것
  - 흡수성이 적고, 부식성이 적을 것
  - 장시간사용에 의한 노화, 변형이 적을 것
  - 설비 내의 유체가 누출하여도 이것과 반응하여 노화하지 않을 것
  - 작업성이 좋고, 시공이 용이할 것
  - 필요한 기계적 강도가 있고 불연성일 것

⑧ 마운드형 저장탱크 : 지상에 설치된 원통형 저장탱크에 흙과 모래를 사용하여 덮은 저장탱크로서 차량에 고정된 탱크충전시설 기준에 대하여 적용한다.

가) 저장탱크 및 충전설비는 그 외면으로부터 제1종 보호시설 또는 제2종 보호시설까지 안전거리의 1/2 이상을 유지한다.

나) 저장탱크의 외면에는 부식방지코팅 및 전기방식조치를 한다.

다) 저장탱크는 높이 1m 이상의 견고하게 다져진 모래기반 위에 설치한다.

라) 저장탱크의 모래기반 주위에는 지하수 침입 등으로 인한 붕괴의 위험이 없도록 높이 50cm 이상의 철근콘크리드 옹벽을 설치한다.

마) 저장탱크의 주위를 20cm 이상 모래로 덮은 후 두께 1m 이상의 흙으로 채운다.

바) 저장탱크는 덮은 흙의 유실을 방지하기 위해 적절한 사면 경사각을 유지하고 그 표면에 잔디를 심어야 한다.

사) 저장탱크에 설치한 안전밸브에는 저장탱크를 덮은 흙의 정상부에서 2m 이상의 높이에 방출구가 있는 가스방출관을 설치한다.

아) 저장탱크 주위에 물의 침입 및 동결에 대비하여 배수공을 설치하고 바닥은 물이 빠지도록 적절한 구배를 둔다.

자) 저장탱크 주위에는 가스누출을 검지할 수 있는 관을 바닥면 둘레 20m에 대하여 1개 이상 설치하고 그 관끝은 빗물 등이 침입하지 않도록 뚜껑을 설치한다.

⑨ 저온 단열법

가) 상압단열법

- 단열을 하는 공간에 분말, 섬유 등의 단열재를 넣는 것이 일반적
- 전열량을 구하는 식

$$Q = KA\frac{dT}{dX}$$

| | |
|---|---|
| $Q$ : 전열량(kcal/h) | $\frac{dT}{dX}$ : $X$ 방향의 온도구배 |
| $A$ : 전열면적 | $K$ : 열전도율 |

나) 진공단열법 : 저온단열법으로 공기의 열전도율보다 낮은 값을 얻기 위하여 단열공간을 진공으로 하여 공기에 의한 전열을 제거하는 진공단열법의 종류

- 고진공단열법 : 공기에 의한 전열은 압력이 $10^{-3}$Torr 정도까지 내려가면 압력에 비례하여 급격히 감소된다. 이것은 기체 분자열전도도(kcal/mh℃)에 기인하는 것으로서 이것을 방지하여 높은 단열효과를 얻을 수 있다.

• 분말진공단열법 : 규조토, 센드셀, 펄라이트, 알루미늄 분말 등의 미세한 분말을 충진하고 $10^{-2}$Torr 정도로 압력을 낮추어 진공단열의 효과를 얻는다.

• 다층진공 단열법 : 알루미늄박판과 공간제로서 글라스울(glass wool)을 여러 장 겹쳐서 $10^{-4}$Torr 정도로 유지하면서 $10^{-5}$ kcal/mh℃ 정도로 낮은 열전도율을 얻을 수 있어 초저온용으로 이용된다.

⑩ 폭발방지장치

• LPG저장 탱크의 외벽이 화염에 의해 국부가열되는 경우 그 부분의 열을 신속하게 흡수, 분산시킴으로써 탱크 벽면의 국부적인 온도상승에 의한 탱크의 BLEVE현상을 방지하기 위하여 탱크내벽에 두께 10cm 정도로 설치하는 다공성 알루미늄 박판으로 만든 매트를 말한다.

• 폭발방지장치는 저장 탱크 주위에 화재 발생 시 LPG 저장탱크의 기상부 과열부분의 열을 흡수하여 낮은 온도의 액체부분과 탱크 전체로 분산시킴으로써, 탱크 내의 LPG가 기화되어 안전밸브를 통하여 완전히 방출될 때까지 탱크의 강도를 유지하는 것이 원리이다.

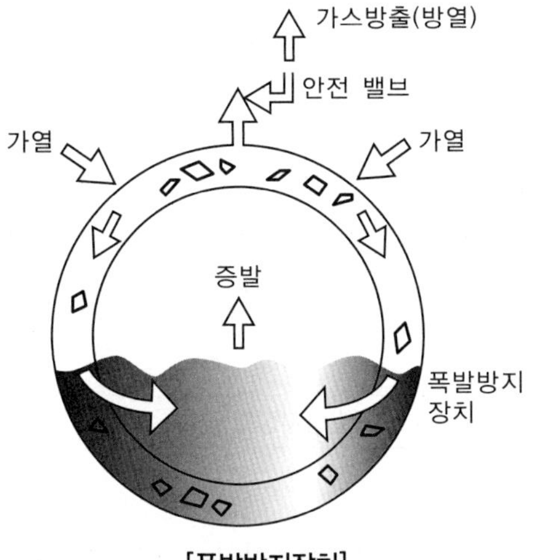


[폭발방지장치]

**슬롭오버(Slop over) 현상**

점성이 큰 중질유와 같은 유류에 화재가 발생하면 유류의 액표면 온도가 물의 비점 이상으로 상승하게 되는데, 이때 소화용수가 연소유의 뜨거운 액표면에 유입되면 급 비등으로 부피팽창을 일으켜 탱크 외부로 유류를 분출시키는 현상을 슬롭오버 현상이라 한다. 보일오버 현상과 마찬가지로 화재의 확대 및 진화작업에 장애의 요인이 되며 유류화재 시 물이나 포소화약제를 방사할 경우 발생할 수 있는 현상이다.

**플래쉬오버(Flash over) 현상**

실내화재에서 발생하며 화재로 인하여 온도가 급격히 상승하여 화재가 순간적으로 실내 전체에 확산되어 연소하는 현상으로 대부분 화재 쇠퇴기에 발생한다.

**BLEVE(Boiling Liquid Expanding Vapor Explosion) 현상**

인화점이나 비점이 낮은 인화성액체(유류)가 가득차 있지 않는 저장탱크 주위에 화재가 발생하여 저장탱크 벽면이 장시간 화염에 노출되면 윗부분의 온도가 매우 상승하여 재질의 인장력이 저하되고, 내부의 비등현상으로 인한 압력상승으로 저장탱크 벽면이 파열되어 발생된다.

가) 폭발방지장치의 설치기준

- 후프 링과 탱크 동체의 접촉압력은 계산식의 값 이상으로 한다.
- 후프 링과 탱크 동체의 접촉압력 계산식

$$P = \frac{0.01Wh}{Db} \times C$$

$P$ : 접촉압력(MPa) $D$ : 동체의 안지름(cm) $b$ : 후프링의 접촉폭(cm)
$Wh$ : 폭발방지제의 중량+지지봉의 중량+후프링의 자중(N)
$C$ : 안전율 (=4)

나) 폭발방지장치의 표시

- 폭발방지장치를 설치한 탱크 외부의 가스명 밑에는 가스명 크기의 1/2 이상이 되도록 폭발방지장치를 설치하였음을 표시한다.
- 표시의 예

| 폭발방지장치 설치 |
|---|

(4) 방류둑

① 방류둑의 기능 : 저장탱크 내 및 냉동제조시설 중 수액기(저장탱크 등)의 액화가스가 액체상태로 누출된 경우 액체상태의 가스가 저장 탱크 범위를 벗어나 다른 곳으로 유출되는 것을 방지하는 기능

② 저장탱크의 방류둑의 용량

- 저장 탱크의 저장 능력에 상당하는 용적 이상의 용적
- 액화산소저장 탱크는 저장능력에 60% 이상, 집합방류둑 내에 설치하는 경우에는 최대저장 탱크 저장능력에 잔여저장 탱크 총량에 10%를 더한 값

③ 방류둑의 구조

가) 방류둑의 재료 : 철근콘크리트, 철골·철근콘크리트, 금속, 흙 및 이들을 혼합

나) 철근콘크리트, 철골 · 철근콘크리트는 수밀성 콘크리트를 사용하고 균열발생을 방지하도록 배근, 리벳팅 이음, 신축이음 및 신축이음의 간격, 배치 등을 정하여야 한다.

다) 금속은 대기압하에서 액화가스의 기화온도에 충분히 견디는 것이어야 한다.

라) 성토는 수평에 대하여 45° 이하의 기울기로 하고, 유실되지 않도록 그 표면에 콘크리트 등으로 보호하고, 성토 윗 부분의 폭은 30cm 이상으로 하여야 한다.

마) 방류둑은 액밀한 것이어야 한다.

바) 독성가스 저장 탱크 등에 대한 방류둑의 높이는 방류둑 내의 저장탱크 등의 안전거리 및 방재활동에 지장이 없는 범위에서 방류둑 내에 체류한 액의 표면적이 될 수 있는 한 적게 되도록 하여야 한다.

사) 방류둑은 그 높이에 상당하는 당해 액화가스의 액두압에 견딜 수 있는 것이어야 한다.

아) 방류둑에는 계단, 사다리 또는 토사를 높이 쌓아 올림 등에 의한 출입구를 둘레 50m마다 1개 이상씩 두되, 그 둘레가 50m 미만인 경우에는 2개 이상을 분산하여 설치한다.

자) 배관관통부는 내진성을 고려하여 틈새로부터의 누출방지 및 부식방지를 위한 조치를 하여야 한다.

차) 방류둑 내에 고인 물을 외부로 배출할 수 있는 조치를 한다. 이 경우 배수조치는 방류둑 밖에서 배수 및 차단조작을 할 수 있어야 하며, 배수할 때 이외에는 반드시 닫혀 있도록 한다.

카) 집합방류둑 내에는 가연성가스와 조연성가스 또는 가연성가스와 독성가스 저장탱크의 혼합 배치는 금지한다.

파) 저장탱크 등을 건축물 내에 설치한 경우에 있어서는 건축물구조가 방류둑의 기능도 갖도록 하는 구조로 하여 유출 가스가 건축물 외부로 흘러 나가지 않는 구조로 한다.

**Q2** 액화산소 저장탱크의 경우, 방류둑의 용량은 저장능력 상당용적의 몇 % 이상으로 할 수 있는가?

① 40 ② 60 ③ 80 ④ 90

정답 ②

## 3 | 정압기

1차 압력 및 부하유량 변동에 관계없이 2차 압력을 일정하게 유지시킨다.

(1) 정압기의 용도별 분류

① 기정압기 : 제조공장 또는 공급소에서 사용하는 정압기로서 홀더의 압력은 일반 공급 압력으로 부적합하므로 기정압기로 압력 조정

② 지역정압기 : 일반 지역에 가스를 공급하기 위해 설치

③ 수요자 전용 정압기 : 지역정압기로는 가스의 사용량 및 압력을 원활하게 조정하기 어려운 수요자 및 특수기구 사용수요자에게 가스를 공급할 경우에 수요자에게 알맞게 가스 압력을 조정한다.

(2) 정압기의 특성

① 정특성

- 정상상태에서 2차 압력과 유량과의 관계
- Off-set, Lock-up, Shift가 있으면 모두 작은 것이 바람직하다.

?!

- Off-set : 기존유량이 Qs이고 2차 압력을 Ps에 설정했을 때 유량변화에 따라 2차 압력이 Ps로부터 어긋나는 것을 말한다.
- Lock-up : 유량이 0로 되었을 때 닫힘 압력과 Ps의 차이를 말한다.
- Shift : 1차 압력 등의 변화로 정압곡선이 전체적으로 떨어진 간격

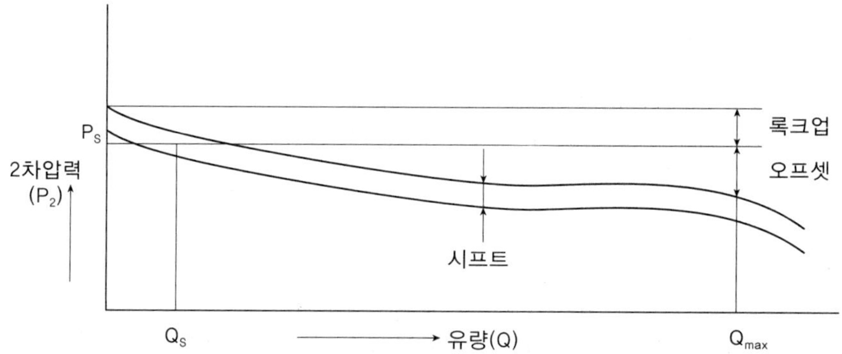


[동특성]

② 동특성

- 동특성은 부하변동이 큰 곳에 사용되는 조정기에서는 중요한 특성으로 부하변동에 대한 응답의 신속성과 안전성이 요구된다.
- 유량이 발생됨에 따라 형성되는 2차압이 일정한 압력을 유지, 안정화되기까지의 과정으로 시간과 Hunting의 폭에 따라 그 압력조절밸브의 동특성을 알 수 있다.
- 동특성이 좋은 경우 : Hunting폭이 작아지고 횟수와 시간이 짧다.
- 동특성이 나쁜 경우 : Hunting폭이 커지고 횟수와 시간이 길다.

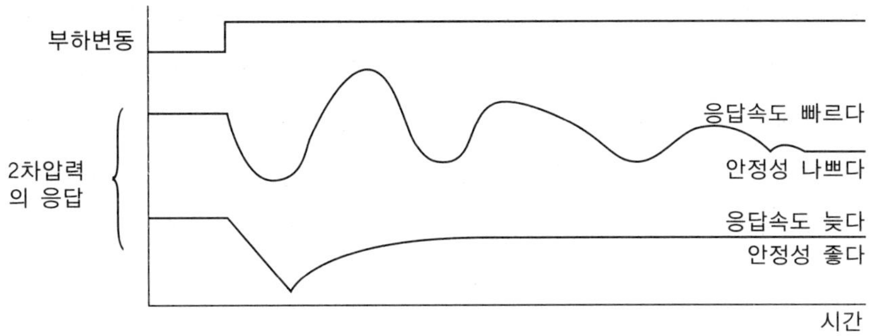


[동특성]

③ 유량특성

가) 조정기의 유량특성으로는 메인밸브 개도와 유량의 관계를 말한다.

나) 유량특성의 형태

- 직선형(=장방형이라고도 함) : (유량) = K×(메인밸브의 개도)의 관계가 있는 것으로 메인밸브의 개구부의 모양이 직사각형 형태로 되어 있는 경우로 유량파악이 편리하며, 액위 조절용에 사용된다.
- 2차형(=팽이형이라고도 함) : (유량) = K×(메인밸브의 개도)$^2$의 관계가 있는 것으로 메인밸브 개구부의 모양이 역삼각형 즉 V자 형태로 되어 있어 천천히 유량을 증가시키는 형식으로 비교적 안정성이 좋으며, 압력제어 시 사용되거나, 압력강하가 큰 변화가 예상되는 경우에 사용한다.
- 평방근형(=접시형이라고도 함) : (유량) = K×(메인밸브의 개도)$^{\frac{1}{2}}$의 관계가 있는 것으로 메인밸브 개구부 모양이 접시모양 형태로 되어 있어 신속한 개폐가 필요한 경우에 사용되며 밸브가 열릴 때 유량변화가 심하고 끝부분에서는 거의 변화하지 않으며, 안전성이 나쁘지만 ON-OFF용, 순간온수기 등에 사용된다.

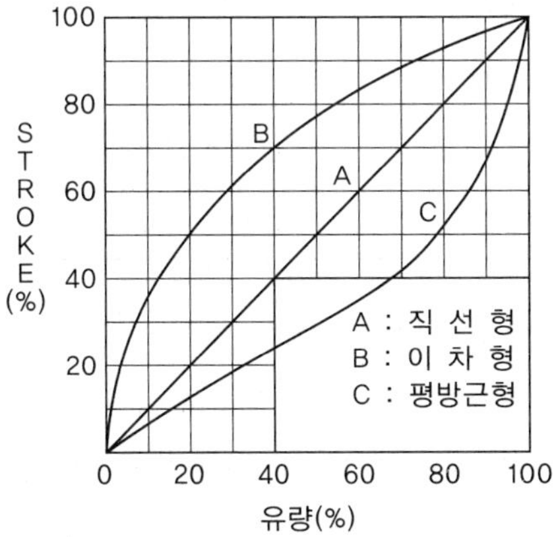


[유량특성]

- 사용최대차압(직동식 조정기의 경우에 해당) : 설계압력과 유사한 내용으로 Main valve에는 1차 압력과 2차 압력의 차압이 작용하여 정압성능에 영향을 주지만, 이것이 실용적으로 사용가능한 범위 내에서 최대가 되었을 때의 차압을 사용최대차압이라고 한다.
- 작동최소차압 : 1차 압력과 2차 압력의 차압이 어느 정도 이상이 아니면 Pilot식 정압기는 사용이 불가능하게 되므로 이 최소치를 작동최소차압이라고 한다.

(3) 구조에 따른 정압기의 구분

① 피셔(Fisher)식

- 로딩형, 정특성 동특성이 양호하다.
- 비교적 콤팩트하다. 사용압력 범위가 넓다.

② 엑셜-플라워식(Axial-flow)

- 변칙 언로딩형, 정특성, 동특성이 양호하다.
- 고차압이 될수록 특성 양호하다. 극히 컴팩트하다.

③ 레이놀드식(Reynolds), KRF식, AFV식

- 언로딩형, 정특성이 극히 좋으나 안전성이 부족하다.
- 다른 것에 비하여 커서 장소를 많이 차지한다.

④ 직동식, 보조정압기, 서비스정압기, SCR정압기 : 소용량이며 저차압이나 유량범위가 적은 곳에 사용이 적합하다.

(4) 안전장치의 설정압력

정압기에 설치되는 이상압력통보설비, 긴급차단장치 및 안전밸브의 설정압력의 기준

| 구분 | | 상용압력이 2.5kPa인 경우 | 그 밖의 경우 |
|---|---|---|---|
| 이상압력통보설비 | 상한값 | 3.2kPa 이하 | 상용압력의 1.1배 이하 |
| | 하한값 | 1.2kPa 이상 | 상용압력의 0.7배 이상 |
| 주정압기에 설치하는 긴급차단장치 | | 3.6kPa 이하 | 상용압력의 1.2배 이상 |
| 안전 밸브 | | 4.0kPa 이하 | 상용압력의 1.4배 이하 |
| 예비정압기에 설치하는 긴급차단장치 | | 4.4kPa 이하 | 상용압력의 1.5배 이하 |

(5) 정압기에 설치되는 안전밸브 분출부의 크기 기준

① 정압기 입구 측 압력이 0.5MPa 이상인 것은 50A 이상으로 하여야 한다.

② 정압기 입구 측 압력이 0.5MPa 미만인 것은 정압기의 설계유량에 따라 결정한다.

가) 정압기 설계유량이 1,000Nm$^3$/h 이상인 것은 50A 이상

나) 정압기 설계유량이 1,000Nm$^3$/h 미만인 것은 25A 이상

(6) 정압기 고장의 종료와 원인

① 2차 압력의 이상 상승

| | 원인 | 조치 |
|---|---|---|
| Reynold식 정압기 | ㉠ 메인밸브에 먼지류가 끼어들어 cut-off 불량<br>㉡ 저압보조정압기의 cut-off 불량<br>㉢ 중, 저압보조 정압기의 다이아프램 파손<br>㉣ 바이패스 밸브류의 누설<br>㉤ 2차압 조절관 파손<br>㉥ 가스 중 수분의 동결 | ㉠ 필터의 설치<br>㉡ 분해정비<br>㉢ 다이아프램 교환<br>㉣ 밸브 교환<br>㉤ 조절관의 교체<br>㉥ 동결방지 조치 |
| Fisher식 정압기 | ㉠ 메인밸브에 먼지류가 끼어들어 cut-off 불량<br>㉡ center 스템과 메인밸브의 접속불량<br>㉢ by-pass 밸브류의 누설<br>㉣ 가스 중 수분의 동결 | ㉠ 필터 설치<br>㉡ 밸브 교환<br>㉢ 분해정비<br>㉣ 동결방지조치 |
| Axial-flow식 | ㉠ 고무슬리브, gauge 사이에 먼지류가 끼어들어 cut-off 불량<br>㉡ 파일로트의 cut-off 불량<br>㉢ 파일로트계필터, 조리개에 먼지 막힘<br>㉣ 고무슬리브 하류측의 파손<br>㉤ 2차압 조절관 파손<br>㉥ 바이패스 밸브류의 누설 | ㉠ 필터의 설치<br>㉡ 분해정비<br>㉢ 분해정비<br>㉣ 고무슬리브 교환<br>㉤ 조절관 교환<br>㉥ 밸브 교환 |

② 2차 압력의 이상 저하

| | 원인 | 조치 |
|---|---|---|
| Reynold식 정압기 | ㉠ 정압기의 능력 부족<br>㉡ 필터의 먼지류의 막힘<br>㉢ center steam의 부조<br>㉣ 저압보조 정압기의 열림 정도 부족<br>㉤ 동결 | ㉠ 적절한 정압기로 교환<br>㉡ 필터의 교환<br>㉢ 분해정비<br>㉣ 적절한 정압기로 교환<br>㉤ 동결 방지 조치 |
| Fisher식 정압기 | ㉠ 정압기의 능력 부족<br>㉡ 필터의 먼지류의 막힘<br>㉢ center steam의 부조<br>㉣ 주 다이어프램의 파손 | ㉠ 적절한 정압기로 교환<br>㉡ 필터의 교환<br>㉢ 분해정비<br>㉣ 다이어프램의 교환 |
| Axial-flow식 | ㉠ 정압기의 능력 부족<br>㉡ 필터의 먼지류의 막힘<br>㉢ 조리개 열림 정도 막힘<br>㉣ 고무 슬리브 상류측 파손<br>㉤ 파이럿 2차측 다이어프램 파손 | ㉠ 적절한 정압기로 교환<br>㉡ 필터의 교환<br>㉢ 열림 정도의 조정<br>㉣ 고무 슬리브 교환<br>㉤ 다이어프램 교환 |

③ 방지 대책

| 이상승압 | 이상저압 |
|---|---|
| ㉠ 분산방식 공급<br>㉡ 저압 홀더의 되돌림<br>㉢ 2차측압력감시장치 설치<br>㉣ 정압기 2계열 설치 | ㉠ 저압배관의 루프화<br>㉡ 2차측 압력감시장치 설치<br>㉢ 정압기 2계열 설치 |

**Q3** 정압기의 특성 중 유량과 2차 압력과의 관계를 나타낸 것은?

① 유량특성　　② 정특성
③ 동특성　　④ 사용 최대차압 및 작동 최소압차

해설
- 동특성 : 부하변동에 대한 응답의 신속성 및 안전성
- 유량특성 : 밸브열림과 유량과의 관계
- 사용최대차압 : 실용적으로 사용할 수 있는 1차측 압력과 2차측 압력의 최대차압
- 작동최소차압 : 작동할 수 있는 1차측 압력과 2차측 압력의 최소차압

정답 ②

**Q4** 정압기의 이상감압에 대처할 수 있는 방법이 아닌 것은 무엇인가?

① 저압배관의 loop화　　② 2차측 압력감시 설치
③ 정압기 2계열 설치　　④ 필터의 설치

정답 ④

## 4 | 밸브의 종류

(1) 볼(ball) 밸브

① 용도
- 구멍이 뚫리고 활동하는 공 모양의 몸체가 있는 밸브
- 비교적 소형이며 90° 로 움직여 개폐하므로 개폐시간이 짧아 가스 배관에 주로 사용

② 장점과 단점
- 장점 : 배관의 내경과 동일하여 관 내 흐름이 양호, 압력손실이 적음.
- 단점 : 볼과 밸브 몸통 접촉면과 기밀성 유지가 곤란

### (2) 글로브(globe) 밸브

내부에 S자 모양으로 되어 있으며 핸들을 돌리면 원통형의 밸브가 상하로 움직여 밸브를 개폐하는 구조의 밸브

① 용도 : 밸브 옥형 밸브라고도 하며 중, 저압배관용 등 기구관계 및 장치설비용으로 사용

② 장점과 단점

- 장점 : 관로 폐쇄 또는 유량조절용으로 좋다. 개폐양정이 짧아 개폐시간이 짧다.
- 단점 : 관로가 갑자기 바뀌기 때문에 유체의 저항이 크다.

### (3) 슬루스 밸브(sluice valve)

원판 모양의 게이트가 부착된 스템(stem)이 핸들의 회전에 의해 유체의 흐름에 직각으로 이동하여 유로를 개폐하는 것이다.

① 용도 : 게이트 밸브(gate valve)라고도 하며 유체의 흐름을 단속하는 밸브로서 배관용으로 많이 사용된다.

② 장점과 단점

- 장점 : 압력이 높고 고속으로 유량이 많이 흐를 때 사용 완전히 열면 유체흐름의 단면적 변화가 없어서 마찰저항이 없다.
- 단점 : 리프트(lift)가 커서 개폐에 시간이 걸리며 더욱이 밸브를 절반을 열고 사용하면 와류가 생겨 유체의 저항이 커지기 때문에 유량 조절이 적당하지 않다.

### (4) 콕

① 용도 : 뿔에 구멍을 뚫은 것으로 90° 회전함에 따라 구멍이 개폐되어 유체가 흐르고 멈추게 되어 있는 밸브로 가스용기에 주로 사용

② 장점과 단점

- 장점 : 유로의 면적이 단면적과 같고 일직선이 되기 때문에 유체의 저항이 적고 간단한 구조
- 단점 : 기밀성이 나빠 고압유량에는 적당하지 않다.

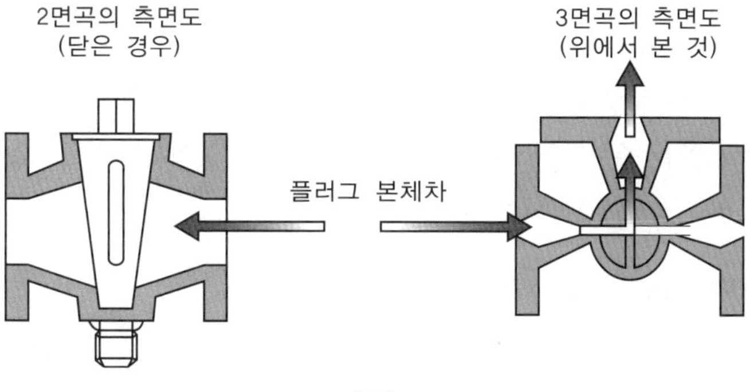


**[콕]**

### (5) 체크 밸브(check valve)

- 유체를 일정한 방향으로만 흐르게 하고 역류를 방지하는 데 사용
- 밸브의 구조에 따라 리프트형, 스윙형, 풋형이 있다.

① 리프트형 : 유체의 압력에 밸브가 수직으로 올라가게 되어 있다. 밸브의 리프트는 지름의 $\frac{1}{4}$ 정도이며 흐름에 대한 마찰저항이 크므로 구조 상 수평배관에만 사용된다.

② 스윙형 체크 밸브(swing type check valve) : 시트의 고정핀을 축으로 회전하여 개폐되므로 유수에 대한 마찰저항이 리프트형보다 적고 수평, 수직 어느 배관에도 사용할 수 있다.

### (6) 버터플라이 밸브(butterfly valve)

밸브판의 지름을 축으로 하여 밸브판을 회전함으로써 유량을 조정하는 밸브

① 장점
- 경량으로서 특수한 지지대를 필요하지 않는다.
- 유량조절이 용이하다.

② 단점
- 장시간 폐지상태를 두면 밀착되어 열리지 않는 경우가 있다.
- 기밀을 완전히 유지하기가 곤란하다.

**?! 밸브 등의 조작**

가스설비에 설치한 밸브 또는 콕에는 다음 기준에 따라 종업원이 그 밸브를 적절히 조절할 수 있도록 조치할 것
① 밸브 등에는 그 개폐상태를 명시한 표시판을 부착하고 특히 중요한 밸브 등에는 개도계를 설치할 것
② 밸브 등이 설치된 배관에는 가까운 부분에 쉽게 식별할 수 있는 방법으로 가스의 종류 및 방향 표시
③ 조작함으로써 그 밸브 등이 설치된 설비에 안전상 영향을 미치는 밸브 중에서 항시 사용하지 않는 밸브 등에는 자물쇠의 채움 또는 봉인하여 두는 등의 조치
④ 밸브 등을 확실히 조작하는 데 필요한 박판과 조명도를 확보

## 5 | 비파괴검사

- 공업제품 내부의 기공이나 균열 등의 결함, 용접부의 내부 결함 등을 제품 파괴하지 않고 외부에서 검사하는 방법
- 용접부나 주물 속의 공동을 조사하는 데는 X선 등의 방사선투과, 철판·단조품·관재 등의 상처나 내부의 결함을 조사하는 데는 초음파탐상이나 맴돌이전류시험, 물품 표면의 작은 상처의 발견에는 침투법이나 자분탐상법이 사용된다.

### (1) 방사선투과검사(Radiographic Testing : RT)

① 원리 : 방사선 에너지 및 시험체의 밀도와 두께에 따라 방사선 투과량이 달라지며, 투과된 방사선량에 따라 필름의 감광정도가 달게 되고 이를 현상하여 필름에 나타난 밝고 어두운

정도를 비교하여 시험체 내부의 상태를 알아보는 방법

② 결함의 종류

가) 제1종 블로우 홀 및 이에 유사한 둥근 결함

나) 제2종 가늘고 긴 슬래그섞임 및 이와 유사한 결함

다) 제3종 균열 및 이와 유사한 결함

③ 특징

가) 내부결함을 검출하며 사진으로 형상되기 때문에 보존이 용이하다.

나) 장치가 크므로 가격이 비싸다.

다) 고온부 두께가 두꺼운 개소에는 부적당하다.

라) 취급상 방호의 주의가 필요하다.

마) 금속 및 비금속 모든 시험체에 적용 가능

바) 결함의 종류 및 현상을 판별하기 쉽다.

사) 방사선은 시험체에 수직으로만 투과되기 때문에 방사선 투사 방향과 일치되는 결함을 잘 찾을 수 있지만, 방사선 투사방향에 수직 방향으로만 존재하는 결함이나 경사진 결함은 찾기 어려운 단점이 있다.

④ 종류

가) 내부선원법

나) 이중벽 이중상법

### (2) 초음파탐상검사(UT : Ultrasonic Testing)

① 원리

- 내부결함을 검출하기 위해서 물체 내에서 발생하는 소리의 파동 특성을 이용
- 기계진동 형태의 고주파 음파를 시험할 부분으로 주사하면 재료를 통과하는 음파는 결함부 또는 경계면에 부딪치게 된다. 그러면 음향진동은 반사가 되고 반사된 신호를 분석하면 결함 또는 경계면의 위치와 형태를 파악할 수 있게 된다.

② 특징

가) 내부 결함 또는 불균일층의 검사를 할 수 있다.

나) 용입 부족 및 용입부의 결함을 검출할 수 있다.

다) 검사 비용이 비싸다.

라) 결과의 보존성이 없다.

마) 결함의 종류 식별이 어렵고 금속조직의 영향을 받기 쉽다.

**냉동기의 냉매설비에 속하는 압력용기의 재료에 대해 검사 제외 재료**

두께가 40mm 이상인 탄소강

(3) 자분탐상검사(MT : Magnetic particle Testing)

① 원리 : 강자성체인 시험체가 자화되었을 때 표면 또는 표면직하에 결함이 있으면 그 곳에서 자속선의 흐름이 혼란되고 표면에 누설자속이 나타난다. 이 부위에 자분을 적용하면 누설 자장에 의하여 형성된 자분의 지시로 결함크기, 위치 등을 알 수 있는 방법이다.

② 특징

가) 피로 파괴나 취성 파괴에 적당하다.

나) 전원이 필요하고 종료 후의 탈지 처리가 필요하다.

다) 미세한 표면결함 검출능력이 우수하며 검사비용이 저렴하다.

라) 비자성체 및 내부결함 판별할 수 없고 시험편의 크기, 형상에 관계없이 시험 가능하다.

마) 표면 바로 밑의 결함검출 및 얇은 도막이 있는 경우에도 검사가 가능하다.

바) 검사방법이 비교적 간단하여 검사 속도가 빠르고 검사비용이 저렴하다.

사) 강자성체만 적용 가능하다.

(4) 침투탐상법(PT : Penetrant Testing)

① 원리 : 시험체 표면 및 표면에 개구(開口)한 결함 내부의 이물질을 제거한다. → 침투성이 좋은 액에 적색 염료나 형광물질을 함유시켜 결함에 침투시킨다. → 시험체 표면에 잔존하는 침투액을 제거한다. → 현상제를 표면에 도포하여 결함 내부의 침투액을 빨아올린다. → 염색침투액의 경우에는 자연광으로, 형광침투액의 경우에는 자외선·전등으로 조사해서 결함 지시 모양을 관찰한다.

② 특징

가) 금속 및 비금속의 표면결함 검출이 우수하다.

나) 다른 비파괴시험에 비해 시험방법이 간편하다.

다) 결과가 즉시 나오지 않는다.

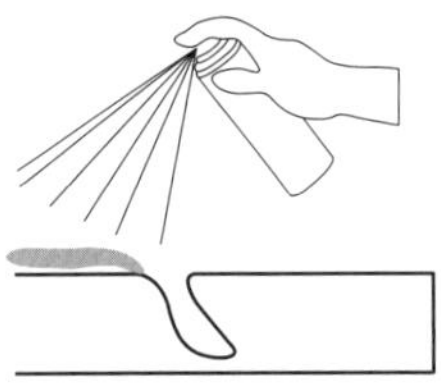

[전처리]

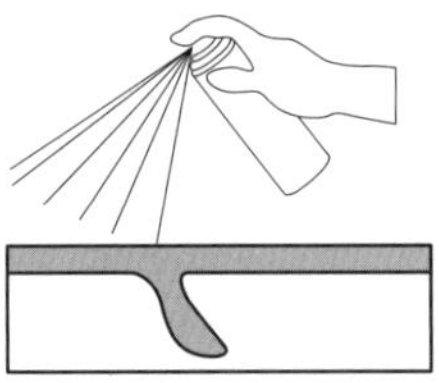

[액체 침투]

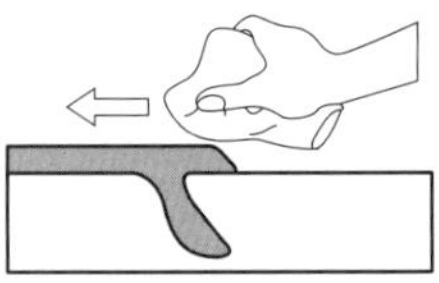

[표면액체 제거]

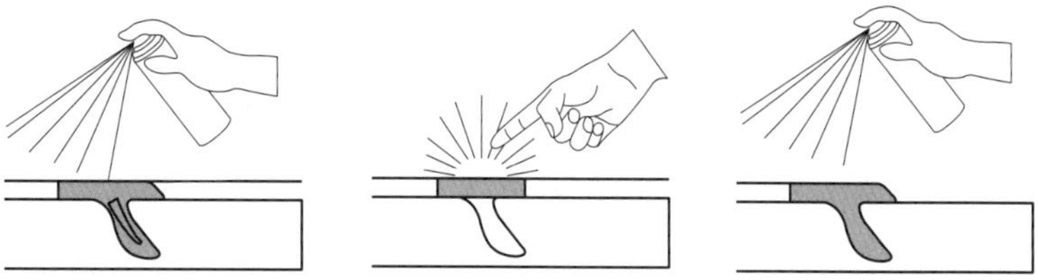


**[침투탐상법]**

## (5) 전자유도시험(Eddy Current Testing : ECT)

- 전자 유도를 이용하여 조직의 문제 및 화학성분의 변화 등의 결함을 검출하는 방법
- 표면에 가까이에 있는 결함의 검출감도가 좋고 비자성금속의 검사에도 사용할 수 있다.

## (6) 육안검사(Visual Testing : VT)

- 사람의 눈으로 결함의 유무나 부재의 변형 등 이상여부를 검출한다.
- 많은 검사기기를 필요로 하지 않기 때문에 간단히 수행할 수 있는 반면, 충분한 지식과 기량을 가진 검사원이 필요하다.

## (7) 음향방출검사(Acoustic Emission Testing : AET)

- 물체의 균열 또는 국부적인 파단으로부터 방출되는 응력파(Stress Wave Emission)를 센서로 검출하는 기법
- 실시간으로 결함의 진원지와 결함의 상태를 추적할 수 있으며, 국부적인 결함의 검출 이외에 전체 구조물의 상태를 모니터링할 수 있다.
- 진행이 멈춘 균열 등은 검출할 수 없으며, 센서의 감도에 따라 결함의 검출 결과가 좌우된다.
- 음향방출이 구조물의 여러 구조를 따라 전달될 때 결함의 정확한 위치를 찾기 어렵다.

## (8) 기타

누설검사, 지중레이더, 적외선 시험, 스트레인 측정

**배관의 용접 접합 시 결함의 종류**

① 블로 홀=기공(blow hole porosity) : 용접 금속 중의 가스가 응고 시에 배출될 시간이 부족하여 용접 금속 중에 갇혀서 생긴 기공을 말한다.
② 슬래그 혼입(slag inclusion) : 슬래그가 응고할 때 용융금속 밖으로 부상할 시간이 부족하여 용접 금속 중에 갇혀서 있는 것을 슬래그혼입이라고 한다.
③ 언더컷(undercut) : 용접 끝(weld toe)을 따라서 모재가 파인 곳에 용접금속이 채워지지 않아 홈으로 남아있는 부분을 말한다.
④ 오버 랩(over lap) : 용접 금속이 용접 끝부분에서 모재에 융합하지 않고 겹쳐진 부분을 말한다.

## 6 | 배관두께

### (1) 고압가스 배관의 두께 산정

① 외경과 내경의 비가 1.2 미만인 경우

$$t=\frac{PD}{2\frac{f}{s}-P}+C$$

② 외경과 내경의 비가 1.2 이상인 경우

$$t=\frac{D}{2}\left(\sqrt{\frac{\frac{f}{s}-P}{\frac{f}{s}-P}}-1\right)+C$$

$t$ : 배관의 두께(단위 : mm)의 수치
$P$ : 사용 압력(단위 : MPa)의 수치
$D$ : 내경에서 부식여유에 상당하는 부분을 뺀 부분(단위 : mm)의 수치
$f$ : 재료의 인장강도(단위 : $N/mm^2$) 규격 최소치이거나 항복점(단위 : $N/mm^2$)
$C$ : 관내면의 부식여유의 수치(단위 : mm)
$S$ : 안전율

### (2) 액화석유가스 관련 배관두께 산정

① 내경에 대한 외경의 비가 1.5 이하인 경우 ($P\leq 100\sigma a\eta/2.6$)

$$t=\frac{PD^0}{2\sigma_a\eta+0.8P}$$

② 내경에 대한 외경의 비가 1.5를 초과한 경우 ($P>100\sigma a\eta/2.6$)

$$t=\frac{D^0}{2}\left(1-\sqrt{\frac{\sigma_a\eta-P}{\sigma_a\eta+P}}\right)$$

$t$ : 배관의 최소두께(mm)　$D^0$ : 배관의 외경(mm)　$P$ : 상용압력 (MPa)
$\sigma_a$ : 재료의 허용응력($N/mm^2$)　$\eta$ : 용접이음매의 효율

### (3) 도시가스배관두께

① 사업소 내 배관의 두께 산정 : 사업소 내 배관의 두께 산정 기준

가) 직관부분(리듀서 부분 제외)의 두께는 계산식 이상의 값

- 바깥지름과 안지름의 비가 1.5 이하인 것

$$t=\frac{PD^0}{2f\eta+0.8P}+C$$

• 바깥지름과 안지름의 비가 1.5를 초과하는 것

$$t=\frac{D^0}{2}\left(1-\sqrt{\frac{f\eta-P}{f\eta+P}}\right)+C$$

② 본관 및 공급관의 두께 산정 : 최고사용압력이 2MPa 미만인 매몰배관의 두께는 아래 가) 또는 나) 식에 의해 산출된 값 중 큰 것 이상으로 하고, 최고사용압력이 2MPa 이상인 배관의 두께는 아래 ③의 식에 의해 산출된 값 이상으로 한다.

가) $t=\left(\sqrt{\frac{2.5(0.2hK_f+10K_tW_t)}{10\sigma}}\right)D_0+C$

나) 바깥지름과 안지름의 비가 1.5 이하인 것

$$t=\frac{PD_0}{2f\eta+0.8P}+C$$

바깥지름과 안지름의 비가 1.5 이하인 것

$$t=\frac{D^0}{2}\left(1-\sqrt{\frac{f\eta-P}{f\eta6+P}}\right)+C_1$$

| | |
|---|---|
| $t$ : 배관의 최소두께(mm) | $h$ : 배관의 매몰높이(m) |
| $K_f, K_t$ : 계수(PE피복강관 및 PE의 $K_f=0.198, K_t=0.114$) | |
| $Wt$ : 노면하중에 의한 토압 | |
| $\sigma$ : 재료의 인장강도(N/mm²) | $D_0$ : 배관의 외경(mm) |
| $C$ : 부식여유두께(mm) | $P$ : 최고사용압력(MPa) |
| $f$ : 허용응력(N/mm²) | $\eta$ : 길이이음의 용접 |

③ $t=\frac{P\cdot D}{2\cdot S\cdot E\cdot F\cdot T}$

| | |
|---|---|
| $t$ : 배관의 최소두께(mm) | $P$ : 설계압력(MPa) |
| $D$ : 배관의 외경(mm) | $S$ : 재료의 최소항복강도(MPa) |
| $E$ : 길이 이음의 용접효율 | $T$ : 온도계수 |
| $F$ : 설계계수 | |

## (4) 배관의 종류

| 종류 | 규격기호 KS | 주요용도 외 기타사항 |
|---|---|---|
| 배관용탄소강관 | SPP | 사용압력이 비교적 낮은(10kg/cm² 이하) 증기, 물, 가스 및 공기 등의 배관용, 흑관과 백관이 있으며, 호칭지름 6~500A |
| 압력배관용탄소강관 | SPPS | 350℃ 이하의 온도에서 압력이 10~100kg/cm²까지의 배관에 사용, 호칭은 호칭지름과 두께(스케줄번호)에 의한다. 호칭지름 6~500A |
| 고압배관용탄소강관 | SPPH | 350℃ 이하의 온도에서 압력 100kg/cm² 이상의 배관에 사용, 호칭은 SPPS와 동일, 호칭지름 6~500A |
| 고온배관용탄소강관 | SPHT | 350℃ 이상 온도에서 사용하는 배관, 호칭은 SPPS관과 동일, 호칭지름 6~500A |
| 배관용아크용접탄소강관 | SPW | 사용압력 10kg/cm² 이하의 비교적 낮은 증기, 물, 기름, 가스 및 공기 등의 배관, 호칭지름 350~1,500A |
| 배관용합금강관 | SPA | 주로 고온도의 배관에 사용, 두께는 스케줄 번호에 따름, 호칭지름 6~500A |
| 저온배관용강관 | SPLT | 빙점 이하의 특히 저온도 배관에 사용. 두께는 스케줄번호에 따름. 호칭지름 6~500A |

## (5) 배관의 표시방법

① 배관용 탄소강관 SPP(관 종류) – B(제조방법) – 80A(호칭방법) – 2005(제조년) – 6(길이)

② 압력배관용 탄소강관 SPPS(관종류) – S – H(제조방법) – 2005,01(제조년월) – 100A(호칭방법) – Sch40(스케줄번호) – 6(길이)

**스케쥴(Sch, SCH) 번호 구하는 방법**

Sch No. = 10×P/S

P : 압력 ($kg_f/cm^2$), S : 허용응력, S = 인장강도/안전율, 인장강도 : $kg_f/mm^2$

**Q5** 사용압력이 2MPa, 관의 인장강도가 $20kg_f/mm^2$일 때, 스케쥴 번호는 얼마인가? (단, 안전율은 4로 한다)

① 10 ② 20 ③ 40 ④ 60

**해설** $S=\frac{20}{4}=5$, $P=20kg_f/cm^2$, $Sch=10\times\frac{20}{5}=40$

**정답** ③

(6) 가스용폴리에틸렌관

① 설치기준

가) 관은 매몰하여 시공한다.

나) 관의 굴곡허용반경은 외경의 20배 이상으로 하여야 한다. 단, 굴곡반경이 외경의 20배 미만일 경우에는 엘보를 사용한다.

다) 관의 매설위치를 지상에서 탐지할 수 있는 탐지형 보호포·로케팅와이어[전선(나의 전선은 제외)의 굵기는 $6mm^2$ 이상)] 등을 설치하여야 한다.

라) 관은 온도가 40℃ 이상이 되는 장소에 설치금지. 단, 파이프슬리브 등을 이용하여 단열조치를 한 경우에는 그러하지 아니하다.

마) 폴리에틸렌융착원양성교육을 이수한 자가 실시하여야 한다.

② 압력범위 따른 배관두께 : 관은 다음 표에서 정하는 압력범위에 따른 두께의 관을 사용하여야 한다.

| SDR | 압력 |
|---|---|
| 11 이하 | 0.4 MPa 이하 |
| 17 이하 | 0.25 MPa 이하 |
| 21 이하 | 0.2 MPa 이하 |

③ 로케팅 와이어

• 비도전성 폴리에틸렌 배관을 지하에 매설할 때 $6mm^2$ 이상의 피복된 동선을 폴리에틸렌 배관 상단에 부착하여 같이 매설하고 매설된 배관을 지상에서 찾기 위해 설치하는 동선이다.

• 폴리에틸렌 매설배관을 찾는 방법은 로케터를 이용한다. 그 방법은 매설 배관이 분기되어 올라온 입상관에 고정된 로케팅와이어의 끝에 로케터 본체의 검지선을 연결하고 이동용 로케터검지기를 이용하여 표시기에 나타나는 주파수의 변화를 보고 매설배관이 있음을 확인할 수 있다.

## 7 | 도시가스공급시설의 내압·기밀 및 가스누출시험

(1) 도시가스 공급시설의 내압시험 기준

① 내압시험은 수압에 의하여 실시. 단, 중압 이하의 배관, 길이 50m 이하로 설치되는 고압배관과 물을 채우는 것이 부적당한 경우에는 공기 또는 불활성기체로 대체 가능

② 공기 등의 기체의 압력에 의하여 내압시험을 실시하는 경우에는 작업을 안전하게 하기 위하여 강관 용접부 전길이에 대하여 내압시험 전에 방사선투과시험을 하고 그 등급분류가 2급

(중압 이하의 배관은 3급) 이상임을 확인한다.

③ 중압 이상 강관의 양 끝부에는 이음부의 재료와 동등 이상의 성능이 있는 배관용 앤드 캡(END CAP), 막음플랜지 등을 용접으로 부착하고 비파괴시험을 실시한 후 내압시험 실시

④ 내압시험은 당해 설비가 취성파괴를 일으킬 우려가 없는 온도에서 실시

⑤ 내압시험은 최고사용압력의 1.5배 이상으로 하며, 규정 압력을 유지하는 시간은 5분 내지 20분을 표준으로 한다.

⑥ 내압시험을 공기 등의 기체에 의하여 하는 경우에 압력은 일시에 시험압력까지 승압하지 않아야 하며, 먼저 상용압력의 50%까지 승압하고 그 후에는 상용압력의 10%씩 단계적으로 승압하여 내압시험 압력에 달하였을 때 누출 등의 이상이 없고, 그 후 압력을 내려 상용압력으로 하였을 때 팽창, 누출 등의 이상이 없으면 합격으로 한다.

(2) 도시가스 공급시설의 기밀시험 기준

① 기밀시험은 공기 또는 불활성기체로 실시. 단, 다음의 경우에는 통과하는 가스로 할 수 있다.

가) 최고 사용압력이 고압 또는 중압으로 길이가 15m 미만인 배관 및 정압기 또는 그 부대설비로서 그 이음부와 동일재료, 동일치수 및 동일 시공방법에 따르고 최고 사용압력의 1.1배 이상인 압력에서 누출이 없는가를 확인한 것

나) 최고사용압력이 저압인 배관 및 정압기 또는 부대설비로서 기밀시험을 한 것

다) 기설치된 사용자공급관의 기밀시험 시

② 기밀시험은 최고사용압력의 1.1배 또는 8.4kPa 중 높은 압력 이상으로 실시한다.

• 내관의 기밀시험 순서

– 내관 중 임의의 장소에 기밀시험압력에 적절한 장소에 압력측정기구 및 압력 발생기구 등을 전용이음관 또는 고무관 등을 사용하여 부착한다.

– 밸브를 잠그고 압력발생기구 등을 사용하여 당해 내관에 공기 또는 불활성가스 등으로 최고사용압력의 1.1배 또는 8.4kPa 중 높은 압력 이상의 압력에 이를 때까지 가압한 후 압력발생기구 등과 내관과의 사이에 밸브를 잠그고 압력발생기구 등을 떼어낸다.

– 다음 표에 의한 내관의 내용적에 따라 기밀시험압력유지시간 이상 유지하여 압력의 동을 압력측정기구에 의하여 측정한다.

| 내용적 | 시험 압력유지시간 |
|---|---|
| 10 Liter 이하 | 5분 |
| 10 Liter 초과 50 Liter 이하 | 10분 |
| 50 Liter 초과 | 24분 |

**Q6** **압력조정기 출구에서 연소기 입구까지의 호스는 얼마 이상의 압력으로 기밀시험을 실시하는가?**

① 2.3kPa ② 3.3kPa ③ 5.63kPa ④ 8.4kPa

**해설** 기밀시험은 최고사용압력의 1.1배 또는 8.4kPa 중 높은 압력 이상으로 실시한다. **정답** ④

## 8 | 배관의 보호포 · 라인마크 및 표지판

### (1) 보호포의 기준

보호포는 일반형보호포와 탐지형보호포(지면에서 매설된 보호포의 설치위치를 탐지할 수 있도록 제조된 것)로 구분한다.

① 재질 및 규격

가) 보호포의 재질 및 두께

- 폴리에틸렌수지 · 폴리프로필렌수지 등 잘 끊어지지 않는 재질로 직조한 것
- 두께는 0.2mm 이상

나) 보호포의 폭 : 15cm~35cm

다) 보호포의 바탕색

- 최고사용압력이 저압인 관 : 황색
- 최고사용압력이 중압 이상인 관 : 적색
- 가스명 · 사용압력 · 공급자명 등을 표시한다.

② 설치기준

가) 보호포는 호칭지름에 10cm를 더한 폭으로 설치하고, 2열 이상으로 설치할 경우 보호포 간의 간격은 보호포 넓이 이내로 한다.

나) 보호포의 설치

- 최고사용압력이 저압인 배관 : 배관의 정상부으로부터 60cm 이상
- 최고사용압력이 중압 이상인 배관 : 보호판의 상부로부터 30cm 이상
- 공동주택 등의 부지 내에 설치하는 배관 : 배 관의 정상부로부터 40cm 이상
- 매설 깊이를 확보할 수 없어 보호관 등을 사용한 경우에는 그 직상부에 설치하고 철도 밑 등 부득이한 경우에는 설치하지 않을 수 있다.

### (2) 라인마크(Line-mark)의 설치기준

① 도로 및 공동주택 등의 부지 내로 도로에 도시가스 배관을 매설하는 경우에 설치

② 배관길이에 따른 라인마크 설치기준

- 배관길이 50m마다 1개 이상 설치
- 주요 분기지점·굴곡지점·관말 지점 및 그 주위 50m 이내에 설치한다.
- 단독주택 분기점은 제외
- 밸브박스 또는 배관 직상부에 설치된 전위측정용 터미널이 라인마크설치기준에 적합한 기능을 갖도록 설치된 경우에는 라인마크로 간주한다.

(3) 표지판 설치기준

① 도시가스배관을 시가지 외의 도로·산지·농지 또는 철도부지 내에 매설하는 경우에는 표지판을 설치한다.

② 표지판은 배관을 따라 500m 간격으로 1개 이상으로 설치하되, 교통 등의 장애가 없는 장소를 선택하여 설치한다.

③ 표지판의 가로치수는 200mm, 세로치수는 150mm이상의 직사각형으로 하고, 황색바탕에 검정색 글씨로 도시가스 배관임을 알리는 뜻과 연락처 등을 표기한다.

④ 보호포의 표시방법 예

| 도시가스(주) 도시가스, 중압, ○ ○도시가스(주) 도시가스 |
|---|

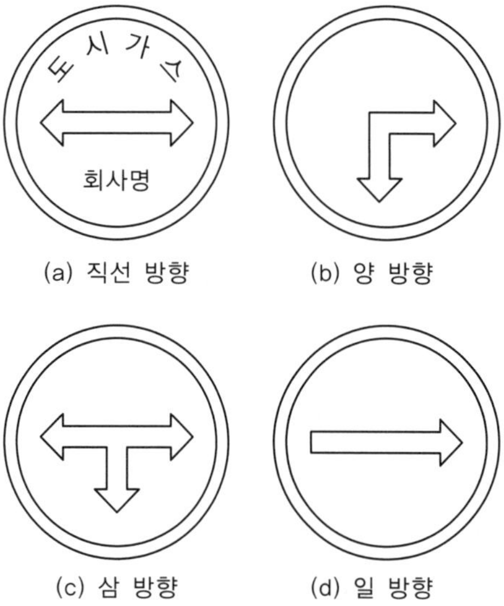


[라인마크 표시방법]

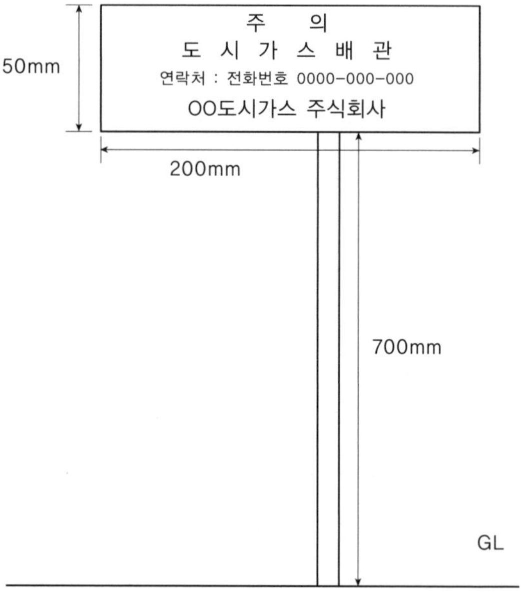


[표지판의 치수 및 표기방법]

# Part 3

# 계측기기



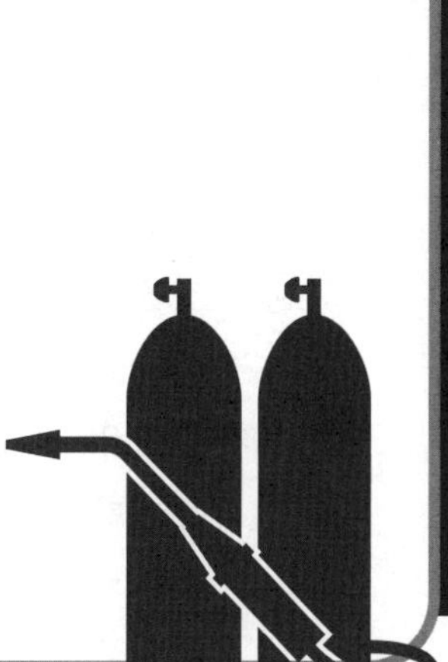

# Chapter 1 계측기 원리 및 제어 종류

## 1 계측기 원리

### 1 | 계측의 목적

- 작업인원을 절감한다.
- 장치의 안전운전을 한다.
- 조업의 조건을 안정화시킨다.
- 고효율화, 즉 연료비, 열원비, 인건비 등의 변동을 절약한다.

### 2 | 계량방법

(1) 직접측정과 간접측정

① 직접 계량 방법 : 측정량을 동일한 종류의 표준량과 직접 비교하여 그 값을 결정하는 것

예 자를 사용하여 길이를 측정하거나 저울로 물체의 무게를 측정하는 경우와 가팅 측정값을 직접 읽는 방법

② 간접 계량 방법 : 일정한 관계가 있는 다른 물리량에 옮겨 치환량을 측정한 후 그것을 물리적인 법칙이나 정의에 의하여 환산해서 그 대상물의 양을 측정하는 방법

예 전기전도율을 직접 측정하여 용액의 농도를 간접적으로 측정

* 화학공정에서 공정 변량의 측정에는 직접 측정보다 간접측정을 많이 사용하지만 측정의 기본은 직접측정이다.

(2) 영위법과 편위법

① 영위법(null method, zero method) : 기준량과 비교 측정하여 그 기준량으로부터 측정량을 구하는 방식

예 천칭을 사용하여 물체의 질량을 측정하는 경우에는 분동과 측정하고자 하는 물체를 각각 올려놓고, 분동의 질량을 조정하여 측정

② 편위법(deflection method) : 측정량의 크기가 직접적인 원인이 되어 생기는 변화의 크기로부터 측정량을 아는 방법

예 다이얼 게이지를 이용하여 길이를 측정하는 경우, 블록 게이지와 측정물을 각각 측정자 밑에 바꾸어 물체의 무게를 지시한다.

* 영위법은 편위법에 비하여 정밀측정에 적합하고 측정에는 시간이 걸린다.

### (3) 보상법과 치환법

① 보상법(compensation method) : 측정량과 크기가 같은 미리 알고 있는 양을 준비하고, 측정량으로부터 기준량을 빼고 그 차이를 측정하여 측정량을 알아내는 방법

예 천칭을 사용하여 물체의 질량을 측정하는 경우 분동과 물체의 불평형의 정도를 바늘이 가리키는 눈금을 읽어 물체의 질량을 측정

② 치환법(substitution method) : 지시량과 미리 알고 있는 양으로부터 측정량을 알아내는 방법

예 다이얼 게이지를 이용하여 길이를 측정하는 경우에는, 블록 게이지와 측정물을 각각 측정자 밑에 바꾸어 넣었을 때의 지시차 $h_2-h_1$을 읽고, 사용한 블록 게이지의 높이 $H_0$를 알면, 측정물의 크기를 구할 수 있다.

## 3 | 오차

- 측정치와 진실치의 차
- 오차% $= \dfrac{\text{오차}}{\text{진실치}} \times 100$

### (1) 과실오차(erratic error)

측정자의 부주의에 의해서 일어나는 오차

### (2) 우연오차(accidental error)

- 측정자나 계측기와는 관계없이 우연히 생기는 오차
- 측정치가 일치하지 않고 분포 상태를 일으키는 것을 산포라 하며 이 산포에 의해 생기는 오차를 우연오차라 한다.
- 특징 : 원인을 알 수 없으며, 완전히 제거할 수도 없다.

### (3) 계통오차(systematic error)

- 진실치와 평균치와의 차를 편위라 하며 이 편위에 의해 일어나는 오차
- 특징 : 조건 변화에 따라 규칙적으로 생긴다. 원인을 알 수가 있어 제거도 할 수 있고 보정도 할 수 있다.

① 계측기오차(instrumental error) : 계측기와 노화, 마멸, 부정확에 의해 생기는 오차

② 환경오차(environmental error) : 환경조건(온도, 습도, 기압, 진동, 전압)의 영향으로 생기는 오차

③ 개인오차(personal error) : 측정자의 측정 습관에 의해 생기는 오차

④ 이론오차(theoretical error) : 사용 공식이나 근사 값 계산 등에 의해 생기는 오차

**Q1** 부유피스톤형 압력계의 실린더 지름이 2cm, 피스톤 무게 합계가 28kg일 때 이 압력계에 접속된 부르돈관 압력계의 읽음이 7kg/cm²를 나타내었다. 이 압력계의 오차 약 %인가?

① 42 ② 31 ③ 21 ④ 12

**해설** $\text{오차\%} = \dfrac{\text{참값} - \text{측정값}}{\text{참값}} \times 100$

$(\text{진실치}) = \dfrac{28}{\dfrac{2^2\pi}{4}} \fallingdotseq 8.91 \rightarrow \dfrac{8.91-7}{8.91} \times 100 \fallingdotseq 21.4\%$

**정답** ③

## 4 | 용어정의

### (1) 보정치

- 측정결과 생긴 오차를 가감하여 진실치에 가깝도록 행하는 것으로 오차와 크기는 같거나 부호가 반대인 것을 말한다.
- 보정치 = 진실치 − 측정치

### (2) 기차

계측기가 가지고 있는 고유의 오차(오차%와 구분 필요)

$\rightarrow \text{기차\%} = \dfrac{\text{측정값} - \text{참값}}{\text{측정값}} \times 100$

**Q2** 기준 가스미터의 지시량이 380m²/h이고 시험대상의 가스미터 유량이 400m²/h이라면 가스미터의 오차율은 얼마인가?

① 4.0% ② 4.2% ③ 5.0% ④ 5.2%

**해설** $\text{기차} = \dfrac{\text{측정값} - \text{기준값}}{\text{측정값}} \times 100 \rightarrow \dfrac{400-380}{400} \times 100 = 5\%$

**정답** ③

**Q3** 기차가 5.0%인 가스미터로 측정한 유량이 30.4m³/h였다면 기준기를 측정한 유량은 몇 m³/h인가?

① 31.0 ② 31.6 ③ 32.0 ④ 32.4

**해설** 기차 $= \dfrac{X-30.4}{30.4} \times 100 = 5\%$

**정답** ③

(3) 공차

계량기가 가지고 있는 기차의 최대허용한도

(4) 정도

측정결과에 대한 신뢰도를 수량적으로 나타내는 척도로서, 측정할 수 있는 전체 범위에 대한 최대의 오차 백분율로 나타낸다.

(5) 정확도

- 가장 정확한 측정값은 여러 번 측정하여 얻은 측정값의 산술평균값이다.
- 평균값이 참값에 가까운 정도를 정확도라 하며, 정확도가 좋은 측정이란 치우침(평균값−참값)이 작은 측정을 말한다.
- 계통오차와 편위가 작다.

$$\text{산술평균} = \frac{\text{측정값의 합}}{\text{측정횟수}(n)}$$

(6) 정밀도

- 측정값 사이의 일치하는 정도를 정밀도라 하고 평균치로부터 측정치의 상대적인 분포여하를 말하며 표준편차로 나타낸다.
- 우연오차가 작으며, 감도가 좋다.

$$\text{표준편차} = \sqrt{\frac{d_1^2 + d_2^2 + d_3^2 + \cdots + d_n^2}{n}}$$

( $d$ : 편차  $n$ : 측정횟수 )

(7) 감도(sensitivity)

- 측정량의 변화에 민감한 정도를 말하는 것으로 감도계수를 나타낸다.
- 감도가 좋아지면 측정 시간이 길어지고 측정범위는 좁아진다.

$$\text{감도} = \frac{\text{지시량의 변화}}{\text{측정량의 변화}}$$

(8) 히스테리시스차(hysteresis error)

계측기의 측정량을 증가시킬 때와 감소시킬 대 동일측정량에 대하여 지시값이 다를 때가 있다. 이와 같이 측정이 되풀이에 의해 생기는 동일측정량에 대한 지시값의 차를 말한다.

## 5 | 계측의 단위 및 차원

(1) 차원(dimensions)

① 차원은 모든 물질의 물리량을 표시하는 방법으로 질량(mass), 길이(length), 시간(time), 중량(weight)을 기본차원이라 한다.

② 차원의 크기를 나타내는 것으로 절대단위계 기본차원과 중력단위계 기본차원으로 분류

가) 절대단위계 기본차원 : 질량(M), 길이(L), 시간(T)

나) 중력단위계 기본차원 : 힘(F), 길이(L), 시간(T)

(2) 단위(units)

- 모든 단위는 주로 국제단위계(SI)를 사용
- 국제 단위계는 길이(m), 질량(kg), 시간(sec), 온도(K), 전류(A), 물질량(mol), 광도(cd)를 나타내는 7개의 기본 단위와 각도(rad) 및 입체각(sr)을 나타내는 두 개의 보충 단위, 그리고 힘, 에너지, 섭씨 온도, 주파수등을 구성된 유도단위로 나누어진다.

**?! 국제단위계(SI 단위계 : System International Units)**

길이(m), 질량(kg), 시간(sec)을 기본단위로 하는 MKS단위계를 말하며 힘[N](Newton)으로 표시하는 단위계이다.

① 기본단위 : 국가표준기본법의 규정에 따른 측정 단위, 물리량을 나타내는 기본적인 단위

| 물리량 | 단위 | 기호 |
|---|---|---|
| 길이 | 미터 | m |
| 질량 | 킬로그램 | kg |
| 시간 | 초 | s |
| 온도 | 켈빈 | K |
| 물질량 | 몰 | mol |
| 전류 | 암페어 | A |

② 유도단위

- 기본단위의 조합 또는 기본단위 및 다른 유도 단위의 조합에 의하여 형성되는 단위
- 속도(m/s), 일($kg_f \cdot m$), 열량(cal), 유량($m^3/s$), 면적($m^2$), 가속도($m/s^2$), 비중량($kg_f \cdot m$) 등

③ 보조단위

- 기본단위 및 유도단위를 사용상 편의에 위해 십진 배수나 분수로 한 것
- 10(deca), $10^2$(hecto), $10^3$(kilo), $10^6$(mega), $10^9$(giga), $10^{-1}$(deci), $10^{-2}$(centi), $10^{-3}$(milli), $10^{-6}$(micro), $10^{-9}$(nano) 등

④ 특수단위

- 특수한 계량의 용도에 쓰이는 단위
- 입도, 내화도, 습도, 경도, 인장강도, 점도, 압축강도 등

(3) 단위계

① 절대단위계

- MKS단위계 : 길이(m), 질량(kg), 시간(sec)으로 하여 유도하는 단위계
- CGS단위계 : 길이(cm), 질량(g), 시간(sec)으로 하여 유도하는 단위계

② 중력단위계

- 길이(m), 힘($kg_f$), 시간(sec)으로 하여 유도하는 단위계
- 질량 1kg의 가중력가속도를 받을 때의 힘을 중량 또는 무게 1$kg_f$로 표시한다.

## 6 | 물리량의 단위와 차원

[물리량의 단위와 차원 비교표]

| 물리량 | MLT계 | | FLT계 | |
|---|---|---|---|---|
| | SI단위 | 차원 | 공학단위 | 차원 |
| 부피 | $m^3$ | $L^3$ | $m^3$ | $L^3$ |
| 속도 | m/s | $LT^{-1}$ | m/s | $LT^{-1}$ |
| 가속도 | $m/s^2$ | $LT^{-3}$ | $m/s^2$ | $LT^{-2}$ |
| 질량 | kg | M | $kg_f s^2/m$ | $FT^2L^{-1}$ |
| 힘 | N | $MLT^{-2}$ | $kg_f$ | F |
| 동력 | W | $ML^2T^{-3}$ | $kg_f m/s$ | $FLT^{-2}$ |
| 밀도 | $kg/m^3$ | $ML^{-3}$ | $kg_f s^2/m^4$ | $FL_2T^{-4}$ |
| 비중량 | $N/m^3$ | $ML^{-2}T^{-2}$ | $kg_f/m^3$ | $FL^{-3}$ |
| 압력 | Pa | $ML^{-1}T^{-2}$ | $kg_f/m^2$ | $FL^{-2}$ |
| 부피유량 | $m^3/s$ | $L^3T^{-1}$ | $m^3/s$ | $L^3T^{-1}$ |
| 질량유량 | kg/s | $MT^{-1}$ | $kg_f s/m$ | $FL^{-1}T$ |

**Q4** 중력가속도의 단위를 차원으로 표시한 것은?

① $ML^{-3}$　② $MLT^{-2}L^{-3}$　③ $LT^{-2}$　④ 무차원

해설 중력가속도는 $9.8m/s^2$으로 $[LT^{-2}]$이다.　정답 ③

## 7 | 기본 물리량 단위

(1) 비중량(specific weight)

- $\gamma$ : 단위 체적당의 질량에 작용하는 중력($kg_f/m^3$)이다.

$$\gamma = \frac{W = mg}{V} = \rho g$$

- 표준대기압에서 4℃의 순수한 물의 비중량($\gamma_w$)은 $1{,}000kg_f/m^3(9{,}800N/m^3)$이다.

**Q5** 비중량이 $910kg/m^3$인 기름 20리터의 무게는 몇 kg인가?

① 15.4　② 182　③ 16.2　④ 18.2

해설 $\gamma = \frac{W}{V} \rightarrow W = \gamma \times V \rightarrow W = 910 \times 0.02$　정답 ④

(2) 밀도(Density, d 혹은 $\rho$)

- 단위 체적당의 질량($kg/m^3$, $g/\ell$)
- $\rho = \frac{m}{V}$
- 표준대기압에서 4℃ 순수한 물의 밀도는 $\rho_w$ : $1{,}000kg/m^3 = 102kg_f \cdot s^2/m^4$이다.
- 표준상태에서 1몰이 22.4L이므로 가스의 밀도$= \frac{\text{분자량}}{22.4}$

**Q6** 물질 A의 비중량이 $1.33\times10^5$kg/$m^2$$sec^2$일 때 이 물질의 농도는 SI단위로 얼마인가?

① $1\times10^3$[kg/$m^3$]
② $2\times10^3$[kg/$m^3$]
③ $13.6\times10^3$[kg/$m^3$]
④ $18\times10^3$[kg/$m^3$]

정답 ④

(3) 가스의 비체적(Specific Volume)

- 단위 질량당 차지하는 체적으로 밀도의 역수($m^3$/kg)이다.
- $v_s=\frac{m}{V}=\frac{1}{\rho}$

(4) 비중(Specific Gravity, S)

기준이 되는 유체와 측정하고자 하는 유체의 무게비

① 가스의 비중 : 표준상태에서 공기의 단위체적당의 질량을 1로 하여 동일 체적의 가스질량을 비교한 값

$$\text{가스의 비중}=\frac{\text{분자량}}{29}$$

② 액의 비중(액의 밀도) : 같은 체적을 갖는 4℃의 순수한 물의 질량(m) 또는 중량($W$)에 대한 어떤 물질의 질량(m) 또는 중량($W$)의 비

$$S=\frac{\rho}{\rho_w}=\frac{r}{r_w}$$

$\rho_w$ : 물의 밀도
$\rho$ : 측정유체의 밀도
$r_w$ : 물의 비중량
$r$ : 측정 유체의 비중량

**Q7** 다음 기체 중 증기비중이 제일 작은 것은?

① $NH_3$
② $O_2$
③ $C_3H_8$
④ HCN

해설 $\text{가스의 비중}=\frac{\text{분자량}}{29}$

정답 ④

## 2 자동제어

### 1 | 개요

① 제어대상을 가감하여 검출부로 제어량을 목표값과 비교하고, 잔류편차를 제거하여 목표값에 일치시키는 행위

② 자동제어의 이점

가) 작업능률의 향상

나) 제품의 균일화, 품질의 향상 기여

다) 원료나 연료의 경제적인 운영 가능

라) 작업에 따른 위험부담의 감소와 인력 절감

마) 사람이 할 수 없는 힘든 조작도 할 수 있다.

### 2 | 자동제어 방식

#### (1) 조절부의 제어방식

① 시퀀스 제어(Sequence control)

가) 미리 정해진 순서에 따라 순차적으로 진행하는 제어방식

나) 다음 단계의 제어 동작이 미리 정해져 있다.

예 세탁기, 엘리베이터, 프레스, 선반, 자동 판매기

**보일러의 자동 시동 및 정지 시의 시퀀스 제어**

보일러의 시동 스위치를 넣으면 송풍기가 운전되어 보일러의 연소실에 있는 가연성 가스를 배출(프리 퍼지)시킨다. 동시에 연료유 펌프의 운전이 시작되며, 프리 퍼지가 끝난 후 점화기에 의해서 점화용 버너가 점화되고, 이어서 연료 차단 밸브가 열려서 주버너가 점화된다. 정지할 때에도 버너가 소화된 후 남아 있는 가스를 완전히 배출하기 위해서 송풍기를 일정 시간 동안 운전 후 정지시킨다.

다) 시퀀스 제어의 표현

- 논리 회로도 : 입력과 출력
  - AND 회로 : 입력된 데이터를 곱한 결과를 출력
  - OR 회로 : 입력된 데이터를 합한 결과를 출력
  - NOT회로 : 입력된 데이터의 반대 결과를 출력

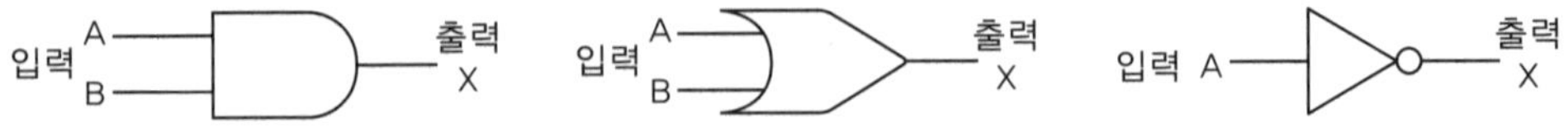

(a) AND 회로 (b) OR 회로 (c) NOT 회로

[논리 회로도]

• 순서도 : 여러 개의 전구에 연속적으로 불이 들어오는 회로를 구성하거나 컴퓨터 프로그램을 작성할 때와 같이 연속동작이 이전의 조건을 만족시켰을 때, 다음 작업이 차례로 진행될 수 있도록 하기 위해 순서도를 사용한다.
• 시간 차트 : 시간의 흐름에 따른 공정의 실행 순서를 나타낸 것이다.

② 피드백(되먹임) 제어(feedback control)

• 제어량의 크기와 목표값을 비교하여 그 값이 일치하도록 수정 동작을 하는 제어방식
• 외란이 가해지거나, 제어 대상의 특성이 다소 변하더라도 이것에 의한 영향을 제거할 수 있는 특징이 있다.

**보일러의 피드백 제어**

보일러 증기 압력의 설정값(set value)과 현재 압력의 차이가 있으면 제어 장치는 그 편차를 검출하여 편차량을 줄이기 위하여 조작량인 연소량을 조절하게 된다. 이렇게 조작량을 변화시키면 제어량도 변하여 결국 편차가 감소하게 되고, 그 편차량이 규정된 허용 범위 내에 들면 제어 동작이 정지된다.

가) 목표값 : 제어계에서 제어량의 목표가 되는 값으로 외부에서 주어지는 설정값

나) 기준입력

• 목표값이 설정부에 의하여 변화된 입력신호
• 목표값은 주피드백 신호와 비교하기 위해 주피드백 신호와 같은 종류의 신호로 변환

다) 비교부

• 검출부에서 검출한 제어량과 목표값(기준입력)을 비교하는 부분
• 그 오차를 제어편차라 한다.

라) 조절부 : 목표값과 피드백신호와의 차에 의해 조작부에 신호를 보내는 제어기

마) 조작부 : 조절부에서 나온 신호를 증폭시켜 제어대상을 작동시키는 장치

바) 검출부

• 제어 대상으로부터 나오는 출력을 기준입력과 비교할 수 있게 하여 주는 장치
• 제어량을 검출하여 주피드백 신호를 만드는 부분

사) 외란 : 제어계의 상태에 영향을 주는 외적작용

### (2) 제어방법에 의한 분류

① 정치 제어 : 목표값이 시간적으로 변화가 없고 일정한 값을 유지하는 경우의 제어방식

② 추치 제어 : 목표값이 시간적으로 변화하는 제어방식

가) 추종 제어 : 목표값이 임의의 시간적으로 변화하는 제어방식

나) 프로그램제어 : 목표값이 미리 정해진 시간적 변화를 행할 경우 목표값에 따라서 변동하도록 한 제어(미리 결정된 일정한 프로그램에 따라 수행)

다) 비율제어 : 목표치가 어느 다른 양과 일정한 비율로 변화되는 제어방식

③ 캐스케이드 제어

- 2개의 제어계가 조합하여 1차 제어 장치에서 제어량을 측정, 명령을 말하면 2차 제어계에서 이 명령을 바탕으로 제어량을 조절하는 방식
- 외란의 영향이나 낭비시간 지연이 크다.

### (3) 제어량의 성질에 의한 분류

① 프로세스 제어 : 정치제어 중에서 온도, 압력, 유량 등과 같은 프로세스(조절계를 제외한 부분)의 상태량에 대한 자동제어

② 다변수 제어 : 회전속도, 전압, 전류 등과 같은 전기적 또는 기계적인 양을 제어량으로 하는 제어

③ 서보기구

- 대부분 추종제어로서 물체의 위치, 방향, 자세 등을 제어량으로 한 자동제어계
- 작은 입력에 대하여 큰 출력을 발생시키는 장치

### (4) 제어동작

목표값과 제어량을 비교하고, 제어편차를 방지

① 불연속동작

가) on-off 동작

- 조작형이 2개인 동작제어
- 두 개의 값의 어느 편인가를 택하는 제어방식

예 액위 제어기는 탱크 내의 액위(측정값)가 정해진 액위(목표값) 이상이거나 이하일 때에는 제어 밸브를 열고 닫는다. 이 경우에 밸브는 완전히 열리거나(ON) 완전히 닫힌(OFF) 상태로만 자동하게 된다.

나) 다위치동작 : 동작 신호의 크기에 따라서 제어 장치의 조작량이 3개 이상인 정해진 값 중 하나를 취하는 제어동작

다) 단속도동작 : 편차가 어느 측정 부위를 넘었을 때 제어 장치의 조작량이 3개 이상의 정해진 값 중 하나를 취하는 제어동작

라) 다속도동작 : 편차에 크기에 따라 조작 신호의 변화 속도가 3개 이상의 정한 값 중 하나를 취하는 제어동작

② 연속동작

가) 비례동작(P동작 : Proportional action)

- 조작 신호가 편차의 현재값에 비례하는 비례동작(P동작)

• 연속동작 가운데 가장 기본적인 것

• 비례제어방법 : $P = P_s + K_c\varepsilon$

| | |
|---|---|
| $P$ : 제어출력신호 | $P_s$ : 제어출력신호 |
| $K_c$ : 비례상수 | $\varepsilon$ : 오차 |

• 오차는 감소되나 완전히 제거되지 않고 잔류편차(offset)가 있다.

• 비례 대역을 작게 할수록 잔류 편차는 작아지나 진동폭이 커져, ON/OFF동작에 의한 제어 결과에 가까워진다.

• 외란이 큰 제어계에는 부적당하고 부하변화가 장치에 적용되므로 작은 프로세스에 적합하다.

나) 적분동작( I 동작 : Integral action)

• 조작량이 제어편차의 적분에 비례

• 편차의 크기에 비례하여 조절요소의 속도가 연속적으로 변하는 동작

• 제어방법 : $\dfrac{K_C}{\tau_I}\displaystyle\int_0^t \varepsilon dt$

| | |
|---|---|
| $\tau_I$ : 적분시간 | $\dfrac{1}{\tau_I}$ : 재설정속도(resetrate) |

• 잔류편차가 남아 있지 않아서 P동작과 조합하여 사용

• 안전성이 떨어지고 진동이 있고 응답속도가 느리다.

다) 미분동작(D동작 : Derivative)

• 조작량이 제어편차의 미분에 비례

• 제어방법 : $K_C \times \tau_D \dfrac{d\varepsilon}{dt}$ ($\tau_D$ : 미분시간)

• 잔류편차를 제거하지는 못하지만, 오차의 변화를 선형적으로 예측하여 빠른 응답시간을 나타내어 진동을 감소시킬 수 있다.

• 제어기 매개 변수수를 제대로 조정하지 않으면 제어할 수 없게 된다.

• 제어오차가 변화하는 속도에 비례하는 제어 동작으로, 오차의 변화를 감소시켜 제어 시스템이 빨리 안정될 수 있다.

• 단독으로 쓰이지 않고 비례동작이나 비례적분동작과 조합하여 사용된다.

라) 비례적분동작(PI)

• 비례제어기는 원하는 출력값에 미치지 못하는 잔류편차가 발생한다. 이러한 잔류편차를 제거하기 위하여 시간에 따라 동작신호의 현재치와 적분치를 합한 신호를 제어동작으로 적분값의 크기에 비례하여 조작부를 움직이게 하는 동작을 말한다.

• 제어방법 : $P = P_s + K_c\varepsilon + \frac{K_C}{\tau_I}\int_0^t \varepsilon dt$

• 잔류편차(off-set) 제거, 비례제어만 사용할 때보다 부하가 크면 제어시간이 증가

• 진동이 있다.

마) 비례미분동작(PD)

• 동작신호의 미분값과 동작신호를 합한 조작량

• 응답을 빠르게 한 것으로 시간 지연이 큰 공정에 적합

• 제어방법 : $P = P_s + K_c\varepsilon + K_c + \tau_D\frac{d\varepsilon}{dt}$ ($\tau_D$ : 미분시간)

바) 비례적분미분동작(PID)

• 비례, 적분, 미분동작을 조합한 복합동작

• I동작으로 잔류편차를 줄이고, D동작으로 응답을 빠르게 하는 동작(대표적인 연속동작)

• 제어방법 : $P = P_s +$ 비례$(P) +$ 적분$(I) +$ 미분$(D)$

**제어계의 과잉응답**

입력신호에 대한 출력신호의 시간적 변화이다.

# Chapter 2 계측기기

## 1 온도계

- 접촉식 온도계 : 피측정물, 환경에 직접 온도계의 검출소자를 직접 접촉시켜 열적으로 평형을 이루었을 때 온도 측정

  예 열팽창식, 압력식, 전기식, 제겔콘
- 비접촉식 온도계 : 피측정물에서 열방사 등을 이용하여 온도를 측정하는 방법

  예 방사온도계, 광전관식, 광고온도계, 색온도계

### 1 | 접촉식온도계

#### (1) 팽창식 온도계

① 유리 온도계

- 수은, 알콜 및 특수한 경우 톨루엔, 펜탄(저온)의 온도에 따른 팽창을 이용한 것
- 값이 싸고 취급이 간단하나 파손이 쉽다.
- 실험용으로 많이 쓰이고 응답이 빠르다.

가) 알콜 온도계

- 에탄올(에틸알콜)을 넣고 밀봉한 온도계
- 수은 온도계보다 감도가 좋고, 끓는점이 낮으므로 저온용으로 적합하다.

나) 수은 온도계

- 열전도율이 커 응답성이 빠르다.
- 0~100℃의 범위 이외에는 오차가 크다.
- 불활성기체를 가압하여 봉입하면 750℃까지 사용

다) 베크만 온도계

- 매우 작은 범위의 온도변화 측정(±0.005℃차 측정)
- 눈금 하나가 0.0001℃에 해당하도록 눈금이 있다.
- 측정에 시간이 걸려서 빠른 온도변화를 알아보는 데 부적합하다.

② 바이메탈 온도계

- 선팽창 계수가 다른 두 금속을 붙여놓고 온도 변화에 의해 열팽창 계수가 다르므로 휘어지는 현상을 이용
- 장점 : 값싸고 간단하며 온도제어에 이용 가능
- 조절 범위가 비교적 크고, 자동제어장치 계기의 온도보상장치 등의 온도 조절장치에 이용
- 단점 : 금속의 피로에 의한 변화가 쉽다. 응답시간이 늦고 정밀한 온도 측정에 부적합

(2) 압력식 온도계

- 밀폐된 관에 액체, 기체 등을 봉입한 것
- 압력이 온도에 따라 변하는 원리를 이용한 온도계
- 장점 : 유리 온도계에 비해 구조가 견고, 원격측정(50m)이 가능하다.
- 단점 : 유리 온도계에 비해 정확도가 떨어진다. 응답 시간이 늦다.

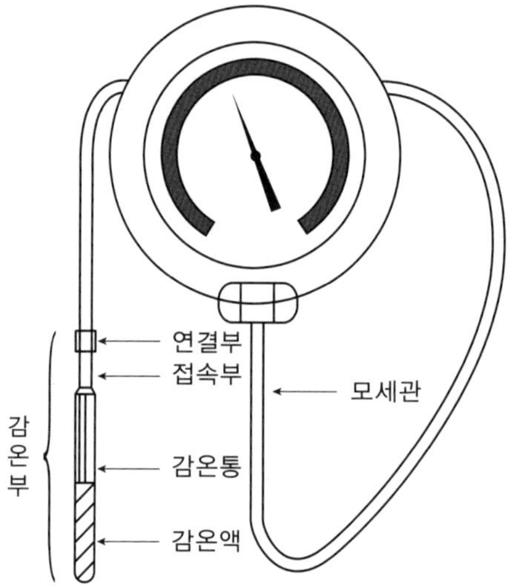


**[압력식 온도계]**

① 액체 팽창식 압력온도계

- 감온부, 감압부, 도입부에 봉입된 액체의 체적변화 이용. 도입부는 50m까지 가능
- 봉입액으로는 수은(−30~600℃), 알콜(200℃ 부피 이하), 아닐린(400℃ 이하)이 있다.

② 가스 압력식 온도계

- 헬륨, 네온, 수소, 질소 등의 기체를 용기에 넣어 온도에 따른 기체의 체적변화를 이용하여 온도 측정
- 500℃ 이하에서 사용

③ 증기 압력식 온도계

- 액체의 증기압이 온도와 일정한 관계임을 이용
- 도압부는 액체를 감온부는 봉입액의 증기를 채움.
- 봉입액으로는 프레온(－30℃), 에틸에테르(34.6℃), 톨루엔(110.8℃), 아닐린(183.4℃)이 있다.
- 측정가능 범위는 －20℃~200℃이다.

(3) 전기식 온도계

- 온도에 따른 전기량의 변화를 이용한 온도계
- 자동계측이나 제어용으로 많이 쓰인다.
- 저항 온도계와 열기전력을 이용한 온도계로 분류

① 저항온도계

가) 금속선이나 반도체가 온도에 따라 전기저항이 변화하는 것을 이용하여 온도를 측정하는 온도계

나) 장점

- 비교적 낮은 온도에서 정밀측정 시 사용
- 원격측정에 적합하여 중앙계기실에서 작동, 기록, 조절이 가능

다) 단점

- 검출의 시간 지연이 있다.
- 공업계측용 기구가 복잡하다.
- 전원장치가 필요하다.
- 저항체소선(ø 0.035)의 단선이 쉽다.
- 기계적 충격이나 진동에 약하다.
- 사용범위가 －270~500℃로 고열측정에는 부적합하다.

라) 저항체 조건 : 온도변화에 대한 저항변화가 클 것, 온도와 저항관계가 연속적, 규칙적이고 안정할 것

마) 저항체의 온도계수에 따른 저항값

$$R = N(1 + \alpha T)$$

( R : 저항값　　N : 저항체값　　$\alpha$ : 저항체별 온도계수　　T : 온도(℃) )

바) 저항값에 따른 온도계산

$$T = \frac{R - R_0}{R_0 \times \alpha}$$

( $R_0$ : 기준저항값    R : 온도 T에서 저항값    $\alpha$ : 저항체별 온도계수    T : 온도(℃) )

사) 종류

- 백금측온저항계
  - 정밀측정용으로 사용되며, 온도측정 시 시간지연이 크다.
  - 안정성이나 재현성이 뛰어나고 고온에서 열화가 적다.
  - 저항온도 계수가 적고 가격이 비싸다.
  - 표준온도계로 사용이 된다.
- 니켈측온저항체
  - 가격이 저렴하고 상온에서 안정성이 있다.
  - 저항온도 계수가 커서 백금 다음으로 많이 쓰인다.
  - 사용 온도범위가 좁은 단점이 있다.
- 서미스터(thermistor)
  - 온도변화에 따라 저항치 변화가 큰 고순도의 니켈, 망간, 코발트 등의 금속산화물의 분말을 혼합 압축소결시켜 만든 반도체로 온도 상승에 따라 저항률이 감소하는 것을 이용하여 온도 측정
  - 소형이며 저항계수가 다른 금속에 비해 크다.
  - 온도가 증가하면 저항이 감소하고 온도와 저항의 관계에서 선형성이 나쁘다.

**Q1** 열판에 니켈 400이라고 쓰여 있는 측온저항제의 100℃점에서의 저항값은 몇 [Ω]인가? (단, Ni의 온도계수는 +0.0067이다.)

① 568  ② 668  ③ 780  ④ 835

**해설** $R = 400(1 + 0.0067 \times 100)$  **정답** ②

**Q2** 0℃에서 저항이 120Ω이고 저항온도 계수가 0.0025인 저항 온도계로 어떤 노 안에 삽입하였을 때 저항이 180Ω이 되었다면 노 안의 온도는 약 몇 ℃인가?

① 125  ② 200  ③ 320  ④ 534

**해설** $t = \dfrac{R - R_0}{R_0 \times \alpha} = \dfrac{180 - 120}{120 \times 0.0025}$  **정답** ②

② 열전온도계

가) 비교적 고온 측정에 사용

나) 원리 : 열기전력에 의한 제백(seeback)효과를 이용하는 것

다) 열전대의 조건

- 열기전력이 크고 온도증가에 따라 연속적으로 상승할 것
- 열기전력이 안정되고 장시간 사용에도 견딜 것
- 재생도가 높고 가공성이 좋으며 특성이 일정한 것을 얻기 쉬울 것
- 전기저항, 저항온도 계수 및 열전도율이 적을 것

라) 특징

- 기준접점의 온도를 일정하게 유지해야 한다.
- 측온 저항체와 열전대는 소자를 보호관 속에 넣어 사용한다.
- 원격지시 및 기록이 가능하고 한 곳에서 여러 곳의 온도를 측정 가능하다.

마) 열전쌍의 구성

- 백금 로듐－백금(기호 PR) : 내열성이 좋고, 산화 분위기 중에 강하며, 일반적으로 1,000℃ 이상에서 사용한다.
- 크루멜－알루멜(기호 CA) : 내열성과 정확도 등은 PR 다음으로 좋으며, 공업용으로 많이 쓰인다. 온도와 기전력과의 관계가 거의 직선적이다.
- 철－콘스탄탄(기호 IC)
- 구리－콘스탄탄(기호 CC)

**[열전쌍구성에 따른 구분]**

| 기호 | 약호 | (+)단자 | (−)단자 | 보상 도선의 색 | 측정 온도 범위(℃) |
|---|---|---|---|---|---|
| K | CA | 크로멜 | 알루멜 | 파랑 | −270~1,370 |
| E | CRC | 크로멜 | 콘스탄탄 | − | −270~2,000 |
| J | IC | 철 | 콘스탄탄 | 노랑 | −210~760 |
| T | CC | 구리 | 콘스탄탄 | 갈색 | −210~400 |
| R | PR | 백금–로듐 13% | 백금 | 검정 | −0~1,760 |
| S | − | 백금–로듐 10% | 백금 | − | |
| B | − | 백금–로듐 30% | 백금 | − | −0~1,820 |

바) 보호관 : 열전쌍은 피복 없이 그대로 사용하기도 하지만, 보호관에 넣어서 사용한다. 보호관은 비교적 낮은 온도일 때는 금속을 사용하며, 고온일 때는 도자기관 또는 석영관을 사용한다.

• 보호관의 조건
  – 고온에서도 변형되지 않을 것
  – 압력에 견디는 힘이 강할 것
  – 산화성 가스, 환원성 가스 및 용융성 금속 등에 강할 것
  – 고온에서 열전쌍에 화학적 영향을 미치지 않을 것

[보호관 종류에 따른 구분]

| 종류 | 상용온도(℃) | 비고 |
|---|---|---|
| 구리관 | 300 | 증기를 가진 낮은 온도의 측정에 사용하며, 황동관보다 강함. |
| 석영관 | 1,000 | 급랭, 급열에 강하고, 알칼리에 약하나 산에는 강함. |
| 자기관 2종 | 1,300 | 고알루미나 자기와 보통 자기의 두 종류가 있음. |
| 알런덤관 | 1,400 | 다듬질로 급랭, 급열에 강함 |
| 흑연관 | 1,600 | 공기와 접촉하여 사용할 수 없고, 산호성에서는 사용하지 못함. |

사) 보상도선
• 열전쌍에 접속시켜 사용하는 일종의 값싼 열전쌍
• 대개 700℃ 이하의 온도 범위 내에서는 온도와 열기전력의 관계가 사용하는 열전쌍과 동일한 것
• 주로 구리와 구리의 니켈합금으로 되어 있다.

**Q3** 전기 저항식 온도계에 대한 설명으로 틀린 것은?

① 열전대 온도계에 비하여 높은 온도를 측정하는 데 적합하다.
② 저항선의 재료는 온도에 의한 전기저항의 변화가 커야 한다.
③ 저항 금속재료는 주로 백금, 니켈, 구리가 사용된다.
④ 금속은 온도가 상승하면 전기저항값이 올라가는 원리를 이용한 것이다.

정답 ①

## 2 | 비접촉식 온도계

### (1) 방사(복사) 고온계

① 피측정체에서 방사되는 에너지를 렌즈 또는 반사경을 이용하여 방사열을 수열판에 모으고, 열전쌍은 받는 빛의 세기에 따라 온도를 측정한다.

$$Q=4.9\varepsilon\left(\frac{T}{100}\right)^4 \ (\mathrm{kcal/m^2h})$$

② 특징

가) 구조가 간단하고 견고하다.

나) 시간 지연이 적고 원격제어가 가능하며 측정조건이 까다롭지 않다.

다) 측온체와의 사이에 수증기, $CO_2$, 연기 등 흡수제의 영향을 받는다.

(2) 광고온계

① 물체에서 방사된 빛의 강도와 비교된 필라멘트의 밝기가 일치되는 점에서 온도를 측정

② 특징

가) 방사온도계보다 방사보정량이 적다.

나) 기록이나 자동제어가 불가능하다.

다) 비접촉법으로는 가장 정확하다.

라) 숙련에 따라 정확도가 달라진다.

(3) 광전관 온도계

① 광고온계와 비슷한 원리이지만 이를 자동화한 것

② 물체로부터 방사된 파장을 광전관으로 받아 방사의 강도에 의해 변화는 광전류를 측정함으로써 온도 측정

③ 특징

가) 자동 온도기록이 가능하다.

나) 정도는 광고온도계와 같다.

다) 응답시간이 빨라 이동물체의 측정이 가능하다.

(4) 색 온도계

① 온도의 상승에 따라 색이 변하는데 이 변화를 통해 온도 측정

② 2색 온도계 방식으로 각 파장 중에서 2가지의 파장을 골라 그 파장이 방사에너지가 비가 온도에 따라 변화한다는 것을 이용한다.

③ 특징

가) 750℃ 정도부터 측정이 가능하며 기록 조절용으로 사용된다.

나) 구조가 복잡하고 주위로부터 빛의 반사의 영향을 받는다.

다) 응답 시간이 짧다.

## 3 | 기타 온도측정방법

(1) 서모컬러

• 피측정물의 표면에 도포하여 그 점의 온도 변화를 감시한다.

• 표면의 열분포와 열의 전달속도를 조사하는 데 편리한다.

(2) 제겔콘

• 점토, 규석질 및 내열성의 금속산화물 등을 적당히 배합하여 만든 3각형 추
• 가열되어 일정온도에 달하면 연화하여 머리부분이 숙여진다. 이를 이용하여 노 내의 온도 감시나 벽돌의 내화도 시험용으로 사용된다.
• 연화온도는 600~2,000℃까지 20~50℃ 간격으로 번호가 정해진다.

(3) 증기압식 온도계

증발성이 강한 액체(염화메틸을 주로 사용)를 밀폐된 용기에 넣고 온도변화에 따른 압력변화를 부르동관을 사용하여 측정한 다음 그 때 압력에 해당하는 온도를 계산하여 측정하는 온도계

**[온도계의 분류]**

| 측정 방법 | 측정원리 | 종류 | | | 측정온도 범위(℃) | 응답성 |
|---|---|---|---|---|---|---|
| 접촉식 | 열팽창과 그에 의한 압력 변화의 이용 | 팽창식 온도계 | 유리 온도계 | 알콜식 | −100~−100 | 보통 |
| | | | | 수은식 | −50~650 | |
| | | | | 톨루엔식 | −100~100 | |
| | | | 바이메탈 온도계 | | −50~500 | 지연 |
| | | | 압력식 | 액체 압력식 | −30~600 | 보통 |
| | | | | 가스 압력식 | −150~500 | |
| | | | | 증기 압력식 | −20~350 | |
| | 열전 현상의 이용 | 전기식 온도계 | 열전 온도계 | PR(R)열전대 | 0~1760 | 빠름 |
| | | | | CA(K)열전대 | −270~1,370 | |
| | | | | IC(J)열전대 | −270~1,000 | |
| | | | | CC(T)열전대 | −270~400 | |
| | 온도 변화에 의한 전기 변화를 이용 | | 저항 온도계 | Pt측온저항체 | −200~550 | 보통 |
| | | | | Ni측온저항체 | −50~300 | |
| | | | | Cu측온저항체 | 0~120 | |
| | | | | 서미스터 | −50~350 | 빠름 |
| 비접촉식 | 측온 대상에서 나오는 방사열로 이용 | 복사식 온도계 | 복사 고온계 | | 100~3,000 | 보통 |
| | | | 광 고온계 | | 700~3,000 | 직독 |
| | | | 광전관 고온계 | | 200~3,000 | 빠름 |
| | | | 색 온도계 | | 180~3,500 | 빠름 |

[각 온도계의 비교]

| 측정 방법 | 종류 | 좋은점 | 나쁜점 |
|---|---|---|---|
| 접촉식 | 유리 온도계 | 일반적으로 오차가 크지 않다. | • 깨지기 쉽다.<br>• 눈금 읽기가 어렵다.<br>• 원격측정과 연속 기록, 자동제어를 할 수 없다. |
| | 금속 팽창 온도계 | • 연속기록 또는 정보할 수 있다.<br>• 자동제어에도 쓸 수 있다. | |
| | 압력 온도계 | • 연속기록 정보 자동제어로 쓸 수 있다.<br>• 원격 측정(10m) 정도를 할 수 있다. | • 측정할 온도를 넘으면 정도가 잘못 된다.<br>• 신뢰도가 낮다. |
| | 저항 온도계 | • 정확한 측정을 할 수 있다.<br>• 전자관식 계기의 경우는 토크가 크다. | • 구조가 복잡하다.<br>• 숙련된 기술이 요구된다. |
| | 열전쌍 온도계 | 원격 측정, 기록, 정보 및 자동제어가 가능하다. | |
| 비접촉식 | 광 온도계 | • 고온을 손쉽게 측정할 수 있다.<br>• 복사 고온계에 비해 오차가 적다.<br>• 구조가 간단하고 튼튼하다. | • 육안측정으로 인해 측정자마다 오차가 발생한다.<br>• 기록, 자동제어를 할 수 없다. |
| | 복사 온도계 | • 구조가 간단하고 튼튼하다.<br>• 1,000℃ 이상의 고온을 측정할 수 있다.<br>• 기록 자동제어 등을 할 수 있다. | • 고온을 연속 측정하는 데에는 기준이 필요하다.<br>• 취급의 오차나 방사율의 영향 등이 있다. |
| | 광전관 온도계 | • 광 고온계를 자동화한 것이다.<br>• 측정자에 따른 오차가 발생하지 않는다.<br>• 기록, 자동 제어를 할 수 있다. | 고온을 연속 측정하는 데에는 기준이 필요하다. |

## 2 압력계

### 1 | 압력계의 구분

(1) 1차 압력계와 2차 압력계

① 1차 압력계

가) 압력을 직접 유도하여 측정하는 구조의 압력계

나) 종류 : 액주식, 피스톤식, 분동식 압력계

② 2차 압력계

가) 압력에 의해 변화하는 물질의 성질을 이용

나) 종류 : 부르돈관식, 다이아프램식, 벨로우즈식, 전기식, 피에조 전기압력계

(2) 기계 압력계와 전기 압력계

① 기계 압력계

가) 작용하는 힘과 측정하려는 압력이 균형을 이루게 하여 압력을 측정하는 것

나) 고체나 액체의 무게, 탄성체의 변형에 의한 힘을 이용한다.

다) 종류 : 액주식, 탄성식, 분동식

② 전기식 압력계

가) 압력을 전기저항이나 전압 등의 전기량으로 바꾸어 측정하는 압력계

나) 종류 : 스트레인 게이지, 압전형, 반도체형 압력계

## 2 | 압력계의 종류

(1) 액주식 압력계

① U자형 압력계(U−tube manometer)

가) U자형관에 수은·기름·물·알코올 등의 액체를 넣고, 그 양단을 압력이 다른 계에 연결해서, 두 관의 액면의 차 h로부터 압력차를 구하는 압력계

나) $\triangle P = \triangle\rho \times g \times h$ ($\triangle P$ : 압력차, $\triangle\rho$ : 밀도차, g : 중력가속도, h : 액면차)

② 단관형 압력계 : U자관의 편측의 내경을 극단적으로 크게 한 압력계

③ 경사관 압력계

가) 한쪽관의 단면적을 크게 하고 다른 쪽의 단면적을 작게 하여 수직방향에 대해 경사시켜 놓은 것으로 측정한다.

나) 관의 지름 2~3mm 정도이며, 압력의 사용범위는 수주(水柱)로 10~50mm

다) 정밀도는 똑같이 0.01mm까지 높일 수 있으며, 미압의 계측, 표준용으로 사용

$$P = r \times h,\ h\text{는 } \sin\theta \cdot \ell \text{이므로 } P = r \times (\sin\theta \cdot \ell)$$

**액주식 압력계에 사용되는 액체의 구비조건**

- 화학적으로 안정되고 휘발성이 작아야 한다.
- 모세관 현상이나 표면장력이 적어야 한다.
- 점도와 팽창계수가 작아야 한다.
- 온도변화에 의한 밀도변화가 작아야 한다.

**Q4** 수평 30°의 각도를 갖는 경사마노미터의 액면 차가 10cm라면 수직 U자 마노미터의 액면차는 몇 cm인가?

① 2cm ② 5cm ③ 20cm ④ 50cm

**해설** 액면체 = $\sin\theta \times h$, $10 \times \sin 30^{\circ}$ **정답** ②

(2) 탄성 압력계 : 탄성의 법칙을 이용한 압력계로 압력을 받은 탄성체의 변위로부터 압력을 측정한다.

① 부르동관(Bourdon) 압력계

가) 측정 원리는 금속의 탄성을 이용

나) 단면이 타원형이고, 원형 모양으로 구부러진 황동관을 부르동관이라고 한다.

다) 정압용, 부압용, 정압 및 부압을 모두 측정할 수 있는 복합 압력계가 있다.

라) 특징 : 저압에서부터 고압까지 쉽게 측정할 수 있으나 정밀도는 높지 않다.

② 다이아프램/격막(diaphragm) 압력계

가) 외부에서 가해지는 압력의 차이에 의해 생기는 변위량을 확대하여 측정

나) 다이아프램으로 철, 인청동, 스텐레스강, 황동 등이 사용되며 저압용에는 고무와 비금속도 쓰인다.

다) 특징

- 부식성 액체에도 사용이 가능
- 먼지 등을 함유한 액체나 점도가 높은 액체에도 적합
- 연소로의 드래프트(draft)게이지로 보통 사용한다.
- 감도가 좋고 정확성이 우수하며 반응속도가 빠르다.
- 온도에 따른 영향이 크다.

③ 벨로우즈(bellows) 압력계

가) 두께가 얇은 금속 또는 비금속제 원통의 바깥둘레에 물결 모양의 주름 부분이 있어 외부에서 압력을 가하게 되어 있고, 내부에는 변형에 반응하는 탄성 보조스프링이 들어 있다.

나) 측정압력이 0.01~10kg/cm$^2$ 정도이고, 오차가 ±1~2% 정도

다) 유체 내의 먼지 등의 영향이 적으나, 압력 변동에 적응하기 어렵다.

라) 주위 온도차에 의한 충분한 주의를 요한다.

### (3) 침종식 압력계

① 아르키메데스(Archimedes)의 원리를 이용한 것

② 액체 중에 띄운 플로우트의 편위가 그 내부의 압력에 비례한다는 점을 이용

③ 특징

가) 미세한 압력차 측정에 적합

나) 진동의 영향이 작고 감도가 크다.

다) 액유 입관을 최대한 짧게 하여 과대한 차압을 피한다. 정도는 ±1~2%이다.

### (4) 환상 천평식(링 밸런스 압력계)

① 가운데가 비어 있는 둥근 원통에 평형추가 붙어 있고, 그 통 안에 물, 수은 또는 기름 등을 절반 정도 차도록 넣은 것이다.

② 원통 내부는 격벽에 의하여 두 부분으로 갈라져 있으며, 압력은 고무관 같은 것에 의하여 격벽의 양쪽에 이어져 있다.

③ 압력계는 압력이 낮은 기체의 압력차를 측정하기 위하여 주로 사용한다.

### (5) 피스톤 압력계

① 분동식 압력계

가) 피스톤 위에 추를 놓아 유체의 압력과 균형을 이루면 $P=\frac{W}{A}$로 압력이 측정된다. W는 피스톤과 추의 중량, A는 피스톤의 단면적이다.

나) 측정압력이 아주 높고 정도가 좋아 눈금교정 및 연구실용으로 사용

② 피스톤형 압력계

가) 피스톤과 추의 중간에 스프링을 장치한 점 외에는 분동식 압력계와 비슷하다.

나) 피스톤 및 추의 중량과 스프링의 탄성력에 의한 힘이 유체의 압력과 균형을 이루었을 때 유체의 압력은 $P=\frac{W}{A}+\frac{k}{A}S$으로 구할 수 있다.

| | |
|---|---|
| W : 피스톤과 추의 중량 | A : 피스톤의 단면적 |
| $k$ : 스프링의 상수 | S : 피스톤이 움직이는 거리 |

**Q5** 부르돈관 압력계로 측정한 압력이 5kg/cm²이었다. 부유 피스톤 압력계 추의 무게가 10kg이고, 펌프 실린더의 직경이 8cm, 피스톤 지름이 4cm라면 피스톤의 무게는 몇 kg인가?

① 52.8 ② 72.8 ③ 241.2 ④ 743.6

해설 $P=\frac{F}{A} \rightarrow 5=\frac{10+x}{\left(\frac{4^2\pi}{4}\right)}$

정답 ①

(6) 전기식 압력계

① 압력을 받은 소자(벨로우즈나 다이어프램 등)의 변위나 힘을 전기량으로 변환시켜 측정

② 특징

가) 정도가 높고 자동계측이나 제어가 용이하여 초고압 측정이나 특수목적에 사용

나) 디지털화된 자료의 수집이 가능하다.

다) 지시 및 기록이 쉽고, 원격측정이 가능하다.

라) 반응의 속도가 빠르고 공정자동화에 쉽게 응용할 수 있다.

③ 종류

가) 저항 변화형 압력계

- 금속 스트레인 게이지 : 금속 스트레인 게이지의 금속저항 도선은 압력에 의해 그 길이와 지름이 변화한다. 이때, 도선의 전기저항도 따라서 변화하게 되는데 이를 이용하여 압력을 측정한다.
- 반도체 스트레인 게이지 : 게르마늄 반도체나 실리콘 반도체에 존재하는 피에조 효과를 이용하거나 적당한 열성 바탕 위에 실리콘을 얇은 막 상태로 확산시켜 붙여 만든다.

나) 전압 변화형 압력계

- 정전 용량형 압력계 : 측정할 압력이 다이아프램에 가해져 생기는 압력차에 의해 가변전극이 이동되어, 양측 고정 전극과의 사이에서 발생되는 정전 용량을 이용 측정
- 압전형(피에조) 압력계
  - 압전현상을 이용한 압력계
  - 가스폭발 등 급격한 압력측정에 사용한다.

?!

수정이나 세라믹에 전극을 부착하고 기계적인 압력을 가해 주면, 변형에 의해 결정의 표면에 전압(피에조 전압)이 발생된다. 이를 압전현상(피에조효과)이라 한다.

(7) 각 압력계의 측정방식과 특성

| 구분 | 압력측정방식 | | 측정범위 |
|---|---|---|---|
| 기계식 압력계 | 액주식 | U자관형 | 5~2,000mmH$_2$O |
| | | 단관형 | 300~2,000mmH$_2$O |
| | | 경사관형 | 10~300mmH$_2$O |
| | 탄성식 | 부르동관형 | 0.1~5,000kg$_f$/cm$^2$ |
| | | 멤브레인형 | 0.001~0.005kg$_f$/cm$^2$ |
| | | 벨로스형 | 0.01~50kg$^2$/cm$^2$ |
| | | 다이어프램식 | 0.01~500kg$_f$/cm$^2$ |
| | 분동식 | | 2~100,000kg$_f$/cm$^2$ |
| 전기식 압력계 | 스트레인게이지 | 금속저항체 | 수천 mmH$_2$O~수천 kg$_f$/cm$^2$ |
| | | 반도체 | |
| | 압전형압력계 | | 7×10$^{-6}$~700kg$_f$/cm$^2$ |
| | 전위차계식 압력계 | | 사용자 결정 |
| | 반도체형압력계 | 스트레인게이지 | 수천 mmH$_2$O~수천 kg$_f$/cm$^2$ |
| | | 정전용량형 | |

**Q6** 일반적으로 장치에 사용되고 있는 부르동관 압력계 등으로 측정되는 압력은?

① 절대압력 ② 게이지압력 ③ 진공압력 ④ 대기압

**정답** ②

## 3 유량계

유량은 단위시간에 흐르는 유체의 질량이나 부피로 나타내게 된다.

### 1 | 차압식 유량계

- 관로의 일부에 벤투리관(venturi tube), 오리피스(orifice), 노즐(nozzle) 등을 부착시켜 그 전후의 압력차를 이용하여 유량을 측정한다.
- 비교적 광범위의 온도, 압력에서 액체, 기체, 증기의 유량측정이 가능하다.

(1) 종류 및 특징

① 오리피스

가) 관 중간에 작은 둥근 구멍을 가진 얇은 판을 넣어 그 전후의 압력차로 유량 측정

나) 특징

- 제작이나 설치가 손쉬우며, 협소한 장소에도 설치 가능
- 유체의 압력손실이 가장 크다.
- 침전물의 생성 우려가 많다.
- 경제적인 교축기구로 가장 많이 사용되고 있다.

② 벤튜리

가) 긴 관의 일부로서 단면이 작은 관 부분과 점차 축소되었다가 확대되는 단면을 가진 관

나) 유입부와 목 부분의 압력차로 유량을 측정한다.

다) 특징

- 내구성이 좋고 압력 손실이 매우 적다.
- 구조가 복잡하고 대형으로서 가격이 비싸고 교환이 곤란하다.

③ 플로우노즐

가) 벤투리와 오리피스 미터의 중간 특성을 이용하여 만든 원통 모양의 조리개를 가진 측정 기구

나) 정압이 유속으로 변하는 원리를 이용한 유량계

다) 특징

- 고속의 유체 측정이나 고압유체의 유량측정에 적합
- 오리피스와 벤튜리의 중간에 속한다.
- 비교적 광범위의 온도 압력에 있어서 액체, 기체, 증기의 유량측정에 용이

라) 취급상의 주의

- 교축장치를 통과할 때의 유체는 단일한 상이어야 한다(설치장소 전후에 곡관부가 없어야 한다).
- 사용에 있어서 필요한 직관길이를 미리 잡아야 한다.
- 저유량에 있어서 정도가 저하하고 측정범위를 넓게 잡을 수가 없다.
- 맥동유체나 고점도 액체의 측정 오차가 생긴다.

④ 유량 측정하는 방법

가) 벤튜리미터(Venturi meter)에 의한 방법

$$Q = \frac{\pi d^2}{4} \times \frac{C_v}{\sqrt{1-\mathrm{m}^2}} \times \sqrt{2g\frac{P_1 - P_2}{r}}$$

나) 액주계 방정식에 의한 방법

$$P_1 - P_2 = (r_0 - r)h$$

또는,

$$Q = \frac{\pi d_2^2}{4} \times \frac{C_v}{\sqrt{1-m^2}} \times \sqrt{2g \frac{r_0 - r}{r}} \times h$$

| | |
|---|---|
| $Q$ : 유량($m^3/s$) | $C_v$ : 속도계수 |
| $d_2$ : 교축기구의 지름 | $g$ : 중력가속도 |
| $\gamma$ : 측정유체의 비중량($kg/m^3$) | $\gamma_0$ : 마노미터 속의 유체의 비중량($kg/m^3$) |
| h : 수두($mH_2O$) | m : 개구비$(d_2/d_1)^2$ |
| $P_1$, $P_2$ : 1, 2지점의 압력($kg/m^2$) | |

다) 플로우 노즐에 의한 방법

$$Q = CA_2\sqrt{2g\frac{P_1 - P_2}{r}}\ (Q : \text{유량}, C : \text{유량계수})$$

라) 오리피스에 의한 방법

$$Q = CA_0\sqrt{2gh\left(\frac{r_0 - r}{r}\right)}\ (C : \text{유량계수}, A_0 : \text{오리피스의 단면적})$$

**Q7** 차압식 유량계에 있어서 조리개 전후의 압력차가 처음보다 2배만큼 커졌을 때 유량은 어떻게 변하는가? (단, 다른 조건은 모두 같으며, $Q_1$, $Q_2$는 각각 처음과 나중의 유량을 나타낸다)

① $Q_2 = \sqrt{2}Q_1$ ② $Q_2 = Q_1$ ③ $Q_2 = \sqrt{4}Q_1$ ④ $Q_2 = 2Q_1$

**해설** $Q = \sqrt{P}$, 즉 유량은 압력차의 제곱근에 비례한다.

**정답** ①

**Q8** 유량의 계측단위가 아닌 것은?

① kg/h ② kg/s ③ $Nm^3/s$ ④ $kg/m^3$

**정답** ④

## 2 | 면적식 유량계

- 교축기구의 면적을 변화시켜 유량을 측정하는 방식
- 변환기를 부착하여 전기적으로 지시 또는 기록하는 방식 사용

• 부식성 유체나 고점도의 유체 및 소량의 유체측정에 적합

(1) 종류

① 플로우트(float)식 : 유체가 흐르는 관의 중간에 수직관을 설치하여 굵기가 달라지는 경사진 유리관 속에 팽이 모양의 플로트를 넣어, 흐르는 유체의 힘과 플로트에 작용하는 중력이 균형을 이룰 때, 그 역학적인 관계로부터 유량을 구할 수 있다(로터미터).

② 피스톤(piston)식 : 유량에 따라 피스톤이 상하로 움직이면서 유체를 실린더벽으로 배출시킨다. 이때, 변화하는 배출 구멍의 넓이를 이용하여 유량을 측정한다.

③ 게이트(gate)식 : 유체가 흐르는 관의 중간에 게이트 밸브와 같은 구조의 게이트를 설치하고 이것을 상하로 움직여 유로의 넓이를 조절하면, 그 전후의 압력차로 유량을 측정한다.

(2) 용도 및 주의사항

① 용도

- 대부분의 액체, 기체 이외에도 부식성 유체나 고점도의 유체 및 작은 유량의 유체 측정
- 정도는 ±1~2로 정밀측정에는 부적합하다.

② 취급상의 주의

- 매우 약하다.
- 연직으로 부착하지 않으면 오차가 발생한다.
- 플로우트(교축관)의 상하 압력차가 일정해야 한다.

## 3 | 용적식 유량계

- 회전자와 케이스 사이에 생기는 일정한 용적과 회전수로부터 유량을 측정하는 유량계
- 계량 정도에 따라 공업용에서부터 가정용 및 주유소 등에 다양하게 이용
- 물, 기름과 같은 액체의 체적유량 측정에 사용되는 피스톤형, 원판형 등이 있고, 기체용으로는 건식 및 습식가스미터가 있다.

(1) 종류

오벌 기어(oval gear)형과 잎(lobed)형, 왕복피스톤형, 회전피스톤형, 원판유량계(rotating-disk flowmeter)등 있다. 정도는 ±0.2~0.5%로 매우 좋다.

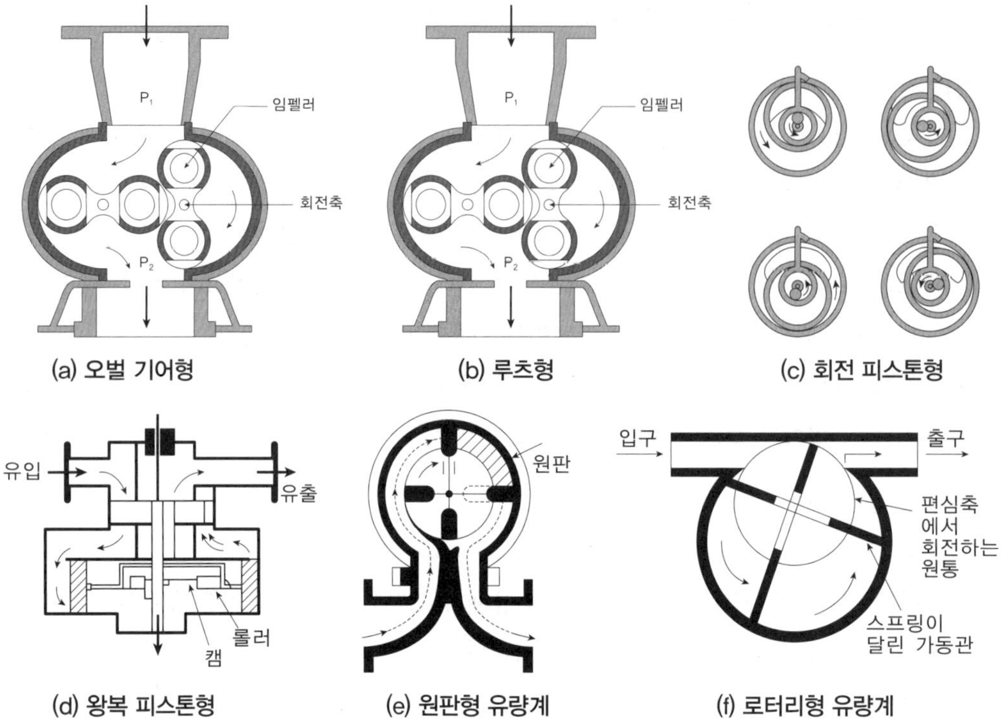


[용적식 유량계의 종류]

① 오벌 기어 또는 잎형 유량계

가) 유체의 점도 변화에 의한 영향이 비교적 적다.

나) 고점도의 유체 쪽이 정밀도가 좋다.

다) 맥동에 의한 영향이 거의 없다.

라) 압력손실이 적다.

마) 유량 적산의 정밀도가 좋다.

바) 유체 속에 먼지 등과 같이 이물질이 있으면 회전자가 움직이지 않을 경우도 있으므로, 반드시 여과기를 입구 쪽에 설치할 필요가 있다.

② 용적식 유량계의 취급상 주의사항 : 용적식 유량계는 가동부분(회전자)이 있으므로 유입측에 스트레이너, 필터가 필요하다.

③ 용도 : 액체, 기체의 유량가 특히 점도가 높은 유체의 유량측정에 용이하고 거래용으로도 사용

## 4 | 유속식 유량계

### (1) 피토(Pitot) 정압관

① 피토관(Pitot tube)이란 끝부분의 정면과 측면에 구멍을 뚫는 관이며, 유체의 전압과 정압

의 차이를 측정하여 유속을 구하는 장치이다.

② 일정한 흐름 중에 정면에 구멍이 뚫린 물체를 놓으면 흐름은 그 물체의 정면에서 정지하게 되며, 베르누이의 정리를 적용한 식으로부터 유속을 구하면,

$u=\sqrt{\dfrac{2g(p_T-p)}{\gamma}}$ 이 된다. $P_T-P$(전압－정압＝동압)를 측정하면 유속을 구할 수 있다.

( $u$ : 유속　　$P_T$ : 전압　　$P$ : 정압　　$\gamma$ : 비중량 )

③ 피토관의 특징

가) 기체의 유속이 5m/s 이하에는 적용할 수 없다.

나) 먼지 등이 많은 유체에 부적당하다.

다) 피토관의 머리 부분은 흐르는 유체의 방향과 평행이 되도록 부착한다.

**?! 베르누이의 정리**

- 유체역학의 기본적인 법칙 중의 하나
- 비압축성 유체의 정상 흐름에서의 유체의 속력과 압력, 높이의 관계를 규정한 것
- $\triangle(\frac{1}{2}\rho v^2+p+\rho gh)=C$

  ($v$ : 유체의 유속, $p$ : 유체의 정압, $\rho$ : 유체의 밀도, $g$ : 중력가속도, $h$ : 높이)
- 유체가 동일 수평면을 흐른다고 하면, $\triangle(\frac{1}{2}\rho v^2+p)=C$로 단순화된다.

  $\frac{1}{2}\rho v^2$ 항 : 유체의 흐름에 기인하는 동압으로서 유체의 운동에너지에 해당

  $p+\rho gz$ 항 : 유체의 위치에너지에 해당
- 베르누이의 정리에 의하면 유체의 흐름 내에서는 유속이 빠를수록 정압이 낮고, 유속이 느릴수록 정압이 높아지므로 정압을 측정하면 유속을 알 수 있다. 이러한 원리를 유량계에 적용한 것이 차압식유량계이다.

**Q9** 유속 10m/s의 물 속에 피토관을 세울 때 수주의 높이는 몇 m인가?

① 0.5　　② 5.1　　③ 6.0　　④ 6.5

**해설** $h=\dfrac{u^2}{2g}=\dfrac{10^2}{2\times9.8}$

**정답** ②

(2) 열선식

① 전열선을 두고 유속에 의한 온도변화로 유량을 측정하는 방식

② 응답이 빨라 유속 자체보다 유속의 변화 측정에 적합하여 난류 측정에도 적합하다.

③ 5~10$\mu$m 정도의 가는 지름을 가지는 백금 또는 텅스텐선에 전류를 흐르게 하여 가열하고, 그 냉각률이 풍속의 함수가 되도록 한 측정법

④ 풍속을 측정하는 방법

가) 전류를 일정하게 하여 저항의 변화를 측정하는 방법

나) 저항이 일정하게 되도록 가감하여 그 값에 따라 풍속을 구하는 방법

## 5 | 임펠러식 유량계

① 유체 속에 프로펠러나 터빈을 두어 그 회전수로부터 유량 측정

② 종류 : 수도미터, 터빈

③ 특징

가) 구조가 간단하고 보수가 용이하다.

나) 직관부분이 필요하며 측정정도는 ±0.5% 정도이다.

다) 부식성이 강한 액체에도 사용할 수 있으며, 내구력이 좋다.

## 6 | 와류발산식 유량계

① 유체 중에 인위적인 와류(소용돌이)를 일으켜 와류의 발생수, 즉 주파수가 유속에 비례함을 이용한 것이다.

② 진동하는 것은 유체이며 기계적 가동부분이 없으므로 신뢰성이나 내구성이 높다.

③ 유체의 압력, 온도, 조성에 영향을 받지 않는다.

## 7 | 전자유량계

① 페러데이의 전자유도법칙을 이용한 것(전자기 유도 기전력을 이용한 것)이다.

② 특징

가) 압력손실이 전혀 없다.

나) 슬러지가 들어 있거나 고점도 액체의 측정에도 가능하다.

다) 정도는 1% 정도이며 미소한 측정 전압에 대하여 고성능의 증폭기가 필요하다.

라) 도전성액체에만 유효하며, 응답이 매우 빠르다.

## 8 | 타깃식 유량계

① 유체가 디스크에 미치는 항력을 측정하는 것이다.

② 튼튼하고 비싸지 않고 점성액체와 슬러지에 이르기까지 다양한 유체에 사용할 수 있다.

## 9 | 초음파 유량계

- 음파가 유체 속에서 흐름방향으로 흐를 때와 반대방향으로 흐를 때의 속도 차이를 이용하여 유체의 속도를 측정하는 장치
- 초음파 발진기를 2개로 준비하여 흐름방향과 반대방향의 속도 차이로 유속을 구한 후 연속방정식을 이용하여 유량을 구한다.

① 특징
  - 측정대상에 직접 접촉하지 않고 유속을 측정
  - 기체일 경우에는 측정이 어렵다.

② 경사형(전파속도차법)
  - 유체의 흐름방향과 반대 방향에서의 초음파 펄스의 시간차를 측정
  - 음속이 온도나 조성에 의해 변하므로 정확하게 측정하지는 못하고 깨끗한 유체(상수)에서 측정

③ Doppler형(도플러)
  - 유체 속의 고체입자나 기포, 기체 속에 액적을 표적으로 삼아 그 이동속도를 측정
  - 유체 속에 부유하는 입자가 섞여 있는 것이 필요

## 10 | Coriolis(코리올리)형 유량계

- 물체의 이동방향과 각속도방향에 직각관에 유체를 통과시키면 교대하는 coriolis힘이 생겨서 관의 미소한 탄성변형을 일으킨다. (주로 작은 관에서 사용)
- 아주 정확하고 질량유량을 직접 측정할 수 있지만, 설치비와 운전비가 많이 든다.

**[?!] 유량계에 대한 간단 요약**

- 유량을 측정하는 방법
  - 용적을 측정하는 방법
  - 적산값을 구하는 방법
  - 순간값을 구하는 방법
  - 중량값을 구하는 방법
- 유량측정의 원리
  - 유속변화로 인한 압력차 : 조리개(피토관 등) 유량계
  - 전자기유도현상 : 전자기 유량계
  - 파동의 전파 시간차 : 초음파 유량계
  - 흐름에 따른 냉각효과 : 열선식 유량계
  - 유체에 작용하는 힘 : 터빈 유량계
  - 일정한 용적으로 구분한 계수 : 용적식

## 4 액면계

### 1 | 액위측정법에 따른 구분

(1) 직접식 액위 측정

- 기준면에서 액체의 높이를 직접 측정하여 액위를 계측한다.
- 종류 : 유리관식, 플로트식 등이 있다.

(2) 간접식 액위 측정

- 액체의 정압, 음향 등을 이용하여 액위를 계측한다.
- 종류 : 초음파식, 방사선식, 정전용량식, 전극식 등이 있다.

### 2 | 액면계의 종류

(1) 유리관식(봉상) 액면계

① 유리나 플라스틱의 투명한 세관을 탱크 측면에 부착하여 탱크 속의 액면의 변화를 측정

② 특징

가) 구조가 간단하고 정밀도가 높다.

나) 가는 관을 사용하므로 모세관 현상 때문에 오차가 생길 수 있다.

다) 가압탱크나 진공탱크에서는 압력에 견디는 범위 안에서만 사용할 수 있다.

(2) 플로트식 액면계

① 부자식 액면계 : 액면이 상하로 움직임에 따라서 같이 움직이는 플로트를 액면에 직접 띄워서 그 움직임을 직접 지시하거나 회전 혹은 레버에 의해서 전기량이나 공기압으로 변환시켜 전송한다. 고압밀폐탱크 및 초대형 지하탱크의 액면을 측정한다. 정도는 ±1~2%이다.

② 편위식 액면계 : 측정액 중에 잠겨있는 플로우트의 깊이에 의한 부력으로부터 액면을 측정하는 방식

(3) 압력식 액면계

- 종류
  - 압력계식 : 직접압력계로 측정
  - 다이어프램식 : 격막의 휨 정도로 측정
  - 기포식 : 끝이 열린 관을 액체 속에 넣고 압축공기를 보낼 때, 액체의 정압보다 공기압력이 조금이라도 높아지면 공기 거품이 나오므로 이때의 압력을 측정해서 액면의 높이를 구하는 방식

### (4) 차압식(햄프슨식) 액면계

- 기준 수위에서의 압력과 측정 액면계에서의 차이로부터 액위를 측정하는 방식
- 고압 밀폐탱크의 측정에 적합하며, 초저온의 설비에 많이 사용된다.

### (5) 전극식 및 정전 용량식 액면계

① 전극식 : 액위에 따라 변화하는 전기 전도율을 이용하여 액위를 측정

② 정전 용량식 : 검출소자를 액주에 넣어서 검출되는 정전용량의 변화(유전율)를 브리지회로를 통해 측정

### (6) 방사선식 액면계

- 감마($\gamma$)선과 같이 투과력이 강한 방사선을 발사하여, 액면의 변화에 따라 달라지는 방사선의 세기를 수신기로 측정하여 액면의 높이를 알 수 있다.
- 고온고압의 액체나 부식성액체의 탱크 및 그밖의 용기 안에 측정자를 넣을 수 없는 액체의 액위 측정에 적합하다.
- 조사식, 가반식, 쿠거식이 있다.

### (7) 초음파식 액면계

- 초음파 액위계는 탱크의 위와 아랫면에 초음파 발신기와 수신기를 부착하고, 초음파를 보내어 되돌아오기까지의 왕복시간을 측정하여 액면의 높이를 구한다.
- 초음파의 전파 속도는 물질에 따라 다르므로 탱크 내의 액체의 종류가 일정한 경우에 사용한다.

**Q10** **탐사침을 액 중에 넣어 검출되는 물질의 유전율을 이용하는 액면계는?**

① 전극식 액면계　　② 방사선식 액면계

③ 초음파식 액면계　　④ 정전용량식 액면계

**해설** 유전율을 이용하는 것은 정전용량식 액면계이다.　**정답** ④

## 5 밀도 및 비중의 계측

- 고체의 비중은 아르키메데스의 원리에 따라 부력을 이용하여 측정되는 것이 일반적이다.
- 액체의 경우 비중병을 통한 방법과 부력법을 이용한 방법이 널리 이용된다.

### 1 | 비중병의 사용

액체의 비중은 비중병을 사용하여 측정하려는 액체 질량과 물의 질량을 측정하여 구한다.

### 2 | 비중계의 이용

액체 비중계 : 표준기로 보정된 가는 유리관을 달고 있는 유리 용기로 액체 속에 용기가 잠기는 깊이를 측정함으로써 계산 과정 없이 액체의 비중을 직접적으로 얻을 수 있는 기구

### 3 | 고체의 비중측정

고체가 물에 잠기면 그 물질의 부피에 해당하는 물의 무게만큼 가벼워지는 원리를 이용

$$\text{물보다 비중이 큰 고체의 비중} = \frac{M_1}{M_1 - M_2} dw$$

( $M_1$ : 고체시료의 공기 중에서의 질량
$M_2$ : 고체시료가 물 속에 잠겼을 때의 질량
$dw$ : 측정 온도에서의 물의 비중 )

## 6 습도

### 1 | 상대습도(relative humidity)

- 주어진 온도에서 완전 포화에 대한 부분 포화를 의미(물의 포화 증기압에 대한 부분 포화를 의미)
- 물의 포화 증기압에 대한 분압의 백분율로 나타낸다.

$$H_r(\%) = \frac{\overline{P}}{P_s} \times 100$$

( $\overline{P}$ : 공기 중의 수증기 분압　　　$P_s$ : 공기 중의 물의 포화증기압 )

**Q11** 실내공기의 온도는 15℃이고, 이 공기의 노점은 5℃로 측정되었다. 이 공기의 상대습도는 약 몇 %인가? (단, 5℃, 10℃ 및 15℃의 포화수증기압은 각각 6.54mmHg, 9.21mmHg 및 12.79mmHg이다)

① 46.6 ② 51.1 ③ 71.0 ④ 75.1

**해설** $\frac{6.54}{12.79} \times 100$

**정답** ②

## 2 | 절대습도(absolute humidity)

- 건조공기의 질량에 대한 습한 공기 속에 들어 있는 수증기의 질량비

$$H = \frac{m_w}{m_a} = \frac{m_w}{m - m_w}$$

$m$ : 습한 공기의 질량(kg)
$m_w$ : 습한 공기 속에 들어 있는 수증기의 질량(kg)
$m_a$ : 건조 공기의 질량(kg)

- 습한 공기의 전압 $P$, 그 속에 들어 있는 수증기 분압을 $\overline{P}$라 하면

$$\frac{\text{수증기의 몰 수}}{\text{건조 공기의 몰 수}} = \frac{\frac{m_w}{18}}{\frac{m_a}{29}} = \frac{\overline{P}}{P-\overline{P}} \text{가 되므로,}$$

$$\text{절대습도 H} = \frac{m_w}{m_a} = \frac{19}{28}\frac{\overline{P}}{P-\overline{P}} \fallingdotseq 0.62\frac{\overline{P}}{P-\overline{P}}$$

**Q12** 습한 공기 205kg 중 수증기가 35kg 포함되어 있다고 할 때 절대습도는 약 얼마인가? (단, 공기와 수증기의 분자량은 각각 29, 18이다)

① 0.106 ② 0.128 ③ 0.171 ④ 0.206

**해설** $\text{절대습도} = \frac{\text{수증기 질량}}{\text{건조 공기 질량}} = \frac{\text{수증기 질량}}{\text{습한 공기 질량} - \text{수증기 질량}}$

$= \frac{35}{205-35} = 0.206$

**정답** ④

## 3 | 포화습도

- 수증기의 분압이 그 온도에서의 포화 증기압과 같은 습한 공기를 포화 공기라 하고, 그 때의 습도를 포화 습도($H_s$)라 한다.
- 일정 온도에서 공기가 함유할 수 있는 최대의 수증기량을 그때의 포화 습도라 한다.

$$H_s = 0.62\frac{P_s}{P-P_s}$$

## 4 | 비교습도(percentage humidity)

- 습공기의 절대온도 $x$와 그 온도와 동일한 포화 공기의 절대습도 $x_s$와 비
- 포화도(degree of saturation)는 ø 로 표시한다.

$$\text{ø} = \frac{x}{x_s}\times 100$$

- 즉, 습한 공기가 주어진 온도 및 전압에서 완전히 포화되었을 때 수증기를 제외한 건조공기 1몰당 수증기의 몰수에 대한 실제 습한 공기에서 수증기를 제외한 건조공기 1몰당 수증기의 몰 비의 비로 정의된다.

$$H_p = \frac{H}{H_s} = \frac{\frac{\overline{P}}{(P-\overline{P})}}{\frac{P_s}{P-P_s}}\times 100 = \frac{P-P_s\overline{P}}{P-\overline{P}P_s}\times 100 \text{ 혹은 } H_p = \frac{P-P_s}{P-\overline{P}}H_r$$

**Q13** 습공기의 절대습도와 그 온도와 동일한 포화공기의 절대습도와의 비를 의미하는 것은?

① 비교습도　② 포화습도　③ 상대습도　④ 절대습도

정답 ①

## 5 | 전압력과 수증기의 분압

$$P = Pw + Pa$$

$P$ : 수증기와 건공기와의 혼합가스가 나타내는 압력 = 전압력
$Pw$ : 습공기 중의 수증기가 나타내는 분압
$Pa$ : 습공기 중에 건공기가 가지는 분압

## 6 | 습도 측정방법

### (1) 건습구 습도계법

상대습도를 측정하는 방법으로 대기에 직접적으로 노출된 건구 온도계와 온도계의 밸브가 항상 심지에 둘러싸여 물에 젖어 있는 습구 온도계의 온도를 측정하여 습도를 결정하는 방법이다. 물이 필요하고 구조 및 취급이 간단하다.

### (2) 흡습법

- 흡습체를 이용하여 주위 대기의 습도를 측정하는 방법
- 상대습도를 직접 지시할 수 있으며, 모발습도계 등이 있다.

**?! 습도계측**

모발 습도계, 저하 습도계, 냉각식 노점계, 가열식 노점계

**?! 모발습도계**

재현성이 좋기 때문에 상대습도계의 강습소자로 사용되며 실내의 습도조절용으로도 많이 이용된다.

### (3) 이슬점법

흡습염(염화리듐)이 습도를 측정하려는 대기 중의 습기를 흡수하면 흡습체 표면에 포화용액층을 형성하게 되는데, 이 포화 용액과 대기와의 증기 평형을 이루는 온도를 측정하여 이슬점을 결정한다.

# Chapter 3 가스분석

## 1 분석원리

- 주로 공기비의 추정에서 연소가스량의 파악, 열계정에 있어서의 배출가스 손실의 산정과 유관한 목적으로 행해진다.
- 화학적 분석과 물리적 분석이 있다.

### 1 | 화학적 가스분석장치

물리적 분석법에 비해 신뢰성, 신속성이 뒤진다.

(1) 흡수법

① 오르잣트(Orsat)법/가스분석

- 이산화탄소, 산소, 일산화탄소 등의 가스가 각각 흡수액에 잘 녹는 성질을 이용한 것
- 용적 감소나 흡수제를 적정하는 방법에 의해 그 성분 비율을 구하는 방법
- 가스분석 시 온도는 16~20℃ 적당하다.
- 분석순서 : $CO_2$(흡수액 : 30%KOH) → $O_2$(흡수액 : 알칼리성 피로가롤 용액) → CO(흡수액 : 암모니아성 염화 제1동 용액) → $N_2$(흡수액을 사용하지 않고 계산으로 구한다)

② 헴펠법

- 분석순서 : $CO_2$ → CmHn → $O_2$ → CO → $N_2$
- CmHn의 흡수제 : 발연황산

③ 게겔(Gockel)법

- 주로 저급탄화수소의 분석용에 쓰인다.
- 분석성분 : $CO_2$ → $C_2H_2$ → $C_3H_6$ → $C_3H_8$ → $C_2H_4$ → $O_2$ → CO
- 흡수제

  $CO_2$ : 30%KOH 수용액, $C_2H_2$ : 옥소수은 칼륨 용액

  $C_3H_6$, $C_3H_8$ : 87% $H_2SO_4$, $C_2H_4$ : 취소수 용액, CO : 염화 제1동 용액

  $O_2$ : 알칼리성 피로가롤 용액(약 60% 수산화칼륨 용액과 12% 피로가롤액을 혼합)

**배기가스 중 각 성분의 함량 %**

- $CO_2$ : $\frac{\text{KOH에 흡수된 양}}{\text{총 시료}} \times 100$
- $O_2$ : $\frac{\text{알카리성 피놀가톨 용액에 흡수된 양}}{\text{총 시료}} \times 100$
- $CO = \frac{\text{염화제1구리 용액에 흡수된 양}}{\text{총 시료}} \times 100$
- $N_2\ \% = 100 - (CO_2\% + O_2\% + CO\%)$

④ 자동화학식 $CO_2$계 : 30%KOH 수용액을 흡수제로 사용하여 시료가스의 용적감소를 측정함으로써 이산화탄소 농도를 측정

⑤ 연소식 $O_2$계 : 시료가스가 가연성인 경우 일정량의 시료가스에 수소 등의 가연성 가스를 혼합하여 촉매를 넣고 연소시켰을 때 반응열에 의해 온도상승이 생기는데, 이 반응열이 측정가스 중에 산소농도에 비례한다는 것을 이용한다.

**Q1** 50ml의 시료가스를 $CO_2$, $O_2$, CO 순으로 흡수시켰을 때 그 때마다 남은 부피가 각각 32.5ml, 24.2ml, 17.8ml였다면 가스조성 중 $N_2$의 조성은 몇 %가 되겠는가?

① 35.6 ② 34.2 ③ 27.6 ④ 24.2

해설 $CO_2 = \frac{50-32.5}{50} \times 100$, $O_2 = \frac{32.5-24.2}{50}$, $CO = \frac{24.2-17.8}{50} \times 100$

$N_2 = [100 - (CO_2 + O_2 + CO)]$

정답 ①

**Q2** 시료가스를 각각 특정한 흡수액에 흡수시켜 흡수 전후의 가스체적을 측정하여 가스의 성분을 분석하는 방법이 아닌 것은?

① 오르자트법 ② 게겔법 ③ 적정법 ④ 헴펠법

정답 ③

(2) 연소분석법

① 분석하고자 하는 시료가스를 연소한 후 생성물을 근거로 가스의 조성을 결정하며 연소 후 생성물 데이터에는 산소 소비량, $CO_2$ 생성량, 생성 몰 수 등이 있다.

② 연소 분석법의 종류

가) 완만연소법

- 가장 많이 사용

• 직경 0.5mm 정도의 백금선을 3~4mm의 코일로 한 적열부를 가진 완만 연소 피펫으로 시료가스와 산소를 피펫에 천천히 넣고 연소시킨다.
• 폭발위험성이 작다.
• 질소가 혼재되어 있을 때에도 질소산화물의 생성을 방지할 수 있다.

나) 분열연소법

다) 폭발법

## 2 | 물리적 가스 분석 장치

### (1) 열전도율 $CO_2$계(열전도율을 이용한 방법)

• 탄산가스의 열전도율이 매우 작은 것을 이용
• 열전도율이 큰 수소가 혼입되면 측정오차의 영향이 크다.

### (2) 밀도식 $CO_2$계(가스의 밀도차를 이용하는 방법)

$CO_2$의 밀도가 공기보다는 크다는 것을 이용

### (3) 자기식 $O_2$계(가스의 자성을 이용하는 방법)

가스 중에서 산소만이 매우 높은 자성을 나타낸다. 실내의 열선의 냉각작용이 강해지면 농도가 저하하고, 이 온도 저하에 의한 전기 저항의 변화를 측정한다.

### (4) 적외선 및 자외선을 이용하는 방법

거의 모든 물질은 저마다 특유한 적외선 또는 자외선 흡수 스펙트럼을 가지고 있다. 따라서 대상 성분 가스만이 강하게 흡수하는 파장의 광선을 비추어 측정하면 대상가스 성분의 농도를 구할 수 있다.

### (5) 이온전류를 이용하는 방법

수소염 속에 유기물을 넣고 연소시키면 유기물 중의 탄소 수에 비례한 이온이 발생한다. 이것을 모아 전류를 끌어냄으로써 유기물의 농도를 알 수 있다.

### (6) 도전율식 가스 분석계(흡수제의 도전율의 차를 이용하는 방법)

용액은 가스를 흡수하면 그 도전율이 변화한다. 이러한 현상을 이용하여 각각 일정량의 시료가스와 용액을 혼합하여 반응시킨 다음 반응 전후 용액의 도전율을 전극을 사용하여 측정함으로써 그 변화에 따라 대상 가스농도를 구하는 것이다.

### (7) 세라믹 $O_2$계(고체의 전해질의 전지 반응을 이용하는 방법)

지르코니아 자기는 고온이 되면 산소 이온만을 통과시키고 전자나 양이온을 거의 통과시키지 않는 특수한 도전성을 나타낸다. 이 특성을 이용하여 산소 농담 전지를 만들면 시료가스 중의 산소 농도를 측정할 수 있다.

(8) 기타

① 전기식 $O_2$계 : 액체의 전해질의 전지 반응을 이용하는 방법

② 흡광도계를 이용하는 방법 : 측정대상 가스를 흡수한 용액에 적당한 화학적 조작을 가하여 발색시킨 다음 그 발색 시료에 가시부 또는 자외부 파장의 빛을 비추어 그 흡수광량에 의해 대상가스의 농도를 알아내는 방법이다.

## 2 가스크로마토그래피법(Gas chromatography)

### 1 | 원리 및 적용범위

- 두 가지 이상의 성분으로 된 물질을 단일성분으로 분리하는 기법
- 분리하고자 하는 물질의 각 성분은 이동상(기체)의 흐름에 따라 고정상(충전물 분리관) 사이를 이동한다. 이때 시료가 칼럼을 지나는 동안, 각 성분의 이동속도 차이를 이용해 혼합물의 각 성분이 분리된다. 이와 같이 분리된 각 성분들은 검출기에서 검출되어 정성 및 정량 분석이 가능하게 된다.

### 2 | 가스크로마토그래피의 구조

(1) 주요구성

① 운반 기체부 : 운반 기체를 공급

② 시료를 넣는 주입부

③ 분리관(컬럼) : 시료를 흡착법에 의해 분리

④ 오븐 : 컬럼의 온도를 일정하게 유지

⑤ 검출기 : 분리된 성분을 일정한 전기 신호로 변환

⑥ 전기신호에 의해 크로마토그램을 얻는 기록계 또는 데이터 처리장치 등

(2) 분리관

충전물질(실리카겔, 제올라이트, 몰리큘러시보, 활성탄, 활성 알루미나, 알루미나겔)을 채운 내경 2~7mm(모세관식 분리관을 사용)의 시료에 대하여 각 분석방법에서 규정하는 것을 사용한다.

① 흡착형충전물(기체-고체 크로마토그래피법)

• 분리관 내경에 따른 흡착제/담체의 입경범위

| 분리관 내경(mm) | 흡착제 및 담체의 입경 범위(μm) |
|---|---|
| 3 | 149~177(100~80mesh) |
| 4 | 177~250(80~60mesh) |
| 5~6 | 250~590(60~28mesh) |

• 흡착제 : 실리카겔, 활성탄, 알루미나, 합성제올라이트(Zeolite) 등

• 흡착제별 최고사용온도 및 적용가스

| 종류 | 최고사용온도 | 적용가스 |
|---|---|---|
| 실리카겔 | - | $CO_2$, $C_1$~$C_3$ 탄화수소 |
| 활성탄 | - | $H_2$, $CO$, $CO_2$, $CH_4$ |
| 활성 알루미나 | - | $CO$, $C_1$~$C_4$ 탄화수소 |
| 합성올라이트 | 250 | $CO$, $CO_2$, $N_2$, $O_2$ |
| Porapak Q | | $N_2O$, $NO$, $H_2O$ |

② 분배형 충전물질(기체-액체 크로마토그래피법)

• 충전물질의 입경범위(위 도표참고)

• 담체에 고정상 액체를 함침시킨 것을 충전물별 최고사용온도 및 적용가스

| 종류 | 최고사용온도 | 적용가스 |
|---|---|---|
| DMS(Dimethyl sulfolane) | 50 | 프레온, 올레핀유 |
| DMF(Dimethyl formamide) | 20 | $C_1$~$C_4$ 탄화수소 |
| TCP(Ticresyl phosphate) | 125 | 황화합물 |
| Silicone SE-30 | 350 | 고비점 탄화수소 |
| Goaly U-90(Ssqualane) | 125 | 다성분 혼합의 탄화수소 |

### (3) 주입부

시료는 마이크로 주사기나 자동 시료 주입기로 고무나 실리콘 고무로 되어 있는 막을 통하여 가열된 시료 주입부 속으로 신속하게 주입한다. 주입된 시료는 제한된 공간 속으로 신속하게 주입한다. 주입된 시료는 제한된 공간 속으로 빠른 속도로 기화되어 순식간에 컬럼에 도달한다.

### (4) 검출기

① 열전도도 검출기(Thermal Conduct Detector, TCD)

• 기체의 흐름에 따른 열전도율 변화를 이용

- 유기 및 무기 화합물을 모두 검출할 수 있다.
- 검출 후에도 시료가 파괴되지 않기 때문에 시료를 모을 수 있으나 다른 검출기에 비해 감도가 비교적 낮다.

② 수소염 이온화 검출기(Flame Ionization Detector, FID)

- 유기 화합물이 수소-공기의 불꽃 속에서 탈 때 생성되는 이온을 검출하는 검출기
- 탄화수소에 대한 감도가 우수하다.

③ 전자포획형 검출기(Electron Capture Detector, ECD)

- 방사선 동위원소로부터 방출되는 $\beta$선이 운반가스를 전리하여 미소전류를 흘려보낼 때 시료 중의 할로겐이나 산소와 같이 전자 포획력이 강한 화합물에 의하여 전자가 포획되어 전류가 감소하는 것을 이용하는 방법
- 유기할로겐화합물, 니트로화합물 및 유기금속화합물을 선택적으로 검출할 수 있다.
- 할로겐 등에 감도가 우수하며 탄화수소에 대한 감도는 나쁘다.

④ 염광광도형 검출기(Flame Photometric Detector, FPD)

- 수소염에 의하여 시료성분을 연소시키고 이때 발생하는 염광의 광도를 분광학적으로 측정하는 방법
- 인 또는 유황화합물을 선택적으로 검출할 수 있다.

⑤ 알칼리열 이온화검출기(Flame Thermionic Detector, FTD)

- 수소염 이온화 검출기에 알칼리 또는 알칼리토류 금속염의 튜브를 부착한 것
- 유기질소 화합물 및 유기염 화합물을 선택적으로 검출할 수 있다.

### (5) 운반가스의 종류

① 운반 기체(Carrier Gas)의 조건

가) 고순도이며 비활성

나) 기체의 확산을 최소로 줄일 수 있도록 분자량이 커야 한다.

다) 값이 싸고 독성이 없어야 한다.

라) 검출기에 적합한 기체를 선택해야 한다.

② 운반가스의 종류

가) 종류 : $H_2$, He, $N_2$, Ar → 검출기의 종류에 따라 다르다.

나) 순도는 99.995% 이상

다) 검출기에 따른 운반기체

| Detector | Carrier Gas | 비 고 |
|---|---|---|
| TCD | He<br>$H_2$<br>$N_2$ | 일반적 감도 높으나 취급주의<br>$H_2$ 분석 시 사용 |
| FID | $N_2$<br>$H_2$ | 일반적, 감도 높음.<br>대체로 사용가능 |
| ECD | $N_2$ | 최고감도 |
| FPD | $N_2$ | 일반적 |

(6) 가열오븐(Heating Oven)

① 분리관 오븐(column Oven)

- 내부용적이 분석에 필요한 길이의 분리관을 수용할 수 있는 크기이어야 한다.
- 임의의 일정온도를 유지할 수 있는 가열기구, 온도조절기구, 온도측정기구 등으로 구성
- 온도조절 정밀도는 ±0.5℃의 범위 이내 전원 전압변동 10%에 대하여 온도변화 ±0.5℃ 범위 이내(오븐의 온도가 150℃ 부근일 때)이어야 한다.
- 승온 가스크로마토그래피에서는 승온기구 및 냉각기구를 부가한다.

② 검출기 오븐(Detecdtor Oven)

- 검출기를 한 개 또는 여러 개 수용할 수 있고 분리관 오븐과 동일하거나 그 이상의 온도를 유지할 수 있는 가열기구, 온도조절기구 및 온도측정기구를 갖추어야 한다.
- 방사형 동위원소를 사용하는 검출기를 수용하는 검출기 오븐에 대하여는 온도조절기구와는 별도로 독립 작용할 수 있는 과열방지기구를 설치해야 한다.
- 가스를 연소시키는 검출기를 수용하는 검출기 오븐은 그 가스가 오븐 내에 오래 체류하지 않도록 된 구조이어야 한다.

## 3 | 분리관 효율

① 분리관을 나오는 성분 봉우리의 퍼지는 크기에 따라 관의 분리효율을 결정한다.

② 분리효율을 정량적으로 표시하기 위한 척도로서 이론단수와 이론단높이를 사용한다.

③ 크로마토그래피의 효율은 이론단수가 클수록 이론단높이가 작을수록 증가한다.

④ 보통 이론단수 또는 1 이론단에 해당하는 분리관의 길이 HETP(Height Equivalent to a Theretical Plate)로 표시한다.

⑤ 크로마토그램상이 피크(peak)로부터 다음 식으로 구한다.

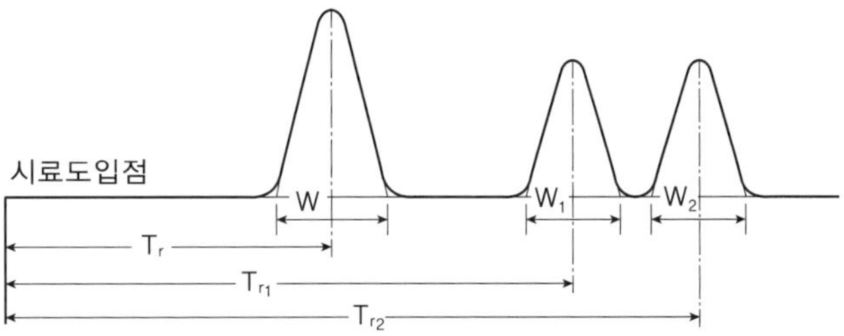


- 이론단수 : $n = 16 \times \left(\frac{Tr}{W}\right)^2$
- HETP : L/n(L : 분리관의 길이)

**Q3** 아래 그림은 가스크로마토그래프로 얻은 크로마토그램이다. 이 경우 이론단수는 얼마인가?

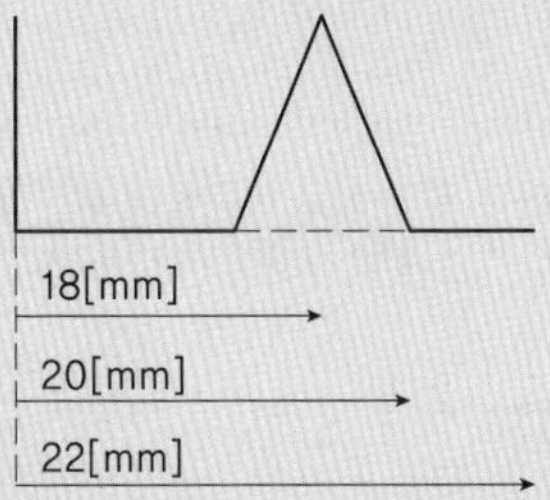


① 160　② 400　③ 1000　④ 1600

**해설** $n = 16 \times \left(\frac{Tr}{W}\right)^2 = \left(\frac{20}{4}\right)^2 \times 16$

**정답** ②

## 3 분리능

- 2개의 접근한 피이크의 분리의 정도를 나타내기 위하여 분리계수 또는 분리도를 가지고 다음과 같이 정량적으로 정의하여 사용한다.
- 분리계수 = $\frac{T_{r2}}{T_{r1}}$
- 분리도 = $2\frac{(T_{r2} - T_{r1})}{W_1 + W_2}$

$T_{r1}$ : 시료 도입점으로부터 피이크 1의 최고점까지의 길이
$T_{r2}$ : 시료 도입점으로부터 피이크 2의 최고점까지의 길이
$W_1$ : 피이크 1의 좌우 변곡점에서의 접선이 자르는 바탕선의 길이
$W_2$ : 피이크 2의 좌우 변곡점에서의 접선이 자르는 바탕선의 길이

**Q4** 가스크로마토그램에서 A, B 두 성분의 보유시간은 각각 1min. 50sec.와 2min. 20sec.이고 피이크 폭은 다같이 30sec.였다. 이 경우 분리도는 얼마인가?

① 0.5 ② 1.0 ③ 1.5 ④ 2.0

**해설** 분리도 $= 2\times\dfrac{T_{r2}-T_{r1}}{W_1+W_2} = 2\times\dfrac{(140-110)}{30+30}$

**정답** ②

**기기 분석법 요약**

① 가스크로마토그래피 : 분리하고 하는 혼합물 속의 각 성분은 이동상(기체)의 흐름에 따라 고정상(충전물 분리관) 사이를 이동한다. 이때, 혼합물의 각 성분은 이동 속도의 차이 때문에 분리된다.
② 질량분석법 : 시료를 진공에서 이온화시켜 생긴 이온을 자장에 적용시켜 생긴 전류 측정
③ 분광분석법 : 용액의 물질이 빛을 흡수하는 성질을 이용하여 시료의 농도를 측정하는 흡광 분석법에 사용된다. 농도가 높을수록 흡수되는 빛의 양은 많아진다. 따라서, 광도계를 사용하여 용액을 투과한 빛의 세기를 측정한다. Nernst 백열등 등이 있다.
④ 전량 적정법 : 전해에 소비되는 전기량과 피전해 중량으로 구한다.
⑤ 저온 정밀 증유법 : 비점차로 액화시켜 산출한다.
⑥ 원자 흡광 광도계 : 원자의 증기 층에 어느 파장의 빛을 가해 주면 바닥상태에 있는 원자가 빛을 흡수하는데, 원자의 수가 많을수록 빛이 많이 흡수된다. 원자 흡광 광도계는 이와 같은 현상을 이용하여 측정하고자 하는 원소를 원자화한 다음, 여기에 특정 파장의 빛을 통과시켜 빛의 흡수 정도를 측정하여 원소의 정량 분석할 수 있다.

# 4 가스 검지기

## 1 | 검지기의 종류

### (1) 가연성가스 검지기(접촉 연소식 가스 검지기)

① 원리 : 전기저항이 온도에 비례하는 것을 이용한 것

② 특징

가) 모든 가연성 가스성분에 대하여 가능하므로 선택성이 없다.

나) 검지엘리멘트의 온도를 변화시킴으로써 $CH_4$에 대한 선택성을 갖는다.

### (2) 서머스탯(Thermostat)식 가스검지기

① 원리 : 가스와 공기의 열전도도가 다른 것을 이용한 것

② 특징

가) 가연성 중의 특성 성분만을 선택적으로 검출하는 것은 불가능

나) 공기와 열전도도가 다른 가스는 모두가 검출된다.

다) 검출감도는 공기와의 차가 큰 것일수록 높다.

라) 측정범위는 0~100%의 가스농도까지 측정이 가능하다.

(3) 반도체식 가스검지기

① 원리 : 반도체 표면에 가스가 흡착하면 직접 전도도 변화가 생기는 것을 이용한 것

② 특성

가) 회로구성이 간단

나) 특별한 증폭을 하지 않고도 대단히 낮은 농도의 가스검지가 가능하다.

다) 저농도에서의 감도가 대단히 우수하다.

라) 약간 농도가 높아지면 감도가 떨어져 가스 농도측정용으로서는 적합하지 않다.

마) 검지 가능한 가스는 가연성인 것에 한정되지 않는다.

(4) 수소염이온화식 가스검지기(FID : Flame Ionization Detector)

① 원리 : 수소 불꽃 속에 탄화수소가 들어가면 불꽃의 전기전도도가 증대하는 현상을 이용

② 특징

가) 탄화수소에 한한다.

나) 무기화합물($N_2$, CO, $H_2$ 등)에는 감지되지 않는다.

다) 검지감도는 가장 높고 1ppm의 가스농도의 검지가 가능하다.

(5) 검지관식 가스검지기

① 원리 : 검지관 2~4mm의 가는 유리관 속에 검지제를 조밀하게 충전하여 그 양쪽을 밀봉하여 시료가스를 송입하면 시료가스 중의 특정가스와 검지체와의 화학반응에 의하여 검지체가 변색하므로 그 변색의 정도를 이용한다.

② 특징

가) 검지관과 가스 채취기(펌프)로 이루어진 간단한 구조이다.

나) 특정가스의 검출이 가능하며 주로 독성가스 검지기로 많이 사용된다.

③ 검지관에 의한 측정 농도 및 한도

- $C_2H_2$ : 0~0.3%, 10ppm
- $H_2$ : 0~1.5%, 250ppm
- CO : 0~0.1%, 1ppm
- $C_3H_8$ : 0~0.5%, 100ppm

## 2 | 검지 방법

### (1) 누설검사지법

| 가스명 | 시험지 | 변 색 |
|---|---|---|
| 암모니아 | 리트머스시험지 | 산성 : 적색, 알칼리 : 청색 |
| 시안화수소 | 질산구리벤젠지 | 청색 |
| 염소 | KI전분지 | 청색 |
| 일산화탄소 | 염화파라듐지 | 흑색 |
| 황화수소 | 연당지 | 흑갈색 |
| 아세틸렌 | 염화제1동착염지 | 적색 |
| 포스겐 | 하리슨지 | 심등색 |

### (2) 가연성 가스검출기

① 안전등형

- $CH_4$ 존재 시 불꽃 주변의 발열량이 증가하여 불꽃 모양이 커지므로 청색 불꽃 길이에서 $CH_4$의 농도를 대략적으로 알 수 있다.
- $CH_4$의 누출 여부를 가장 손쉽게 알 수 있다.

② 간섭계형

- 가스의 굴절률차를 이용하여 농도를 측정하는 방법이다.
- $CH_4$를 측정하고 그 외의 가연성가스에도 사용할 수 있다.

③ 열선형

- 브리지회로의 편위전류에 의하여 가스농도의 지시 또는 자동적으로 경보가 가능한 방법
- 열전도식 : 전기적으로 가열된 필라멘트(열선)로 가스를 검지한다.
- 연소식 : 필라멘트(열선)로 검지가스를 연소시켜 생기는 전기저항의 변화로 측정

### (3) 보링에 의한 검사방법

도로의 노선상에 깊이 약 50cm, 간격 5m로 보링하여 그 구멍에 관을 세워 약 1분이 경과한 후 흡입한 다음 가스검지기 또는 취기에 의한 가스 누설여부를 확인하는 검사방법

### (4) 맨홀에서 냄새(취기)검사에 의한 방법

포장도로 등과 같이 보링을 할 수 없는 경우에 가스배관이 통과하는 주위 맨홀 등에서 가스검지기 또는 취기로서 가스 누설여부를 확인하는 검사방법

### (5) 수주게이지(수주계)에 의한 방법

가압 후 압력의 변동을 조사하여 가스누설 여부를 확인하는 방법

(6) 발포액에 의한 방법

노출되어 있는 배관, 가스메타 및 가스콕크에 대해서는 비눗물 등의 발포액을 사용하여 외부를 검사하고 가스검지기 또는 취기로서 가스누설여부를 확인하는 검사방법

## 3 | 가스누출검지경보장치의 설치기준

(1) 가스누출검지경보장치(이하 검지경보장치)의 성능기준

① 검지경보장치는 접촉연소방식, 격막갈바니전지방식, 반도체방식, 그 밖의 방식에 의하여서 검지엘리먼트의 변화를 전기적 신호에 의해 이미 설정하여 놓은 가스농도(이하 경보농도)에서 자동적으로 경보하는 것일 것

② 경보농도는 검지경보장치의 설치장소, 주위의 분위기 온도에 따라 가연성가스는 폭발한계의 $\frac{1}{4}$ 이하, 독성가스는 허용농도 이하로 할 것(단, 암모니아를 실내에서 사용하는 경우 50ppm으로 할 수 있다)

③ 경보기의 정밀도는 경보농도 설정치에 대하여 가연성가스용에 있어서는 ±25% 이하, 독성가스용에 있어서는 ±30% 이하로 한다.

④ 검지경보장치의 검지에서 발신까지 걸리는 시간은 경보농도의 1.6배 농도에서 보통 30초 이내일 것. 다만, 검지경보장치의 구조상 또는 이론상 30초가 넘게 걸리는 가스(암모니아, 일산화탄소 또는 이와 유사한 가스)에 있어서는 1분 이내로 한다.

⑤ 전원의 전압등 변동이 ±10% 정도일 때에도 경보정밀도가 저하되지 않을 것

⑥ 지시계의 눈금은 가연성가스용은 0~폭발하한계값, 독성가스는 0~허용농도의 3배값(암모니아를 실내에서 사용하는 경우 150ppm)을 각각의 눈금의 범위에 명확하게 지시하는 것

⑦ 경보를 발신한 후에는 원칙적으로 분위기 중 가스농도가 변화하여도 계속 경보를 울리고, 그 확인 또는 대책을 강구함에 따라 경보정지가 되어야 한다.

(2) 설치장소

① 건축물 내에 설치되어 있는 압축기, 펌프, 반응설비, 저장 탱크 등 가스가 누출하기 쉬운 고압가스설비 등이 설치되어 있는 장소의 주위에는 누출한 가스가 체류하기 쉬운 곳에 이들 설비군의 바닥면 둘레 10m에 대하여 1개 이상의 비율로 계산한 수

② 건축물 밖에 설치되어 있는 앞서 기재한 고압가스설비가 다른 고압가스설비, 벽이나 그 밖의 구조물에 인접하거나 피트 등의 내부에 설치되어 있는 경우, 누출한 가스가 체류할 우려가 있는 경우, 누출한 가스가 체류할 우려가 있는 장소에 그 설비군의 바닥면 둘레 20m마다 1개 이상의 비율로 계산한 수

③ 특수반응설비로서 그 주위에 누출한 가스가 체류가 체류하기 쉬운 장소에는 그 바닥면 둘레

10m마다 1개 이상의 비율로 계산한 수

④ 가열로 등 발화화원이 있는 제조설비의 주위에 가스가 체류하기 쉬운 장소에는 그 바닥면 둘레 20m마다 1개 이상의 비율로 계산한 수

⑤ 계기실 내부에 1개 이상

⑥ 독성가스의 충전용 접속구 군의 주위에 1개 이상

⑦ 방류둑(2기 이상의 저장 탱크를 집합방류둑 내에 설치한 경우에는 저장 탱크 칸막이를 설치한 경우에 한한다) 내에 설치된 저장 탱크의 경우에는 당해 저장탱크마다 1개 이상

## 4 | 가스누출자동차단장치 설치

### (1) 용어의 정의

① 검지부 : 누출된 가스를 검지하여 제어부로 신호를 보내는 기능을 가진 것

② 차단부 : 제어부로부터 보내진 신호에 따라 가스의 유료를 개폐하는 기능을 가진 것

③ 제어부 : 차단부에 자동차단신호를 보내는 기능, 차단부를 원격 개폐할 수 있는 기능 및 경보기능을 가진 것

### (2) 검지부의 설치

① 검지부의 설치 수 : 연소기(가스누출자동차단기의 경우에는 소화안전장치가 부착되지 않은 연소기)버너의 중심부분으로부터, 수평거리 4m 이내에 검지부 1개 이상을 설치하여야 한다(단, 연소기설치실이 별실로 구분되어 있는 경우에는 실별로 산정되어야 한다).

② 검지부 : 바닥면으로부터 검지부 상단까지의 거리가 30cm 이하로 되어야 한다.

### (3) 제어부의 설치

제어부는 가스 사용실의 연소기 주위로서 조작하기 쉬운 위치에 설치하여야 한다.

### (4) 차단부의 설치

• 차단부를 설치하여야 하는 주배관

(단, 동일 공급배관의 상·하류에 이중으로 차단부가 설치되는 경우 각 연소기로부터 가장 가까운 곳에 설치된 것 이외의 것은 배관용 밸브로 할 수 있다.)

- 동일건축물 내에 있는 전체 가스 사용시설의 주배관
- 동일건축물 내로서 구분 밀폐된 2개 이상의 층에서 가스를 사용하는 경우 층별 주배관
- 동일건축물의 동일층 내에서 2 이상의 자가 가스를 사용하는 경우 사용자별 주배관. 다만, 동일의 가스 사용실에서 다수의 가스사용자가 가스를 사용하는 경우에는 그 실의 주배관으로 할 수 있다.

# Chapter 4 가스미터

## 1 가스미터의 사용목적

가스미터는 소비처로 공급되는 가스의 체적을 측정하기 위하여 사용

## 2 가스미터의 선정 시 고려사항

- 가스의 사용 최대 유량에 적합한 계량능력의 것일 것
- LPG용 또는 LPG와 도시가스 겸용으로 합격된 것으로서 유효기간 이내의 것

## 3 가스미터의 종류

- 가스의 누출방지에 물 또는 다른 액체를 사용하는가에 따라 습식, 건식으로 나뉜다.
- 건식은 대용량에 적합하고 습식은 정도가 우수하다.
- 가스미터의 종류

| | 종류 | | |
|---|---|---|---|
| 실측식 | 건식 | 막식 | 독립내기식, 크로바식 |
| | | 회전자식 | 루츠식(Roots), 로터리식(Rotary), 오발식(Oval) |
| | 습식 | | |
| 추량식 | 델타(delter), 터빈(turbine), 벤츄리(venturi), 오리피스(orifice), 와류식 | | |

### 1 | 막식

- 가스를 일정용적의 계량실 안에 넣어서 충만 후 유출하여 그 회수를 용적 단위로 환산하여 표시하는 것
- 통상 2개의 계량막을 사용하여 교대로 가스를 충만, 유출을 하도록 되어 있다.

## 2 | 회전자식

- 루츠식
  - 2개의 회전자로 구성되고, 소형으로 대용량의 가스측정이 가능한 가스미터
  - 유량이 일정하거나 변화가 심한 곳에서도 사용이 가능
  - 다양한 가스타입을 계량하기에 적합
  - 공업식에 사용되고 있는 것은 칼만(Karman)식과 스월(Swirl)식 두 종류가 있다.

## 3 | 습식

- 내부 드럼 회전수를 적산하여 기체의 체적유량을 구하는 방식
- 정확한 계량이 가능하여 다른 가스미터의 기준기로 이용된다.

# 4 설치장소

① 화기와 2m 이상의 우회거리를 유지하는 곳으로 수시로 환기가 가능한 장소에 설치할 것
② 설치높이는 바닥으로부터 1.6m 이상 2m 이내에 수직 수평으로 설치하고 밴드 보호대 등의 고정장치로 고정시킬 것. 다만, 격납상자 내에 설치하는 경우에는 설치높이를 제한하지 않는다.
③ 전기계폐기 및 전기계량기와의 거리는 60cm 이상, 굴뚝 전기점멸기 및 전기접속기와의 거리는 30cm 이상, 절연조치를 하지 않은 전선과의 거리는 15cm 이상의 거리를 유지할 것

# 5 설치 방법

① 수평으로 설치할 것
② 입구측 배관의 하단에 드레인 뽑기를 설치할 것
③ 조정기와 가스계량기와의 사이에 강관의 길이가 2m 이상이 되도록 할 것

# 6 고장 현상

① 부동(不動) : 가스가 미터는 통과하나 지침이 작동하지 않는 상태
② 불통(不通) : 가스가 미터를 통과하지 못하는 고장
③ 기차불량 : 기차가 변화하여 계량법에 규정된 사용공차를 넘는 고장

④ 누설 : 가스계량기의 누출은 계량기 내부에서 새는 것과 외부에서 새는 것이 있다.

⑤ 감도불량 : 미터에 일정량의 가스유량이 통과하였을 때 미터의 지침의 지시도에 변화가 나타나지 않은 고장

⑥ 이물질로 인한 불량 : 미터 출압력이 현저하게 낮아져 가스의 연소상태를 불안정하게 하는 고장이다.

⑧ 막식 가스미터의 고장현상 및 원인

| 현상 | 원인 |
|---|---|
| 부동 | ㉠ 계량막의 파손, 밸브 탈락<br>㉡ 밸브와 밸브 시이트 틈새 불량<br>㉢ 지시기어 장치의 물림 불량에 의한 지침 미작동 |
| 불통 | ㉠ 크랭크축이 녹슬거나 밸브와 밸브 시이트가 타르·수분 등에 의해 점착이나 고착 또는 동결하여 움직일 수 없게 된 경우<br>㉡ 날개, 조절기 등의 납땜이 떨어지는 등 회전장치 부분에 고장이 생겼을 때 |
| 기차불량 | ㉠ 계량식 체적변화, 계량막 파손<br>㉡ 밸브와 밸브 시이트 틈새 불량<br>㉢ 패킹열화 등이 원인이 되는 경우 |
| 감도불량 | 계량막, 밸브와 밸브 시이트의 사이, 패킹부 등에서의 누설이 원인 |
| 누설 | ㉠ 내부누설 : 날개축과 수평축이 각 격벽을 관통하는 시일(seal) 부분의 기밀이 파손, 패킹 재료의 열화<br>㉡ 외부누설 : 납땜 접합부의 파손케이스의 부식 |
| 이물질로 인한 불량 | ㉠ 크랭크축에 이물질이 들어가 회전에 윤활유가 없어졌거나 밸브와 밸브 시트 사이에 기름 등의 점성물질이 부착하였을 때<br>㉡ 연동기구가 변형하였을 경우 발생 |

**Q1** **가스가 가스미터를 통과하지 못하는 불통의 발생원인과 거리가 먼 것은 무엇인가?**

① 축이 녹슬었을 때
② 밸트시트에 이물질이 정착되었을 때
③ 회전장치에 고장이 발생했을 때
④ 계량막이 파손되었을 때

**해설** 계량막의 파손은 부동의 원인이 된다. **정답** ④

⑨ 루츠식 가스미터의 고장현상 및 원인

| 현상 | 원인 |
|---|---|
| 부동 | ㉠ 마그넷카플링 장치의 풀림<br>㉡ 감속 또는 지시기구 기어의 물림 불량<br>㉢ 감속기구기어 축대의 고착 파손 및 유량 과소<br>㉣ 압력보정장치 전달기구 이물질 부착<br>㉤ 압력보정장치 전달기구 베어링 마모 |
| 불통 | ㉠ 회전자의 먼지·시일제 등 부착<br>㉡ 회전자의 변형·파손<br>㉢ 회전자 축대의 마모, 축변형 및 배관 비틀림 |
| 기차불량 | ㉠ 회전자 축대의 마모<br>㉡ 회전부분의 마찰저항 증대 |
| 소음 | ㉠ 감속기구 기어 마모<br>㉡ 계량기 굽힘배관 비틀림에 의한 회전차 접촉 |
| 누출 | ㉠ 접합부위 파손, 계량기 부식<br>㉡ 패킹재료 열화에 의한 시일부분 파손 |

## 7 가스미터 종류별 특징

| | 막식 | 습식 | 루츠식 | 와류식 | 터빈식 |
|---|---|---|---|---|---|
| 장점 | • 값이 싸다.<br>• 유지관리에 시간을 요하지 않는다. | • 정확한 계량<br>• 기차의 변동이 크지 않다. | • 대유량 가스측정에 적합<br>• 중압가스 계량 가능<br>• 적은 설치면적 | 중고압용 | 중고압용 |
| 단점 | 대용량은 설치면적이 크다. | • 사용 중에 수위 조정 등의 관리가 필요하다.<br>• 큰 설치면적 | • 스트레이너의 설치 및 설치 후 유지관리가 필요하다.<br>• 소유량인 것은 부동의 우려가 있다. | • 전원 필요<br>• 정기점검 필요 | • 전원 불필요<br>• 정기점검 필요 |
| 용도 | 일반수용가 | • 기준기<br>• 실험실용 | 대수용가 | 중고압용 | • 중고압용 |
| 용량 범위 | 1~120$m^3$/h | 0.2~3,000$m^3$/h | 50~5,000$m^3$/h | 2,000 ~7,500$m^3$/h | 500 ~4,000$m^3$/h |
| 압력 손실 | 15mm$H_2O$ | | 80mm$H_2O$ | 150mm$H_2O$ | 150mm$H_2O$ |

## 8 표시사항

① ℓ/rev : 계량식 1주기당 체적

② MAX. ○○$m^3/h$ : 시간당 최대사용유량

## 9 가스미터의 성능

① 기밀시험압력 : 1,000$mmH_2O$

② 압력 손실

가) 가스미터를 포함한 배관 전체의 압력손실의 허용 최대치가 수주 30mm로 한다.

나) 가스계량기의 유량에 맥동현상을 고려하여 출구압력이 40$mmH_2O$일 때 입구압력변화가 20$mmH_2O$ 미만일 것

③ 검정공차

가) 유량이 최대유량의 $\frac{1}{5}$ 미만 : ±2.5%

나) 유량이 최대유량의 $\frac{1}{5}$ 이상 $\frac{4}{5}$ 미만 : ±1.5%

다) 유량이 최대유량의 $\frac{4}{5}$ 이상 : ±2.5%

라) 사용공차 : ±4% 이내

④ 감도유량 : 가스미터가 작동하는 최소유량

⑤ 크기의 선정 : 소형(15호 이하)은 최대사용량이 가스미터 용량의 60%가 되도록 선정. 다만, 최대 통과량 80% 초과 시 1등급이 더 큰 가스메타를 선정한다.

⑥ 검정검사의 종류 : 외관검사, 구조검사, 기차검사

⑦ 가스미터의 필요조건

가) 소형이고 용량이 클 것

나) 오차 조정이 쉽고 사용자가 임의로 조작하지 못할 것

다) 감도가 예민하고 구조가 간단할 것

⑧ 검사대상 제외

가) 구경이 25cm 초과하는 회전자식

나) 압력이 1$mmH_2O$ 초과하는 건식

다) 추량식

$$가스미터의\ 기차\ \% = \frac{측정값 - 참값}{측정값} \times 100$$

측정값 : 미터지시량, 참값 : 기준기 지시량

## 10 다기능가스안전계량기

- LP가스 또는 도시가스 사용시설에 설치되는 가스계량기
- 이상 유량차단, 가스누출차단 등의 기능을 가진 계량기를 말한다.

① 합계유량차단기능으로서 다음의 유량을 초과하는 가스가 흐를 경우에 75초 이내에 차단할 것. 다만, 합계유량차단값은 설정기등으로 변경 또는 설정할 수 있을 것

합계유량차단값 = 연소기구 소비량의 총합×1.13

② 증가유량차단기능으로서 통상의 사용상태에서 다음의 유량을 초과하여 유량이 증가하는 경우 차단할 것

증가유량차단값 = 연소기구중 최대소비량×1.13

③ 미소누출검지기능으로서 유량을 연속을 30일간 검지할 때에 표시하는 기능이 있고, 또한 기타 원인에 의해 차단 복귀하더라도 당해기능에 영향을 주지 않는 것일 것

④ 압력저하차단기능으로서 통상의 사용상태에서 다기능가스안전계량기 출구측의 압력저하를 감지하여 압력이 0.6±0.1kPa에서 차단할 것

⑤ 구조

가) 통상의 상태에서 빗물, 먼지 등이 침입할 수 없는 구조일 것

나) 차단밸브가 작동한 후에는 복원조작을 하지 않는 한 열리지 않는 구조일 것

다) 복원을 위한 버튼 또는 레버 등은 가스계량기의 정면에서 용이하게 확인할 수 있고, 복원조작을 용이하게 실시할 수 있는 위치에 있을 것

라) 사용자가 용이하게 조작할 수 없는 테스트차단기능이 있을 것

마) 가스에 접하는 부분 및 가스에 닿는 부분이 있는 부분의 충전부는 방폭성능을 가지는 구조일 것

# Part 4

# 가스기능사 필기 기출문제 (2014~2016년)

2014년 | 제1회 | 제2회 | 제3회 | 제4회 |

2015년 | 제1회 | 제2회 | 제3회 | 제4회 |

2016년 | 제1회 | 제2회 | 제3회 | 제4회 |

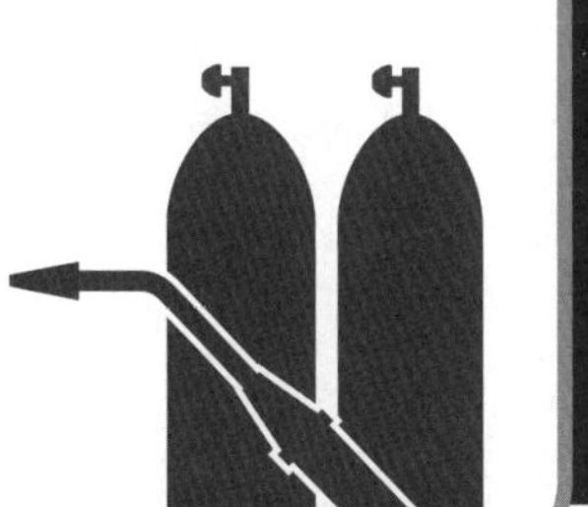

# 기출문제 2014년 제1회

**01** 도시가스 배관이 하천을 횡단하는 배관 주위의 흙이 사질토인 경우, 방호구조물의 비중은?

① 배관의 비중 이상
② 물의 비중 이상
③ 토양의 비중 이상
④ 공기의 비중 이상

**02** 용기종류별 부속품 기호 중 아세틸렌을 충전하는 용기의 부속품 기호는?

① AT ② AG
③ AA ④ AB

**03** 다음 중 폭발방지대책으로 가장 거리가 먼 것은?

① 압력계 설치
② 정전기 제거를 위한 접지
③ 방폭성능 전기설비 설치
④ 폭발하한 이내로 불활성가스에 의한 희석

**04** 도시가스 배관을 노출하여 설치하고자 할 때 배관 손상방지를 위한 방호조치 기준으로 옳은 것은?

① 방호철판 두께는 최소 10mm 이상으로 한다.
② 방호철판의 크기는 1m 이상으로 한다.
③ 철근 콘크리트재 방호 구조물은 두께가 15cm 이상이어야 한다.
④ 철근 콘크리트재 방호 구조물 높이가 1.5m 이상이어야 한다.

**05** 가스사용시설에서 원칙적으로 PE배관을 노출배관으로 사용할 수 있는 경우는?

① 지상배관과 연결하기 위하여 금속관을 사용하여 보호조치를 한 경우로서 지면에서 20cm 이하로 노출하여 시공하는 경우
② 지상배관과 연결하기 위하여 금속관을 사용하여 보호조치를 한 경우로서 지면에서 30cm 이하로 노출하여 시공하는 경우
③ 지상배관과 연결하기 위하여 금속관을 사용하여 보호조치를 한 경우로서 지면에서 50cm 이하로 노출하여 시공하는 경우
④ 지상배관과 연결하기 위하여 금속관을 사용하여 보호조치를 한 경우로서 지면에서 1m 이하로 노출하여 시공하는 경우

**06** 다음 중 누출 시 다량의 물로 제독할 수 있는 가스는?

① 산화에틸렌 ② 염소
③ 일산화탄소 ④ 황화수소

**07** 가연물의 종류에 따른 화재의 구분이 잘못된 것은?

① A급 : 일반화재 ② B급 : 유류화재
③ C급 : 전기화재 ④ D급 : 식용유화재

**08** 정전기에 관한 다음 설명 중 틀린 것은?

① 습도가 낮을수록 정전기를 축적하기 쉽다.
② 화학섬유로 된 의류는 흡수성이 높으므로 정전기가 대전하기 쉽다.
③ 액상의 LP가스는 전기 절연성이 높으므로 유동 시에는 대전하기 쉽다.
④ 재료 선택 시 접촉 전위차를 적게 하여 정전기 발생을 줄인다.

**09** 아세틸렌 용기를 제조하고자 하는 자가 갖추어야 하는 설비가 아닌 것은?

① 원료혼합기 ② 건조로
③ 원료충전기 ④ 소결로

**10** 고압가스 배관의 설치기준 중 하천과 병행하여 매설하는 경우에 대한 설명으로 틀린 것은?

① 배관은 견고하고 내구력을 갖는 방호구조물 안에 설치한다.
② 배관 외면으로부터 2.5m 이상의 매설심도를 유지한다.
③ 하상(하천의 바닥)을 포함한 하천구역에 하천과 병행하여 설치한다.
④ 배관 손상으로 인한 가스누출 등 위급한 상황이 발생할 때에 그 배관에 유입되는 가스를 신속히 차단할 수 있는 장치를 설치한다.

**11** 액화석유가스를 저장하기 위하여 지상 또는 지하에 고정 설치된 탱크로서 액화석유가스의 안전관리 및 사업법에서 정한 "소형저장탱크"는 그 저장능력이 얼마인 것을 말하는가?

① 1톤 미만 ② 3톤 미만
③ 5톤 미만 ④ 10톤 미만

**12** 도시가스 사업자는 가스공급시설을 효율적으로 관리하기 위하여 배관 정압기에 대하여 도시가스 배관망을 전산화하여야 한다. 이 때 전산관리 대상이 아닌 것은?

① 설치도면 ② 시방서
③ 시공자 ④ 배관제조자

**13** LPG사용시설에서 가스누출경보장치 검지부 설치 높이의 기준으로 바른 것은?

① 지면에서 30cm 이내
② 지면에서 60cm 이내
③ 천정에서 30cm 이내
④ 천정에서 60cm 이내

**14** 겨울철 LPG용기에 서릿발이 생겨 가스가 잘 나오지 않는 경우 가스를 사용하기 위한 조치로 옳은 것은?

① 연탄불을 쪼인다.
② 용기를 힘껏 흔든다.
③ 열습포를 사용한다.
④ 90℃ 정도의 물을 용기에 붓는다.

**15** 가스계량기와 전기개폐기와의 최소안전거리는 얼마 이상이어야 하는가?

① 10cm ② 15cm
③ 30cm ④ 60cm

**16** 다음 중 동일차량에 적재하여 운반할 수 없는 경우는?

① 산소와 질소
② 염소와 아세틸렌
③ 질소와 탄산가스
④ 탄산가스와 아세틸렌

**17** 냉동기란 고압가스를 사용하여 냉동하기 위한 기기로서 냉동능력 산정기준에 따라 계산된 냉동능력 몇 톤 이상인 것을 말하는가?

① 1 ② 1.5
③ 2 ④ 3

**18** 비중이 공기보다 커서 바닥에 체류하는 가스로만 나열된 것은?

① 프로판, 염소, 포스겐
② 프로판, 수소, 아세틸렌
③ 염소, 암모니아, 아세틸렌
④ 염소, 포스겐, 암모니아

**19** 에어졸 제조설비와 인화성 물질과의 최소 우회거리는 얼마인가?

① 3m 이상 ② 5m 이상
③ 8m 이상 ④ 10m 이상

**20** 아세틸렌을 용기에 충전 시 미리 용기에 다공물질을 고루 채운 후 침윤 및 충전을 해야 한다. 이때 다공도의 기준은 얼마인가?

① 75% 이상 92% 미만
② 80% 이상 95% 미만
③ 95% 이상
④ 98% 이상

**21** 가스의 연소한계에 대하여 가장 바르게 설명한 것은?

① 착화온도의 상한과 하한
② 물질이 탈 수 있는 최전온도
③ 완전연소가 될 때의 사용 공급 한계
④ 연소가 가능한 가스의 공기와의 혼합비율의 상한과 하한

**22** 시안화수소의 충전 시 사용된 안정제가 아닌 것은?

① 암모니아 ② 황산
③ 염화칼슘 ④ 인산

**23** 다음 중 공동주택 등에 도시가스를 공급하기 위한 것으로서 압력조정기의 설치가 가능한 경우는?

① 가스압력이 중압으로서 전체 세대수가 100세대인 경우
② 가스압력이 중압으로서 전체 세대수가 150세대인 경우
③ 가스압력이 저압으로서 전체 세대수가 100세대인 경우
④ 가스압력이 저압으로서 전체 세대수가 150세대인 경우

**24** 지상배관은 안전을 확보하기 위해 그 배관의 외부에 표기하여야 항목에 해당하기 않는 것은?

① 사용 가스명 ② 최고사용압력
③ 가스의 흐름방향 ④ 공급회사명

**25** 도로굴착공사에 의한 도시가스배관 손상방지 기준으로 틀린 것은?

① 착공 전 도로에 표시된 가스배관과 기타 지장물 매설 유무를 조사하여야 한다.
② 도로굴착자의 굴착공사로 인하여 노출된 배관 길이가 10m 이상인 경우에는 점검통로 및 조명시설을 하여야 한다.
③ 가스배관이 있을 것으로 예상되는 지점으로부터 2m 이내에서 줄파기를 할 때에는 안전관리 전담자의 입회하에 시행하여야 한다.
④ 가스배관 주위를 굴착하고자 할 대에는 가스배관의 좌우 1m 이내의 부분은 인력으로 굴착한다.

**26** 차량에 고정된 탱크로 염소를 운반할 때 탱크의 최대 내용적은 얼마인가?

① 12,000L ② 18,000L
③ 20,000L ④ 38,000L

**27** 고압가스제조시설에서 가연성가스 설비 중 전기설비를 방폭구조로 하여야 하는 가스는?

① 암모니아 ② 브롬화메탄
③ 수소 ④ 자연발화하는 가스

**28** 도시가스 제조소 저장탱크의 방류둑에 대한 설명으로 잘못된 것은?

① 지하에 묻은 저장탱크의 액화가스가 전부 유출된 경우에는 그 액면이 지면보다 낮도록 된 구조는 방류둑을 설치한 것으로 본다.
② 방류둑의 용량은 저장탱크 저장능력의 90%에 상당하는 용적 이상이어야 한다.
③ 방류둑의 재료는 금속, 흙, 철골, 철근콘크리트 또는 이들을 혼합한 것이어야 한다.
④ 방류둑은 액밀하여야 한다.

**29** 굴착으로 인하여 도시가스 배관이 65m가 노출되었을 경우 가스누출경보기의 설치 개수는 얼마인가?

① 1개 ② 2개
③ 3개 ④ 4개

**30** 액화석유가스 사용시설에서 LPG용기집합설비의 저장능력이 얼마 이하일 때 용기, 용기밸브, 압력조정기가 직사광선, 눈 또는 빗물에 노출되지 않도록 하여야 하는가?

① 50kg 이하 ② 100kg 이하
③ 300kg 이하 ④ 500kg 이하

**31** 아세틸렌용기에 주로 사용되는 안전밸브의 종류는 다음 중 무엇인가?

① 스프링식 ② 가용전식
③ 파열판식 ④ 압전식

**32** 다음 중 저온액체 저장설비에서 열의 침입요건으로 가장 거리가 먼 것은?

① 단열재를 직접 통한 열대류
② 외면으로부터의 열복사
③ 연결 파이프를 통한 열전도
④ 밸브 등에 의한 열전도

**33** 다음 중 왕복동 압축기의 특징이 아닌 것은?

① 맥동이 생기기 쉽다.
② 기체의 비중에 상관없이 고압을 얻을 수 있다.
③ 용량 조절의 폭이 넓다.
④ 비용적식 압축기이다.

**34** 다음 중 고압배관용 탄소강관의 KS규격 기호는?

① SPPS ② SPHT
③ STS ④ SPPH

**35** 강관의 녹을 방기하기 위하여 페인트를 칠하기 전에 먼저 사용되는 도료는?

① 알루미늄 도료 ② 산화철 도료
③ 합성수지 도료 ④ 광명단 도료

**36** 압축된 가스를 단열팽창시키면 온도가 내려가는 현상을 의미하는 것은?

① 단열효과 ② 줄-톰슨 효과
③ 정류효과 ④ 팽창효과

**37** 저온저장장치 재료 선정에 있어서 가장 중요하게 고려해야 하는 사항은?

① 고온취성에 의한 충격치의 증가
② 저온취성에 의한 충격치의 감소
③ 고온취성에 의한 충격치의 감소
④ 저온취성에 의한 충격치의 증가

**38** 다음 중 저온장치재료로서 가장 우수한 것은?

① 13%크롬강 ② 9%니켈강
③ 탄소강 ④ 주철

**39** 재료에 인장과 압축하중을 오랜 시간 반복적으로 작용시키면 그 응력이 인장강도보다 작은 경우에도 파괴되는 현상을 무엇이라 하는가?

① 인성파괴 ② 피로파괴
③ 취성파괴 ④ 크리크파괴

**40** 곡률반지름(R)이 50mm일 때 90°구부림 곡선길이는 얼마인가?

① 48.75mm ② 58.75mm
③ 68.75mm ④ 78.75mm

**41** LP가스 이송설비 중 압축기의 부속장치로서 토출측과 흡입측을 전환시키며 액송과 가스회수를 한 동작으로 할 수 있는 것은?

① 액트랩 ② 액가스분리기
③ 전자밸브 ④ 사방밸브

**42** 다음 펌프 중 시동하기 전에 프라이밍이 필요한 펌프는?

① 기어펌프 ② 원심펌프
③ 축류펌프 ④ 왕복펌프

**43** 수소의 성질에 대한 설명 중 틀린 것은?

① 무색, 무미, 무취의 가연성 기체이다.
② 밀도가 아주 작아 확산속도가 빠르다.
③ 열전도율이 작다.
④ 높은 온도일 때에는 강재, 기타 금속재료라도 쉽게 투과한다.

**44** 불완전연소 현상의 원인으로 옳지 않은 것은?

① 가스압력에 비하여 공급 공기량이 부족할 때
② 환기가 불충분한 공간에 연소기가 설치되었을 때
③ 공기와의 접촉혼합이 불충분할 때
④ 불꽃의 온도가 증대되었을 때

**45** 무색의 복숭아 냄새가 나는 독성가스는?

① $Cl_2$ ② HCN
③ $NH_3$ ④ $PH_3$

**46** 다량의 메탄을 액화시키려면 어떤 액화 사이클을 사용해야 하는가?

① 캐스케이드 사이클 ② 필립스 사이클
③ 캐피자 사이클 ④ 클라우드 사이클

**47** 펌프의 회전수를 1,000rpm에서 1,200rpm으로 변화시키면 동력은 약 몇 배가 되는가?

① 1.3 ② 1.5
③ 1.7 ④ 2.0

**48** 다음 가연성 가스검출기 중 가연성가스의 굴절률 차이를 이용하여 농도를 측정하는 것은?

① 간섭계형 ② 안전등형
③ 검지관형 ④ 열선형

**49** 다음 중 열(熱)에 대한 설명이 틀린 것은?

① 비열이 큰 물질은 열용량이 크다.
② 1cal는 약 4.2J이다.
③ 열은 고온에서 저온으로 흐른다.
④ 비열은 물보다 공기가 크다.

**50** 다음 각 가스의 성질에 대한 설명으로 옳은 것은?

① 질소는 안정한 가스로서 불활성가스라고도 하고, 고온에서도 금속과 화합하지 않는다.
② 염소는 반응성이 강한 가스로 강재에 대하여 상온에서도 무수(無水) 상태로 현저한 부식성을 갖는다.
③ 산소는 액체 공기를 분류하여 제조하는 반응성이 강한 가스로 그 자신이 잘 연소한다.
④ 암모니아는 동을 부식하고 고온고압에서는 강재를 침식한다.

**51** 다음 가스 1몰을 완전연소시킬 때 공기가 가장 적게 필요한 것은?

① 수소 ② 메탄
③ 아세틸렌 ④ 에탄

**52** 다음 가스 중 기체밀도가 가장 작은 것은?

① 프로판 ② 메탄
③ 부탄 ④ 아세틸렌

**53** 어떤 액의 비중을 측정하였더니 2.5이었다. 이 액의 액주 6m의 압력은 몇 kg/cm²인가?

① 15 ② 1.5
③ 0.15 ④ 0.015

**54** 밀도의 단위로 옳은 것은?

① $g/s^2$ ② L/g
③ $g/cm^3$ ④ $Ib/in^2$

**55** 다음 중 1atm에 해당하지 않는 것은?

① 760mmHg ② 14.7psi
③ 29.92inHg ④ $1,013kg/m^2$

**56** 다음 중 무색, 무취의 가스가 아닌 것은?

① $O_2$ ② $N_2$
③ $CO_2$ ④ $O_3$

**57** 다음 중 액화석유가스의 일반적인 특성이 아닌 것은?

① 기화 및 액화가 용이하다.
② 공기보다 무겁다.
③ 액상의 액화석유가스는 물보다 무겁다.
④ 증발잠열이 크다.

**58** 액화천연가스(LNG)의 폭발성 및 인화성에 대한 설명으로 틀린 것은?

① 다른 지방족 탄화수소에 비해 연소속도가 느리다.
② 다른 지방족 탄화수소에 비해 최소발화에너지가 낮다.
③ 다른 지방족 탄화수소에 비해 폭발하한 농도가 높다.
④ 전기저항이 작으며 유동 등에 의한 정전기 발생은 다른 가연성 탄화수소류보다 크다.

**59** 수돗물의 살균과 섬유의 표백용으로 주로 사용되는 가스는?

① $F_2$ ② $Cl_2$
③ $O_2$ ④ $CO_2$

**60** 100℃를 화씨온도로 단위 환산하면 몇 ℉인가?

① 212 ② 234
③ 248 ④ 273

# 기출문제 2014년 제2회

**01** 다음 중 가연성이면서 독성가스인 것은?

① $NH_3$ ② $H_2$
③ $CH_4$ ④ $N_2$

**02** 가연성 물질을 공기로 연소시키는 경우 공기 중의 산소농도를 높게 하면 연소속도와 발화온도는 어떻게 변하는가?

① 연소속도는 빠르게 되고, 발화온도도 높아진다.
② 연소속도는 빠르게 되고, 발화온도도 낮아진다.
③ 연소속도는 느리게 되고, 발화온도도 높아진다.
④ 연소속도는 느리게 되고, 발화온도도 낮아진다.

**03** 고압가스 특정제조 시설에서 긴급이송설비에 의하여 이송되는 가스를 안전하게 연소시킬 수 있는 장치는?

① 플레어스택 ② 벤트스택
③ 인터록기구 ④ 긴급차단장치

**04** 도시가스로 천연가스를 사용하는 경우 가스누출경보기의 검지부 설치위치로 가장 적합한 것은?

① 바닥에서 15cm 이내
② 바닥에서 30cm 이내
③ 천장에서 15cm 이내
④ 천장에서 30cm 이내

**05** 다음 중 독성($LC_{50}$)이 가장 강한 가스는?

① 염소 ② 시안화수소
③ 산화에틸렌 ④ 불소

**06** LPG 저장탱크 지하 설치 시 저장탱크실 상부 윗면으로부터 저장탱크 상부까지의 깊이는 얼마 이상으로 하여야 하는가?

① 0.6m ② 0.8m
③ 1m ④ 1.2m

**07** 차량에 고정된 충전탱크는 그 온도를 항상 몇 ℃ 이하로 유지하여야 하는가?

① 20 ② 30
③ 40 ④ 50

**08** 초저온용기나 저온용기의 부속품에 표시하는 기호는?

① AG ② PG
③ LG ④ LT

**09** 상온의 온도에서 사용압력이 1.2MPa인 고압가스 설비에 사용되는 배관의 재료로서 부적합한 것은?

① KS D 3562(압력배관용 탄소 강관)
② KS D 3570(고온배관용 탄소 강관)
③ KS D 3507(배관용 탄소 강관)
④ KS D 3576(배관용 스테인리스 강관)

**10** 도시가스 사용시설의 지상배관은 표면 색상을 무슨 색으로 도색하여야 하는가?

① 황색 ② 적색
③ 회색 ④ 백색

**11** 액화석유가스 충전시설 중 충전설비는 그 외면으로부터 사업소 경계까지 몇 m 이상의 거리를 유지하여야 하는가?

① 5 ② 10
③ 15 ④ 24

**12** 가스의 경우 폭굉(Detonation)의 연소속도는 약 몇 m/s 정도인가?

① 0.03~10 ② 10~50
③ 100~600 ④ 1,000~3,000

**13** 의료용 가스 용기의 도색구분이 틀린 것은?

① 산소 – 백색
② 액화탄산가스 – 회색
③ 질소 – 흑색
④ 에틸렌 – 갈색

**14** 다음 가스 중 위험도가 가장 큰 것은?

① 프로판 ② 일산화탄소
③ 아세틸렌 ④ 암모니아

**15** 용기의 안전점검 기준에 대한 설명으로 틀린 것은?

① 용기의 도색 및 표시 여부를 확인
② 용기의 내·외면을 점검
③ 재검사 기간의 도래 여부를 확인
④ 열 영향을 받은 용기는 재검사와 상관이 없이 새 용기로 교환

**16** 다음 각 독성가스 누출 시 제독제로서 적합하지 않는 것은?

① 염소 : 탄산소다수용액
② 포스겐 : 소석회
③ 산화에틸렌 : 소석회
④ 황화수소 : 가성소다수용액

**17** 에어졸 시험방법에서 불꽃길이 시험을 위해 채취한 시료의 온도 조건은?

① 24℃ 이상, 26℃ 이하
② 26℃ 이상, 30℃ 미만
③ 46℃ 이상, 50℃ 미만
④ 60℃ 이상, 66℃ 미만

**18** 교량에 도시가스 설치하는 경우 보호조치 등 설계·시공에 대한 설명으로 옳은 것은?

① 교량 첨가 배관은 강관을 사용하며 기계적 접합을 원칙으로 한다.
② 제3자의 출입이 용이한 교량설치 배관의 경우 보행방지 철조망 또는 방호 철조망을 설치한다.
③ 지진발생 시 등 비상 시 긴급차단을 목적으로 첨가 배관의 길이가 200m 이상인 경우 교량 양단의 가까운 곳에 밸브를 설치토록 한다.
④ 교량 첨가 배관에 가해지는 여러 하중에 대한 합성응력이 배관의 허용응력을 초과하도록 설계한다.

**19** 고압가스 저장실 등에 설치하는 경계책과 관련된 기준으로 틀린 것은?

① 저장설비, 처리설비 등을 설치한 장소의 주위에는 높이 1.5m 이상의 철책 또는 철망 등의 경계표지를 설치하여야 한다.
② 건축물 내에 설치하거나 차량의 통행 등 조업시행이 현저히 곤란하여 위해 요인이 가중될 우려가 있는 경우에는 경계책 설치를 생략할 수 있다.
③ 경계책 주위에는 외부사람이 무단출입을 금하는 내용의 경계표지를 보기 쉬운 장소에 부착하여야 한다.
④ 경계책 안에는 불가피한 사유발생 등 어떠한 경우라도 화기, 발화 또는 인화하기 쉬운 물질을 휴대하고 들어가서는 아니 된다.

**20** 독성가스 사용시설에서 처리설비의 저장능력이 45,000kg인 경우 제2종 보호시설까지 안전거리는 얼마 이상 유지하여야 하는가?

① 14m　② 16m
③ 18m　④ 20m

**21** 아세틸렌의 성질에 대한 설명으로 틀린 것은?

① 색이 없고 불순물이 있는 경우 악취가 난다.
② 융점과 비점이 비슷하여 고체 아세틸렌은 융해하지 않고 승화한다.
③ 발열화합물이므로 대기에 개방하면 분해폭발할 우려가 있다.
④ 액체 아세틸렌보다 고체 아세틸렌이 안정하다.

**22** 고압가스용 이음매 없는 용기의 재검사 시 내압시험 합격 판정의 기준이 되는 영구 증가율은?

① 0.1% 이하　② 3% 이하
③ 5% 이하　④ 10%

**23** 프로판을 사용하고 있던 버너에 부탄을 사용하려고 한다. 프로판의 경우보다 약 몇 배의 공기가 필요한가?

① 1.2배　② 1.3배
③ 1.5배　④ 2.0배

**24** 가스의 연소에 대한 설명으로 틀린 것은?

① 인화점은 낮을수록 위험하다.
② 발화점은 낮을수록 위험하다.
③ 탄화수소에서 착화점은 탄소수가 많은 분자일수록 낮아진다.
④ 최소점화에너지는 가스의 표면장력에 의해 주로 결정된다.

**25** 아세틸렌의 취급방법에 대한 설명으로 가장 부적절한 것은?

① 저장소는 화기엄금을 명기한다.
② 가스 출구 동결 시 60℃ 이하의 온수로 녹인다.
③ 산소용기와 같이 저장하지 않는다.
④ 저장소는 통풍이 양호한 구조이어야 한다.

**26** 가스폭발을 일으키는 영향 요소로 가장 거리가 먼 것은?

① 온도　② 매개체
③ 조성　④ 압력

**27** 어떤 가스의 도시 웨버지수를 측정하였더니 36.52MJ/$m^3$이었다. 품질검사 기준에 의한 합격 여부는?

① 웨버지수 허용기준보다 높으므로 합격이다.
② 웨버지수 허용기준보다 낮으므로 합격이다.
③ 웨버지수 허용기준보다 높으므로 불합격이다.
④ 웨버지수 허용기준보다 낮으므로 불합격이다.

**28** 300kg의 액화프레온 12(R-12)가스를 내용적 50L 용기에 충전할 때 필요한 용기의 개수는? (단, 가스정수 C는 0.86이다)

① 5개　② 6개
③ 7개　④ 8개

**29** 저장탱크에 의한 액화석유가스 사용시설에서 가스계량기는 화기와 몇 m 이상의 우회거리를 유지해야 하는가?

① 2m　② 3m
③ 5m　④ 8m

**30** 가스사고가 발생하면 산업통상자원부령에서 정하는 바에 따라 관계기관에 가스 사고를 통보해야 한다. 다음 중 사고통보내용이 아닌 것은?

① 통보자의 소속, 직위, 성명 및 연락처
② 사고원인자 인적사항
③ 사고발생 일시 및 장소
④ 시설현황 및 피해현황(인명 및 재산)

**31** 가스크로마토그래피의 구성요소가 아닌 것은?

① 광원 ② 칼럼
③ 검출기 ④ 기록계

**32** 도시가스공급시설에서 사용되는 안전제어 장치로 관계가 없는 것은?

① 중화장치
② 압력안전장치
③ 가스누출검지경보장치
④ 긴급차단장치

**33** LPG나 액화가스와 같이 비점이 낮고, 내압이 0.4~0.5MPa 이상인 액체에 주로 사용되는 펌프의 메카니컬 시일의 형식은?

① 더블 시일형
② 인사이드 시일형
③ 아웃사이드 시일형
④ 밸런스 시일형

**34** 유량을 측정하는 데 사용하는 계측기기가 아닌 것은?

① 피토관 ② 오리피스
③ 벨로우즈 ④ 벤투리

**35** 기화기의 성능에 대한 설명으로 틀린 것은?

① 온수 가열방식은 그 온수의 온도가 90℃ 이하일 것
② 증기 가열방식은 그 증기의 온도가 120℃ 이하일 것
③ 압력계는 그 최고눈금이 상용압력의 1.5~2배일 것
④ 기화통 안의 가스액이 토출배관으로 흐르지 않도록 적합한 자동제어장치를 설치할 것

**36** 고압장치의 재료로서 가장 적합하게 연결된 것은?

① 액화염소 용기 – 화이트메탈
② 압축기의 베어링 – 13% 크롬강
③ LNG 탱크 – 9% 니켈강
④ 고온고압의 수소반응탑 – 탄소강

**37** 구조에 따라 외치식, 내치식, 편심로터리식 등이 있으며 베이퍼록 현상이 일어나기 쉬운 펌프는?

① 제트펌프 ② 기포펌프
③ 왕복펌프 ④ 기어펌프

**38** 다음 중 터보(Turbo)형 펌프가 아닌 것은?

① 원심펌프 ② 사류펌프
③ 축류펌프 ④ 플런저펌프

**39** 가스 액화 분리장치에서 냉동사이클과 액화사이클을 응용한 장치는?

① 한냉발생장치
② 정유분출장치
③ 정유흡수장치
④ 불순물제거장치

**40** 저압가스 수송배관의 유량공식에 대한 설명으로 틀린 것은?

① 배관길이에 반비례한다.
② 가스비중에 비례한다.
③ 허용압력손실에 비례한다.
④ 관경에 의해 결정되는 계수에 비례한다.

**41** 탄소강 중에 저온취성을 일으키는 원소로 옳은 것은?

① P　② S
③ Mo　④ Cu

**42** 가스의 연소방식이 아닌 것은?

① 적화식　② 세미분젠식
③ 분젠식　④ 원지식

**43** 양정 90m, 유량 $90m^3/h$의 송수펌프의 소요동력은 몇 kW인가? (단, 펌프의 효율은 60%이다)

① 30.6　② 36.8
③ 50.2　④ 56.8

**44** 재료가 일정 온도 이상에서 응력이 작용할 때 시간이 경과함에 따라 변형이 증대되고 때로는 파괴되는 현상을 무엇이라 하는가?

① 피로　② 크리프
③ 에로숀　④ 탈탄

**45** LP가스 공급방식 중 강제기화 방식의 특징에 대한 설명 중 틀린 것은?

> 열은 스스로 저온의 물체에서 고온의 물체로 이동하는 것은 불가능함.

① 기화량이 가감이 용이하다.
② 공급가스의 조성이 일정하다.
③ 계량기를 설치하지 않아도 된다.
④ 한랭 시에도 충분히 기화시킬 수 있다.

**46** 다음 설명과 관계있는 법칙은?

> 열은 스스로 저온의 물체에서 고온의 물체로 이동하는 것은 불가능함.

① 에너지보존의 법칙
② 열역학 제2법칙
③ 평형이동의 법칙
④ 보일-샤의 법칙

**47** 산소($O_2$)에 대한 설명 중 틀린 것은?

① 무색, 무취의 기체이며 물에 약간 녹는다.
② 가연성 가스이나 그 자신은 연소하지 않는다.
③ 용기의 도색은 일반 공업용이 녹색, 의료용이 백색이다.
④ 저장용기는 무계목 용기를 사용한다.

**48** 다음 중 암모니아 건조제로 사용되는 것은?

① 진한 황산
② 할로겐 화합물
③ 소다석회
④ 황산동 수용액

**49** 10L 용기에 들어있는 산소의 압력이 10MPa이었다. 이 기체를 20L 용기에 옮겨 놓으면 압력은 몇 MPa로 변하는가?

① 2　② 5
③ 10　④ 20

**50** 다음과 같은 성질을 갖는 것은?

> • 공기보다 무거워서 누출 시 낮은 곳에 체류한다.
> • 기화 및 액화가 용이하며, 발열량이 크다.
> • 증발잠열이 크기 때문에 냉매로도 이용된다.

① $O_2$　　② CO
③ LPG　　④ $C_2H_4$

**51** 다음 중 가장 높은 압력은?

① 1.5kg/$cm_2$　　② 10m$H_2O$
③ 745mmHg　　④ 0.6atm

**52** 다음 중 게이지압력을 옳게 표시한 것은?

① 게이지압력 = 절대압력 − 대기압
② 게이지압력 = 대기압 − 절대압력
③ 게이지압력 = 대기압 + 절대압력
④ 게이지압력 = 절대압력 + 진공압력

**53** 같은 조건일 때 액화시키기 가장 쉬운 가스는?

① 수소　　② 암모니아
③ 아세틸렌　　④ 네온

**54** 가스분석 시 이산화탄소 흡수제로 사용되는 것은?

① KOH　　② $H_2SO_4$
③ $NH_4Cl$　　④ $CaCl_2$

**55** 연소기 연소상태 시험에 사용되는 도시가스 중 역화하기 쉬운 가스는?

① 13A−1　　② 13A−2
③ 13A−3　　④ 13A−R

**56** 나프타(Naphtha)의 가스화 효율이 좋으려면?

① 올레핀계 탄화수소 함량이 많을수록 좋다.
② 파라핀계 탄화수소 함량이 많을수록 좋다.
③ 나프텐계 탄화수소 함량이 많을수록 좋다.
④ 방향족계 탄화수소 함량이 많을수록 좋다.

**57** 순수한 물 1kg을 1℃ 높이는 데 필요한 열량을 무엇이라 하는가?

① 1kcal　　② 1BTU
③ 1CHU　　④ 1kJ

**58** 기체의 성질을 나타내는 보일의 법칙(Boyle's law)에서 일정한 값으로 가정한 인자는?

① 압력　　② 온도
③ 부피　　④ 비중

**59** 섭씨온도(℃)의 눈금과 일치하는 화씨온도(℉)는?

① 0　　② −10
③ −30　　④ −40

**60** 다음 중 폭발 범위가 가장 넓은 가스는?

① 암모니아
② 메탄
③ 황화수소
④ 일산화탄소

# 기출문제 2014년 제3회

**01** 다음 중 가연성이면서 유독한 가스는?

① $NH_3$ ② $H_2$
③ $CH_4$ ④ $N_2$

**02** 시안화수소(HCN)의 위험성에 대해 옳지 않은 것은?

① 인화온도가 아주 낮다.
② 오래된 시안화수소는 자체 폭발할 수 있다.
③ 용기에 충전한 후 60일을 초과하지 않아야 한다.
④ 호흡 시 흡입하면 위험하나 피부에 묻으면 아무 이상이 없다.

**03** 도시가스 배관의 지하매설 시 사용하는 침상재료(Bedding)는 배관 하단에서 배관 상단 몇 cm까지 포설하는가?

① 10 ② 20
③ 30 ④ 50

**04** 다음은 이동식 압축천연가스 자동차충전 시설을 점검한 내용이다. 이 중 기준에 부적합한 경우는?

① 이동충전차량과 가스배관구를 연결하는 호스의 길이가 6m이었다.
② 가스배관구 주위에는 가스배관구를 보호하기 위하여 높이 40cm, 두께 13cm인 철근콘크리트 구조물이 설치되어 있다.
③ 이동충전차량과 충전설비 사이 거리는 8m이었고 이동충전차량과 충전설비 사이에 강판제 방호벽이 설치되어 있었다.
④ 충전설비 근처 및 충전설비에서 6m 이상 떨어진 장소에 수동 긴급차단장치가 각각 설치되어 있었으며 눈에 잘 띄었다.

**05** 고정식 압축도시가스자동차 충전의 저장설비, 처리설비, 압축가스설비 외부에 설치하는 경계책의 설치기준으로 틀린 것은?

① 긴급차단장치를 설치할 경우는 설치하지 아니할 수 있다.
② 방호벽(철근콘크리트로 만든 것)을 설치할 경우는 설치하지 아니할 수 있다.
③ 처리설비 및 압축가스설비가 밀폐형 구조물 안에 설치된 경우는 설치하지 아니할 수 있다.
④ 저장설비 및 처리설비가 액확산방지시설 내에 설치된 경우는 설치하지 아니할 수 있다.

**06** 일반도시가스사업 가스공급시설의 입상관 밸브는 분리가 가능한 것으로서 바닥으로부터 몇 m 범위에 설치하여야 하는가?

① 0.5~1m ② 1.2~1.5m
③ 1.6~2.0m ④ 2.5~3.0m

**07** 연소에 대한 일반적인 설명 중 옳지 않은 것은?

① 인화점이 낮을수록 위험성이 크다.
② 인화점보다 착화점의 온도가 낮다.
③ 발열량이 높을수록 착화온도는 낮아진다.
④ 가스의 온도가 높아지면 연소범위는 넓어진다.

**08** 독성가스 저장시설의 제독 조치로서 옳지 않은 것은?

① 흡수, 중화조치
② 흡착 제거조치
③ 이송설비로 대기 중에 배출
④ 연소조치

**09** 다음 중 굴착공사를 하기 전에 도시가스 사업자와 협의를 하여야 하는 것은?

① 굴착공사 예정지역 범위에 묻혀 있는 도시가스 배관의 길이가 110m인 굴착공사
② 굴착공사 예정지역 범위에 묻혀 있는 송유관의 길이가 200m인 굴착공사
③ 해당 굴착공사로 인하여 압력이 3.2kPa인 도시가스 배관의 길이가 30m 노출될 것으로 예상되는 굴착공사
④ 해당 굴착공사로 인하여 압력이 0.8kPa인 도시가스 배관의 길이가 8m 노출될 것으로 예상되는 굴착공사

**10** 고압가스 제조설비에 설치하는 가스누설검지 경보설비에 대하여 틀리게 설명한 것은?

① 계기실 내부에도 1개 이상 설치한다.
② 수소의 경우 경보 설정치를 1% 이하로 한다.
③ 정보부는 붉은 램프가 점멸함과 동시에 경보가 울리는 방식으로 한다.
④ 가연성 가스의 제조설비에 격막 갈바니 전지방식의 것을 설치한다.

**11** 건축물 내 도시가스 매설관으로 부적합한 것은?

① 동관
② 강관
③ 스테인리스강
④ 가스용 금속플렉스블호스

**12** 시안화수소를 충전한 용기는 충전 후 몇 시간 정치한 뒤 가스의 누출검사를 해야 하는가?

① 6　　② 12
③ 18　　④ 24

**13** 도시가스공급시설의 공사계획 승인 및 신고 대상에 대한 설명으로 틀린 것은?

① 제조소 안에서 액화가스용 저장탱크의 위치 변경 공사는 공사계획 신고대상이다.
② 밸브기지의 위치변경 공사는 공사계획 신고 대상이다.
③ 호칭지름 50mm 이하인 저압의 공급관을 설치하는 공사는 공사계획 신고대상에서 제외한다.
④ 저압인 사용자공급관 50m를 변경하는 공사는 공사계획신고 대상이다.

**14** 고압가스용 냉동기에 설치하는 안전장치의 구조에 대한 설명으로 틀린 것은?

① 고압차단장치는 그 설정압력이 눈으로 판단할 수 있는 것으로 한다.
② 고압차단장치는 원칙적으로 자동복귀방식으로 한다.
③ 안전밸브는 작동압력을 설정한 후 봉인될 수 있는 구조로 한다.
④ 안전밸브 각부의 가스통과 면적은 안전밸브의 구경면적 이상으로 한다.

**15** 염소($Cl_2$)의 재해 방지용으로 흡수제 및 제해제가 아닌 것은?

① 가성소다 수용액
② 소석회
③ 탄산소다 수용액
④ 물

**16** 아세틸렌은 폭발 형태에 따라 크게 3가지로 분류된다. 이에 해당되지 않는 폭발은?

① 화합폭발　　② 중합폭발
③ 산화폭발　　④ 분해폭발

**17** 고압가스안전관리법의 적용을 받는 가스는?

① 철도차량의 에어컨디셔너 안의 고압가스
② 냉동능력 3톤 미만인 냉동설비 안의 고압가스
③ 용접용 아세틸렌가스
④ 액화브롬화메탄 제조설비 외에 있는 액화브롬화메탄

**18** 액화석유가스 사용시설을 변경하여 도시가스를 사용하기 위해서 실시하여야 하는 안전조치 중 잘못 설명한 것은?

① 일반도시가스 사업자는 도시가스를 공급한 이후에 연소기 열량의 변경 사실을 확인하여야 한다.
② 액화석유가스의 배관 양단에 막음조치를 하고 호스는 철거하여 설치하려는 도시가스 배관과 구분되도록 한다.
③ 용기 및 부대설비가 액화석유가스 공급자의 소유인 경우에는 도시가스공급 예정일까지 용기 등을 철거해줄 것을 공급자에게 요청해야 한다.
④ 도시가스로 연료를 전환하기 전에 액화석유가스 안전공급계약을 해지하고 용기 등의 철거와 안전조치를 확인하여야 한다.

**19** 고압가스설비에 장치하는 압력계의 눈금은?

① 상용압력의 2.5배 이상, 3배 이하
② 상용압력의 2배 이상, 2.5배 이하
③ 상용압력의 1.5배 이상, 2배 이하
④ 상용압력의 1배 이상, 1.5배 이하

**20** LP가스 충전설비의 작동상황 점검주기로 옳은 것은?

① 1일 1회 이상 ② 1주일에 1회 이상
③ 1월 1회 이상 ④ 1년 1회 이상

**21** 다음은 어떤 안전설비에 대한 설명인가?

> 설비가 잘못 조작되거나 정상적인 제조를 할 수 없는 경우 자동으로 원재료의 공급을 차단시키는 등 고압가스 제조설비 안의 제조를 제어하는 기능을 한다.

① 긴급이송설비
② 인터록기구
③ 안전밸브
④ 벤트스텍

**22** 일반도시가스사업자의 가스공급시설 중 정압기의 분해점검 주기의 기준은?

① 1년에 1회 이상
② 2년에 1회 이상
③ 3년에 1회 이상
④ 5년에 1회 이상

**23** 공기 중 폭발범위에 따른 위험도가 가장 큰 가스는?

① 암모니아 ② 황화수소
③ 석탄가스 ④ 이황화탄소

**24** 공기 중에서 폭발하한치가 가장 낮은 것은?

① 시안화수소 ② 암모니아
③ 에틸렌 ④ 부탄

**25** 폭발등급은 안전간격에 따라 구분한다. 폭발등급이 1급이 아닌 것은?

① 일산화탄소 ② 메탄
③ 암모니아 ④ 수소

**26** 다음 (   ) 안의 Ⓐ와 Ⓑ에 들어갈 명칭은?

> 아세틸렌을 용기에 충전하는 때에는 미리 용기에 다공물질을 고루 채워 다공도가 75% 이상 92% 미만이 되도록 한 후 (Ⓐ) 또는 (Ⓑ)를(을) 고루 침윤시키고 충전하여야 한다.

① Ⓐ 아세톤, Ⓑ 알콜
② Ⓐ 아세톤, Ⓑ 물($H_2O$)
③ Ⓐ 아세톤, Ⓑ 디메틸포름아미드
④ Ⓐ 알콜, Ⓑ 물($H_2O$)

**27** 고압가스 용기의 파열사고 원인으로서 가장 거리가 먼 것은?

① 압축산소를 충전한 용기를 차량에 눕혀서 운반하였을 때
② 용기의 내압이 이상 상승하였을 때
③ 용기의 재질의 불량으로 인하여 인장강도가 떨어질 때
④ 균열되었을 때

**28** 도시가스사용시설 중 자연배기식 반밀폐식 보일러에서 배기톱의 옥상돌출부는 지붕면으로부터 수직거리로 몇 cm 이상으로 하여야 하는가?

① 30　　② 50
③ 90　　④ 100

**29** 자동차용 압축천연가스 완속충전설비에서 실린더 내경이 100mm, 실린더의 행정이 200mm, 회전수가 100rpm일 때 처리능력($m^3/h$)은 얼마인가?

① 9.42　　② 8.21
③ 7.05　　④ 6.15

**30** 공정과 설비의 고장 형태 및 영향, 고장 형태별 위험도 순위 등을 결정하는 안전성평가 기법은?

① 위험과 운전분석(HAZOP)
② 예비위험분석(PHA)
③ 결함수분석(FTA)
④ 이상 위험도 분석(FMECA)

**31** 3단 토출압력이 2MPa·g이고, 압축비가 2인 4단 공기압축기에서 1단 흡입압력은 약 몇 MPa·g인가?(단, 대기압은 0.1MPa·g로 한다)

① 0.16MPa·g　　② 0.26MPa·g
③ 0.36MPa·g　　④ 0.46MPa·g

**32** 다음에서 설명하는 정압기의 종류는?

> • Unloading형이다.
> • 본체는 복좌밸브로 되어 있어 상부에 다이어프램을 가진다.
> • 정특성은 아주 좋으나 안정성이 떨어진다.
> • 다른 형식에 비하여 크기가 크다.

① 레이놀드 정압기
② 엠코정압기
③ 피셔식 정압기
④ 엑셀 플로우식 정압기

**33** 대형 저장탱크 내를 가는 스테인리스관으로 상하로 움직여 관 내에서 분출하는 가스상태와 액체상태의 경계면을 찾아 액면을 측정하는 액면계로 옳은 것은?

① 슬립튜브식 액면계
② 유리관식 액면계
③ 클링커식 액면계
④ 플로트식 액면계

**34** 다음 배관재료 중 사용온도 350℃ 이하, 압력이 10MPa 이상의 고압관에 사용되는 것은?

① SPP ② SPPH
③ SPPW ④ SPPG

**35** 반복하중에 의해 재료의 저항력이 저하하는 현상을 무엇이라고 하는가?

① 교축 ② 크리이프
③ 피로 ④ 응력

**36** 다음 중 왕복식 펌프에 해당하는 것은?

① 기어펌프 ② 베인펌프
③ 터빈펌프 ④ 플런저펌프

**37** LP가스 공급방식 중 자연기화방식의 특징에 대한 설명으로 틀린 것은?

① 기화능력이 좋아 대량 소비 시에 적당하다.
② 가스 조성의 변화가 크다.
③ 설비장소가 크게 된다.
④ 발열량의 변화량이 크다.

**38** LPG를 탱크로리에서 저장탱크로 이송 시 작업을 중단해야 되는 경우가 아닌 것은?

① 과충전이 된 경우
② 충전기에서 자동차에 충전하고 있을 때
③ 작업 중 주위에 화재 발생 시
④ 누출이 생길 경우

**39** 저온액화가스 탱크에서 발생할 수 있는 열의 침입현상으로 가장 거리가 먼 것은?

① 연결된 배관을 통한 열전도
② 단열재를 충전한 공간에 남은 가스분자의 열전도
③ 내면으로부터 열전도
④ 외면의 열복사

**40** 내압이 0.4~0.5MPa 이상이고, LPG나 액화가스와 같이 낮은 비점의 액체일 때 사용되는 터보식 펌프의 메카니컬 시일 형식은?

① 더블 시일
② 아웃사이드 시일
③ 밸런스 시일
④ 언밸런스 시일

**41** 펌프의 실제 송출유량을 Q, 펌프 내부에서의 누설유량을 0.6Q, 임펠러 속을 지나는 유량을 1.6Q라 할 때 펌프의 페적효율($\eta V$)은?

① 37.5% ② 40%
③ 60% ④ 62.5%

**42** 도시가스의 측정 사항에 있어서 반드시 측정하지 않아도 되는 것은?

① 농도 측정 ② 연소성 측정
③ 압력 측정 ④ 열량 측정

**43** 가연성가스를 냉매로 사용하는 냉동제조시설의 수액기에는 액면계를 설치한다. 다음 중 수액기의 액면계로 사용할 수 없는 것은?

① 환형유리관 액면
② 차압식 액면계
③ 초음파식 액면계
④ 방사선식 액면계

**44** 가연성가스 검출기 중 탄광에서 발생하는 $CH_4$의 농도를 측정하는 데 주로 사용되는 것은?

① 간섭계형 ② 안전등형
③ 열선형 ④ 반도체형

**45** LP가스 자동차 충전소에서 사용하는 디스펜서(Dispenser)에 대하여 옳게 설명한 것은?

① LP가스 충전소에서 용기에 일정량의 LP가스를 충전하는 충전기기이다.
② LP가스 충전소에서 용기에 충전하는 가스 용적을 계량하는 기기이다.
③ 압축기를 이용하여 탱크로리에서 저장탱크로 LP가스를 이송하는 장치이다.
④ 펌프를 이용하여 LP가스를 저장탱크로 이송할 때 사용하는 안전장치이다.

**46** 고압가스의 성질에 따른 분류가 아닌 것은?

① 가연성가스 ② 액화가스
③ 조연성가스 ④ 불연성가스

**47** 다음 중 확산속도가 가장 빠른 것은?

① $O_2$ ② $N_2$
③ $CH_4$ ④ $CO_2$

**48** 다음 각 온도의 단위환산 관계로서 틀린 것은?

① 0℃ = 273K ② 32°F = 492°R
③ 0K = −273℃ ④ 0K =v460°R

**49** 수소의 공업적 용도가 아닌 것은?

① 수증기의 합성 ② 경화유의 제조
③ 메탄올의 합성 ④ 암모니아 합성

**50** 압력이 일정할 때 기체의 절대온도와 체적은 어떤 관계가 있는가?

① 절대온도와 체적은 비례한다.
② 절대온도와 체적은 반비례한다.
③ 절대온도와 체적의 제곱에 비례한다.
④ 절대온도와 체적의 제곱에 반비례한다.

**51** 다음 중 수소($H_2$)의 제조법이 아닌 것은?

① 공기액화 분리법
② 석유 분해법
③ 천연가스 분해법
④ 일산화탄소 전화법

**52** 프로판의 완전연소 반응식으로 옳은 것은?

① $C_3H_8 + 4O_2 \rightarrow 3CO_2 + 2H_2O$
② $C_3H_8 + 5O_2 \rightarrow 3CO_2 + 4H_2O$
③ $C_3H_8 + 2O_2 \rightarrow 3CO_2 + H_2O$
④ $C_3H_8 + O_2 \rightarrow CO_2 + H_2O$

**53** 도시가스 제조방식 중 촉매를 사용하여 사용온도 400~800℃에서 탄화수소와 수증기를 반응시켜 수소, 메탄, 일산화탄소, 탄산가스 등의 저급탄화수소로 변환시키는 프로세스는?

① 열분해 프로세스
② 접촉분해 프로세스
③ 부분연소 프로세스
④ 수소화분해 프로세스

**54** 표준상태에서 분자량이 44인 기체의 밀도는?

① 1.96g/L ② 1.96kg/L
③ 1.55g/L ④ 1.55kg/L

**55** 다음 중 저장소의 바닥부 환기에 가장 중점을 두어야 하는 가스는?

① 메탄 ② 에틸렌
③ 아세틸렌 ④ 부탄

**56** 일산화탄소의 성질에 대한 설명 중 틀린 것은?

① 산화성이 강한 가스이다.
② 공기보다 약간 가벼우므로 수상치환으로 포집한다.
③ 개미산에 진한 황산을 작용시켜 만든다.
④ 혈액 속의 헤모글로빈과 작용하여 산소의 운반력을 저하시킨다.

**57** 수은주 760mmHg 압력은 수주로는 얼마가 되는가?

① 9.33m$H_2O$ ② 10.33m$H_2O$
③ 11.33m$H_2O$ ④ 12.33m$H_2O$

**58** 고압가스 종류별 발생현상 또는 작용으로 틀린 것은?

① 수소 – 탈탄작용
② 염소 – 부식
③ 아세틸렌 – 아세틸라이드 생성
④ 암모니아 – 카르보닐 생성

**59** 100J의 일의 양을 cal 단위로 나타내면 약 얼마인가?

① 24 ② 40
③ 240 ④ 400

**60** 정압비열(Cp)와 정적비열(Cv)의 관계를 나타내는 비열비(K)를 옳게 나타낸 것은?

① $K = \frac{Cp}{Cv}$ ② $K = \frac{Cv}{Cp}$
③ $K < 1$ ④ $K = Cv - Cp$

# 기출문제 2014년 제4회

**01** 일반도시가스사업 정압기실에 설치되는 기계 환기설비 중 배기구의 관경은 얼마 이상으로 하여야 하는가?

① 10cm ② 20cm
③ 30cm ④ 50cm

**02** 액화염소가스 1,375kg을 용량 50L인 용기에 충전하려면 몇 개의 용기가 필요한가? (단, 액화염소가스의 정수 C는 0.8이다)

① 20 ② 22
③ 35 ④ 37

**03** 차량에 고정된 산소용기 운반차량에는 일반인이 쉽게 식별할 수 있도록 표시하여야 한다. 운반차량에 표시하여야 하는 것은?

① 위험고압가스, 회사명
② 위험고압가스, 전화번호
③ 화기엄금, 회사명
④ 화기엄금, 전화번호

**04** 고압가스 품질검사에 대한 설명으로 틀린 것은?

① 품질검사 대상 가스는 산소, 아세틸렌, 수소이다.
② 품질검사는 안전관리책임자가 실시한다.
③ 산소는 동·암모니아 시약을 사용한 오르잣드법에 의한 시험결과 순도가 99.5% 이상이어야 한다.
④ 수소는 하이드로썰파이드 시약을 사용한 오르잣드법에 의한 시험 결과 순도가 99.0% 이상이어야 한다.

**05** 압력조정기 출구에서 연소기 입구까지의 호스는 얼마 이상의 압력으로 기밀시험을 실시하는가?

① 2.3kPa ② 3.3kPa
③ 5.63kPa ④ 8.4kPa

**06** 도시가스 중압 배관을 매몰할 경우 다음 중 적당한 색상은?

① 회색 ② 청색
③ 녹색 ④ 적색

**07** 도시가스 공급시설을 제어하기 위한 기기를 설치한 계기실의 구조에 대한 설명으로 틀린 것은?

① 계기실의 구조는 내화구조로 한다.
② 내장재는 불연성 재료로 한다.
③ 창문은 망입유리 및 안전유리 등으로 한다.
④ 출입구는 1곳 이상에 설치하고 출입문은 방폭문으로 한다.

**08** LPG 저장탱크에 설치하는 압력계는 상용압력 몇 배 범위의 최고눈금이 있는 것을 사용하여야 하는가?

① 1~1.5배 ② 1.5~2배
③ 2~2.5배 ④ 2.5~3배

**09** 고압가스 저장능력 산정기준에서 액화가스의 저장탱크 저장능력을 구하는 식은? (단, Q, W는 저장능력, P는 최고충전압력, V는 내용적, C는 가스종류에 따른 정수, d는 가스의 비중이다)

① $W = 0.9dV$ ② $Q = 10PV$
③ $W = \frac{V}{C}$ ④ $Qv = v(10P+1)V$

**10** 가연성가스를 취급하는 장소에서 공구의 재질로 사용하였을 경우 불꽃이 발생할 가능성이 가장 큰 것은?

① 고무 ② 가죽
③ 알루미늄합금 ④ 나무

**11** 액화가스를 충전하는 탱크는 그 내부에 액면요동을 방지하기 위하여 무엇을 설치하여야 하는가?

① 방파판 ② 안전밸브
③ 액면계 ④ 긴급차단장치

**12** 고압가스 충전용 밸브를 가열할 때의 방법으로 가장 적당한 것은?

① 60℃ 이상의 더운 물을 사용한다.
② 열습포를 사용한다.
③ 가스버너를 사용한다.
④ 복사열을 사용한다.

**13** 과압안전장치 형식에서 용전의 용융온도로서 옳은 것은? (단, 저압부에 사용하는 것은 제외한다)

① 40℃ 이하 ② 60℃ 이하
③ 75℃ 이하 ④ 105℃ 이하

**14** 특정고압가스 사용시설에서 독성가스 감압설비와 그 가스의 반응설비 간의 배관에 반드시 설치하여야 하는 설비는?

① 안전밸브
② 역화방지장치
③ 중화장치
④ 역류방지장치

**15** 도시가스도매사업자가 제조소 내에 저장능력이 20만 톤인 지상식 액화천연가스 저장탱크를 설치하고자 한다. 이때 처리능력이 30만 $m^3$인 압축기와 얼마 이상의 거리를 유지하여야 하는가?

① 10m ② 24m
③ 30m ④ 50m

**16** 가스사용시설인 가스보일러의 급·배기방식에 따른 구분으로 틀린 것은?

① 반밀폐형 자연배기식(CF)
② 반밀폐형 강제배기식(FE)
③ 밀폐형 자연배기식(RF)
④ 밀폐형 강제급 · 배기식(FF)

**17** 다음 중 2중관으로 하여야 하는 가스가 아닌 것은?

① 일산화탄소 ② 암모니아
③ 염화메탄 ④ 염소

**18** 용기의 재검사 주기에 대한 기준으로 맞는 것은?

① 압력용기는 1년마다 재검사
② 저장탱크가 없는 곳에 설치한 기화기는 2년마다 재검사
③ 500L 이상 이음매 없는 용기는 5년마다 재검사
④ 용접용기로서 신규검사 후 15년 이상 20년 미만인 용기는 3년마다 재검사

**19** 도시가스 공급시설의 안전조작에 필요한 조명등의 조도는 몇 럭스 이상이어야 하는가?

① 100 ② 150
③ 200 ④ 300

**20** 암모니아 취급 시 피부에 닿았을 때 조치사항으로 가장 적당한 것은?

① 열습포로 감싸준다.
② 아연화 연고를 바른다.
③ 산으로 중화시키고 붕대로 감는다.
④ 다량의 물로 세척 후 붕산수를 바른다.

**21** 차량에 고정된 탱크 중 독성가스는 내용적을 얼마 이하로 하여야 하는가?

① 12,000L ② 15,000L
③ 16,000L ④ 18,000L

**22** 가연성 가스용 가스누출경보 및 자동차단장치의 경보농도 설정치의 기준은?

① ±5% 이하 ② ±10% 이하
③ ±15% 이하 ④ ±25% 이하

**23** 저장탱크 방류둑 용량은 저장능력에 상당하는 용적 이상의 용적이어야 한다. 다만, 액화산소 저장탱크의 경우에는 저장능력 상당용적의 몇 % 이상으로 할 수 있는가?

① 40 ② 60
③ 80 ④ 90

**24** 도시가스사업법에서 정한 특정가스사용시설에 해당하지 않는 것은?

① 제1종 보호시설 내 월사용예정량 1,000$m^3$ 이상인 가스사용시설
② 제2종 보호시설 내 월사용예정량 2,000$m^3$ 이상인 가스사용시설
③ 월사용예정량 2,000$m^3$ 이하인 가스사용시설 중 많은 사람이 이용하는 시설로 시·도지사가 지정하는 시설
④ 전기사업법, 에너지이용합리화법에 의한 가스사용시설

**25** LPG충전·집단공급 저장시설의 공기에 의한 내압시험 시 사용압력의 일정압력 이상으로 승압한 후 단계적으로 승압시킬 때, 상용압력의 몇 %씩 증가시켜 내압시험 압력에 달하였을 때 이상이 없어야 하는가?

① 5% ② 10%
③ 15% ④ 20%

**26** 도시가스 배관을 지상에 설치 시 검사 및 보수를 위하여 지면으로부터 몇 cm 이상의 거리를 유지하여야 하는가?

① 10cm ② 15cm
③ 20cm ④ 30cm

**27** 다음 각 가스의 정의에 대한 설명으로 틀린 것은?

① 압축가스란 일정한 압력에 의하여 압축되어 있는 가스를 말한다.
② 액화가스란 가압·냉각 등의 방법에 의하여 액체 상태로 되어 있는 것으로서 대기압에서의 끓는점이 40℃ 이하 또는 상용온도 이하인 것을 말한다.
③ 독성가스란 인체에 유해한 독성을 가진 가스로서 허용농도가 100만 분의 3,000 이하인 것을 말한다.
④ 가연성가스란 공기 중에서 연소하는 가스로서 폭발한계의 하한이 10% 이하인 것과 폭발한계의 상한과 하한의 차가 20% 이상인 것을 말한다.

**28** 용기 신규검사에 합격된 용기 부속품 각인에서 초저온 용기나 저온용기의 부속품에 해당하는 기호는?

① LT ② PT
③ MT ④ UT

**29** 압축, 액화 등의 방법으로 처리할 수 있는 가스의 용적이 1일 $100m^3$ 이상인 사업소에는 표준이 되는 압력계를 몇 개 이상 비치하여야 하는가?

① 1개 ② 2개
③ 3개 ④ 4개

**30** 가연성가스 및 독성가스의 충전용기보관실에 대한 안전거리 규정으로 옳은 것은?

① 충전용기보관실 1m 이내에 발화성물질을 두지 말 것
② 충전용기보관실 2m 이내에 인화성물질을 두지 말 것
③ 충전용기보관실 3m 이내에 발화성물질을 두지 말 것
④ 충전용기보관실 8m 이내에 인화성물질을 두지 말 것

**31** 배관 속을 흐르는 액체의 속도를 급격히 변화시키면 물이 관벽을 치는 현상이 일어나는데 이런 현상을 무엇이라 하는가?

① 캐비테이션 현상 ② 워터햄머링 현상
③ 서징 현상 ④ 맥동 현상

**32** 증기 압축식 냉동기에서 냉매가 순환되는 경로로 옳은 것은?

① 압축기 → 증발기 → 응축기 → 팽창밸브
② 증발기 → 응축기 → 압축기 → 팽창밸브
③ 증발기 → 팽창밸브 → 응축기 → 압축기
④ 압축기 → 응축기 → 팽창밸브 → 증발기

**33** 오리피스 미터의 특징에 대한 설명으로 옳은 것은?

① 압력손실이 매우 작다.
② 침전물이 관벽에 부착되지 않는다.
③ 내구성이 좋다.
④ 제작이 간단하고 교환이 쉽다.

**34** 도시가스의 품질검사 시 가장 많이 사용되는 검사방법은?

① 원자흡광광도법
② 가스크로마토그래피법
③ 자외선, 적외선 흡수분광법
④ ICP법

**35** 고압가스 안전관리법령에 따라 고압가스 판매시설에서 갖추어야 할 계측설비가 바르게 짝지어진 것은?

① 압력계, 계량기
② 온도계, 계량기
③ 압력계, 온도계
④ 온도계, 가스분석계

**36** 연소기의 설치방법으로 틀린 것은?

① 환기가 잘 되지 않는 곳에는 가스온수기를 설치하지 아니한다.
② 밀폐형 연소기는 급기구 및 배기통을 설치하여야 한다.
③ 배기통의 재료는 불연성 재료로 한다.
④ 개방형 연소기가 설치된 실내에는 환풍기를 설치한다.

**37** 도시가스 정압기에 사용되는 정압기용 필터의 제조기술 기준으로 옳은 것은?

① 내가스 성능시험의 질량변화율은 5~8%이다.
② 입출구 연결부는 플랜지식으로 한다.
③ 기밀시험은 최고사용압력 1.25배 이상의 수압으로 실시한다.
④ 내압시험은 최고사용압력 2배의 공기압으로 실시한다.

**38** 압력조정기의 종류에 따른 조정압력이 틀린 것은?

① 1단 감압식 저압조정기 : 2.3~3.3kPa
② 1단 감압식 준저압조정기 : 5~30kPa 이내에서 제조자가 설정한 기준압력의 ±20%
③ 2단 감압식 2차용 저압조정기 : 2.3~3.3kPa
④ 자동절체식 일체형 저압조정기 : 2.3~3.3kPa

**39** 용기의 내용적이 105L인 액화암모니아 용기에 충전할 수 있는 가스의 충전량은 약 몇 kg인가? (단, 액화암모니아의 가스정수 C의 값은 1.86이다)

① 20.5　　② 45.5
③ 56.5　　④ 117.5

**40** 가스미터의 설치장소로서 가장 부적당한 곳은?

① 통풍이 양호한 곳
② 전기공작물 주변의 직사광선이 비치는 곳
③ 가능한 한 배관의 길이가 짧고 꺾이지 않는 곳
④ 화기와 습기에서 멀리 떨어져 있고 청결하며 진동이 없는 곳

**41** 구조가 간단하고 고압, 고온 밀폐탱크의 압력까지 측정이 가능하여 가장 널리 사용되는 액면계는?

① 크린카식 액면계
② 벨로우즈식 액면계
③ 차압식 액면계
④ 부자식 액면계

**42** 도시가스시설 중 입상관에 대한 설명으로 틀린 것은?

① 입상관이 화기가 있을 가능성이 있는 주위를 통과하여 불연재료로 차단조치를 하였다.
② 입상관의 밸브는 분리 가능한 것으로서 바닥으로부터 1.5m의 높이에 설치하였다.
③ 입상관의 밸브를 어린 아이들이 장난을 못하도록 3m의 높이에 설치하였다.
④ 입상관의 밸브 높이가 1m이어서 보호상자 안에 설치하였다.

**43** 사용압력이 2MPa, 관의 인장강도가 20kg/mm$^2$일 때의 스케줄 번호(Sch No)는? (단, 안전율은 4로 한다)

① 10　　② 20
③ 40　　④ 80

**44** 액주식 압력계에 사용되는 액체의 구비조건으로 틀린 것은?

① 화학적으로 안정되어야 한다.
② 모세관 현상이 없어야 한다.
③ 점도와 팽창계수가 작아야 한다.
④ 온도변화에 의한 밀도변화가 커야 한다.

**45** 부취제 주입용기를 가스압으로 밸런스시켜 중력에 의해서 부취제를 가스 흐름 중에 주입하는 방식은?

① 적하 주입방식
② 펌프 주입방식
③ 위크증발식 주입방식
④ 미터연결 바이패스 주입방식

**46** 절대영도로 표시한 것 중 가장 거리가 먼 것은?

① −273.15℃ ② 0K
③ 0R ④ 0°F

**47** 압력단위를 나타낸 것은?

① $kg/cm^2$ ② $KL/m^2$
③ $kcal/mm^2$ ④ $kV/km^2$

**48** '효율이 100%인 열기관은 제작이 불가능하다'라고 표현되는 법칙은?

① 열역학 제0법칙 ② 열역학 제1법칙
③ 열역학 제2법칙 ④ 열역학 제3법칙

**49** 일산화탄소 전화법에 의해 얻고자 하는 가스는?

① 암모니아 ② 일산화탄소
③ 수소 ④ 수성가스

**50** 공급가스인 천연가스 비중이 0.6이라 할 때 45m 높이의 아파트 옥상까지 압력손실은 약 몇 $mmH_2O$인가?

① 18.0 ② 23.3
③ 34.9 ④ 27.0

**51** 염소($Cl_2$)에 대한 설명으로 틀린 것은?

① 황록색의 기체로 조연성이 있다.
② 강한 자극성의 취기가 있는 독성기체이다.
③ 수소와 염소의 등량 혼합기체를 염소폭명기라 한다.
④ 건조 상태의 상온에서 강재에 대하여 부식성을 갖는다.

**52** A의 분자량은 B의 분자량의 2배이다. A와 B의 확산속도의 비는?

① $\sqrt{2}:1$ ② $4:1$
③ $1:4$ ④ $1:\sqrt{2}$

**53** 순수한 물의 증발잠열은?

① 539kcal/kg ② 79.638kcal/kg
③ 539cal/kg ④ 79.68cal/kg

**54** 주기율표의 0족에 속하는 불활성 가스의 성질이 아닌 것은?

① 상온에서 기체이며, 단원자 분자이다.
② 다른 원소와 잘 화합한다.
③ 상온에서 무색, 무미, 무취의 기체이다.
④ 방전관에 넣어 방전시키면 특유의 색을 낸다.

**55** 게이지압력 1,520mmHg는 절대압력으로 몇 기압인가?

① 0.33atm ② 3atm
③ 30atm ④ 33atm

**56** 부탄($C_4H_{10}$) 가스의 비중은?

① 0.55 ② 0.9
③ 1.5 ④ 2

**57** 도시가스는 무색, 무취이기 때문에 누출 시 중독 및 사고를 미연에 방지하기 위하여 부취제를 첨가하는데 그 첨가비율의 용량이 얼마의 상태에서 냄새를 감지할 수 있어야 하는가?

① 0.1% ② 0.01%
③ 0.2% ④ 0.02%

**58** LPG 1L가 기화해서 약 250L의 가스가 된다면 10kg의 액화 LPG가 기화하면 가스 체적은 얼마나 되는가? (단, 액화 LPG의 비중은 0.5이다)

① $10m^3$ ② $5m^3$
③ $20m^3$ ④ $30m^3$

**59** 시안화수소 충전에 대한 설명 중 틀린 것은?

① 용기에 충전하는 시안화수소는 순도가 98% 이상이어야 한다.
② 시안화수소를 충전한 용기는 충전 후 24시간 이상 정치한다.
③ 시안화수소는 충전 후 30일이 경과되기 전에 다른 용기에 옮겨 충전하여야 한다.
④ 시안화수소 충전용기는 1일 1회 이상 질산구리벤젠 등의 시험지로 가스누출 검사를 한다.

**60** 다음 중 절대 압력을 정하는 데 기준이 되는 것은?

① 게이지 압력 ② 국소 대기압
③ 완전진공 ④ 표준 대기압

# 기출문제 2015년 제1회

**01** 도시가스의 매설배관에 설치하는 보호판은 누출가스가 지면으로 확산되도록 구멍을 뚫는데 그 간격의 기준으로 옳은 것은?

① 1m 이하 간격　② 2m 이하 간격
③ 3m 이하 간격　④ 5m 이하 간격

**02** 처리 능력이 1일 35,000$m^3$인 산소처리설비로 전용공업지역이 아닌 지역일 경우 처리설비 외면과 사업소 밖에 있는 병원과는 몇 m 이상 안전거리를 유지하여야 하는가?

① 16m　② 17m
③ 18m　④ 20m

**03** 도시가스사업자는 굴착공사 정보지원센터로부터 굴착계획의 통보내용을 통지받은 때에는 얼마 이내에 매설된 배관이 있는지를 확인하고, 그 결과를 굴착공사 정보지원센터에 통지하여야 하는가?

① 24시간　② 36시간
③ 48시간　④ 60시간

**04** 공기 중에서 폭발범위가 가장 좁은 것은?

① 메탄　② 프로판
③ 수소　④ 아세틸렌

**05** 용기에 의한 액화석유가스 저장소에서 실외저장소 주위의 경계 울타리와 용기보관장소 사이에는 얼마 이상의 거리를 유지하여야 하는가?

① 2m　② 8m
③ 15m　④ 20m

**06** 다음 중 고압가스 특정제조 허가의 대상이 아닌 것은?

① 석유정제시설에서 고압가스를 제조하는 것으로서 그 저장능력이 100톤 이상인 것
② 석유화학공업시설에서 고압가스를 제조하는 것으로서 그 처리 능력이 1만 세제곱미터 이상인 것
③ 철강공업시설에서 고압가스를 제조하는 것으로서 그 처리능력이 1만 세제곱미터 이상인 것
④ 비료제조시설에서 고압가스를 제조하는 것으로서 그 저장능력이 100톤 이상인 것

**07** 가연성가스의 제조설비 중 전기설비를 방폭성능을 가지는 구조로 갖추지 아니하여도 되는 가스는?

① 암모니아
② 염화메탄
③ 아크릴알데하드
④ 산화에틸렌

**08** 가스도매사업제조소의 배관장치에 설치하는 경보장치가 울려야 하는 시기의 기준으로 잘못된 것은?

① 배관 안의 압력이 상용압력의 1.05배를 초과한 때
② 배관 안의 압력이 정상운전 때의 압력보다 15% 이상 강하한 경우 이를 검지한 때
③ 긴급차단밸브의 조작회로가 고장난 때 또는 긴급차단 밸브가 폐쇄된 때
④ 상용압력이 5MPa 이상인 경우에는 상용압력에 0.5MPa를 더한 압력을 초과할 때

**09** 다음 중 상온에서 가스를 압축, 액화상태로 용기에 충전시키기가 가장 어려운 가스는?

① $C_3H_8$ ② $CH_4$
③ $Cl_2$ ④ $CO_2$

**10** 일반도시가스사업의 가스공급시설기준에서 배관을 지상에 설치할 경우 가스 배관의 표면 색상은?

① 흑색 ② 청색
③ 적색 ④ 황색

**11** 가스도매사업의 가스공급시설 중 배관을 지하에 매설할 때의 기준으로 틀린 것은?

① 배관은 그 외면으로부터 수평거리로 건축물까지 1.0m 이상을 유지한다.
② 배관은 그 외면으로부터 지하의 다른 시설물과 0.3m 이상의 거리를 유지한다.
③ 배관을 산과 들에 매설할 때는 지표면으로부터 배관의 외면까지의 매설 깊이를 1m 이상으로 한다.
④ 배관은 지반 동결로 손상을 받지 아니하는 깊이로 매설한다.

**12** 운반 책임자를 동승시키지 않고 운반하는 액화석유가스용 차량에서 고정된 탱크에 설치하여야 하는 장치는?

① 살수장치 ② 누설방지장치
③ 폭발방지장치 ④ 누설경보장치

**13** 수소의 특징에 대한 설명으로 옳은 것은?

① 조연성기체이다.
② 폭발범위가 넓다.
③ 가스의 비중이 커서 확산이 느리다.
④ 저온에서 탄소와 수소취성을 일으킨다.

**14** 다음 중 제1종 보호시설이 아닌 것은?

① 가설건축물이 아닌 사람을 수용하는 건축물로서 사실상 독립된 부분의 연면적이 1,500$m^2$인 건축물
② 문화재보호법에 의하여 지정문화재로 지정된 건축물
③ 수용 능력이 100인 이상인 공연장
④ 어린이집 및 어린이 놀이시설

**15** 가연성가스와 동일차량에 적재하여 운반할 경우 충전용기의 밸브가 서로 마주보지 않도록 적재해야 할 가스는?

① 수소 ② 산소
③ 질소 ④ 아르곤

**16** 천연가스 발열량이 10,400kcal/$Sm^3$이다. Si 단위인 MJ/$Sm^3$으로 나타내면?

① 2.47 ② 43.68
③ 2476 ④ 43680

**17** 다음 중 연소의 3요소가 아닌 것은?

① 가연물 ② 산소공급원
③ 점화원 ④ 인화점

**18** 다음 중 허가대상 가스용품이 아닌 것은?

① 용접절단기용으로 사용되는 LPG 압력조정기
② 가스용 폴리에틸렌 플러그형 밸브
③ 가스소비량이 132.6kW인 연료전지
④ 도시가스 정압기에 내장된 필터

**19** 가연성가스 충전용기 보관실의 벽 재료의 기준은?

① 불연재료 ② 난연재료
③ 가벼운 재료 ④ 불연 또는 난연재료

**20** 고압가스 안전관리법상 독성가스는 공기 중에 일정량 이상 존재하는 경우 인체에 유해한 독성을 가진 가스로서 허용농도(해당가스를 성숙한 흰 쥐 집단에게 대기 중에서 1시간 동안 계속하여 노출시킨 경우 14일 이내에 그 흰 쥐의 2분의 1 이상이 죽게 되는 가스의 농도)가 얼마인 것을 말하는가?

① 100만 분의 2,000 이하
② 100만 분의 3,000 이하
③ 100만 분의 4,000 이하
④ 100만 분의 5,000 이하

**21** 고압가스 저장의 시설에서 가연성가스시설에 설치하는 유동방지 시설의 기준은?

① 높이 2m 이상의 내화성 벽으로 한다.
② 높이 1.5m 이상의 내화성 벽으로 한다.
③ 높이 2m 이상의 불연성 벽으로 한다.
④ 높이 1.5m 이상의 불연성 벽으로 한다.

**22** 고압가스용기 재료의 구비조건이 아닌 것은?

① 내식성, 내마모성을 가질 것
② 무겁고 충분한 강도를 가질 것
③ 용접성이 좋고 가공 중 결함이 생기지 않을 것
④ 저온 및 사용온도에 견디는 연성과 점성 강도를 가질 것

**23** LPG 충전소에는 시설의 안전확보 상 "충전 중 엔진정지"를 주위의 보기 쉬운 곳에 설치해야 한다. 이 표지판의 바탕색과 문자 색은?

① 흑색바탕에 백색글씨
② 흑색바탕에 황색글씨
③ 백색바탕에 흑색글씨
④ 황색바탕에 흑색글씨

**24** 도시가스 배관의 지름이 15mm인 배관에 대한 고정장치의 설치간격은 몇 m 이내마다 설치하여야 하는가?

① 1 ② 2
③ 3 ④ 4

**25** 가스 운반 시 차량비치 항목이 아닌 것은?

① 가스 표시 색상
② 가스 측성(온도와 압력과의 관계, 비중, 색깔, 냄새)
③ 인체에 대한 독성 유무
④ 화재, 폭발의 위험성 유무

**26** 고압가스판매자가 실시하는 용기의 안전점검 및 유지관리의 기준으로 틀린 것은?

① 용기 아랫부분의 부식상태를 확인할 것
② 완성검사 도래 여부를 확인할 것
③ 밸브의 그랜드 너트가 고정 핀으로 이탈 방지를 위한 조치가 되어 있는지의 여부를 확인할 것
④ 용기 캡이 씌워져 있거나 프로텍트가 부착되어 있는지의 여부를 확인할 것

**27** 독성가스인 암모니아의 저장탱크에는 그 가스의 용량이 그 저장탱크 내용적의 몇 %를 초과하지 않아야 하는가?

① 80% ② 85%
③ 90% ④ 95%

**28** 액화 암모니아 10kg을 기화시키면 표준상태에서 약 몇 $m^3$의 기체로 되는가?

① 4 ② 5
③ 13 ④ 26

**29** 용기에 의한 고압가스 판매시설의 충전용기 보관실 기준으로 옳지 않은 것은?

① 가연성가스 충전용기 보관실은 불연성 재료나 난연성의 재료를 사용한 가벼운 지붕을 설치한다.
② 공기보다 무거운 가연성가스의 용기보관실에는 가스누출검지경보장치를 설치한다.
③ 충전용기 보관실은 가연성가스가 새어 나오지 못하도록 밀폐구조로 한다.
④ 용기보관실의 주변에는 화기 또는 인화성 물질이나 발화성 물질을 두지 않는다.

**30** 도시가스 배관의 용어에 대한 설명으로 틀린 것은?

① 배관이란 본관, 공급관, 내관 또는 그 밖의 관을 말한다.
② 본관이란 도시가스 제조사업소의 부지경계에서 정압기까지 이르는 배관을 말한다.
③ 사용자 공급관이란 공급관 중 정압기에서 가스사용자가 구분하여 소유하는 건축물의 외벽에 설치된 계량기까지 이르는 배관을 말한다.
④ 내관이란 가스사용자가 소유하거나 점유하고 있는 토지의 경계에서 연소기까지 이르는 배관을 말한다.

**31** 측정압력이 0.01~10kg/$cm^2$ 정도이고, 오차가 ±1~2% 정도이며, 유체 내의 먼지 등의 영향이 적으나, 압력 변동에 적응하기 어렵고, 주위 온도차에 의한 충분한 주의를 요하는 압력계는?

① 전기저항 압력계
② 벨로우즈(Bellows) 압력계
③ 부르동(bourdon) 압력계
④ 피스톤 압력계

**32** 1단 감압식 저압조정기의 조정압력(출구압력)은?

① 2.3~3.3kPa
② 5~30kPa
③ 32~83kPa
④ 57~83kPa

**33** 초저온 저장탱크에 주로 사용되며, 차압에 의하여 측정하는 액면계는?

① 시창식 ② 햄프슨식
③ 부자식 ④ 회전튜브식

**34** 분말진공단열법에서 충진용 분말로 사용되지 않는 것은?

① 탄화규소
② 펄라이트
③ 규조토
④ 알루미늄 분말

**35** 압축기에서 다단 압축을 하는 목적으로 틀린 것은?

① 소요 일량의 감소
② 이용 효율의 증대
③ 힘의 평형 향상
④ 토출온도 상승

**36** 1,000L의 액산탱크에 액산을 넣어 방출밸브를 개방하여 12시간 방치하였더니 탱크 내의 액산이 4.8kg 방출되었다면 1시간당 탱크에 침입하는 열량은 약 몇 kcal인가? (단, 액산의 증발잠열은 60kcal/kg이다)

① 12 ② 24
③ 70 ④ 150

**37** 도시가스용 압력조정기에 대한 설명으로 옳은 것은?

① 유량성능은 제조자가 제시한 설정압력의 ± 10% 이내로 한다.
② 합격표시는 바깥지름이 5mm의 "K"자 각인을 한다.
③ 입구 측 연결배관 관경은 50A 이상의 배관에 연결되어 사용되는 조정기이다.
④ 최대 표시유량 $300Nm^3/h$ 이상인 사용처에 사용되는 조정기이다.

**38** 오리피스 유량계는 어떤 형식의 유량계인가?

① 차압식　② 면적식
③ 용적식　④ 터빈식

**39** 질소를 취급하는 금속재료에서 내질화성을 증대시키는 원소는?

① Ni　② Al
③ Cr　④ Ti

**40** 다음 각 가스에 의한 부식현상 중 틀린 것은?

① 암모니아에 의한 강의 질화
② 황화수소에 의한 철의 부식
③ 일산화탄소에 의한 금속의 카르보닐화
④ 수소원자에 의한 강의 탈수소화

**41** 다음 중 아세틸렌과 치환반응을 하지 않는 것은?

① Cu　② Ag
③ Hg　④ Ar

**42** 비점이 점차 낮은 냉매를 사용하여 저비점의 기체를 액화하는 사이클은?

① 클라우드 액화사이클
② 필립스 액화사이클
③ 캐스케이드 액화사이클
④ 캐피자 액화사이클

**43** 유체가 5m/s의 속도로 흐를 때 이 유체의 속도수도는 약 몇 m인가? (단, 중력가속도는 9.8m/s이다)

① 0.98　② 1.28
③ 12.2　④ 14.1

**44** 빙점 이하의 낮은 온도에서 사용되며 LPG 탱크, 저온에서서도 인성이 감소되지 않는 화학 공업배관 등에 주로 사용되는 관의 종류는?

① SPLT　② SPHT
③ SPPH　④ SPPS

**45** 고압가스용 이음매 없는 용기에서 내력비란?

① 내력과 압궤강도의 비를 말한다.
② 내력과 파열강도의 비를 말한다.
③ 내력과 압축강도의 비를 말한다.
④ 내력과 인장강도의 비를 말한다.

**46** 섭씨온도로 측정할 때 상승된 온도가 5℃이었다. 이때 화씨온도로 측정하면 상승온도는 몇 도인가?

① 7.5　② 8.3
③ 9.0　④ 41

**47** 어떤 물질의 고유의 양으로 측정하는 장소에 따라 변함이 없는 물리량은?

① 질량　② 중량
③ 부피　④ 밀도

**48** 하버-보시법으로 암모니아 44g을 제조하려면 표준상태에서 수소는 약 몇 L가 필요한가?

① 22　② 44
③ 87　④ 100

**49** 기체연료의 연소 특성으로 틀린 것은?

① 소형의 버너도 매연이 적고, 완전연소가 가능하다.
② 하나의 연료 공급원으로부터 다수의 연소로와 버너에 쉽게 공급된다.
③ 미세한 연소 조정이 어렵다.
④ 연소율의 가변범위가 넓다.

**50** 비중이 13.6인 수은은 76cm의 높이를 갖는다. 비중이 0.5인 알코올로 환산하면 그 수주는 몇 m인가?

① 20.67　② 15.2
③ 13.6　④ 5

**51** SNG에 대한 설명으로 가장 적당한 것은?

① 액화석유가스　② 액화천연가스
③ 정유가스　④ 대체천연가스

**52** 액체는 무색·투명하고, 특유의 복숭아 향을 가진 맹독성 가스는?

① 일산화탄소　② 포스겐
③ 시안화수소　④ 메탄

**53** 단위 체적당 물체의 질량은 무엇을 나타내는 것인가?

① 중량　② 비열
③ 비체적　④ 밀도

**54** 다음 중 지연성가스로만 구성되어 있는 것은?

① 일산화탄소, 수소
② 질소, 아르곤
③ 산소, 이산화질소
④ 석탄가스, 수성가스

**55** 메탄가스의 특성에 대한 설명으로 틀린 것은?

① 메탄은 프로판에 비해 연소에 필요한 산소량이 많다.
② 폭발하한농도가 프로판보다 높다.
③ 무색, 무취이다.
④ 폭발상한농도가 부탄보다 높다.

**56** 암모니아의 성질에 대한 설명으로 옳지 않은 것은?

① 가스일 때 공기보다 무겁다.
② 물에 잘 녹는다.
③ 구리에 대하여 부식성이 강하다.
④ 자극성 냄새가 있다.

**57** 수소에 대한 설명으로 틀린 것은?

① 상온에서 자극성을 가지는 가연성 기체이다.
② 폭발범위는 공기 중에서 약 4~75%이다.
③ 염소와 반응하여 폭명기를 형성한다.
④ 고온·고압에서 강재 중 탄소와 반응하여 수소취성을 일으킨다.

**58** 다음 중 표준상태에서 가스상 탄화수소의 점도가 가장 높은 가스는?

① 에탄　② 메탄
③ 부탄　④ 프로판

**59** 도시가스의 원료인 메탄가스를 완전연소 시켰다. 이때 어떤 가스가 주로 발생되는가?

① 부탄　② 암모니아
③ 콜타르　④ 이산화탄소

**60** 표준대기압하에서 물 1kg의 온도를 1℃ 올리는 데 필요한 열량은 얼마인가?

① 0kcal　② 1kcal
③ 80kcal　④ 539kcal/kg·℃

# 기출문제 2015년 제2회

**01** 방류둑의 내측 및 그 외면으로부터 몇 m 이내에 그 저장탱크의 부속설비 외의 것을 설치하지 못하도록 되어 있는가?

① 3m ② 5m
③ 8m ④ 10m

**02** 가스의 성질에 대하여 옳은 것으로만 나열된 것은?

> ㉮ 일산화탄소는 가연성이다.
> ㉯ 산소는 조연성이다.
> ㉰ 질소는 가연성도 조연성도 아니다.
> ㉱ 아르곤은 공기 중에 함유되어 있는 가스로서 가연성이다.

① ㉮, ㉯, ㉱ ② ㉮, ㉯, ㉰
③ ㉯, ㉰, ㉱ ④ ㉮, ㉰, ㉱

**03** 고압가스 일반제조시설 중 에어졸의 제조 기준에 대한 설명으로 틀린 것은?

① 에어졸의 분사제는 독성가스를 사용하지 아니한다.
② 35℃에서 그 용기의 내압이 0.8MPa 이하로 한다.
③ 에어졸 제조설비는 화기 또는 인화성 물질과 5m 이상의 우회거리를 유지한다.
④ 내용적이 $30cm^3$ 이상인 용기는 에어졸의 제조에 재사용하지 아니한다.

**04** 도시가스 사용시설에서 PE배관은 온도가 몇 ℃ 이상이 되는 장소에 설치하지 아니하는가?

① 25℃ ② 30℃
③ 40℃ ④ 60℃

**05** 용기에 의한 고압가스 운반기준으로 틀린 것은?

① 3,000kg의 액화 조연성가스를 차량에 적재하여 운반할 때에는 운반책임자가 동승하여야 한다.
② 허용농도가 500ppm인 액화 독성가스 1,000kg을 차량에 적재하여 운반할 때에는 운반책임자가 동승하여야 한다.
③ 충전용기와 위험물 안전관리법에서 정하는 위험물과는 동일 차량에 적재하여 운반할 수 있다.
④ $300m^3$의 압축 가연성가스를 차량에 적재하여 운반할 때에는 운전자가 운반책임자의 자격을 가진 경우에는 자격이 없는 사람을 동승시킬 수 있다.

**06** 0종 장소에는 원칙적으로 어떤 방폭구조의 것으로 하여야 하는가?

① 내압방폭구조 ② 본질안전방폭구조
③ 특수방폭구조 ④ 안전증방폭구조

**07** 공기와 혼합된 가스가 압력이 높아지면 폭발범위가 좁아지는 가스는?

① 메탄 ② 프로판
③ 일산화탄소 ④ 아세틸렌

**08** 아세틸렌($C_2H_2$)에 대한 설명으로 틀린 것은?

① 폭발범위는 수소보다 넓다.
② 공기보다 무겁고 황색의 가스이다.
③ 공기와 혼합되지 않아도 폭발하는 수가 있다.
④ 구리, 은, 수은 및 그 합금과 폭발성 화합물을 만든다.

**09** **지하에 매설된 도시가스 배관의 전기방식 기준으로 틀린 것은?**

① 전기방식전류가 흐르는 상태에서 토양 중에 있는 배관 등의 방식전위 상한값은 포화황산동 기준전극으로 −0.85V 이하일 것
② 전기방식전류가 흐르는 상태에서 자연전위와의 전위변화가 최소한 −300mV 이하일 것
③ 배관에 대한 전위측정은 가능한 배관 가까운 위치에서 실시할 것
④ 전기방식시설의 관대지전위 등을 2년에 1회 이상 점검할 것

**10** **천연가스 지하 매설 배관의 퍼지용으로 주로 사용되는 가스는?**

① $N_2$　② $Cl_2$
③ $H_2$　④ $O_2$

**11** **고압가스 충전용기는 항상 몇 ℃ 이하의 온도를 유지하여야 하는가?**

① 10℃　② 30℃
③ 40℃　④ 50℃

**12** **액화석유가스 저장탱크 벽면의 국부적인 온도 상승에 따른 저장탱크의 파열을 방지하기 위하여 저장탱크 내벽에 설치하는 폭발방지장치의 재료로 맞는 것은?**

① 다공성 철판
② 다공성 알루미늄판
③ 다공성 아연판
④ 오스테나이트계 스테인리스판

**13** **최대지름이 6m인 가연성가스 저장탱크 2개가 서로 유지하여야 할 최소 거리는?**

① 0.6m　② 1m
③ 2m　④ 3m

**14** **방호벽을 설치하지 않아도 되는 곳은?**

① 아세틸렌가스 압축기와 충전장소 사이
② 판매소의 용기 보관실
③ 고압가스 저장설비와 사업소 안의 보호시설과의 사이
④ 아세틸렌가스 발생장치와 당해 가스충전용기 보관장소 사이

**15** **다음 중 연소의 형태가 아닌 것은?**

① 분해연소　② 확산연소
③ 증발연소　④ 물리연소

**16** **가스누출검지경보장치의 설치에 대한 설명으로 틀린 것은?**

① 통풍이 잘 되는 곳에 설치한다.
② 가스의 누출을 신속하게 검지하고 경보하기에 충분한 개수 이상 설치한다.
③ 장치의 기능은 가스의 종류에 적절한 것으로 한다.
④ 가스가 체류할 우려가 있는 장소에 적절하게 설치한다.

**17** **신규검사 후 20년이 경과한 용접용기(액화석유가스용 용기는 제외한다)의 재검사 주기는?**

① 3년마다
② 2년마다
③ 1년마다
④ 6개월마다

**18** 액화석유가스의 안전관리 및 사업법에서 정한 용어에 대한 설명으로 틀린 것은?

① 저장설비란 액화석유가스를 저장하기 위한 설비로서 각종 저장탱크 및 용기를 말한다.
② 저장탱크란 액화석유가스를 저장하기 위하여 지상 또는 지하에 고정 설치된 탱크로서 그 저장능력이 3톤 이상인 탱크를 말한다.
③ 용기집합설비란 2개 이상의 용기를 집합하여 액화석유가스를 저장하기 위한 설비를 말한다.
④ 충전용기란 액화석유가스 충전 질량의 90% 이상이 충전되어 있는 상태의 용기를 말한다.

**19** 도시가스 사용시설에서 안전을 확보하기 위하여 최고사용 압력이 1.1배 또는 얼마의 압력 중 높은 압력으로 실시하는 기밀시험에 이상이 없어야 하는가?

① 5.4kPa ② 6.4kPa
③ 7.4kPa ④ 8.4kPa

**20** 충전용기 등을 적재한 차량의 운반 개시 전 용기적재상태의 점검 내용이 아닌 것은?

① 차량의 적재중량 확인
② 용기 고정상태 확인
③ 용기 보호캡의 부착유무 확인
④ 운반계획서 확인

**21** 산화에틸렌 취급 시 주로 사용되는 제독제는?

① 가성소다 수용액
② 탄산소다 수용액
③ 소석회 수용액
④ 물

**22** 가스용기의 취급 및 주의 사항에 대한 설명으로 틀린 것은?

① 충전 시 용기는 용기 재검사 기간이 지나지 않았는지 확인한다.
② LPG 용기나 밸브를 가열할 때는 뜨거운 물(40℃ 이상)을 사용한다.
③ 충전한 후에는 용기밸브의 누출 여부를 확인한다.
④ 용기 내에 잔류물이 있을 때에는 잔류물을 제거하고 충전한다.

**23** 공기 중으로 누출 시 냄새로 쉽게 알 수 있는 가스로만 나열된 것은?

① $Cl_2$, $NH_3$ ② CO, Ar
③ $C_2H_2$, CO ④ $O_2$, $Cl_2$

**24** 일반 액화석유가스 압력조정기에 표시하는 사항이 아닌 것은?

① 제조자명이나 그 약호
② 제조번호나 로트번호
③ 입구압력(기호 : P, 단위 : MPa)
④ 검사 연월일

**25** 산소압축기의 내부 윤활제로 주로 사용하는 것은?

① 석유 ② 물
③ 유지 ④ 황산

**26** 다음 각 폭발의 종류와 그 관계로서 맞지 않은 것은?

① 화학 폭발 : 화약의 폭발
② 압력 폭발 : 보일러의 폭발
③ 촉매 폭발 : $C_2H_2$의 폭발
④ 중합 폭발 : HCN의 폭발

**27** 용기 신규검사에 합격된 용기 부속품기호 중 압축가스를 충전하는 용기 부속품의 기호는?

① AG ② PG
③ LG ④ LT

**28** 일반도시가스사업자가 설치하는 가스공급시설 중 정압기의 설치에 대한 설명으로 틀린 것은?

① 건축물 내부에 설치된 도시가스사업자의 정압기로서 가스누출경보기와 연동하여 작동하는 기계환기설비를 설치하고 1일 1회 이상 안전 점검을 실시하는 경우에는 건축물의 내부에 설치할 수 있다.
② 정압기에 설치되는 가스방출관의 방출구는 주위에 불 등이 없는 안전한 위치로서 지면으로부터 3m 이상의 높이에 설치하여야 하며, 전기시설물과의 접촉 등으로 사고의 우려가 있는 장소에서는 5m 이상의 높이로 설치한다.
③ 정압기에 설치하는 가스차단장치는 정압기의 입구 및 출구에 설치한다.
④ 정압기는 2년에 1회 이상 분해점검을 실시하고 필터는 가스 공급개시 후 1월 이내 및 가스공급개시 후 매년 1회 이상 분해점검을 실시한다.

**29** 충전용 주관의 압력계는 정기적으로 표준 압력계로 그 기능을 검사하여야 한다. 다음 중 검사의 기준으로 옳은 것은?

① 매년 1회 이상
② 3개월에 1회 이상
③ 6개월에 1회 이상
④ 1년에 1회 이상

**30** 고압가스 설비에 설치하는 압력계의 최고눈금에 대한 측정범위의 기준으로 옳은 것은?

① 상용압력의 1.0배 이상, 1.2배 이하
② 상용압력의 1.2배 이상, 1.5배 이하
③ 상용압력의 1.5배 이상, 2.0배 이하
④ 상용압력의 2.0배 이상, 3.0배 이하

**31** 백금-백금로듐 열전대 온도계의 온도 측정범위로 옳은 것은?

① −180~350℃
② −20~800℃
③ 0~1,700℃
④ 300~2,000℃

**32** 상용압력 15MPa, 배관내경 15mm, 재료의 인장강도 480N/mm$^2$, 관내면 부식여유 1mm, 안전율 4, 외경과 내경의 비가 1.2 미만인 경우 배관의 두께는?

① 2mm ② 3mm
③ 4mm ④ 5mm

**33** 정압기(Governor)의 기능을 모두 옳게 나열한 것은?

① 감압기능
② 정압기능
③ 감압기능, 정압기능
④ 감압기능, 정압기능, 폐쇄기능

**34** 고압식 액화분리 장치의 작동 개요에 대한 설명이 아닌 것은?

① 원료 공기는 여과기를 통하여 압축기로 흡입하여 약 150~200kg/cm$^2$으로 압축시킨다.
② 압축기를 빠져나온 원료 공기는 열교환기에 약간 냉각되고 건조기에서 수분이 제거된다.
③ 압축 공기는 수세정탑을 거쳐 축냉기로 송입되어 원료공기와 불순질소류가 서로 교환된다.
④ 액체 공기는 상부 정류탑에서 약 0.5atm 정도의 압력으로 정류된다.

**35** 압축기에 사용하는 윤활유 선택 시 주의사항으로 틀린 것은?

① 인화점이 높을 것
② 잔류탄소의 양이 적을 것
③ 점도가 적당하고 항유화성이 적을 것
④ 사용가스와 화학반응을 일으키지 않을 것

**36** 금속재료의 저온에서의 성질에 대한 설명으로 가장 거리가 먼 것은?

① 강은 암모니아 냉공기용 재료로서 적당하다.
② 탄소강은 저온도가 될수록 인장강도가 감소한다.
③ 구리는 액화분리장치용 금속재료로서 적당하다.
④ 18-8 스테인리스강은 우수한 저온장치용기 재료이다.

**37** 압력배관용 탄소강관의 사용압력범위로 가장 적당한 것은?

① 1~2MPa　　② 1~10MPa
③ 10~20MPa　　④ 10~50MPa

**38** 수소불꽃을 이용하여 탄화수소의 누출을 검지할 수 있는 가스누출 검출기는?

① FID　　② OMD
③ 접촉연소식　　④ 반도체식

**39** 부유 피스톤형 압력계에서 실린더 지름 0.02m, 추와 피스톤의 무게가 20,000g일 때 이 압력계에 접속된 부르동관의 압력계 눈금이 7kg/cm$^2$를 나타내었다. 이 부르동관 압력계의 오차는 약 몇 %인가?

① 5　　② 10
③ 15　　④ 20

**40** 부취제를 외기로 분출하거나 부취설비로부터 부취제가 흘러나오는 경우 냄새를 감소시키는 방법으로 가장 거리가 먼 것은?

① 연소법
② 수동조절
③ 화학적 산화처리
④ 활성탄에 의한 흡착

**41** 고압가스 매설배관에 실시하는 전기방식 중 외부 전원법의 장점이 아닌 것은?

① 과방식의 염려가 없다.
② 전압, 전류의 조정이 용이하다.
③ 전식에 대해서도 방식이 가능하다.
④ 전극의 소모가 적어서 관리가 용이하다.

**42** 1단감압식 저압조정기의 성능에서 조정기 최대 폐쇄압력은?

① 2.5kPa 이하
② 3.5kPa 이하
③ 4.5kPa 이하
④ 5.5kPa 이하

**43** 저비점(低沸点) 액체용 펌프 사용상의 주의사항으로 틀린 것은?

① 밸브와 펌프 사이에 기화가스를 방출할 수 있는 안전밸브를 설치한다.
② 펌프의 흡입, 토출관에는 신축조인트를 장치한다.
③ 펌프는 가급적 저장용기로부터 멀리 설치한다.
④ 운전개시 전에는 펌프를 청정하여 건조한 다음 펌프를 충분히 예냉한다.

**44** 정압기의 분해점검 및 고장에 대비하여 예비정압기를 설치하여야 한다. 다음 중 예비정압기를 설치하지 않아도 되는 경우는?

① 캐비닛형 구조의 정압기실에 설치된 경우
② 바이패스관이 설치되어 있는 경우
③ 단독사용자에게 가스를 공급하는 경우
④ 공동사용자에게 가스를 공급하는 경우

**45** 공기에 의한 전열은 어느 압력까지 내려가면 급히 압력에 비례하여 적어지는 성질을 이용하는 저온장치에 사용되는 진공단열법은?

① 고진공단열법
② 분말진공단열법
③ 다층진공단열법
④ 자연진공단열법

**46** 다음에서 압력이 높은 순서대로 나열된 것은?

| ㉠ 100atm | ㉡ 2kg/mm² | ㉢ 15m 수은주 |
|---|---|---|

① ㉠ > ㉡ > ㉢
② ㉡ > ㉢ > ㉠
③ ㉢ > ㉠ > ㉡
④ ㉡ > ㉠ > ㉢

**47** 산소에 대한 설명으로 옳은 것은?

① 안전밸브는 파열판식을 주로 사용한다.
② 용기는 탄소강으로 된 용접용기이다.
③ 의료용 용기는 녹색으로 도색한다.
④ 압축기 내부 윤활유는 양질의 광유를 사용한다.

**48** 에틸렌($C_2H_4$)이 수소와 반응할 때 일으키는 반응은?

① 환원반응 ② 분해반응
③ 제거반응 ④ 첨가반응

**49** 황화수소의 주된 용도는?

① 도료 ② 냉매
③ 형광 물질 연료 ④ 합성고무

**50** 비열에 대한 설명 중 틀린 것은?

① 단위는 kcal/kg · ℃이다.
② 비열비는 항상 1보다 크다.
③ 정적비열은 정압비열보다 크다.
④ 물의 비열은 얼음의 비열보다 크다.

**51** 다음 중 가장 높은 온도는?

① −35℃ ② −45°F
③ 213K ④ 450°R

**52** 현열에 대한 가장 적절한 설명은?

① 물질이 상태변화 없이 온도가 변할 때 필요한 열이다.
② 물질이 온도변화 없이 상태가 변할 때 필요한 열이다.
③ 물질이 상태, 온도 모두 변할 때 필요한 열이다.
④ 물질이 온도변화 없이 압력이 변할 때 필요한 열이다.

**53** 수소($H_2$)에 대한 설명으로 옳은 것은?

① 3중 수소는 방사능을 갖는다.
② 밀도가 크다.
③ 금속재료를 취화시키지 않는다.
④ 열전달율이 아주 작다.

**54** 샤를의 법칙에서 기체의 압력이 일정할 때 모든 기체의 부피는 온도가 1℃ 상승함에 따라 0℃ 때의 부피보다 어떻게 되는가?

① 22.4배씩 증가한다.
② 22.4배씩 감소한다.
③ $\frac{1}{273}$씩 증가한다.
④ $\frac{1}{273}$씩 감소한다.

**55** 다음 화합물 중 탄소의 함유율이 가장 많은 것은?

① $CO_2$ ② $CH_4$
③ $C_2H_4$ ④ CO

**56** 다음에서 설명하는 열역학 법칙은?

> 어떤 물체의 외부에서 일정량의 열을 가하면 물체는 이 열량의 일부분을 소비하여 외부에 대하여 일을 하고 남은 부분은 전부 내부 에너지로 내부에 저장되고, 그 사이에 소비된 열은 발생되는 일과 같다.

① 열역학 제0법칙 ② 열역학 제1법칙
③ 열역학 제2법칙 ④ 열역학 제3법칙

**57** 다음 가스 중 가장 무거운 것은?

① 메탄 ② 프로판
③ 암모니아 ④ 헬륨

**58** 대기압 하에서 0℃ 기체의 부피가 500mL였다. 이 기체의 부피가 2배 될 때의 온도는 몇 ℃인가? (단, 압력은 일정하다)

① −100 ② 32
③ 273 ④ 500

**59** 다음 중 불연성 가스는?

① $CO_2$ ② $C_3H_6$
③ $C_2H_2$ ④ $C_2H_4$

**60** 일산화탄소와 염소가 반응하였을 때 주로 생성되는 것은?

① 포스겐 ② 카르보닐
③ 포스핀 ④ 사염화탄소

# 기출문제 2015년 제3회

**01** 압축 또는 액화 그 밖의 방법으로 처리할 수 있는 가스의 용적이 1일 100m$^3$ 이상인 사업소는 압력계를 몇 개 이상 비치하도록 되어 있는가?

① 1 ② 2
③ 3 ④ 4

**02** 고압가스의 충전용기는 항상 몇 ℃ 이하의 온도를 유지하여야 하는가?

① 15 ② 20
③ 30 ④ 40

**03** 암모니아 200kg을 내용적 50L 용기에 충전할 경우 필요한 용기의 개수는? (단, 충전정수를 1.86으로 한다)

① 4개 ② 6개
③ 8개 ④ 12개

**04** 가스도매사업자 가스공급시설의 시설기준 및 기술기준에 의한 배관의 해저설치의 기준에 대한 설명으로 틀린 것은?

① 배관은 원칙적으로 다른 배관과 교차하지 아니한다.
② 두 개 이상의 배관을 동시에 설치하는 경우에는 배관이 서로 접촉하지 아니하도록 필요한 조치를 한다.
③ 배관이 부양하거나 이동할 우려가 있는 경우에는 이를 방지하기 위한 조치를 한다.
④ 배관은 원칙적으로 다른 배관과 20m 이상의 수평거리를 유지한다.

**05** 도시가스 제조시설의 플레어스택 기준에 적합하지 않은 것은?

① 스택에서 방출된 가스가 지상에서 폭발한계에 도달하지 아니하도록 할 것
② 연소능력은 긴급이송설비로 이송되는 가스를 안전하게 연소시킬 수 있을 것
③ 스택에서 발생하는 최대열량에 장시간 견딜 수 있는 재료 및 구조로 되어 있을 것
④ 폭발을 방지하기 위한 조치가 되어 있을 것

**06** 초저온 용기에 대한 정의로 옳은 것은?

① 임계온도가 50℃ 이하인 액화가스를 충전하기 위한 용기
② 강판과 동판으로 제조된 용기
③ −50℃ 이하인 액화가스를 충전하기 위한 용기로서 용기 내의 가스온도가 상용의 온도를 초과하지 않도록 한 용기
④ 단열재로 피복하여 용기 내의 가스온도가 상용의 온도를 초과하도록 조치된 용기

**07** 독성가스의 제독제로 물을 사용하는 가스는?

① 염소 ② 포스겐
③ 황화수소 ④ 산화에틸렌

**08** 특정설비 중 압력용기의 재검사 주기는?

① 3년마다 ② 4년마다
③ 5년마다 ④ 10년마다

**09** 아세틸렌 제조설비의 방호벽 설치기준으로 틀린 것은?

① 압축기와 충전용주관밸브 조작밸브 사이
② 압축기와 가스충전용기 보관장소 사이
③ 충전장소와 가스충전용기 보관장소 사이
④ 충전장소와 충전용주관밸브 조작밸브 사이

**10** 용기 파열사고의 원인으로 가장 거리가 먼 것은?

① 용기의 내압력 부족
② 용기 내 규정압력의 초과
③ 용기 내에서 폭발성 혼합가스에 의한 발화
④ 안전밸브의 작동

**11** 액화산소 저장탱크 저장능력이 1,000$m^3$일 때 방류둑의 용량은 얼마 이상으로 설치하여야 하는가?

① 400$m^3$ ② 500$m^3$
③ 600$m^3$ ④ 1,000$m^3$

**12** 당해 설비 내의 압력이 상용압력을 초과할 경우 즉시 상용압력 이하로 되돌릴 수 있는 안전장치의 종류에 해당하지 않는 것은?

① 안전밸브
② 감압밸브
③ 바이패스밸브
④ 파열판

**13** 일반도시가스 배관을 지하에 매설하는 경우에는 표지판을 설치해야 하는데 몇 m 간격으로 1개 이상을 설치해야 하는가?

① 100m ② 200m
③ 500m ④ 1,000m

**14** 도시가스 보일러 중 전용 보일러실에 반드시 설치하여야 하는 것은?

① 밀폐식 보일러
② 옥외에 설치하는 가스보일러
③ 반밀폐형 자연 배기식 보일러
④ 전용급기통을 부착시키는 구조로 검사에 합격한 강제배기식 보일러

**15** 산소압축기의 내부 윤활제로 적당한 것은?

① 광유 ② 유지류
③ 물 ④ 황산

**16** 고압가스 용기제조의 시설기준에 대한 설명으로 옳은 것은?

① 용접용기 동판의 최대두께와 최소두께와의 차이는 평균 두께의 5% 이하로 한다.
② 초저온 용기는 고압배관용 탄소강관으로 제조한다.
③ 아세틸렌용기에 충전하는 다공물질은 다공도가 72% 이상 95% 미만으로 한다.
④ 용접용기에는 그 용기의 부속품을 보호하기 위하여 프로텍터 또는 캡을 고정식 또는 체인식으로 부착한다.

**17** 도시가스 배관 이음부와 전기점멸기, 전기 접속기와는 몇 cm 이상의 거리를 유지해야 하는가?

① 10cm ② 15cm
③ 30cm ④ 40cm

**18** 용기종류별 부속품의 기호 표시로서 틀린 것은?

① AG : 아세틸렌가스를 충전하는 용기의 부속품
② PG : 압축가스를 충전하는 용기의 부속품
③ LG : 액화석유가스를 충전하는 용기의 부속품
④ LT : 초저온 용기 및 저온 용기의 부속품

**19** 독성가스 제독작업에 필요한 보호구의 보관에 대한 설명으로 틀린 것은?

① 독성가스가 누출할 우려가 있는 장소에 가까우면서 관리하기 쉬운 장소에 보관한다.
② 긴급 시 독성가스에 접하고 반출할 수 있는 장소에 보관한다.
③ 정화통 등의 소모품은 정기적 또는 사용 후에 점검하여 교환 및 보충한다.
④ 항상 청결하고 그 기능이 양호한 장소에 보관한다.

**20** 일반 공업용 용기의 도색의 기준으로 틀린 것은?

① 액화염소 – 갈색
② 액화암모니아 – 백색
③ 아세틸렌 – 황색
④ 수소 – 회색

**21** 액화석유가스의 안전관리 및 사업법에 규정된 용어의 정의에 대한 설명으로 틀린 것은?

① 저장설비라 함은 액화석유가스를 저장하기 위한 설비로서 저장탱크, 마운드형 저장탱크, 소형저장탱크 및 용기를 말한다.
② 자동차에 고정된 탱크라 함은 액화석유가스의 수송, 운반을 위하여 자동차에 고정 설치된 탱크를 말한다.
③ 소형저장탱크라 함은 액화석유가스를 저장하기 위하여 지상 또는 지하에 고정 설치된 탱크로서 그 저장능력이 3톤 미만인 탱크를 말 한다.
④ 가스설비라 함은 저장설비 외의 설비로서 액화석유가스가 통하는 설비(배관 포함)와 그 부속설비를 말한다.

**22** 1%에 해당하는 ppm의 값은?

① $10^2$ppm ② $10^3$ppm
③ $10^4$ppm ④ $10^5$ppm

**23** 가스배관의 사공 신뢰성을 높이는 일환으로 실시하는 비파괴검사 방법 중 내부선원법, 이중벽 이중상법 등을 이용하는 방법은?

① 초음파탐상시험 ② 자분탐상시험
③ 방사선투과시험 ④ 침투탐상방법

**24** 차량에 고정된 저장탱크로 염소를 운반할 때 용기의 내용적(L)은 얼마 이하가 되어야 하는가?

① 10,000 ② 12,000
③ 15,000 ④ 18,000

**25** 일산화탄소와 공기의 혼합가스는 압력이 높아지면 폭발범위는 어떻게 되는가?

① 변함없다. ② 좁아진다.
③ 넓어진다. ④ 일정치 않다.

**26** 도시가스 배관을 폭 8m 이상의 도로에서 지하에 매설 시 지표면으로부터 배관의 외면까지 매설 깊이의 기준은?

① 0.6m 이상 ② 1.0m 이상
③ 1.2m 이상 ④ 1.5m 이상

**27** 도시가스시설의 설치공사 또는 변경공사를 하는 때에 이루어지는 주요공정 시공감리대상은?

① 도시가스사업자 외의 가스공급시설 설치자의 배관 설치공사
② 가스도매사업자의 가스공급시설 설치공사
③ 일반도시가스사업자의 정압기 설치공사
④ 일반도시가스사업자의 제조소 설치공사

**28** 고압가스 공급자의 안전점검 항목이 아닌 것은?

① 충전용기의 설치 위치
② 충전용기의 운반방법 및 상태
③ 충전용기와 화기와의 거리
④ 독성가스의 경우 흡수장치, 제해장치 및 보호구 등에 대한 적합 여부

**29** 액화석유가스 판매업소의 충전용기 보관실에 강제통풍장치 설치 시 통풍능력의 기준은?

① 바닥면적 $1m^2$당 $0.5m^3$/분 이상
② 바닥면적 $1m^2$당 $1.0m^3$/분 이상
③ 바닥면적 $1m^2$당 $1.5m^3$/분 이상
④ 바닥면적 $1m^2$당 $2.0m^3$/분 이상

**30** 다음 중 동일차량에 적재하여 운반할 수 없는 경우는?

① 산소와 질소
② 질소와 탄산가스
③ 탄산가스와 아세틸렌
④ 염소와 아세틸렌

**31** 액화가스의 이송펌프에서 발생하는 캐비테이션 현상을 방지하기 위한 대책으로서 틀린 것은?

① 흡입배관을 크게 한다.
② 펌프의 회전수를 크게 한다.
③ 펌프의 설치 위치를 낮게 한다.
④ 펌프의 흡입구 부근을 냉각한다.

**32** 다음 중 대표적인 차압식 유량계는?

① 오리피스 미터
② 로터 미터
③ 마노 미터
④ 습식가스 미터

**33** 공기액화분리기 내의 $CO_2$를 제거하기 위해 NaOH수용액을 사용한다. 1.0kg의 $CO_2$를 제거하기 위해서는 약 몇 kg의 NaOH를 가해야 하는가?

① 0.9 ② 1.8
③ 3.0 ④ 3.8

**34** 왕복동 압축기 용량조정 방법 중 단계적으로 조절하는 방법에 해당되는 것은?

① 회전수를 변경하는 방법
② 흡입 주밸브를 폐쇄하는 방법
③ 타임드 밸브 제어에 의한 방법
④ 클리어런스 밸브에 의해 용적효율을 낮추는 방법

**35** LP가스에 공기를 희석시키는 목적이 아닌 것은?

① 발열량 조절
② 연소효율 증대
③ 누설 시 손실 감소
④ 재액화 촉진

**36** 다음 중 정압기의 부속설비가 아닌 것은?

① 불순물 제거장치
② 이상압력상승 방지장치
③ 검사용 맨홀
④ 압력기록장치

**37** 금속재료 중 저온재료로 적당하지 않은 것은?

① 탄소강
② 황동
③ 9% 니켈강
④ 18-8 스테인리스강

**38** 다음 중 터보압축기에서 주로 발생할 수 있는 현상은?

① 수격작용(Water hammer)
② 베이퍼록(Vapor lock)
③ 서징(surging)
④ 캐비테이션(Cavitation)

**39** 파이프 커터로 강관을 절단하면 거스러미(Burr)가 생긴다. 이것을 제거하는 공구는?

① 파이프 벤더　② 파이프 렌치
③ 파이프 바이스　④ 파이프 리이머

**40** 고속 회전하는 임펠러의 원심력에 의해 속도에너지를 압력에너지로 바꾸어 압축하는 형식으로서 유량이 크고, 설치면적이 적게 차지하는 압축기의 종류는?

① 왕복식　② 터보식
③ 회전식　④ 흡수식

**41** 가스홀더의 압력을 이용하여 가스를 공급하며 가스제조공장과 공급지역이 가깝거나 공급면적이 좁을 때 적당한 가스공급 방법은?

① 저압공급방식　② 중앙공급방식
③ 고압공급방식　④ 초고압공급방식

**42** 가스종류에 따른 용기의 재질로서 부적합한 것은?

① LPG : 탄소강　② 암모니아 : 동
③ 수소 : 크롬강　④ 염소 : 탄소강

**43** 오르자트법으로 시료가스를 분석할 때의 성분분석 순서로서 옳은 것은?

① $CO_2 \rightarrow O_2 \rightarrow CO$
② $CO \rightarrow CO_2 \rightarrow O_2$
③ $O_2 \rightarrow CO \rightarrow CO_2$
④ $O_2 \rightarrow CO_2 \rightarrow CO$

**44** 수소염 이온화식(FID) 가스검출기에 대한 설명으로 틀린 것은?

① 감도가 우수하다.
② $CO_2$와 $NO_2$는 검출할 수 없다.
③ 연소하는 동안 시료가 파괴된다.
④ 무기화합물의 가스검지에 적합하다.

**45** 다음과 관련 있는 분석방법은?

- 쌍극자 모멘트의 알짜변화
- 진동 짝지움
- Nernst 백열등
- Fourier 변환 분광계

① 질량분석법
② 흡광광도법
③ 적외선 분광분석법
④ 킬레이트 적정법

**46** 표준상태에서 1,000L이 체적을 갖는 가스상태의 부탄은 약 몇 kg인가?

① 2.6　② 3.1
③ 5.0　④ 6.1

**47** 다음 중 일반 기체상수(R)의 단위는?

① kg · m/kmol · K　② kg · m/kcal · K
③ $kg \cdot m/m^3 \cdot K$　④ kcal/kg · ℃

**48** 열역학 제1법칙에 대한 설명이 아닌 것은?

① 에너지보존의 법칙이라고 한다.
② 열은 항상 고온에서 저온으로 흐른다.
③ 열과 일은 일정한 관계로 상호 교환된다.
④ 제1종 영구기관이 영구적으로 일하는 것은 불가능하다는 것을 알려준다.

**49** 표준상태의 가스 $1m^3$를 완전연소시키기 위하여 필요한 최소한의 공기를 이론공기량이라고 한다. 다음 중 이론공기량으로 적합한 것은? (단, 공기 중에 산소는 21% 존재)

① 메탄 : 9.5배
② 메탄 : 12.5배
③ 프로판 : 15배
④ 프로판 : 30배

**50** 다음 중 액화가 가장 어려운 가스는?

① $H_2$　② He
③ $N_2$　④ $CH_4$

**51** 다음 중 아세틸렌의 발생방식이 아닌 것은?

① 주수식 : 카바이드에 물을 넣는 방법
② 투입식 : 물에 카바이드를 넣는 방법
③ 접촉식 : 물과 카바이드를 소량씩 접촉시키는 방법
④ 가열식 : 카바이드를 가열하는 방법

**52** 이상기체의 등온과정에서 압력이 증가하면 엔탈피(H)는?

① 증가한다.
② 감소한다.
③ 일정하다.
④ 증가하다가 감소한다.

**53** 1kW의 열량을 환산한 것으로 옳은 것은?

① 536kcal/h　② 632kcal/h
③ 720kcal/h　④ 860kcal/h

**54** 섭씨온도와 화씨온도가 같은 경우는?

① −40℃　② 32°F
③ 273℃　④ 45°F

**55** 다음 중 1기압(1atm)과 같지 않은 것은?

① 760mmHg　② 0.9807bar
③ 10.332mH₂O　④ 101.3kPa

**56** 어떤 기구가 1atm, 30℃에서 10,000L의 헬륨으로 채워져 있다. 이 기구 압력이 0.6atm이고, 온도가 −20℃인 고도까지 올라갔을 때 부피는 약 몇 L가 되는가?

① 10,000　② 12,000
③ 14,000　④ 16,000

**57** 다음 중 SI 단위계에서 절대온도 단위는?

① K　② °R
③ °F　④ ℃

**58** 이상기체를 정적하에서 가열하면 압력과 온도의 변화는?

① 압력증가, 온도일정
② 압력일정, 온도증가
③ 압력증가, 온도상승
④ 압력일정, 온도상승

**59** 산소의 물리적인 성질에 대한 설명으로 틀린 것은?

① 산소는 약 −183℃에서 액화한다.
② 액체산소는 청색으로 비중이 약 1.13이다.
③ 무색, 무취의 기체이며 물에는 약간 녹는다.
④ 강력한 조연성 가스이므로 자신이 연소한다.

**60** 도시가스의 주원료인 메탄($CH_4$)의 비점은 약 얼마인가?

① −50℃　② −82℃
③ −120℃　④ −162℃

# 기출문제 2015년 제4회

**01** 다음 중 사용신고를 하여야 하는 특정고압가스에 해당하지 않는 것은?

① 게르만
② 삼불화질소
③ 사불화규소
④ 오불화붕소

**02** LP가스 저장탱크 지하에 설치하는 기준에 대한 설명으로 틀린 것은?

① 저장탱크실 상부 윗면으로부터 저장탱크 상부까지의 깊이는 1m 이상으로 한다.
② 저장탱크 주위 빈 공간에는 세립분을 함유하지 않은 것으로 손으로 만졌을 때 물이 손에 흘러내리지 않는 상태의 모래를 채운다.
③ 저장탱크를 2개 이상 인접하여 설치하는 경우에는 상호 간에 1m 이상의 거리를 유지한다.
④ 저장탱크실은 천장, 벽 및 바닥의 두께가 각각 30cm 이상의 방수조치를 한 철근콘크리트구조로 한다.

**03** 용기의 설계단계 검사 항목이 아닌 것은?

① 단열성능
② 내압성능
③ 작동성능
④ 용접부의 기계적 성능

**04** 고압가스용기 저장탱크 및 압력용기 제조시설에 대하여 실시하는 내압검사에서 압력용기 등의 재질이 주철인 경우 내압시험압력의 기준은?

① 설계압력의 1.2배의 압력
② 설계압력의 1.5배의 압력
③ 설계압력의 2배의 압력
④ 설계압력의 3배의 압력

**05** 초저온 용기의 단열성능 시험에 있어 침입열량 산식은 다음과 같이 구해진다. 여기서 "q"가 의미하는 것은?

$$Q = \frac{W \cdot q}{H \cdot \Delta T \cdot V}$$

① 침입열량
② 측정시간
③ 기화된 가스량
④ 시험용 가스의 기화잠열

**06** 인체용 에어졸 제품의 용기에 기재하여야 할 사항으로 틀린 것은?

① 불 속에 버리지 말 것
② 가능한 한 인체에서 10cm 이상 떨어져서 사용할 것
③ 온도가 40℃ 이상 되는 장소에 보관하지 말 것
④ 특정부위에 계속하여 장시간 사용하지 말 것

**07** 비등액체팽창 증기폭발(BLEVE)이 일어날 가능성이 가장 낮은 곳은?

① LPG 저장탱크
② LNG 저장탱크
③ 액화가스 탱크로리
④ 천연가스 지구정압기

**08** 자연발화의 열의 발생속도에 대한 설명으로 틀린 것은?

① 발열량이 큰 쪽이 일어나기 쉽다.
② 표면적이 적을수록 일어나기 쉽다.
③ 초기 온도가 높은 쪽이 일어나기 쉽다.
④ 촉매 물질이 존재하면 반응 속도가 빨라진다.

**09** 다음 가스의 용기보관실 중 그 가스가 누출될 때에 체류하지 않도록 통풍구를 갖추고, 통풍이 잘 되지 않는 곳에는 강제환기시설을 설치하여야 하는 곳은?

① 질소 저장소
② 탄산가스 저장소
③ 헬륨 저장소
④ 부탄 저장소

**10** 발열량이 9,500kcal/m³이고, 가스비중이 0.65인(공기1) 가스의 웨버지수는 약 얼마인가?

① 6,175 ② 9,500
③ 11,780 ④ 14,615

**11** 도시가스 배관의 매설심도를 확보할 수 없는 타시설물과 이격거리를 유지하지 못하는 등에는 보호판을 설치한다. 압력이 중압 경우 보호판의 두께 기준은?

① 3mm ② 4mm
③ 5mm ④ 6mm

**12** 고압가스안전관리법의 적용을 받는 고압가스의 종류 및 범위로 틀린 것은?

① 상용의 온도에서 압력이 1MPa 이상이 되는 압축가스
② 섭씨 35도의 온도에서 압력이 0Pa을 초과하는 아세틸렌가스
③ 상용의 온도에서 압력이 0.2MPa 이상이 되는 액화가스
④ 섭씨 35도의 온도에서 압력이 0Pa을 초과하는 액화가스 중 액화시안화수소

**13** 고압가스 제조허가의 종류가 아닌 것은?

① 고압가스 특수제조
② 고압가스 일반제조
③ 고압가스 충전
④ 냉동제조

**14** 암모니아 충전용기로서 내용적이 1,000L 이하인 것은 부식여유 두께의 수치가 (A)mm 이고, 염소 충전용기로서 내용적이 1,000L 초과하는 것은 부식여유 두께의 수치가 (B)mm이다. A와 B에 알맞은 부식 여유치는?

① A : 1, B : 3
② A : 2, B : 3
③ A : 1, B : 5
④ A : 2, B : 5

**15** LPG자동차에 고정된 용기충전시설에서 저장탱크의 물분무장치는 최대수량을 몇 분 이상 연속해서 방사할 수 있는 수원에 접촉되어 있도록 하여야 하는가?

① 20분 ② 30분
③ 40분 ④ 60분

**16** 산화에틸렌 충전용기에는 질소 또는 탄산가스를 충전하는데 그 내부가스 압력의 기준으로 옳은 것은?

① 상온에서 0.2MPa 이상
② 35℃에서 0.2MPa 이상
③ 40℃에서 0.4MPa 이상
④ 45℃에서 0.4MPa 이상

**17** 다음 중 보일러 중독사고의 주원인이 되는 가스는?

① 이산화탄소 ② 일산화탄소
③ 질소 ④ 염소

**18** 플레어스택에 대한 설명으로 틀린 것은?

① 플레어스택에서 발생하는 복사열이 다른 제조시설에 나쁜 영향을 미치지 아니하도록 안전한 높이 및 위치에 설치한다.
② 플레어스택에서 발생하는 최대열량에 장시간 견딜 수 있는 재료 및 구조로 되어 있는 것으로 한다.
③ 파이롯트 버너를 항상 점화하여 두는 등 플레어스택에 관련된 폭발을 방지하기 위한 조치가 되어 있는 것으로 한다.
④ 특수반응설비 또는 이와 유사한 고압가스 설비에는 그 특수반응설비 또는 고압가스 설비마다 설치한다.

**19** 도시가스 사용시설에서 도시가스 배관의 표시 등에 대한 기준으로 틀린 것은?

① 지하에 매설하는 배관은 그 외부에 사용 가스명, 최고사용압력, 가스의 흐름방향을 표시한다.
② 지상배관은 부식방지 도장 후 황색으로 도색한다.
③ 지하매설배관은 최고사용압력이 저압인 배관은 황색으로 한다.
④ 지하매설배관은 최고사용압력이 중압 이상인 배관은 적색으로 한다.

**20** 특정고압가스 사용 시설에서 용기의 안전조치 방법으로 틀린 것은?

① 고압가스의 충전용기는 항상 40℃ 이하를 유지하도록 한다.
② 고압가스의 충전용기 밸브는 서서히 개폐한다.
③ 고압가스의 충전용기 밸브 또는 배관을 가열할 때에는 열습포나 40℃ 이하의 더운 물을 사용한다.
④ 고압가스의 충전용기를 사용한 후 밸브를 열어둔다.

**21** 일반도시가스의 배관을 철도부지 밑에 매설하는 경우 배관의 외면과 지표면과의 거리는 몇 m 이상으로 하여야 하는가?

① 1.0m ② 1.2m
③ 1.3m ④ 1.5m

**22** 가스도매사업시설에서 배관 지하매설의 설치 기준으로 옳은 것은?

① 산과 들 이외의 지역에서 배관의 매설깊이는 1.5m 이상
② 산과 들에서의 배관의 매설깊이는 1m 이상
③ 배관은 그 외면으로부터 수평거리로 건축물까지 1.2m 이상 거리 유지
④ 배관은 그 외면으로부터 지하의 다른 시설물과 1.2m 이상 거리 유지

**23** 인화온도가 약 −30℃이고, 발화온도가 매우 낮아 전구 표면이나 증기파이프 등의 열에 의해 발화할 수 있는 가스는?

① $CS_2$ ② $C_2H_2$
③ $C_2H_4$ ④ $C_3H_8$

**24** 액화가스를 충전하는 차량에 고정된 탱크는 그 내부에 액면요동을 방지하기 위하여 액면요동 방지조치를 하여야 한다. 다음 중 액면요동 방지조치로 올바른 것은?

① 방파판 ② 액면계
③ 온도계 ④ 스톱밸브

**25** 가연성가스의 지상저장탱크의 경우 외부에 바르는 도료의 색깔은 무엇인가?

① 청색 ② 녹색
③ 은·백색 ④ 검정색

**26** 아르곤(Ar) 가스 충전용기의 도색은 어떤 색상으로 하여야 하는가?

① 백색 ② 녹색
③ 갈색 ④ 회색

**27** 지하에 매몰하는 도시가스 배관의 재료로 사용할 수 없는 것은?

① 가스용 폴리에틸렌관
② 압력 배관용 탄소강관
③ 압출식 폴리에틸렌 피복강관
④ 분말융착식 폴리에틸렌 피복강관

**28** 아세틸렌 용기에 대한 다공물질 충전검사 적합판정기준은?

① 다공물질 용기 벽을 따라서 용기 안지름의 $\frac{1}{200}$ 또는 1mm를 초과하는 틈이 없는 것으로 한다.
② 다공물질은 용기 벽을 따라서 용기 안지름의 $\frac{1}{200}$ 또는 3mm를 초과하는 틈이 없는 것으로 한다.
③ 다공물질은 용기 벽을 따라서 용기 안지름의 $\frac{1}{100}$ 또는 5mm를 초과하는 틈이 없는 것으로 한다.
④ 다공물질은 용기 벽을 따라서 용기 안지름의 $\frac{1}{100}$ 또는 10mm를 초과하는 틈이 없는 것으로 한다.

**29** 액화석유가스가 공기 중에 얼마의 비율로 혼합되었을 때 그 사실을 알 수 있도록 냄새가 나는 물질을 섞어 용기에 충전하여야 하는가?

① $\frac{1}{1,000}$ ② $\frac{1}{10,000}$
③ $\frac{1}{100,000}$ ④ $\frac{1}{1,000,000}$

**30** 가스 누출 자동차단장치의 구성요소에 해당하지 않는 것은?

① 지시부 ② 검지부
③ 차단부 ④ 제어부

**31** 도시가스 사용시설의 정압기실에 설치된 가스누출경보기의 점검주기는?

① 1일 1회 이상
② 1주일 1회 이상
③ 2주일 1회 이상
④ 1개월 1회 이상

**32** 고압가스 제조설비에서 정전기의 발생 또는 대전방지에 대한 설명으로 옳은 것은?

① 가연성 제조설비의 탑류, 벤드스택 등은 단독으로 접지한다.
② 제조장치 등에 본딩용 접속선은 단면적이 $5.5mm^2$ 미만의 단선을 사용한다.
③ 대전 방지를 위하여 기계 및 장치에 절연재료를 사용한다.
④ 접지 저항치 총합이 100Ω 이하의 경우에는 정전기 제거조치가 필요하다.

**33** 이동식 부탄연소기의 용기 연결방법에 따른 분류가 아닌 것은?

① 용기 이탈식 ② 분리식
③ 카세트식 ④ 직결식

**34** 액화산소, LNG 등에 일반적으로 사용될 수 있는 재질이 아닌 것은?

① Al 및 Al합금
② Cu 및 Cu합금
③ 고장력 주철강
④ 18-8 스테인리스강

**35** 저압식(Linde-Frankl식) 공기액화 분리장치의 정류탑 하부의 압력은 어느 정도인가?

① 1기압　② 5기압
③ 10기압　④ 20기압

**36** LP가스 저압배관 공사를 완료하여 기밀시험을 하기 위해 공기압을 1,000mm$H_2O$로 하였다. 이때 관지름 25mm, 길이 30m로 할 경우 배관의 전체 부피는 약 몇 L인가?

① 5.7L　② 12.7L
③ 14.7L　④ 23.7L

**37** 저온, 고압의 액화석유가스 저장탱크가 있다. 이 탱크를 퍼지하여 수리 점검 작업할 때에 대한 설명으로 옳지 않은 것은?

① 공기로 재치환하여 산소농도가 최소 18% 인지 확인한다.
② 질소가스로 충분히 퍼지하여 가연성가스의 농도가 폭발하한계의 $\frac{1}{4}$ 이하가 될 때까지 치환을 계속한다.
③ 단시간에 고온으로 가열하면 탱크가 손상될 우려가 있으므로 국부가열이 되지 않게 한다.
④ 가스는 공기보다 가벼우므로 상부 맨홀을 열어 자연적으로 퍼지가 되도록 한다.

**38** 연소에 필요한 공기를 전부 2차 공기로 취하며, 불꽃의 길이가 길고, 온도가 가장 낮은 연소방식은?

① 분젠식
② 세미분젠식
③ 적화식
④ 전1차 공기식

**39** 액주식 압력계에 대한 설명으로 틀린 것은?

① 경사관식은 정도가 좋다.
② 단관식은 차압계로도 사용된다.
③ 링 밸런스식은 저압가스의 압력측정에 적당하다.
④ U자관은 메니스커스의 영향을 받지 않는다.

**40** 압축천연가스자동차 충전소에 설치하는 압축가스설비의 설계압력이 25MPa인 경우 이 설비에 설치하는 압력계의 지시눈금은?

① 최소 25.0MPa까지 지시할 수 있는 것
② 최소 27.5MPa까지 지시할 수 있는 것
③ 최소 37.5MPa까지 지시할 수 있는 것
④ 최소 50.0MPa까지 지시할 수 있는 것

**41** 저온장치에서 열의 침입 원인으로 가장 거리가 먼 것은?

① 내면으로부터의 열전도
② 연결 배관 등에 의한 열전도
③ 지지 요크 등에 의한 열전도
④ 단열재를 넣은 공간에 남은 가스의 분자 열전도

**42** 저장탱크 내부의 압력이 외부의 압력보다 낮아져 그 탱크가 파괴되는 것을 방지하기 위한 설비와 관계없는 것은?

① 압력계　② 진공안전밸브
③ 압력경보설비　④ 벤트스택

**43** 공기액화분리장치에는 다음 중 어떤 가스 때문에 가연성 물질을 단열재로 사용할 수 없는가?

① 질소　② 수소
③ 산소　④ 아르곤

**44** 도시가스 공급시설이 아닌 것은?

① 압축기 ② 홀더
③ 정압기 ④ 용기

**45** 암모니아 용기의 재료로 주로 사용되는 것은?

① 동 ② 알루미늄합금
③ 동합금 ④ 탄소강

**46** 표준상태에서 부탄가스의 비중은 약 얼마인가? (단, 부탄의 분자량을 58이다)

① 1.6 ② 1.8
③ 2.0 ④ 2.2

**47** 메탄($CH_4$)의 공기 중 폭발범위 값에 가장 가까운 것은?

① 5%~15.4% ② 3.2%~12.5%
③ 2.4%~9.5% ④ 1.9%~8.4%

**48** 다음 중 가장 낮은 압력은?

① 1atm ② 1kg/$cm^2$
③ 10.33m$H_2O$ ④ 1MPa

**49** 부탄가스의 주된 용도가 아닌 것은?

① 산화에틸렌 제조
② 자동차 연료
③ 라이터 연료
④ 에어졸 제조

**50** 포스겐의 화학식은?

① $COCl_2$ ② $COCl_3$
③ $PH_2$ ④ $PH_3$

**51** 다음 중 헨리의 법칙에 잘 적용되지 않는 가스는?

① 암모니아 ② 수소
③ 산소 ④ 이산화탄소

**52** 착화원이 있을 때 가연성 액체나 고체의 표면에 연소하한계 농도의 가연성 혼합기가 형성되는 최저온도는?

① 인화온도 ② 임계온도
③ 발화온도 ④ 포화온도

**53** 부양기구의 수소 대체용으로 사용되는 가스는?

① 아르곤 ② 헬륨
③ 질소 ④ 공기

**54** 시안화수소를 충전한 용기는 충전 후 얼마를 정치해야 하는가?

① 4시간 ② 8시간
③ 16시간 ④ 24시간

**55** 아세틸렌($C_2H_2$)에 대한 설명 중 틀린 것은?

① 공기보다 무거워 낮은 곳에 체류한다.
② 카바이트($CaC_2$)에 물을 넣어 제조한다.
③ 공기 중 폭발범위는 약 2.5~81%이다.
④ 흡열화합물임로 압축하면 폭발을 일으킬 수 있다.

**56** 황화수소에 대한 설명으로 틀린 것은?

① 무색이다.
② 유독하다.
③ 냄새가 없다.
④ 인화성이 아주 강하다.

**57** 표준상태에서 산소의 밀도(g/L)는?

① 0.7　　② 1.43

③ 2.72　　④ 2.88

**58** 다음 가스 중 비중이 가장 적은 것은?

① CO　　② $C_3H_8$

③ $Cl_2$　　④ $NH_3$

**59** 이상기체의 정압비열(Cp)과 정적비열(Cv)에 대한 설명 중 틀린 것은? (단, K는 비열비이고, R은 이상기체 상수이다)

① 정적비열과 R의 합은 정압비열이다.

② 비열비(K)는 $\frac{C_p}{C_u}$로 표현된다.

③ 정적비열은 $\frac{R}{K-1}$로 표현된다.

④ 정압비열은 $\frac{K-1}{K}$으로 표현된다.

**60** LNG의 주성분은?

① 메탄　　② 에탄

③ 프로판　　④ 부탄

# 기출문제 2016년 제1회

**01** 도시가스 배관에 설치하는 희생양극법에 의한 전위 측정용 터미널은 몇 m 이내의 간격으로 하여야 하는가?

① 200m ② 300m
③ 500m ④ 600m

**02** 저장탱크에 의한 액화석유가스 저장소에서 지상에 노출된 배관을 차량 등으로부터 보호하기 위하여 설치하는 방호철판의 두께는 얼마 이상으로 하여야 하는가?

① 2mm ② 3mm
③ 4mm ④ 5mm

**03** 특정고압가스 사용시설에서 취급하는 용기의 안전조치 사항으로 틀린 것은?

① 고압가스 충전용기는 항상 40℃ 이하를 유지한다.
② 고압가스 충전용기 밸브는 서서히 개폐하고 밸브 또는 배관을 가열하는 때에는 열습포나 40℃ 이하의 더운 물을 사용한다.
③ 고압가스 충전용기를 사용한 후에는 폭발을 방지하기 위하여 밸브를 열어둔다.
④ 용기 보관실에 충전용기를 보관하는 경우에는 넘어짐 등으로 충격 및 밸브 등의 손상을 방지하는 조치를 한다.

**04** 액화석유가스 자동차에 고정된 용기충전 시설에 설치하는 긴급차단장치에 접속하는 배관에 대하여 어떠한 조치를 하도록 되어 있는가?

① 워터햄머가 발생하지 않도록 조치
② 긴급차단장치에 따른 정전기 등이 발생하지 않도록 하는 조치
③ 체크밸브를 설치하여 과량 공급이 되지 않도록 조치
④ 바이패스 배관을 설치하여 차단성능을 향상시키는 조치

**05** 도시가스 배관 굴착작업 시 배관의 보호를 위하여 배관 주위 얼마 이내에서 인력굴착으로 굴착을 하여야 하는가?

① 0.3m ② 0.6m
③ 1m ④ 1.5m

**06** 자연환기설비 설치 시 LP가스의 용기 보관실 바닥면적이 $3m^2$이라면 통풍구의 크기는 몇 $cm^2$ 이상으로 하도록 되어 있는가? (단, 철망 등이 부착되어 있지 않은 것으로 간주한다)

① 500 ② 700
③ 900 ④ 1,100

**07** 고속도로 휴게소에서 액화석유가스 저장 능력이 얼마를 초과하는 경우에 소형저장탱크를 설치해야 하는가?

① 300kg ② 500kg
③ 1,000kg ④ 3,000kg

**08** 특정고압가스 사용시설의 시설기준 및 기술기준으로 틀린 것은?

① 가연성가스의 사용설비에는 정전기 제거를 설치한다.
② 지하에 매설하는 배관에는 전기부식 방지조치를 한다.
③ 독성가스의 저장설비에는 가스가 누출된 때 이를 흡수 또는 중화할 수 있는 장치를 설치한다.
④ 산소를 사용하는 밸브에는 밸브가 잘 작동할 수 있도록 석유류 및 유지류를 주입하여 사용한다.

**09** 고압가스 용기를 취급 또는 보관할 때의 기준으로 옳은 것은?

① 충전용기와 잔가스 용기는 각각 구분하여 용기 보관 장소에 놓는다.
② 용기는 항상 60℃ 이하의 온도를 유지한다.
③ 충전용기는 통풍이 잘 되고 직사광선을 받을 수 있는 따스한 곳에 둔다.
④ 용기 보관 장소의 주위 5m 이내에는 화기, 인화성 물질을 두지 아니한다.

**10** 허용농도가 100만 분의 200 이하인 독성가스 용기 중 내용적이 얼마 미만인 충전용기를 운반하는 차량의 적재함에 대하여 밀폐된 구조로 하여야 하는가?

① 500L ② 1,000L
③ 2,000L ④ 3,000L

**11** 상용압력이 10MPa인 고압가스 설비의 안전밸브의 작동압력은 얼마인가?

① 10MPa ② 12MPa
③ 15MPa ④ 20MPa

**12** 방폭전기기기 구조별 표시방법 중 "e"의 표시는 ?

① 안전증 방폭구조 ② 내압 방폭구조
③ 유입 방폭구조 ④ 압력 방폭구조

**13** 다음 중 가연성이면서 독성가스는?

① $CHClF_2$ ② HCl
③ $C_2H_2$ ④ HCN

**14** 고압가스안전관리법의 적용 범위에서 제외되는 고압가스가 아닌 것은?

① 섭씨 35℃의 온도에서 게이지 압력이 4.9MPa 이하인 유니트형 공기압축장치 안의 압축공기
② 섭씨 15℃의 온도에서 압력이 0Pa을 초과하는 아세틸렌가스
③ 내연기관의 시동, 타이어의 공기 충전, 리벳팅, 착암 또는 토목공사에 사용되는 압축장치 안의 고압가스
④ 냉동능력이 3톤 미만인 냉동설비 안의 고압가스

**15** 액화석유가스 집단공급 시설에서 가스설비의 상용압력이 1MPa일 때, 이 설비의 내압시험압력은 몇 MPa으로 하는가?

① 1 ② 1.25
③ 1.5 ④ 2.0

**16** 독성가스 충전용기를 차량에 적재할 때의 기준에 대한 설명으로 틀린 것은?

① 운반차량에 세워서 운반한다.
② 차량의 적재함을 초과하여 적재하지 아니한다.
③ 차량의 최대적재량을 초과하여 적재하지 아니한다.
④ 충전용기는 2단 이상으로 겹쳐 쌓아 용기가 서로 이격되지 않도록 한다.

**17** 액화석유가스 사용시설의 연소기 설치방법으로 옳지 않은 것은?

① 밀폐형 연소기는 급기구, 배기통과 벽과의 사이에 배기가스가 실내로 들어올 수 없게 한다.
② 반밀폐형 연소기는 급기구와 배기통을 설치한다.
③ 개방형 연소기를 설치한 실에는 환풍기 또는 환기구를 설치한다.
④ 배기통이 가연성 물질로 된 벽 통과 시에는 금속 등 불연성 재료로 단열조치를 한다.

**18** 고압가스 특정제조시설에서 선임하여야 하는 안전관리원의 선임인원 기준은?

① 1명 이상 ② 2명 이상
③ 3명 이상 ④ 5명 이상

**19** LPG 충전자가 실시하는 용기의 안전점검기준에서 내용적 얼마 이하의 용기에 대하여 "실내보관 금지" 표시 여부를 확인하여야 하는가?

① 15L ② 20L
③ 30L ④ 50L

**20** 아세틸렌가스 또는 압력이 9.8MPa 이상인 압축가스를 용기에 충전하는 경우 방호벽을 설치하지 않아도 되는 곳은?

① 압축기와 충전장소 사이
② 압축가스 충전장소와 그 가스 충전용기 보관장소 사이
③ 압축기와 그 가스 충전용기 보관장소 사이
④ 압축가스를 운반하는 차량과 충전용기 사이

**21** 차량에 고정된 고압가스 탱크를 운행할 경우에 휴대하여야 할 서류가 아닌 것은?

① 차량등록증
② 탱크 테이블(용량 환산표)
③ 고압가스 이동계획서
④ 탱크 제조시방서

**22** 고압가스 제조설비에서 기밀시험용으로 사용할 수 없는 것은?

① 산소 ② 질소
③ 공기 ④ 탄산가스

**23** 고압가스 용어에 대한 설명으로 틀린 것은?

① 액화가스란 기압·냉각 등의 방법에 의하여 액체상태로 되어 있는 것으로서 대기압에서의 비점이 40℃ 이하 또는 상용의 온도 이하인 것을 말한다.
② 독성가스란 공기 중에서 일정량이 존재하는 경우 인체에 유해한 독성을 가진 가스로서 허용 농도가 100만 분의 2,000 이하인 것을 말한다.
③ 초저온 저장탱크라 함은 섭씨 영하 50도 이하의 액화가스를 저장하기 위한 저장탱크로서, 단열재로 씌우거나 냉동설비로 냉각하는 등의 방법으로 저장탱크 내의 가스온도가 상용의 온도를 초과하지 아니하도록 한 것을 말한다.
④ 가연성가스란 공기 중에서 연소하는 가스로서 폭발한계의 상한과 하한의 차가 20% 이상인 것을 말한다.

**24** 도시가스에 대한 설명 중 틀린 것은?

① 국내에서 공급하는 대부분의 도시가스는 메탄을 주성분으로 하는 천연가스다.
② 도시가스는 주로 배관을 통하여 수요가에게 공급된다.
③ 도시가스의 원료로 LPG를 사용할 수 있다.
④ 도시가스는 공기와 혼합만 되면 폭발한다.

**25** 액화석유가스의 용기보관소 시설기준으로 틀린 것은?

① 용기보관실은 사무실과 구분하여 동일 부지에 설치한다.
② 저장설비는 용기집합식으로 한다.
③ 용기보관실은 불연재료를 사용한다.
④ 용기보관실은 창의 유리는 망입유리 또는 안전유리로 한다.

**26** 일반도시가스 공급시설에 서치하는 정압기의 분해점검 주기는?

① 1년에 1회 이상
② 2년에 1회 이상
③ 3년에 1회 이상
④ 1주일에 1회 이상

**27** 액화석유가스 자동차에 고정된 용기 충전시설에 게시한 "화기엄금"이라 표시한 게시판의 색상은?

① 황색 바탕에 흑색 글씨
② 흑색 바탕에 황색 글씨
③ 백색 바탕에 적색 글씨
④ 적색 바탕에 백색 글씨

**28** 제조시설에 설치하는 방호벽의 규격으로 옳은 것은?

① 박강판 벽으로 두께 3.2cm 이상, 높이 2m 이상
② 후강판 벽으로 두께 10cm 이상, 높이 2.5m 이상
③ 철근콘크리트 벽으로 두께 12cm 이상, 높이 2m 이상
④ 철근콘크리트블록 벽으로 두께 20m 이상, 높이 2m 이상

**29** 도시가스 배관에는 도시가스를 사용하는 배관임을 명확하게 식별할 수 있도록 표시를 한다. 다음 중 그 표시방법에 대한 설명으로 옳은 것은?

① 지상에 설치하는 배관 외부에는 사용가스명, 최고사용압력 및 가스의 흐름 방향을 표시한다.
② 배설배관 표면색상은 최고사용압력이 저압인 경우에는 녹색으로 도색한다.
③ 매설배관의 표면색상은 최고사용압력이 중압인 경우에는 황색으로 도색한다.
④ 지상배관의 표면색상은 백색으로 도색한다. 다만, 흑색으로 2중 띠를 표시한 경우 백색으로 하지 않아야 한다.

**30** 다음 가스 중 독성($LC_{50}$)이 가장 강한 것은?

① 암모니아
② 디메틸아민
③ 브롬화메탄
④ 아크릴로니트릴

**31** 암모니아를 사용하는 고온, 고압가스 장치의 재료로 가장 적당한 것은?

① 동
② PVC 코팅 강
③ 알루미늄 합금
④ 18-8 스테인리스 강

**32** 다단 왕복동 압축기의 중간단의 토출온도가 상승하는 주된 원인이 아닌 것은?

① 압축 비 감소
② 토출밸브 불량에 의한 역류
③ 흡입밸브 불량에 의한 고온가스의 흡입
④ 전단쿨러 불량에 의한 고온가스의 흡입

**33** 오스테나이트계 스테인리스 강에 대한 설명으로 틀린 것은?

① Fe−Cr−Ni 합금이다.
② 내식성이 우수하다.
③ 강한 자성을 갖는다.
④ 18−8 스테인리스 강이 대표적이다.

**34** LP가스 사용 시의 주의사항으로 틀린 것은?

① 용기밸브, 콕 등은 신속하게 열 것
② 연소기구 주위에 가연물을 두지 말 것
③ 가스누출 유무를 냄새 등으로 확인할 것
④ 고무호스의 노화, 갈라짐 등은 항상 점검할 것

**35** 오리피스 유량계의 특징에 대한 설명으로 옳은 것은?

① 내구성이 좋다.
② 저압, 저유량에 적합하다.
③ 유체의 압력손실이 크다.
④ 협소한 장소에는 설치하기 어렵다.

**36** 원심펌프의 양정과 회전속도의 관계는? (단, $N_1$ : 처음 회전수, $N_2$ : 변화된 회전수)

① $(\frac{N_2}{N_1})$　② $(\frac{N_2}{N_1})^2$
③ $(\frac{N_2}{N_1})^3$　④ $(\frac{N_2}{N_1})^5$

**37** 가스보일러의 본체에 표시된 가스소비량이 100,000kcal/h이고, 버너에 표시된 가스소비량이 120,000kcal/h일 때 도시가스 소비량 산정은 얼마를 기준으로 하는가?

① 100,000kcal/h　② 105,000kcal/h
③ 110,000kcal/h　④ 120,000kcal/h

**38** 다음 중 다공도를 측정할 때 사용되는 식은? (단, V : 다공질물의 용적, E : 아세톤 침윤 잔용적이다)

① 다공도 $= \frac{V}{(V-E)}$
② 다공도 $= (V+E)\times\frac{100}{V}$
③ 다공도 $= (V+E)\times V$
④ 다공도 $= (V-E)\times\frac{V}{100}$

**39** 공기액화분리장치의 부산물로 얻어지는 아르곤가스는 불활성가스이다. 아르곤가스의 원자가는?

① 0　② 1
③ 3　④ 8

**40** 공기액화 분리장치의 내부를 세척하고자 할 때 세정액으로 가장 적당한 것은?

① 염산(HCl)
② 가성소다(NaOH)
③ 사염화탄소($CCl_4$)
④ 탄산나트륨($Na_2CO_3$)

**41** 조정압력이 2.8kPa인 액화석유가스 압력조정기의 안전장치 작동표준압력은?

① 5.0kPa　② 6.0kPa
③ 7.0kPa　④ 8.0kPa

**42** 수은을 이용한 U자관 압력계에서 액주 높이(h)는 600mm, 대기압($P_1$)은 1kg/cm$^2$일 때 $P_2$는 약 몇 kg/cm$^2$인가?

① 0.22　② 0.92
③ 1.82　④ 9.16

**43** 로터리 미터는 어떤 형식의 유량계인가?

① 차압식 ② 터빈식
③ 회전식 ④ 면적식

**44** 가스유량 2.03kg/h, 관의 내경 1.61cm, 길이 20m의 직관에서의 압력손실은 약 몇 mm 수주인가? (단, 온도 15℃에서 비중 1.58, 밀도 2.04kg/$m^3$, 유량 계수 0.436이다)

① 11.4 ② 14.0
③ 15.2 ④ 17.5

**45** LP가스의 자동교체식 조정기 설치 시의 장점에 대한 설명으로 틀린 것은?

① 도관의 압력손실을 적게 해야 한다.
② 용기 숫자가 수동식보다 적어도 된다.
③ 용기 교환주기의 폭을 넓힐 수 있다.
④ 잔액이 거의 없어질 때까지 소비가 가능하다.

**46** 다음 중 1MPa과 같은 것은?

① 1.0N/$cm^2$ ② 10N/$cm^2$
③ 1,000N/$cm^2$ ④ 10,000N/$cm^2$

**47** 대기압 하에서 다음 각 물질별 온도를 바르게 나타낸 것은?

① 물의 동결점 : −273K
② 질소의 비등점 : −183℃
③ 물의 동결점 : 32°F
④ 산소의 비등점 : −169℃

**48** 진공도 200mmHg는 절대압력으로 약 몇 kg/$cm^2$·abs인가?

① 0.76 ② 0.80
③ 0.94 ④ 1.03

**49** 랭킨 온도가 420°R일 경우 섭씨온도로 환산한 값으로 옳은 것은?

① −30℃ ② −40℃
③ −50℃ ④ −60℃

**50** 임계온도에 대한 설명으로 옳은 것은?

① 기체를 액화할 수 있는 절대온도
② 기체를 액화할 수 있는 평균온도
③ 기체를 액화할 수 있는 최저의 온도
④ 기체를 액화할 수 있는 최고의 온도

**51** LNG의 특징에 대한 설명 중 틀린 것은?

① 냉열을 이용할 수 있다.
② 천연에서 산출한 천연가스를 약 −162℃까지 냉각하여 액화시킨 것이다.
③ LNG는 도시가스 발전용 이외의 일반 공업용으로도 사용된다.
④ LNG로부터 기화한 가스는 부탄이 주성분이다.

**52** 포화온도에 대하여 가장 잘 나타낸 것은?

① 액체가 증발하기 시작할 때의 온도
② 액체가 증발현상없이 기체로 변하기 시작할 때의 온도
③ 액체가 증발하여 어떤 용기 안이 증기로 꽉 차있을 때의 온도
④ 액체와 증기가 공존할 때 그 압력에 상당한 일정한 값의 온도

**53** 도시가스의 제조공정이 아닌 것은?

① 열분해 공정
② 접촉분해 공정
③ 수소화분해 공정
④ 상압증류 공정

**54** 다음 각 가스의 특성에 대한 설명으로 틀린 것은?

① 수소는 고온, 고압에서 탄소강과 방응하여 수소취성을 일으킨다.
② 산소는 공기액화분리장치를 통해 제조하며, 질소와 분리 시 비등점 차이를 이용한다.
③ 일산화탄소는 담황색의 무취 기체로 허용농도는 TLV-TWA 기준으로 50ppm이다.
④ 암모니아는 붉은 리트머스를 푸르게 변화시키는 성질을 이용하여 검출할 수 있다.

**55** 다음 중 압력 단위로 사용하지 않는 것은?

① $kg/cm^2$ ② Pa
③ $mmH_2O$ ④ $kg/m^3$

**56** 다음 중 엔트로피의 단위는?

① kcal/h
② kcal/kg
③ kcal/kg·m
④ kcal/kg·K

**57** 다음 중 압축가스에 속하는 것은?

① 산소
② 염소
③ 탄산가스
④ 암모니아

**58** 불꽃의 끝이 적황색으로 연소하는 현상을 의미하는 것은?

① 리프트
② 옐로우팁
③ 캐비테이션
④ 워터해머

**59** 20℃의 물 50kg을 90℃로 올리기 위해 LPG를 사용하였다면 이때 필요한 LPG의 양은 몇 kg인가? (단, LPG 발열량은 10,000kcal/kg이고, 열효율은 50%이다)

① 0.5 ② 0.6
③ 0.7 ④ 0.8

**60** 암모니아에 대한 설명 중 틀린 것은?

① 물에 잘 용해된다.
② 무색, 무취의 가스이다.
③ 비료의 제조에 이용된다.
④ 암모니아가 분해되면 질소와 수소가 된다.

# 기출문제 2016년 제2회

**01** 다음 중 전기설비의 방폭구조의 종류가 아닌 것은?

① 접지 방폭구조 ② 유입 방폭구조
③ 압력 방폭구조 ④ 안전증 방폭구조

**02** 다음 중 특정고압가스에 해당되지 않는 것은?

① 이산화탄소 ② 수소
③ 산소 ④ 천연가스

**03** 내부 용적이 25,000ℓ인 액화산소 저장탱크의 저장능력은 얼마인가? (단, 비중은 1.14이다)

① 21,930kg ② 24,780kg
③ 25,650kg ④ 28,500kg

**04** 배관의 설치방법으로 산소 또는 천연메탄을 수송하기 위한 배관과 이에 접속하는 압축기와의 사이에 반드시 설치하여야 하는 것은?

① 방파판 ② 솔레노이드
③ 수취기 ④ 안전밸브

**05** 공정에 존재하는 위험요소와 비록 위험하지는 않더라도 공정의 효율을 떨어트릴 수 있는 운전상의 문제를 파악하기 위한 안전성 평가 기법은?

① 안전성 검토(Safety Review)
② 예비 위험성 평가(Preliminary Hazard Analysis)
③ 사고 예상 질문(What If Analysis)
④ 위험과 운전분석(HAZOP) 기법

**06** 다음 특정설비 중 재검사 대상인 것은?

① 역화방지장치
② 차량에 고정된 탱크
③ 독성가스 배관용 밸브
④ 자동차용가스 자동주입기

**07** 독성가스 외의 고압가스 충전용기를 차량에 적재하여 운반할 때 부착하는 경계표지에 대한 내용으로 옳은 것은?

① 적색 글씨로 "위험 고압가스"라고 표시
② 황색 글씨로 "위험 고압가스"라고 표시
③ 적색 글씨로 "주의 고압가스"라고 표시
④ 황색 글씨로 "주의 고압가스"라고 표시

**08** LP가스 설비를 수리할 때 내부의 LP가스를 질소 또는 물로 치환하고, 치환에 사용된 가스나 액체를 공기로 재치환결과가 산소농도 측정기로 측정하여 산소농도가 얼마의 범위 내에 있을 때까지 공기로 재치환하여야 하는가?

① 4~6% ② 7~11%
③ 12~16% ④ 18~22%

**09** 고압가스 특정제조시설 중 도로 밑에 매설한 배관에 대한 기준으로 틀린 것은?

① 시가지의 도로 밑에 배관을 설치하는 경우에는 보호판을 배관의 정상부로부터 30cm 이상 떨어진 그 배관의 직상부에 설치한다.
② 배관은 그 외면으로부터 도로의 경계와 수평거리로 1m 이상을 유지한다.
③ 배관은 자동차 하중의 영향이 적은 곳에 매설한다.
④ 배관은 그 외면으로부터 다른 시설물과 60cm 이상의 거리를 유지한다.

**10** 공기보다 비중이 가벼운 도시가스의 공급시설로서 공급시설이 지하에 설치된 경우의 통풍구조의 기준으로 틀린 것은?

① 통풍구조는 환기구를 2방향 이상 분산하여 설치한다.
② 배기구는 천장 면으로부터 50cm 이내에 설치한다.
③ 흡입구 및 배기구의 관경의 500mm 이상으로 하되, 통풍이 양호하도록 한다.
④ 배기가스 방출구는 지면에서 3m 이상의 높이에 설치한다.

**11** 다음 중 폭발한계의 범위가 가장 좁은 것은?

① 프로판 ② 암모니아
③ 수소 ④ 아세틸렌

**12** 도시가스 사용시설에서 정한 액화가스란 상용의 온도 또는 섭씨 35℃의 온도에서 압력이 얼마 이상이 되는 것을 말하는가?

① 0.1MPa ② 0.2MPa
③ 0.5MPa ④ 1MPa

**13** 염소가스 저장탱크의 과충전 방지장치는 가스 충전량이 저장탱크 내용적의 몇 %를 초과할 때 가스충전이 되지 않도록 동작하는가?

① 60% ② 80%
③ 90% ④ 95%

**14** 도시가스 사고의 사고 유형이 아닌 것은?

① 시설 부식
② 시설 부적합
③ 보호포 설치
④ 연결부 이완

**15** 가연성가스 저온저장탱크 내부의 압력이 외부의 압력보다 낮아져 저장탱크가 파괴되는 것을 방지하기 위한 조치로서 갖추어야 할 설비가 아닌 것은?

① 압력계 ② 압력 경보설비
③ 정전기 제거 설비 ④ 진공 안전밸브

**16** 일반 도시가스 배관 중 중압 이하의 배관과 고압배관을 매설하는 경우 서로 간의 거리를 몇 m 이상을 유지하여야 하는가?

① 1 ② 2
③ 3 ④ 5

**17** 초저온 용기의 단열시험용 저온 액화가스가 아닌 것은?

① 액화아르곤 ② 액화산소
③ 액화공기 ④ 액화질소

**18** 고압가스 판매소의 시설기준에 대한 설명으로 틀린 것은?

① 충전용기의 보관실은 불연재료를 사용한다.
② 가연성가스, 산소 및 독성가스의 저장실은 각각 구분하여 보관한다.
③ 용기 보관실 및 사무실을 동일부지 안에 설치하지 않는다.
④ 산소, 독성가스 또는 가연성가스를 보관하는 용기보관실의 면적은 각 고압가스별로 10$m^2$ 이상으로 한다.

**19** 운전 중인 액화석유가스 충전설비의 작동상황에 대하여 주기적으로 점검하여야 한다. 점검 주기는?

① 1일에 1회 이상 ② 1주일에 1회 이상
③ 3개월에 1회 이상 ④ 6개월에 1회 이상

**20** 재검사 용기 및 특정설비의 파기방법으로 틀린 것은?

① 잔가스를 전부 제거한 후 절단한다.
② 절단 등의 방법으로 파기하여 원형으로 가공할 수 없도록 한다.
③ 파기 시에는 검사장소에서 검사원 입회하에 사용자가 실시할 수 있다.
④ 파기 물품은 검사 신청인이 인수시한 내에 인수하지 아니한 때도 검사인이 임의로 매각처분하면 안 된다.

**21** 도시가스배관이 굴착으로 20m 이상이 노출되어 누출가스가 체류하기 쉬운 장소일 때 가스누출경보기는 몇 m마다 설치해야 하는가?

① 5　② 10
③ 20　④ 30

**22** 시안화수소의 중합폭발을 방지하기 위하여 주로 사용할 수 있는 안정제는?

① 탄산가스　② 황산
③ 질소　④ 일산화탄소

**23** 고압가스 용접용기 동체의 내경은 약 몇 mm인가?

- 동체 두께 : 2mm
- 최고충전압력 : 2.5MPa
- 인장강도 : 480N/mm$^2$
- 부식여유 : 0
- 용접효율 : 1

① 190mm　② 290mm
③ 660mm　④ 760mm

**24** 고압가스관련법에서 사용되는 용어의 정의에 대한 설명 중 틀린 것은?

① 가연성가스라 함은 공기 중에서 연소하는 가스로서 폭발한계의 하한이 10% 이하인 것과 폭발한계의 상한과 하한의 차가 20% 이상인 것을 말한다.
② 독성가스라 함은 인체에 유해한 독성을 가진 가스로서 허용농도가 100만 분의 100 이하인 것을 말한다.
③ 액화가스라 함은 가압·냉각 등의 방법에 의하여 액체 상태로 되어 있는 것으로서 대기압에서 비점이 섭씨 40도 이하 또는 상용의 온도 이하인 것을 말한다.
④ 초저온저장탱크라 함은 섭씨 영하 50도 이하의 탱크로서 단열재로 피복하거나 냉동설비로 냉각하는 등의 방법으로 저장탱크 내의 가스온도가 상용의 온도를 초과하지 아니하도록 한 것을 말한다.

**25** 다음 고압가스 압축작업 중 작업을 즉시 중단해야 하는 경우인 것은?

① 산소 중 아세틸렌, 에틸렌 및 수소의 용량 합계가 전체 용량의 2% 이상의 것
② 아세틸렌 중 산소용량이 전용량의 1% 이하의 것
③ 산소 중 가연성가스(아세틸렌, 에틸렌 및 수소를 제외한다)의 용량이 전체 용량의 2% 이하의 것
④ 시안화수소 중 산소용량이 전용량의 2% 이하의 것

**26** 다음 중 가스 사고를 분류하는 일반적인 방법이 아닌 것은?

① 원인에 따른 분류
② 사용처에 따른 분류
③ 사고 형태에 따른 분류
④ 사용자 연령에 따른 분류

**27** 고압가스 저장시설에 설치하는 방류둑에는 계단, 사다리 또는 토사를 높이 쌓아올림 등에 의한 출입구를 둘레 몇 m마다 1개 이상을 두어야 하는가?

① 30 ② 50
③ 75 ④ 100

**28** LPG 용기 및 저장탱크에 주로 사용되는 안전밸브의 형식은?

① 가용전식 ② 파열판식
③ 중추식 ④ 스프링식

**29** 가스 충전용기 운반 시 동일 차량에 적재할 수 없는 것은?

① 염소와 아세틸렌 ② 질소와 아세틸렌
③ 프로판과 아세틸렌 ④ 염소와 산소

**30** 다음 (　　) 안에 들어갈 수 있는 경우로 옳지 않은 것은?

> 액화천연가스의 저장설비와 처리설비는 그 외면으로부터 사업소 경계까지 일정 규모 이상의 안전거리를 유지하여야 한다. 이때 사업소 경계가 (　　)의 경우에는 이들의 반대편 끝을 경계로 보고 있다.

① 산 ② 호수
③ 하천 ④ 바다

**31** 배중이 0.5인 LPG를 제조하는 공장에서 1일 생산량이 10만ℓ를 생산하여 24시간 정치 후 모두 산업현장에 보낸다. 이 회사에서 생산하는 LPG를 저장하려면 저장용량이 5ton인 저장탱크 몇 개를 설치해야 하는가?

① 2 ② 5
③ 7 ④ 10

**32** 고압가스 용기나 탱크 및 라인(Line) 등의 퍼지(Perge) 용으로 주로 쓰이는 기체는?

① 산소 ② 수소
③ 산화질소 ④ 질소

**33** 고압가스 제조소의 작업원은 얼마의 기간 이내에 1회 이상 보호구의 사용훈련을 받아 사용방법을 숙지하여야 하는가?

① 1개월 ② 3개월
③ 6개월 ④ 12개월

**34** LPG 기화장치의 작동원리에 따른 구분으로 저온의 액화가스를 조정기를 통하여 감압한 후 열교환기에 공급해 강제기화시켜 공급하는 방식은?

① 해수가열방식 ② 가온감압방식
③ 감압가열방식 ④ 중간매체방식

**35** 도시가스사업법령에서 도시가스를 압력에 따라 고압, 중압 및 저압으로 구분하고 있다. 중압의 범위로 옳은 것은? (단, 액화가스가 기화되고 다른 물질과 혼합되지 않은 경우로 가정한다)

① 0.1MPa 이상, 1MPa 미만
② 0.2MPa 이상, 1MPa 미만
③ 0.1MPa 이상, 0.2MPa 미만
④ 0.01MPa 이상, 0.2MPa 미만

**36** 가연성가스 누출검지 경보장치의 경보농도는 얼마인가?

① 폭발 하한계 이하
② $LC_{50}$ 기준농도 이하
③ 폭발 하한계 $\frac{1}{4}$ 이하
④ TLV-TWA 기준농도 이하

**37** 내용적 47L인 LP가스 용기의 최대 충전량은 몇 kg인가? (단, LP가스 정수는 2.35이다)

① 20　② 42
③ 50　④ 110

**38** 부식성 유체나 고점도의 유체 및 소량의 유체 측정에 가장 적합한 유량계는?

① 차압식 유량계　② 면적식 유량계
③ 용적식 유량계　④ 유속식 유량계

**39** LP가스 이송설비 중 압축기에 의한 이송 방식에 대한 설명으로 틀린 것은?

① 베이퍼록 현상이 없다.
② 잔가스 회수가 용이하다.
③ 펌프에 비해 이송시간이 짧다.
④ 저온에서 부탄가스가 재액화되지 않는다.

**40** 공기, 질소, 산소 및 헬륨 등과 같이 임계온도가 낮은 기체의 액화사이클의 종류가 아닌 것은?

① 구데 공기액화사이클
② 린데 공기액화사이클
③ 필립스 공기액화사이클
④ 캐스케이드 공기액화사이클

**41** 다기능 가스안전계량기에 대한 설명으로 틀린 것은?

① 사용자가 쉽게 조작할 수 있는 테스트차단기능이 있는 것으로 한다.
② 통상의 사용 상태에서 빗물, 먼지 등이 침입할 수 없는 구조로 한다.
③ 차단밸브가 작동한 후에는 복원조작을 하지 아니하는 한 열리지 않는 구조로 한다.
④ 복원을 위한 버튼이나 레버 등은 조작을 쉽게 실시할 수 있는 위치에 있는 것으로 한다.

**42** 계측기기의 구비조건으로 틀린 것은?

① 설비비 및 유지비가 적게 들 것
② 원거리 지시 및 기록이 가능할 것
③ 구조가 간단하고 정도가 낮을 것
④ 설치장소 및 주위 조건에 대한 내구성이 클 것

**43** 압축기에서 두압이란?

① 흡입 압력이다.
② 증발기 내의 압력이다.
③ 피스톤 상부의 압력이다.
④ 크랭크 케이스 내의 압력이다.

**44** 반밀폐식 보일러의 급·배기설비에 대한 설명으로 틀린 것은?

① 배기통의 끝은 옥외로 뽑아낸다.
② 배기통의 굴곡수는 5개 이하로 한다.
③ 배기통의 가로 길이는 5m 이하로서 될 수 있는 한 짧게 한다.
④ 배기통의 입상 높이는 원칙적으로 10m 이하로 한다.

**45** 흡입압력이 대기압과 같으며 최종압력이 $15kg_f/cm^2 \cdot g$인 4단 공기압축기의 압축비는 약 얼마인가? (단, 대기압은 $1kg_f/cm^2$로 한다)

① 2　② 4
③ 8　④ 10

**46** 순수한 것은 안정하나 소량의 수분이나 알칼리성 물질을 함유하면 중합이 촉진되고 독성이 매우 강한 가스는?

① 염소　② 포스겐
③ 황화수소　④ 시안화수소

**47** 다음 중 비점이 가장 높은 가스는?

① 수소　② 산소
③ 아세틸렌　④ 프로판

**48** 단위질량인 물질의 온도를 단위온도 차만큼 올리는 데 필요한 열량을 무엇이라고 하는가?

① 일률　② 비열
③ 비중　④ 엔트로피

**49** LNG의 성질에 대한 설명 중 틀린 것은?

① LNG가 액화되면 체적이 약 $\frac{1}{600}$로 줄어든다.
② 무독, 무공해의 청정가스로 발열량이 약 $\frac{1}{600}$로 줄어든다.
③ 무독, 무공해의 청정가스로 발열량이 약 9,500kcal/m$^3$ 정도이다.
④ LNG는 기체상태에서는 공기보다 가벼우나 액체상태에서는 물보다 무겁다.

**50** 압력에 대한 설명 중 틀린 것은?

① 게이지 압력은 절대압력에 대기압을 더한 압력이다.
② 압력이란 단위 면적당 작용하는 힘의 세기를 말한다.
③ 10,332kg/cm$^2$의 대기압을 표준대기압이라고 한다.
④ 대기압은 수은주를 76cm만큼의 높이로 밀어 올릴 수 있는 힘이다.

**51** 프로판을 완전연소시켰을 때 주로 생성되는 물질은?

① $CO_2$, $H_2$　② $CO_2$, $H_2O$
③ $C_2H_4$, $H_2O$　④ $C_4H_{10}$, CO

**52** 요소비료 제조 시 주로 사용되는 가스는?

① 염화수소　② 질소
③ 일산화탄소　④ 암모니아

**53** 수분이 존재할 때 일반 강재를 부식시키는 가스는?

① 황화수소　② 수소
③ 일산화탄소　④ 질소

**54** 폭발위험에 대한 설명 중 틀린 것은?

① 폭발범위의 하한값이 낮을수록 폭발위험은 커진다.
② 폭발범위의 상한값과 하한값의 차가 작을수록 폭발위험은 커진다.
③ 프로판보다 부탄의 폭발범위 하한값이 낮다.
④ 프로판보다 부탄의 폭발범위 상한값이 낮다.

**55** 액체가 기체로 변하기 위해 필요한 열은?

① 융해열　② 응축열
③ 승화열　④ 기화열

**56** 부탄 1Nm$^3$을 완전연소시키는 데 필요한 이론 공기량은 약 몇 Nm$^3$인가? (단, 공기 중의 산소농도는 21v%이다)

① 5　② 6.5
③ 23.8　④ 31

**57** 온도 410°F을 절대온도로 나타내면?

① 273K　② 483K
③ 512K　④ 612K

**58** 도시가스에 사용되는 부취제 중 DMS의 냄새는?

① 석탄가스 냄새 ② 마늘 냄새
③ 양파 썩는 냄새 ④ 암모니아 냄새

**59** 다음에서 설명하는 기체와 관련된 법칙은?

기체의 종류에 관계없이 모든 기체 1몰은 표준상태(℃, 1기압)에서 22.4L의 부피를 차지한다.

① 보일의 법칙
② 헨리의 법칙
③ 아보가드로의 법칙
④ 아르케메데스의 법칙

**60** 내용적 47ℓ인 용기에 $C_3H_8$ 15kg이 충전되어 있을 때 용기 내 안전공간은 약 몇 %인가? (단, $C_3H_8$의 액 밀도는 0.5kg/ℓ이다)

① 20 ② 25.2
③ 36.1 ④ 40.1

# 기출문제 2016년 제3회

**01** 가스 공급시설의 임시사용 기준 항목이 아닌 것은?

① 공급의 이익 여부
② 도시가스의 공급이 가능한지의 여부
③ 가스공급시설을 사용할 때 안전을 해칠 우려가 있는지 여부
④ 도시가스의 수급상태를 고려할 때 해당지역에 도시가스의 공급이 필요한지의 여부

**02** 다음 [보기]의 독성가스 중 독성($LC_{50}$)이 가장 강한 것과 가장 약한 것을 바르게 나열한 것은?

**보기**

| | |
|---|---|
| ㉠ 염화수소 | ㉡ 암모니아 |
| ㉢ 황화수소 | ㉣ 일산화탄소 |

① ㉠, ㉡　　② ㉢, ㉡
③ ㉠, ㉣　　④ ㉢, ㉣

**03** 가연성 가스의 발화점이 낮아지는 경우가 아닌 것은?

① 압력이 높을수록
② 산소 농도가 높을수록
③ 탄화수소의 탄소수가 많을수록
④ 화학적으로 발열량이 낮을수록

**04** 다음 각 가스의 품질검사 합격기준으로 옳은 것은?

① 수소 : 99.0% 이상
② 산소 : 98.5% 이상
③ 아세틸렌 : 98.0% 이상
④ 모든 가스 : 99.5% 이상

**05** 0℃에서 10L의 밀폐된 용기 속에 32g의 산소가 들어있다. 온도를 150℃로 가열하면 압력은 약 얼마가 되는가?

① 0.11atm　　② 3.47atm
③ 34.7atm　　④ 111atm

**06** 염소에 다음 가스를 혼합하였을 때 가장 위험할 수 있는 가스는?

① 일산화탄소　　② 수소
③ 이산화탄소　　④ 산소

**07** 고압가스 특정제조시설에서 배관을 해저에 설치하는 경우의 기준으로 틀린 것은?

① 배관은 해저면 밑에 매설한다.
② 배관은 원칙적으로 다른 배관과 교차하지 아니하여야 한다.
③ 배관은 원칙적으로 다른 배관과 수평거리고 30m 이상을 유지하여야 한다.
④ 배관의 입상부에는 방호시설물을 설치하지 아니한다.

**08** 고압가스 특정제조시설 중 비가연성 가스의 저장탱크는 몇 $m^3$ 이상일 경우에 지진영향에 대한 안전한 구조로 설계하여야 하는가?

① 300　　② 500
③ 1,000　　④ 2,000

**09** 압축도시가스 이동식 충전차량 충전시설에서 가스누출 검지경보장치의 설치위치가 아닌 것은?

① 펌프 주변
② 압축설비 주변
③ 압축가스설비 주변
④ 개별 충전설비 본체 외부

**10** **흡수식 냉동설비의 냉동능력 정의로 옳은 것은?**

① 발생기를 가열하는 1시간의 입열량 3천200kcal를 1일의 냉동능력 1톤으로 본다.
② 발생기를 가열하는 1시간의 입열량 6천400kcal를 1일의 냉동능력 1톤으로 본다.
③ 발생기를 가열하는 24시간의 입열량 3천200kcal를 1일의 냉동능력 1톤으로 본다.
④ 발생기를 가열하는 24시간의 입열량 6천400kcal를 1일의 냉동능력 1톤으로 본다.

**11** **폭발범위에 대한 설명으로 옳은 것은?**

① 공기 중의 폭발범위는 산소 중의 폭발범위보다 넓다.
② 공기 중 아세틸렌가스의 폭발범위는 약 4~71%이다.
③ 한계산소 농도치 이하에서는 폭발성 혼합가스가 생성된다.
④ 고온 고압일 때 폭발범위는 대부분 넓어진다.

**12** **도시가스사용시설에서 배관의 이음부과 절연전선과의 이격거리는 몇 cm 이상으로 하여야 하는가?**

① 10 ② 15
③ 30 ④ 60

**13** **압축기 최종단에 설치된 고압가스 냉동 제조시설의 안전밸브는 얼마마다 작동압력을 조정하여야 하는가?**

① 3개월에 1회 이상
② 6개월에 1회 이상
③ 1년에 1회 이상
④ 2년에 1회 이상

**14** **고압가스 특정제조시설에서 플레어스택의 설치기준으로 틀린 것은?**

① 파이로트버너를 항상 점화하여 두는 등 플레어스택에 관련된 폭발을 방지하기 위한 조치가 되어 있는 것으로 한다.
② 긴급이송설비로 이송되는 가스를 대기로 방출할 수 있는 것으로 한다.
③ 플레어스택에서 발생하는 복사열이 다른 재조시설에 나쁜 영향을 미치지 아니하도록 안전한 높이 및 위치에 설치한다.
④ 플레어스택에서 발생하는 최대열량에 장시간 견딜 수 있는 재료 및 구조로 되어 있는 것으로 한다.

**15** **액화석유가스판매시설에 설치되는 용기보관실에 대한 시설기준으로 틀린 것은?**

① 용기보관실에는 가스가 누출될 경우 이를 신속히 검지하여 효과적으로 대응할 수 있도록 하기 위하여 반드시 일체형 가스누출경보기를 설치한다.
② 용기보관실에 설치되는 전기설비는 누출된 가스의 점화원이 되는 것을 방지하기 위하여 반드시 방폭구조로 한다.
③ 용기보관실에는 누출된 가스가 머물지 않도록 하기 위하여 그 용기보관실의 구조에 다라 환기구를 갖추고 환기가 잘 되지 아니하는 곳에는 강제통풍시설을 설치한다.
④ 용기보관실에는 용기가 넘어지는 것을 방지하기 위하여 적절한 조치를 마련한다.

**16** **20kg LPG 용기의 내용적은 몇 L인가? (단, 충전상수 C는 2.35이다)**

① 8.51 ② 20
③ 42.3 ④ 47

**17** 독성가스 용기를 운반할 때에는 보호구를 갖추어야 한다. 비치하여야 하는 기준은?

① 종류별로 1개 이상
② 종류별로 2개 이상
③ 종류별로 3개 이상
④ 그 차량의 승무원 수에 상당한 수량

**18** 가스보일러의 안전사항에 대한 설명으로 틀린 것은?

① 가동 중 연소상태, 화염유무를 수시로 확인한다.
② 가동 중지 후 노 내 잔류가스를 충분히 배출한다.
③ 수면계의 수위는 적정한가 자주 확인한다.
④ 점화 전 연료가스를 노 내에 충분히 공급하여 착화를 원활하게 한다.

**19** 고압가스배관의 설치기준 중 하천과 병행하여 매설하는 경우로서 적합하지 않은 것은?

① 배관은 견고하고 내구력을 갖는 방호구조물 안에 설치한다.
② 매설심도는 배관의 외면으로부터 1.5m 이상 유지한다.
③ 설치지역은 하상(하천의 바닥)이 아닌 곳으로 한다.
④ 배관손상으로 인한 가스누출 등 위급한 상황이 발생한 때에 그 배관에 유입되는 가스를 신속히 차단할 수 있는 장치를 설치한다.

**20** LP Gas 사용 시 주의사항에 대한 설명으로 틀린 것은?

① 중간 밸브 개폐는 서서히 한다.
② 사용 시 조정기 압력은 적당히 조절한다.
③ 완전 연소되도록 공기조절기를 조절한다.
④ 연소기는 급배기가 충분히 행해지는 장소에 설치하여 사용하도록 한다.

**21** 도시가스 매설배관의 주위에 파일박기 작업 시 손상방지를 위하여 유지하여야 할 최소 거리는?

① 30cm ② 50cm
③ 1m ④ 2m

**22** 액화독성가스의 운반질량이 1,000kg 미만 이동 시 휴대해야 할 소석회는 몇 kg 이상이어야 하는가?

① 20kg ② 30kg
③ 40kg ④ 50kg

**23** 고압가스를 취급하는 자가 용기 안전점검 시 하지 않아도 되는 것은?

① 도색 표시 확인
② 재검사 기간 확인
③ 프로텍터의 변형 여부 확인
④ 밸브의 개폐조작이 쉬운 핸들 부착 여부 확인

**24** 도시가스 도매사업의 가스공급시설 기준에 대한 설명으로 옳은 것은?

① 고압의 가스공급시설은 안전구획 안에 설치하고 그 안전구역의 면적은 1만 $m^3$ 미만으로 한다.
② 안전구역 안의 고압인 가스공급시설은 그 외면으로부터 다른 안전구역 안에 있는 고압인 가스공급시설의 외면까지 20m 이상의 거리를 유지한다.
③ 액화천연가스의 저장탱크는 그 외면으로부터 처리능력이 20만 $m^3$ 이상인 압축기까지 30m 이상의 거리를 유지한다.
④ 두 개 이상의 제조소가 인접하여 있는 경우의 가스공급시설은 그 외면으로부터 그 제조소와 다른 제조소의 경계까지 10m 이상의 거리를 유지한다.

**25** 가연성가스의 폭발등급 및 이에 대응하는 본질안전 방폭구조의 폭발등급 분류 시 사용하는 최소점화전류비는 어느 가스의 최소 점화전류를 기준으로 하는가?

① 메탄 ② 프로판
③ 수소 ④ 아세틸렌

**26** 수소의 성질에 대한 설명 중 옳지 않은 것은?

① 열전도도가 적다.
② 열에 대하여 안정하다.
③ 고온에서 철과 반응한다.
④ 확산속도가 빠른 무취의 기체이다.

**27** 용기 종류별 부속품 기호로 틀린 것은?

① AG : 아세틸렌가스를 충전하는 용기의 부속품
② LPG : 액화석유가스를 충전하는 용기의 부속품
③ TL : 초저온용기 및 저온용기의 부속품
④ PG : 압축가스를 충전하는 용기의 부속품

**28** 공기액화 분리장치의 폭발원인이 아닌 것은?

① 액체공기 중의 아르곤의 흡입
② 공기 취입구로부터 아세틸렌 혼입
③ 공기 중의 질소화합물(NO, $NO_2$)의 혼입
④ 압축기용 윤활유 분해에 따른 탄화수소 생성

**29** 고압가스 충전용기를 운반할 때 운반책임자를 동승시키지 않아도 되는 경우는?

① 가연성 압축가스 – $300m^3$
② 조연성 액화가스 – 5,000kg
③ 독성 압축가스(허용농도가 100만 분의 200 초과, 100만 분의 5,000 이하) – $100m^3$
④ 독성 압축가스(허용농도가 100만 분의 200 초과, 100만 분의 5,000 이하) – 1,000kg

**30** 다음 중 폭발범위의 상한값이 가장 낮은 가스는?

① 암모니아 ② 프로판
③ 메탄 ④ 일산화탄소

**31** 고압가스 배관재료로 사용되는 동관의 특징에 대한 설명으로 틀린 것은?

① 가공성이 좋다. ② 열전도율이 적다.
③ 시공이 용이하다. ④ 내식성이 크다.

**32** 자동절체식 일체형 저압조정기의 조정압력은?

① 2.30~3.30kPa
② 2.55~3.30kPa
③ 57~83kPa
④ 5.0~30kPa 이내에서 제조자가 설정한 기준압력의 ±20%

**33** 수소($H_2$)가스 분석방법으로 가장 적당한 것은?

① 팔라듐관 연소법 ② 헴펠법
③ 황산바륨 침전법 ④ 흡광광도법

**34** 터보압축기의 구성이 아닌 것은?

① 임펠러 ② 피스톤
③ 디퓨저 ④ 증속기어장치

**35** 피토관을 사용하기에 적당한 유속은?

① 0.001m/s 이상 ② 0.1m/s 이상
③ 1m/s 이상 ④ 5m/s 이상

**36** 수소를 취급하는 고온, 고압 장치용 재료로서 사용할 수 있는 것은?

① 탄소강, 니켈강
② 탄소강, 망간강
③ 탄소강, 18–8 스테인리스강
④ 18–8 스테인리스강, 크롬–바나듐강

**37** 원심식 압축기 중 터보형의 날개출구각도에 해당하는 것은?

① 90° 보다 작다. ② 90° 이다.
③ 90° 보다 크다. ④ 평행이다.

**38** 압력변화에 의한 탄성변위를 이용한 탄성압력계에 해당하지 않는 것은?

① 플로트식 압력계
② 부르동관식 압력계
③ 벨로우즈식 압력계
④ 다이어프램식 압력계

**39** 액면측정 장치가 아닌 것은?

① 임펠러식 액면계
② 유리관식 액면계
③ 부자식 액면계
④ 퍼지식 액면계

**40** 나사압축기에서 숫로터의 직경 150mm, 로터 길이 100mm, 회전수가 350rpm이라고 할 때 이론적 토출량은 약 몇 $m^3$/min인가? (단, 로터 형상에 의한 계수[Cv]는 0.476이다)

① 0.11 ② 0.21
③ 0.37 ④ 0.47

**41** 아세틸렌의 정성시험에 사용되는 시약은?

① 질산은 ② 구리암모니아
③ 염산 ④ 피로카롤

**42** 정압기를 평가·선정할 경우 고려해야 할 특성이 아닌 것은?

① 정특성 ② 동특성
③ 유량특성 ④ 압력특성

**43** 액화석유가스 소형저장탱크가 외경 1,000mm, 길이 2,000mm, 충전상수0.03125, 온도보정계수 2.15일 때의 자연기화능력(kg/h)은 얼마인가?

① 11.2 ② 13.2
③ 15.2 ④ 17.2

**44** 가스누출을 감지하고 차단하는 가스누출자동차단기의 구성요소가 아닌 것은?

① 제어부 ② 중앙통제부
③ 검지부 ④ 차단부

**45** 다음 중 단별 최대 압축비를 가질 수 있는 압축기는?

① 원심식 ② 왕복식
③ 축류식 ④ 회전식

**46** $C_3H_8$ 비중이 1.5라고 할 때 20m 높이 옥상까지의 압력 손실은 약 몇 $mmH_2O$인가?

① 12.9 ② 16.9
③ 19.4 ④ 21.4

**47** 실제기체가 이상기체의 상태식을 만족시키는 경우는?

① 압력과 온도가 높을 때
② 압력과 온도가 낮을 때
③ 압력이 높고 온도가 낮을 때
④ 압력이 낮고 온도가 높을 때

**48** 다음 중 유리병에 보관해서는 안 되는 가스는?

① $O_2$ ② $Cl_2$
③ HF ④ Xe

**49** 황화수소에 대한 설명으로 틀린 것은?

① 무색의 기체로서 유독하다.
② 공기 중에서 연소가 잘 된다.
③ 산화하면 주로 황산이 생성된다.
④ 형광물질 원료의 제조 시 사용된다.

**50** 다음 중 가연성 가스가 아닌 것은?

① 일산화탄소 ② 질소
③ 에탄 ④ 에틸렌

**51** 나프타의 성상과 가스화에 미치는 영향 중 PONA 값의 각 의미에 대하여 잘못 나타낸 것은?

① P : 파라핀계 탄화수소
② O : 올레핀계 탄화수소
③ N : 나프텐계 탄화수소
④ A : 지방족계 탄화수소

**52** 25℃의 물 10kg을 대기압 하에서 비등시켜 모두 기화시키는 데 약 몇 kcal의 열이 필요한가? (단, 물의 증발잠열은 540kcal/kg이다)

① 750 ② 5,400
③ 6,150 ④ 7,100

**53** 다음에서 설명하는 법칙은?

> 같은 온도(T)와 압력(P)에서 같은 부피(V)의 기체는 같은 분자수를 가진다.

① Dalton의 법칙 ② Henry의 법칙
③ Avogadro의 법칙 ④ Hess의 법칙

**54** LP가스의 제법으로서 가장 거리가 먼 것은?

① 원유를 정제하여 부산물로 생산
② 석유정제공정에서 부산물로 생산
③ 석탄을 건류하여 부산물로 생산
④ 나프타 분해공정에서 부산물로 생산

**55** 가스의 연소와 관련하여 공기 중에서 점화원 없이 연소하기 시작하는 최저온도를 무엇이라 하는가?

① 인화점 ② 발화점
③ 끓는점 ④ 융해점

**56** 아세틸렌가스 폭발의 종류로서 가장 거리가 먼 것은?

① 중합폭발 ② 산화폭발
③ 분해폭발 ④ 화합폭발

**57** 도시가스 제조 시 사용되는 부취제 중 T.H.T의 냄새는?

① 마늘 냄새 ② 양파 썩는 냄새
③ 석탄가스 냄새 ④ 암모니아 냄새

**58** 압력에 대한 설명으로 틀린 것은?

① 수주 280cm는 0.28kg/cm$^2$와 같다.
② 1kg/cm$^2$은 수은주 760mm와 같다.
③ 160kg/mm$^2$는 16,000kg/cm$^2$에 해당한다.
④ 1atm이란 1cm$^2$당 1,033kg의 무게와 같다.

**59** 프레온(Freon)의 성질에 대한 설명으로 틀린 것은?

① 불연성이다.
② 무색, 무취이다.
③ 증발잠열이 적다.
④ 가압에 의해 액화되기 쉽다.

**60** 다음 중 가장 낮은 온도는?

① −40°F ② 430°R
③ −50℃ ④ 240K

# 기출문제 2016년 제4회

**01** 가스보일러의 안전사항에 대한 설명으로 틀린 것은?

① 가동 중 연소상태, 화염유무를 수시로 확인한다.
② 가동 중지 후 노 내 잔류가스를 충분히 배출한다.
③ 수면계의 수위는 적정한가 자주 확인한다.
④ 점화전 연료가스를 노 내에 충분히 공급하여 착화를 원활하게 한다.

**02** 고압가스 충전용기를 운반할 때 운반책임자를 동승시키지 않아도 되는 경우는?

① 가연성 압축가스 – $300m^3$
② 조연성 액화가스 – 5,000kg
③ 독성 압축가스(허용농도가 100만 분의 200 초과, 100만 분의 5,000 이하) – $100m^3$
④ 독성 액화가스(허용농도가 100만 분의 200 초과, 100만 분의 5,000 이하) – 1,000kg

**03** 액화독성가스의 운반질량이 1,000kg 미만 이동 시 휴대해야 할 소석회는 몇 kg 이상이어야 하는가?

① 20kg ② 30kg
③ 40kg ④ 50kg

**04** LP GAS 사용 시 주의사항에 대한 설명으로 틀린 것은?

① 중간 밸브 개폐는 서서히 한다.
② 사용 시 조정기 압력은 적당히 조절한다.
③ 완전 연소되도록 공기조절기를 조절한다.
④ 연소기는 급배기가 충분히 행해지는 장소에 설치하여 사용하도록 한다.

**05** 독성가스 용기를 운반할 때에는 보호구를 갖추어야 한다. 비치하여야 하는 기준은?

① 종류별로 1개 이상
② 종류별로 2개 이상
③ 종류별로 3개 이상
④ 그 차량의 승무원 수에 상당한 수량

**06** 다음 각 가스의 품질검사 합격기준으로 옳은 것은?

① 수소 : 99.0% 이상
② 산소 : 98.5% 이상
③ 아세틸렌 : 98.0% 이상
④ 모든 가스 : 99.5% 이상

**07** 도시가스사용시설에서 배관의 이음부와 절연전선과의 이격거리는 몇 cm 이상으로 하여야 하는가?

① 10 ② 15
③ 30 ④ 60

**08** 흡수식 냉동설비의 냉동능력 정의로 옳은 것은?

① 발생기를 가열하는 1시간의 입열량 3천 320kcal를 1일의 냉동능력 1톤으로 본다.
② 발생기를 가열하는 1시간의 입열량 6천 640kcal를 1일의 냉동능력 1톤으로 본다.
③ 발생기를 가열하는 24시간의 입열량 3천 320kcal를 1일의 냉동능력 1톤으로 본다.
④ 발생기를 가열하는 24시간의 입열량 6천 640kcal를 1일의 냉동능력 1톤으로 본다.

**09** 도시가스 도매사업의 가스공급시설기준에 대한 설명으로 옳은 것은?

① 고압의 가스공급시설은 안전구획 안에 설치하고 그 안전구역의 면적은 1만 $m^2$ 미만으로 한다.
② 안전구역 안의 고압인 가스공급시설은 그 외면으로부터 다른 안전구역 안에 있는 고압인 가스공급시설의 외면까지 20m 이상의 거리를 유지한다.
③ 액화천연가스의 저장탱크는 그 외면으로부터 처리능력이 20만 $m^3$ 이상인 압축기까지 30m 이상의 거리를 유지한다.
④ 두 개 이상의 제조소가 인접하여 있는 경우의 가스공급시설은 그 외면으로부터 그 제조소와 다른 제조소의 경계까지 10m 이상의 거리를 유지한다.

**10** 다음 [보기]의 독성가스 중 독성($LC_{50}$)이 가장 강한 것과 가장 약한 것을 바르게 나열한 것은?

| 보기 | |
|---|---|
| ㉠ 염화수소 | ㉡ 암모니아 |
| ㉢ 황화수소 | ㉣ 일산화탄소 |

① ㉠, ㉡　　② ㉢, ㉡
③ ㉠, ㉣　　④ ㉢, ㉣

**11** 가스 공급시설의 임시사용 기준 항목이 아닌 것은?

① 공급의 이익 여부
② 도시가스의 공급이 가능한지의 여부
③ 가스공급시설을 사용할 때 안전을 해칠 우려가 있는지 여부
④ 도시가스의 수급상태를 고려할 때 해당지역에 도시가스의 공급이 필요한지의 여부

**12** 20kg LPG 용기의 내용적은 몇 L인가? (단, 충전상수 C는 2.35이다)

① 8.51　　② 20
③ 42.3　　④ 47

**13** 고압가스배관의 설치기준 중 하천과 병행하여 매설하는 경우로서 적합하지 않은 것은?

① 배관은 견고하고 내구력을 갖는 방호구조물 안에 설치한다.
② 매설심도는 배관의 외면으로부터 1.5m 이상 유지한다.
③ 설치지역은 하상(하천의 바닥)이 아닌 곳으로 한다.
④ 배관손상으로 인한 가스누출 등 위급한 상황이 발생한 때에 그 배관에 유입되는 가스를 신속히 차단할 수 있는 장치를 설치한다.

**14** 가연성 가스의 발화점이 낮아지는 경우가 아닌 것은?

① 압력이 높을수록
② 산소 농도가 높을수록
③ 탄화수소의 탄소수가 많을수록
④ 화학적으로 발열량이 낮을수록

**15** 고압가스 특정제조시설에서 배관을 해저에 설치하는 경우의 기준으로 틀린 것은?

① 배관은 해저면 밑에 매설한다.
② 배관은 원칙적으로 다른 배관과 교차하지 아니하여야 한다.
③ 배관은 원칙적으로 다른 배관과 수평거리로 30m 이상을 유지하여야 한다.
④ 배관의 입상부에는 방호시설물을 설치하지 아니한다.

**16** 가연성가스의 폭발등급 및 이에 대응하는 본질안전방폭구조의 폭발등급 분류 시 사용하는 최소점화전류비는 어느 가스의 최소 점화전류를 기준으로 하는가?

① 메탄 ② 프로판
③ 수소 ④ 아세틸렌

**17** 공기액화 분리장치의 폭발원인이 아닌 것은?

① 액체공기 중의 아르곤의 혼입
② 공기 취입구로부터 아세틸렌 혼입
③ 공기 중의 질소화합물(NO, $NO_2$)의 혼입
④ 압축기용 윤활유 분해에 따른 탄화수소 생성

**18** 고압가스 특정제조시설에서 플레어스택의 설치기준으로 틀린 것은?

① 파이롯트버너를 항상 점화하여 두는 등 플레어스택에 관련된 폭발을 방지하기 위한 조치가 되어 있는 것으로 한다.
② 긴급이송설비로 이송되는 가스를 대기로 방출할 수 있는 것으로 한다.
③ 플레어스택에서 발생하는 복사열이 다른 제조시설에 나쁜 영향을 미치지 아니하도록 안전한 높이 및 위치에 설치한다.
④ 플레어스택에서 발생하는 최대열량에 장시간 견딜 수 있는 재료 및 구조로 되어 있는 것으로 한다.

**19** 수소의 성질에 대한 설명 중 옳지 않은 것은?

① 열전도도가 적다.
② 열에 대하여 안정하다.
③ 고온에서 철과 반응한다.
④ 확산속도가 빠른 무취의 기체이다.

**20** 고압가스 특정제조시설 중 비가연성 가스의 저장탱크는 몇 $m^3$ 이상일 경우에 지진영향에 대한 안전한 구조로 설계하여야 하는가?

① 300 ② 500
③ 1,000 ④ 2,000

**21** 고압가스를 취급하는 자가 용기 인전점검 시 하지 않아도 되는 것은?

① 도색 표시 확인
② 재검사 기간 확인
③ 프로텍터의 변형 여부 확인
④ 밸브의 개폐조작이 쉬운 핸들 부착 여부 확인

**22** 용기종류별 부속품 기호로 틀린 것은?

① AG : 아세틸렌가스를 충전하는 용기의 부속품
② LPG : 액화석유가스를 충전하는 용기의 부속품
③ TL : 초저온용기 및 저온용기의 부속품
④ PG : 압축가스를 충전하는 용기의 부속품

**23** 0℃에서 10L의 밀폐된 용기 속에 32g의 산소가 들어있다. 온도를 150℃로 가열하면 압력은 약 얼마가 되는가?

① 0.11atm ② 3.47atm
③ 34.7atm ④ 111atm

**24** 폭발범위에 대한 설명으로 옳은 것은?

① 공기 중의 폭발범위는 산소 중의 폭발범위보다 넓다.
② 공기 중 아세틸렌가스의 폭발범위는 약 4~71% 이다.
③ 한계산소 농도치 이하에서는 폭발성 혼합가스가 생성된다.
④ 고온 고압일 때 폭발범위는 대부분 넓어진다.

**25** 다음 중 폭발범위의 상한값이 가장 낮은 가스는?

① 암모니아 ② 프로판
③ 메탄 ④ 일산화탄소

**26** 압축기 최종단에 설치된 고압가스냉동제조시설의 안전밸브는 얼마마다 작동 압력을 조정하여야 하는가?

① 3개월에 1회 이상 ② 6개월에 1회 이상
③ 1년에 1회 이상 ④ 2년에 1회 이상

**27** 도시가스 매설배관의 주위에 파일박기 작업 시 손상방지를 위하여 유지하여야 할 최소 거리는?

① 30cm ② 50cm
③ 1m ④ 2m

**28** 염소에 다음 가스를 혼합하였을 때 가장 위험할 수 있는 가스는?

① 일산화탄소 ② 수소
③ 이산화탄소 ④ 산소

**29** 액화석유가스판매시설에 설치되는 요기보관실에 대한 시설기준으로 틀린 것은?

① 용기보관실에는 가스가 누출될 경우 이를 신속히 검지하여 효과적으로 대응할 수 있도록 하기 위하여 반드시 일체형 가스누출경보기를 설치한다.
② 용기보관실에 설치되는 전기설비는 누출된 가스의 점화원이 되는 것을 방지하기 위하여 반드시 방폭구조로 한다.
③ 용기보관실에는 누출된 가스가 머물지 않도록 하기 위하여 그 용기보관실의 구조에 따라 환기구를 갖추고 강제통풍시설을 설치한다.
④ 용기보관실에는 용기가 넘어지는 것을 방지하기 위하여 적절한 조치를 마련한다.

**30** 압축도시가스 이동식 충전차량 충전시설에서 가스누출 검지경보장치의 설치위치가 아닌 것은?

① 펌프 주변
② 압축설비 주변
③ 압축가스설치 주변
④ 개별 충전설비 본체

**31** 고압가스 배관재료로 사용되는 동관의 특징에 대한 설명으로 틀린 것은?

① 가공성이 좋다.
② 열전도율이 낮다.
③ 시공이 용이하다.
④ 내식성이 크다.

**32** 수소를 취급하는 고온, 고압 장치용 재료로 사용할 수 있는 것은?

① 탄소강, 니켈강
② 탄소강, 망간강
③ 탄소강, 18−8 스테인리스강
④ 18−8 스테인리스강, 크롬−바나듐강

**33** 정압기를 평가·선정할 경우 고려해야 할 특성이 아닌 것은?

① 정특성 ② 동특성
③ 유량특성 ④ 압력특성

**34** 피토관을 사용하기에 적당한 유속은?

① 0.001m/s 이상
② 0.1m/s 이상
③ 1m/s 이상
④ 5m/s 이상

**35** 나사압축기에서 숫로터의 직경 150mm, 로터길이 100mm, 회전수가 350rpm이라고 할 때 이론적 노출량은 약 몇 $m^3$/min인가? (단, 로터 형상에 의한 계수[Cv]는 0.476이다)

① 0.11 ② 0.21
③ 0.37 ④ 0.47

**36** 자동절체식 일체형 저압조정기의 조정압력은?

① 2.30~3.30kPa
② 2.55~3.30kPa
③ 57~83kPa
④ 5.0~30kPa 이내에서 제조자가 설정한 기준압력의 ±20%

**37** 다음 중 단별 최대 압축비를 가질 수 있는 압축기는?

① 원심식 ② 왕복식
③ 축류식 ④ 회전식

**38** 압력변화에 의한 탄성변위를 이용한 탄성압력계에 해당되지 않는 것은?

① 플로트식 압력계
② 부르동관식 압력계
③ 벨로우즈식 압력계
④ 다이어프램식 압력계

**39** 아세틸렌의 정성시험에 사용되는 시약은?

① 질산은 ② 구리암모니아
③ 염산 ④ 피로카롤

**40** 가스누출을 감지하고 차단하는 가스누출 자동차단기의 구성요소가 아닌 것은?

① 제어부 ② 중앙통제부
③ 검지부 ④ 차단부

**41** 액면측정 장치가 아닌 것은?

① 임펠러식 액면계
② 유리관식 액면계
③ 부자식 액면계
④ 퍼지식 액면계

**42** 터보압축기의 구성이 아닌 것은?

① 임펠러 ② 피스톤
③ 디퓨저 ④ 중속기어장치

**43** 액화석유가스 소형저자탱크가 외경 1,000mm, 길이 2,000mm, 충전상수 0.03125 온도보정계수 2.15일 때의 자연기화능력(kg/h)은 얼마인가?

① 11.2 ② 13.2
③ 15.2 ④ 17.2

**44** 수소($H_2$)가스 분석방법으로 가장 적당한 것은?

① 팔라듐관 연소법
② 헴펠법
③ 황산바륨 침전법
④ 흡광광도법

**45** 원심식 압축기 중 터보형의 날개 출구각도에 해당하는 것은?

① 90° 보다 작다. ② 90° 이다.
③ 90° 보다 크다. ④ 평행이다.

**46** 25℃의 물 10kg을 대기압 하에서 비등시켜 모두 기화시키는 데 약 몇 kcal의 열이 필요한가? (단, 물의 증발잠열은 540kcal/kg이다)

① 750 ② 5,400
③ 6,150 ④ 7,100

**47** 프레온(Freon)의 성질에 대한 설명으로 틀린 것은?

① 불연성이다.
② 무색, 무취이다.
③ 증발잠열이 적다.
④ 가압에 의해 액화되기 쉽다.

**48** LP가스의 제법으로서 가장 거리가 먼 것은?

① 원유를 정제하여 부산물로 생산
② 석유정제공정에서 부산물로 생산
③ 석탄을 건류하여 부산물로 생산
④ 나프타 분해공정에서 부산물로 생산

**49** $C_3H_8$ 비중이 1.5라고 할 때 20m 높이 옥상까지의 압력손실은 약 몇 $mmH_2O$인가?

① 12.9 ② 16.9
③ 19.4 ④ 21.4

**50** 압력에 대한 설명으로 틀린 것은?

① 수주 280cm는 $0.28kg/cm^2$와 같다.
② $1kg/cm^2$은 수은주 760mm와 같다.
③ $160kg/mm^2$은 $16,000kg/cm^2$에 해당한다.
④ 1atm이란 $1cm^2$당 1.033kg의 무게와 같다.

**51** 다음에서 설명하는 법칙은?

> 같은 온도(T)와 압력(P)에서 같은 부피(V)의 기체는 같은 분자수를 가진다.

① Dalton의 법칙
② Henry의 법칙
③ Avogadro의 법칙
④ Hess의 법칙

**52** 실제기체가 이상기체의 상태식을 만족시키는 경우는?

① 압력과 온도가 높을 때
② 압력과 온도가 낮을 때
③ 압력이 높고 온도가 낮을 때
④ 압력이 낮고 온도가 높을 때

**53** 다음 중 가연성 가스가 아닌 것은?

① 일산화탄소 ② 질소
③ 에탄 ④ 에틸렌

**54** 다음 중 가장 낮은 온도는?

① −40°F ② 430°R
③ −50℃ ④ 240K

**55** 아세틸렌가스 폭발의 종류로서 가장 거리가 먼 것은?

① 중합폭발 ② 산화폭발
③ 분해폭발 ④ 화학폭발

**56** 다음 중 유리병에 보관해서는 안 되는 가스는?

① $O_2$ ② $Cl_2$
③ HF ④ Xe

**57** 나프타의 성상과 가스화에 미치는 영향 중 PONA 값의 각 의미에 대하여 잘못 나타낸 것은?

① P : 파라핀계 탄화수소
② O : 올레핀계 탄화수소
③ N : 나프텐계 탄화수소
④ A : 지방족 탄화수소

**58** 도시가스 제조 시 사용되는 부취제 중 T.H.T의 냄새는?

① 마늘 냄새 ② 양파 썩는 냄새
③ 석탄가스 냄새 ④ 암모니아 냄새

**59** 황화수소에 대한 설명으로 틀린 것은?

① 무색의 기체로서 유독하다.
② 공기 중에서 연소가 잘 된다.
③ 산화하면 주로 황산이 생성된다.
④ 형광물질 원료의 제조 시 사용된다.

**60** 가스의 연소와 관련하여 공기 중에서 점화원 없이 연소하기 시작하는 최저온도를 무엇이라 하는가?

① 인화점 ② 발화점
③ 끓는점 ④ 융해점

# Part 5

# 가스기능사 필기 CBT 대비 적중 모의고사



* 2017년 부터는 CBT로 시험이 시행되어 문제가 공개되지 않습니다. 이에 CBT에 대비할 수 있는 모의고사를 제공합니다.

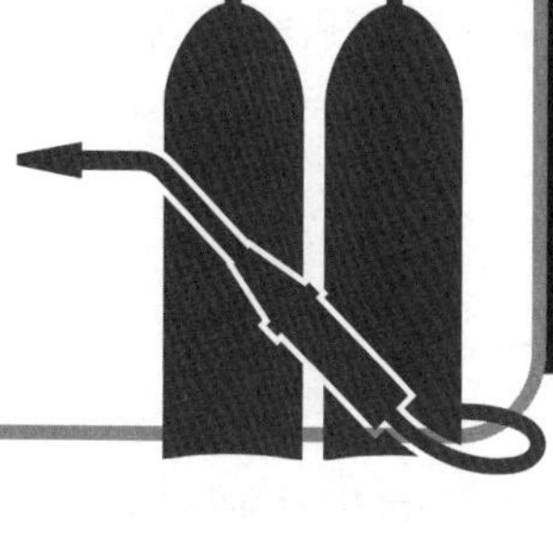

# 제1회 적중 모의고사

**01** 도시가스시설의 설치공사 또는 변경공사를 하는 때에 이루어지는 주요공정 시공감리 대상은?

① 일반도시가스사업자의 정압기 설치공사
② 가스도매사업자의 가스공급시설 설치공사
③ 도시가스사업자 외의 가스공급시설 설치자의 배관 설치공사
④ 일반도시가스사업자의 제조소 설치공사

**02** 가연성가스의 연소 형태는 주로 무엇인가?

① 분해연소 ② 증발연소
③ 표면연소 ④ 확산연소

**03** 760mmHg 압력은 수주로 얼마인가?

① $8.33mH_2O$ ② $9.33mH_2O$
③ $10.33mH_2O$ ④ $12.33mH_2O$

**04** 고압가스 특정제조시설에서 배관을 해저에 설치하는 경우의 기준으로 바르지 않은 것은?

① 배관은 해저면 밑에 매설한다.
② 배관의 입상부에는 방호시설물을 설치하지 아니한다.
③ 배관은 원칙적으로 다른 배관과 수평거리로 30m 이상을 유지하여야 한다.
④ 배관은 원칙적으로 다른 배관과 교차하지 아니하여야 한다.

**05** "효율 100% 냉동기의 제작은 불가능하다." 라고 표현되는 법칙은 무엇인가?

① 열역학 제0법칙 ② 열역학 제1법칙
③ 열역학 제2법칙 ④ 열역학 제3법칙

**06** 가연성가스 제조공장에서 착화의 원인이 되기 어려운 것은 무엇인가?

① 정전기
② 사용 촉매의 접촉 작용
③ 베릴륨 합금제 공구에 의한 충격
④ 밸브의 급격한 조작

**07** 100A용 가스누출경보차단장치의 가스 감지에서 경보 발신까지의 차단시간은 얼마 내에 이루어져야 하는가?

① 10초 ② 25초
③ 30초 ④ 1분

**08** 일반도시가스사업자의 가스공급시설 중 정압기의 분해 점검 주기는 얼마 이상인가?

① 2년에 1회 이상 ② 5년에 1회 이상
③ 2년에 2회 이상 ④ 5년에 2회 이상

**09** 독성가스 내용적이 몇 L 이상일 때 수액기 주위의 액상의 가스가 누출될 경우에 대비하여 유출방지 조치를 마련하는가?

① 5,000 ② 10,000
③ 18,000 ④ 20,000

**10** 자동차 용기충전시설에 "화기엄금"이라 표시한 게시판의 색상은 무엇인가?

① 황색바탕에 흑색문자
② 흑색바탕에 황색문자
③ 적색바탕에 백색문자
④ 백색바탕에 적색문자

**11** 다음 중 표준상태에서 비점이 가장 높은 것

은?

① 프로판 ② 나프타
③ 부탄 ④ 에탄

**12** 특정고압가스용 실린더캐비닛 제조설비로 옳지 않은 것은 무엇인가?

① 패널설비 ② 세척설비
③ 가공설비 ④ 용접설비

**13** 산소 제조 시 가스 분석 주기는 몇 회 이상인가?

① 1일 1회 이상 ② 주 1회 이상
③ 3일 1회 이상 ④ 주 3회 이상

**14** 표준상태를 기준으로 탄소 12g을 완전연소시킬 경우 발생되는 이산화탄소는 약 몇 L인가?

① 11.2L ② 22.4L
③ 24.2L ④ 32L

**15** 저장능력 300m$^3$ 이상인 2개의 가스홀더 A, B 간에 유지해야 할 거리는? (단, 최대 지름은 A : 8m, B : 4m이다)

① 1m ② 3m
③ 4m ④ 7m

**16** 프로판 15vol%와 부탄 85vol%로 혼합된 가스의 공기 중 폭발하한 값은 약 몇 %인가? (단, 프로판과 부탄의 폭발 하한값은 각각 2.1%, 1.8%이다)

① 1.75 ② 1.78
③ 1.80 ④ 1.84

**17** 액주식 압력계가 아닌 것은?

① U자관식 ② 다이어프램
③ 경사관식 ④ 단관식

**18** 지하에 설치하는 지역정압기에서 시설의 조작을 안전하고 확실하게 하기 위하여 필요한 조명도(lx)는 얼마여야 하는가?

① 100룩스 ② 150룩스
③ 200룩스 ④ 250룩스

**19** 액화천연가스(LNG) 저장탱크 중 액화천연가스의 최고액면을 지표면과 동등 또는 그 이하가 되도록 설치하는 형태의 저장탱크는 어떤 것인가?

① 지상식 저장탱크
② 지하식 저장탱크
③ 지중식 저장탱크
④ 단일방호식 저장탱크

**20** 저장능력이 50톤인 액화산소저장탱크 외면에서 사업소 경계선까지의 최단거리가 50m일 경우 이 저장탱크에 대한 내진설계 등급으로 옳은 것은?

① 내진 특등급 ② 내진 1등급
③ 내진 2등급 ④ 내진 3등급

**21** 질량이 40g이고 부피는 800cm$^3$인 물질 A의 밀도(g/cm$^3$)는?

① 0.01 ② 0.02
③ 0.05 ④ 1

**22** 천연가스 지하매설배관의 퍼지용으로 주로 사용되는 가스는 무엇인가?

① $Cl_2$ ② $N_2$
③ $H_2$ ④ $O_2$

**23** 시안화수소 충전 시 한 용기에서 60일을 초과할 수 있는 경우로 바른 설명은 무엇인가?

① 순도가 90% 이상으로서 착색이 된 경우
② 순도가 90% 이상으로서 착색이 안 된 경우
③ 순도가 98% 이상으로서 착색이 된 경우
④ 순도가 98% 이상으로서 착색이 안 된 경우

**24** 고압가스안전관리법상에서 정하고 있는 보호시설로 틀린 것은?

① 학원 ② 병원
③ 주택 ④ 가설건축물

**25** 가스도매사업시설에서 배관지하매설 기준으로 바른 것은?

① 산과 들 이외의 지역에서 배관의 매설 깊이는 1.5m 이상이어야 한다.
② 산과 들에서의 배관의 매설 깊이는 0.8m 이상이어야 한다.
③ 배관은 그 외면으로부터 지하의 다른 시설물과 0.3m 이상의 거리를 유지하여야 한다.
④ 배관은 그 외면으로부터 수평거리로 건축물까지 1m 이상의 거리를 유지하여야 한다.

**26** 다음 빈칸에 들어갈 말로 바른 것은?

> 시 · 도지사는 도시가스를 사용하는 자에게 퓨즈콕 등 가스안전장치의 설치를 (　　)할 수 있다.

① 강제 ② 권고
③ 위탁 ④ 시공

**27** 원거리지역에 대량의 가스를 공급하기 위하여 사용되는 가스공급방식은 무엇인가?

① 초저압공급 ② 저압공급
③ 중압공급 ④ 고압공급

**28** 비중이 0.5인 도시가스의 발열량이 15,000 $kcal/m^3$일 때 웨버지수(WI)는 얼마인가?

① 12,121 ② 20,000
③ 21,213 ④ 30,000

**29** 조정압력이 3.3kPa 이하인 LP 가스용 조정기 안전장치의 작동정지압력의 kPa 범위는?

① 5.04~8.4kPa ② 5.60~8.4kPa
③ 5.04~9.0kPa ④ 5.60~9.0kPa

**30** 착화원이 있을 때 가연성액체나 고체의 표면에 연소하한계농도의 가연성혼합기가 형성되는 최저온도는 어떤 온도인가?

① 포화온도 ② 임계온도
③ 발화점 ④ 인화점

**31** 고압가스배관에 대하여 수압에 의한 내압시험압력의 기준은 무엇인가?

① 사용압력의 1.5배 이상
② 상용압력의 1.5배 이상
③ 사용압력의 2배 이상
④ 상용압력의 2배 이상

**32** 브롬화수소의 성질에 대한 설명으로 바르지 않은 것은?

① 독성가스이다.
② 가열 시 폭발위험성이 있다.
③ 유기물 등과 격렬하게 반응한다.
④ 기체는 공기보다 가볍다.

**33** 가연성가스의 제조설비 또는 저장설비 중 전기설비방폭구조를 하지 아니하여도 되는 가스는 무엇인가?

① 암모니아, 시안화수소
② 암모니아, 염화메탄
③ 암모니아, 브롬화메탄
④ 브롬화메탄, 일산화탄소

**34** 부탄가스용 연소기 명판의 기재사항으로 잘못된 것은?

① 연소기 재질 ② 제조자의 형식호칭
③ 연소기명 ④ 제조(로트)번호

**35** 왕복식 압축기에서 피스톤과 크랭크샤프트를 연결하여 왕복운동을 시키는 역할을 하는 것은 무엇인가?

① 크랭크 ② 피스톤링
③ 클리어런스 ④ 커넥팅로드

**36** 도시가스의 성분을 측정하기 위한 가스품질검사는 주로 어떤 기기를 사용하여 하는가?

① 흡수분광기
② 기체크로마토그래피
③ 흡광도계
④ 이온전류계

**37** LPG 자동차에 고정된 용기충전시설에서 저장탱크 설치 시 물분무장치는 동시에 방사할 수 있는 최대 수량을 몇 분 이상 연속하여 방사할 수 있는 수원에 접촉되어 있어야 하는가?

① 25분 ② 30분
③ 60분 ④ 90분

**38** 도시가스용 염화비닐호스는 그 호스의 안전성, 편리성 및 호환성을 확보하기 위하여 안지름치수를 규정하고 있다. 그 치수로 거리가 먼 것은?

① 12.7mm ② 9.5mm
③ 6.3mm ④ 5.2mm

**39** 재료에 하중을 작용하여 항복점 이상의 응력을 가하면, 하중을 제거하여도 본래의 형상으로 돌아가지 않도록 하는 성질을 무엇이라 하는가?

① 소성 ② 크리프
③ 피로 ④ 탄성

**40** 일반도시가스 배관의 설치기준 중 하천 등을 횡단하여 매설하는 경우로서 알맞지 않은 것은?

① 하상변동, 패임, 닻내림 등의 영향을 받지 않는 깊이에 매설할 경우
② 그 밖의 좁은 수로를 횡단하여 배관을 매설하는 경우 배관의 외면과 계획하상 높이와의 거리는 원칙적으로 1.5m 이상으로 할 경우
③ 소하천, 수로를 횡단하여 배관을 매설하는 경우 배관의 외면과 계획하상 높이와의 거리는 원칙적으로 2.5m 이상으로 할 경우
④ 하천을 횡단하여 배관을 설치하는 경우에는 배관의 외면과 계획하상(하천의 바닥) 높이와의 거리는 원칙적으로 4.0m 이상으로 하는 경우

**41** 송수량 12,000L/min, 전양정 45m인 벌류트펌프의 회전수를 1,000rpm에서 1,100으로 변화시킨 경우 펌프의 축동력은 약 몇 PS가 되는가? (단, 펌프의 효율은 80%이다)

① 165 ② 200
③ 220 ④ 250

**42** 가연성가스의 제조설비 내에 설치하는 전기기기에 대한 설명으로 바른 것은?

① 제1종 장소에는 원칙적으로 전기설비를 설치해서는 아니 된다.
② 안전증방폭구조는 전기기기의 불꽃이나 아크가 발생하여 착화원이 될 염려가 있는 부분을 기름 속에 넣은 것이다.
③ 가연성가스가 존재할 수 있는 위험장소는 제1종 장소, 제2종 장소 및 제0종 장소로 분류하고 위험장소에서는 방폭형 전기기기를 설치하여야 한다.
④ 제2종 장소는 정상의 상태에서 폭발성분위기가 연속하여 또는 장시간 생성되는 장소를 말한다.

**43** 수분이 존재할 때 일반강재를 부식시키는 가스는 무엇인가?

① 수소 ② 질소
③ 황화수소 ④ 일산화탄소

**44** 도시가스 중 음식물쓰레기, 가축분뇨, 하수슬러지 등 유기성폐기물로부터 만들어진 기체를 정제한 가스로서 메탄이 주성분인 가스를 무엇이라 하는가?

① 천연가스 ② 나프타부생가스
③ 바이오가스 ④ 석유가스

**45** 원심식 압축기의 1일의 냉동능력 1톤으로 산정기준은 몇 kW인가?

① 1.2 ② 1.5
③ 1.7 ④ 2.0

**46** 폭발성이 예민하여 마찰 및 타격으로 격렬하게 폭발하는 물질이 아닌 것은?

① 염화질소 ② 황화질소
③ 메틸아민 ④ 아세틸라이드

**47** 아황산가스의 제독제가 아닌 것은?

① 소석회
② 가성소다수용액
③ 탄산소다수용액
④ 물

**48** 다음 고압가스설비 중 축열식 반응기를 사용하여 제조하는 것은 무엇인가?

① 아크릴로라이드 ② 염화비닐
③ 에틸벤젠 ④ 아세틸렌

**49** 부탄가스의 연소반응식으로 올바른 것은?

① $C_3H_8 + 4O_2 \rightarrow 3CO_2 + 5H_2O$
② $C_3H_8 + 5O_2 \rightarrow 3CO_2 + 4H_2O$
③ $C_4H_{10} + 6O_2 \rightarrow 4CO_2 + 5H_2O$
④ $2C_4H_{10} + 13O_2 \rightarrow 8CO_2 + 10H_2O$

**50** 가스배관 내 잔류물질을 제거할 때 사용하는 설비로 거리가 먼 것은?

① 피그 ② 압력계
③ 거버너 ④ 컴프레서

**51** 빈칸에 들어갈 숫자를 순서대로 적은 것은?

> 도시가스공급시설에 대하여 공사가 실시하는 정밀안전진단의 실시시기 및 기준에 의거 본관 및 공급관에 대하여 최초로 시공감리증명서를 받은 날부터 (  )년이 지난 날이 속하는 해 및 그 이후 매 (  )년이 지난 날이 속하는 해에 받아야 한다.

① 10, 10 ② 15, 10
③ 10, 15 ④ 15, 5

**52** 독성가스 허용농도의 종류가 아닌 것은?

① 시간가중평균농도(TLV－TWA)
② 단시간노출허용농도(TLV－STEL)
③ 순간사망허용농도(TLV－D)
④ 최고허용농도(TLV－C)

**53** 오리피스미터 유량계의 측정 조건에 해당되지 않는것은?

① 유체의 전도 및 압축의 영향이 클 것
② 관 속에 유체가 충만되어 있을 것
③ 관로가 수평일 것
④ 정상류 흐름일 것

**54** 나사압축기에서 숫로터의 직경 150mm, 로터 길이 100mm, 회전수가 350rpm일 때 이론 토출량은 약 몇 $m^3$/min가 되는가? (단, 로터형상계수 (Cv)는 0.476이다)

① 0.11 ② 0.21
③ 0.27 ④ 0.37

**55** 저온장치에 사용하는 금속재료로 적절하지 않은 것은?

① 알루미늄
② 탄소강
③ 크롬－망간강
④ 18－8 스테인리스강

**56** 공기 중에 산소의 중량%는 얼마인가?

① 23.2 ② 27.3
③ 31.5 ④ 43.7

**57** 고압가스냉동제조의 시설 및 기술기준에 대한 설명으로 바르지 않은 것은?

① 냉동제조시설 중 냉매설비에는 자동제어장치를 설치할 것
② 압축기최종단에 설치한 안전장치는 1년에 1회 이상 점검을 실시할 것
③ 냉매설비에는 압력계를 설치할 것
④ 가연성가스 또는 독성가스를 냉매로 사용하는 냉매설비 중 수액기에 설치하는 액면계는 환형유리관액면계를 사용할 것

**58** 제조설비에서 제조된 아세틸렌을 충전용기에 충전 시 위험할 수 있는 경우는 무엇인가?

① 충전 중의 압력이 2.5MPa 이하일 경우
② 아세틸렌이 접촉되는 설비부분에 동 함량 72%의 동합금을 사용할 경우
③ 충전 후에 압력이 15℃에서 1.5MPa 이하로 될 때까지 정치할 경우
④ 충전용 지관은 탄소함유량 0.1% 이하의 강을 사용할 경우

**59** 다음 가스 저장시설 중 환기구를 갖추는 등의 조치를 반드시 하여야 하는 장소는 어디인가?

① 질소 저장소 ② 부탄 저장소
③ 헬륨 저장소 ④ 산소 저장소

**60** 주로 탄광 내에서 $CH_4$의 발생을 검출하는데 사용되며 푸른불꽃의 길이로 그 농도를 알 수 있는 가스검지기는 무엇인가?

① 열선형 ② 간섭계형
③ 안전등형 ④ 흡광광도형

# 제2회 적중 모의고사

**01** 수소($H_2$)에 대한 설명으로 바른 것은?

① 밀도가 크다.
② 열전달율이 아주 작다.
③ 3중 수소는 방사능을 갖는다.
④ 금속재료를 취화시키지 않는다.

**02** 다음 중 동일차량에 적재하여 운반할 수 없는 경우는 무엇인가?

① 산소, 질소　② 질소, 탄산가스
③ 염소, 아세틸렌　④ 탄산가스, 아세틸렌

**03** 다음 중 불연성가스는 무엇인가?

① $C_2H_2$　② $CO_2$
③ $C_3H_6$　④ $C_2H_4$

**04** 0℃, 1atm인 표준상태에서 공기와 같은 부피에 대한 무게비는 무엇인가?

① 비열　② 밀도
③ 비중　④ 비체적

**05** 의료용 가스용기의 도색구분으로 옳지 않은 것은?

① 에틸렌 – 갈색　② 질소 – 흑색
③ 산소 – 백색　④ 아산화질소 – 청색

**06** 용기신규검사에 합격된 용기부속품기호 중 압축가스를 충전하는 용기부속품의 기호는 무엇인가?

① AG　② LG
③ PG　④ LT

**07** 고압가스관련법에서 사용되는 용어의 정의에 대한 설명 중 바르지 않은 것은?

① 독성가스란 인체에 유해한 독성을 가진 가스로서 허용농도가 100만 분의 100 이하인 것
② 액화가스란 가압·냉각 등의 방법에 의하여 액체상태로 되어 있는 것으로서 대기압에서의 끓는점이 섭씨 40° 이하 또는 상용의 온도 이하인 것
③ 가연성가스란 공기 중에서 연소하는 가스로서 폭발한계의 하한이 10% 이하인 것과 폭발한계의 상한과 하한의 차가 20% 이상인 것
④ 초저온저장탱크란 섭씨 영하 50° 이하의 액화가스를 충전하기 위한 용기로서, 단열재를 씌우거나 냉동설비로 냉각시키는 등의 방법으로 저장탱크 내의 가스온도가 상용온도를 초과하지 아니하도록 한 것

**08** 저비점액체용 펌프 사용상의 주의사항으로 바르지 않은 것은?

① 밸브와 펌프 사이에 기화가스를 방출할 수 있는 안전밸브를 설치한다.
② 펌프는 가급적 저장용기로부터 멀리 설치한다.
③ 펌프의 흡입·토출관에는 신축 조인트를 장치한다.
④ 운전개시 전에는 펌프를 청정하여 건조한 다음 펌프를 충분히 예냉한다.

**09** 기체의 종류에 관계없이 모든 기체 1몰은 표준상태(0℃, 1기압)에서 22.4L의 부피를 차지한다는 법칙은 무엇인가?

① 헨리의 법칙 ② 아보가드로의 법칙
③ 샤를의 법칙 ④ 보일의 법칙

**10** 공기 중에 산소의 중량%는 얼마인가?

① 21.0 ② 23.2
③ 31.5 ④ 43.7

**11** 도시가스사용시설에 정압기를 2013년에 설치하였다. 다음 중 이 정압기의 분해점검 만료시기로 적합한 것은?

① 2016년 ② 2017년
③ 2018년 ④ 2019년

**12** 도시가스제조시설의 플레어스택 기준으로 바르지 않은 것은 무엇인가?

① 연소능력은 긴급이송설비로 이송되는 가스를 안전하게 연소시킬 수 있는 것이다.
② 스택에서 방출된 가스가 지상에서 폭발한계에 도달하지 않도록 하는 것이다.
③ 폭발을 방지하기 위한 조치가 되어 있어야 한다.
④ 스택에서 발생하는 최대열량에 장시간 견딜 수 있는 재료 및 구조로 되어 있어야 한다.

**13** 다음 중 고압가스 관련설비로 틀린 것은?

① 안전밸브, 긴급차단장치, 역화방지장치
② 일반압축가스배관용 밸브
③ 액화석유가스용 용기잔류가스 회수장치
④ 자동차용 압축천연가스 완속충전설비

**14** 다음 중 2중관으로 하여야 하는 고압가스로 적절하지 않은 것은?

① 아황산가스 ② 황화수소
③ 암모니아 ④ 수소

**15** 비중병의 무게가 0.2kg, 액체로 충만되어 있을 때 총 무게가 0.8kg이다. 액체의 부피가 0.4L일 때 비중량(kg/m$^3$)은 얼마인가?

① 120 ② 150
③ 1,500 ④ 2,000

**16** 압력에 대한 설명으로 바르지 않은 것은?

① 수주 280cm는 0.28kg/cm$^2$와 같다.
② 1atm이란 1cm$^2$당 1.033kg의 무게와 같다.
③ 1kg/cm$^2$은 수은주 760mm와 같다.
④ 160kg/mm$^2$은 16,000kg/cm$^2$에 해당한다.

**17** 독성가스용기 운반기준에 대한 설명으로 바르지 않은 것은?

① 충전용기를 차량에 적재하여 운반할 때에는 적재함에 넘어지지 않게 눕혀서 운반한다.
② 독성가스 중 가연성가스와 조연성가스는 같은 차량의 적재함으로 운반하지 않는다.
③ 차량의 최대 적재량을 초과하여 적재하지 않는다.
④ 충전용기는 자전거나 오토바이에 적재하여 운반하지 않는다.

**18** 다음 중 전기설비방폭구조의 종류로 틀린 것은?

① 유입 방폭구조 ② 접지 방폭구조
③ 압력 방폭구조 ④ 안전증 방폭구조

**19** 표준상태에서 1몰의 아세틸렌이 완전연소될 때 필요한 산소의 몰 수를 바르게 나타낸 것은?

① 1몰 ② 2몰
③ 2.5몰 ④ 3몰

**20** 방류둑의 성토 기울기는 수평에 대하여 몇 ° 이하로 해야 하는가?

① 45° ② 60°
③ 75° ④ 80°

**21** 다음 중 같은 성질의 가스로만 나열된 것은 무엇인가?

① 암모니아, 산소 ② 오존, 아황산가스
③ 에탄, 에틸렌 ④ 헬륨, 염소

**22** 화염전파속도가 음속보다 빠른 경우로 파면 선단에 발생하는 충격파로 인해서 격렬한 파괴작용을 일으키는 현상을 무엇이라 하는가?

① 폭굉 ② 폭발
③ 폭연 ④ 폭파

**23** 다음 중 주철관에 대한 접합법으로 틀린 것은?

① 기계접합 ② 소켓접합
③ 플랜지접합 ④ 플레어접합

**24** 액화산소 저장탱크 저장능력이 1,000$m^3$일 때 방류둑의 용량은 얼마 이상으로 설치해야 하는가?

① 300$m^3$ ② 400$m^3$
③ 500$m^3$ ④ 600$m^3$

**25** 염소($Cl_2$)에 대한 설명으로 틀린 것은?

① 건조상태인 상온에서 강재에 대하여 부식성을 갖는다.
② 수소와 염소의 등량 혼합기체를 염소폭명기라 한다.
③ 황록색의 기체로 조연성이 있다.
④ 강한 자극성의 취기가 있는 독성기체이다.

**26** 아세틸렌 제조설비의 방호벽 설치기준으로 바르지 않은 것은?

① 압축기와 가스충전용기보관장소 사이에 설치
② 압축기와 충전용주관밸브 조작밸브 사이에 설치
③ 충전장소와 충전용주관밸브 조작밸브 사이에 설치
④ 충전장소와 가스충전용기보관장소 사이에 설치

**27** 액화석유가스 자동차에 고정된 용기충전시설에 "화기엄금"이라 표시한 게시판의 색상 조합으로 바른 것은?

① 적색바탕에 백색글씨
② 흑색바탕에 황색글씨
③ 황색바탕에 흑색글씨
④ 백색바탕에 적색글씨

**28** 다음 중 무색의 복숭아 냄새가 나는 독성가스는 무엇인가?

① $Cl_2$ ② $NH_3$
③ $PH_3$ ④ HCN

**29** 고압가스를 사용하여 냉동하기 위한 기기인 냉동기는 냉동능력 산정기준에 따라 계산된 냉동능력이 몇 톤 이상인 것인가?

① 1톤 ② 1.2톤
③ 3톤 ④ 4톤

**30** 다음 중 위험도(H)가 가장 큰 가연성 가스는?

① 프로판 ② 아세틸렌
③ 암모니아 ④ 일산화탄소

**31** 제0종 장소에는 원칙적으로 어떤 방폭구조의 것으로 해야 하는가?

① 본질안전방폭구조
② 특수방폭구조
③ 안전증방폭구조
④ 내압방폭구조

**32** 공기 중으로 누출 시 냄새로 쉽게 알 수 있는 가스로만 나열된 것은 무엇인가?

① CO, Ar ② $O_2$, $Cl_2$
③ $Cl_2$, $NH_3$ ④ $C_2H_2$, CO

**33** 다음 중 특정고압가스가 아닌 것은?

① 수소 ② 이산화탄소
③ 천연가스 ④ 산소

**34** 도시가스사용시설 중 관지름이 20mm인 가스관에 대한 고정장치의 간격으로 바른 것은?

① 2 ② 3
③ 4 ④ 5

**35** 고압가스용 냉동기에 설치하는 안전장치의 구조에 대한 설명으로 옳지 않은 것은?

① 안전밸브는 작동압력을 설정한 후 봉인될 수 있는 구조로 한다.
② 안전밸브 각부의 가스통과 면적은 안전밸브의 구경면적 이상으로 한다.
③ 고압차단장치는 원칙적으로 자동복귀방식으로 한다.
④ 고압차단장치는 그 설정압력을 눈으로 판별할 수 있는 것으로 한다.

**36** 질소를 취급하는 금속재료에서 내질화성을 증대시키는 원소를 고른 것은?

① Cr ② Ti
③ Al ④ Ni

**37** 사용압력이 2MPa, 관의 인장강도가 20kg/mm$^2$일 때의 스케줄 번호(Sch No.)는 무엇인가? (단, 안전율은 4로 한다)

① 10 ② 20
③ 30 ④ 40

**38** 재검사용기 및 특정설비의 파기방법으로 바르지 않은 것은?

① 절단 등의 방법으로 파기하여 원형으로 가공할 수 없도록 한다.
② 잔가스를 전부 제거한 후 절단한다.
③ 파기물품은 검사신청인이 인수시한 내에 인수하지 않은 때에도 검사인이 임의로 매각처분하면 아니 된다.
④ 파기 시에는 검사장소에서 검사원 입회하에 사용자가 실시할 수 있다.

**39** 가스크로마토그래피의 구성요소로 옳지 않은 것은 무엇인가?

① 검출기 ② 광원
③ 기록계 ④ 칼럼

**40** 도시가스에 사용되는 부취제 중 DMS의 냄새를 고른 것은?

① 양파 썩는 냄새 ② 석탄가스 냄새
③ 암모니아 냄새 ④ 마늘 냄새

**41** 연소기 연소상태시험에 사용되는 도시가스 중 역화하기 쉬운 가스는?

① 13A-1 ② 13A-3
③ 13A-2 ④ 13A-R

**42** LP 가스 사용 시 주의사항에 대한 설명으로 적절하지 않은 것은?

① 완전연소되도록 공기조절기를 조절한다.
② 연소기는 급배기가 충분히 행해지는 장소에 설치하여 사용하도록 한다.
③ 중간밸브 개폐는 서서히 한다.
④ 사용 시 조정기 압력은 적당히 조절한다.

**43** 오리피스 유량계는 어떤 형식인가?

① 면적식 ② 터빈식
③ 차압식 ④ 용적식

**44** 어떤 도시가스의 웨버지수를 측정하였더니 36.52MJ/m$^3$이었다. 품질검사기준에 의한 합격 여부는 무엇인가?

① 웨버지수 허용기준보다 낮으므로 불합격
② 웨버지수 허용기준보다 높으므로 불합격
③ 웨버지수 허용기준보다 낮으므로 합격
④ 웨버지수 허용기준보다 높으므로 합격

**45** 연소에 필요한 공기를 전부 2차 공기로 취하며 불꽃의 길이가 길고, 온도가 가장 낮은 연소방식은 무엇인가?

① 분젠식 ② 적화식
③ 전1차 공기식 ④ 세미분젠식

**46** 고압가스충전용기는 항상 몇 ℃ 이하로 온도를 유지하여야 하는가?

① 20℃ ② 40℃
③ 50℃ ④ 60℃

**47** 다음 중 공동주택 등에 도시가스를 공급하기 위한 것으로서 압력조정기의 설치가 가능한 경우로 옳은 것은?

① 가스압력이 저압으로서 전체 세대수가 100세대인 경우
② 가스압력이 저압으로서 전체 세대수가 150세대인 경우
③ 가스압력이 중압으로서 전체 세대수가 100세대인 경우
④ 가스압력이 중압으로서 전체 세대수가 150세대인 경우

**48** 가연물의 종류에 따른 화재 구분으로 바르지 않은 것은?

① A급 : 목재화재 ② B급 : 금속분화재
③ C급 : 전기화재 ④ D급 : 나트륨화재

**49** 메탄을 다량 액화시키기 위해 주로 적용되는 액화사이클은 무엇인가?

① 필립스 사이클 ② 캐피자 사이클
③ 클라우드 사이클 ④ 케스케이드 사이클

**50** 다음 펌프 중 시동하기 전에 프라이밍이 필요한 펌프는 무엇인가?

① 원심펌프 ② 축류펌프
③ 왕복펌프 ④ 기어펌프

**51** 다음 유량 측정방법 중 직접법은 무엇인가?

① 벤투리미터 ② 오리피스미터
③ 피토관 ④ 습식가스미터

**52** 어떤 액의 비중을 측정하였더니 2.0이었다. 이 액의 액주 7.5m의 압력은 몇 $kg/cm^2$인가?

① $1.5kg/cm^2$ ② $1.05kg/cm^2$
③ $0.15kg/cm^2$ ④ $0.015kg/cm^2$

**53** 다음 중 산소압축기의 내부 윤활유제로 주로 사용되는 것은?

① 물 ② 유지
③ 황산 ④ 석유

**54** 용기의 안전점검 기준에 대한 설명으로 거리가 먼 것은?

① 용기의 도색 및 표시 여부 확인
② 재검사 기간의 도래 여부 확인
③ 열 영향을 받은 용기는 재검사와 상관없이 새 용기로 교환
④ 용기의 내·외면 점검

**55** 지하에 LPG 저장탱크를 설치할 경우, 저장탱크실 상부 윗면으로부터 저장탱크 상부까지의 깊이는 몇 m 이상이어야 하는가?

① 0.3m ② 0.6m
③ 0.8m ④ 1.2m

**56** 가연성물질을 공기로 연소시킬 때, 공기 중 산소 농도를 높게 하면 연소속도와 발화온도의 변화를 바르게 설명한 것은?

① 연소속도는 느리게 되고, 발화온도는 높아진다.
② 연소속도는 느리게 되고, 발화온도는 낮아진다.
③ 연소속도는 빠르게 되고, 발화온도는 높아진다.
④ 연소속도는 빠르게 되고, 발화온도는 낮아진다.

**57** 저압가스 수소배관의 유량공식에 대한 설명으로 바르지 않은 것은 무엇인가?

① 가스비중에 비례한다.
② 배관길이에 반비례한다.
③ 관경에 의해 결정되는 계수에 비례한다.
④ 허용압력손실에 비례한다.

**58** 고압가스 특정제조시설에서 배관을 해저에 설치하는 경우의 기준으로 옳지 않은 것은?

① 배관은 해저면 밑에 매설
② 배관의 입상부에는 방호시설물을 설치
③ 배관은 원칙적으로 다른 배관과 교차하지 않도록 설치
④ 배관은 원칙적으로 다른 배관과 수평거리로 20m 이상을 유지하도록 설치

**59** 도시가스 매설배관의 주위에 파일박기 작업을 실시할 때 손상방지를 위해 유지하여야 할 최소거리는 얼마인가?

① 2m ② 1m
③ 80cm ④ 30cm

**60** 다음 중 고압가스를 차량으로 운반할 때 몇 km 이상의 거리를 운행하는 경우에 중간에 휴식을 취한 후 운행해야 하는가?

① 200km ② 300km
③ 400km ④ 500km

# 제3회 적중 모의고사

**01** 표준상태에서 아세틸렌가스의 밀도는 약 몇 g/L인가?

① 1.16　② 1.34
③ 2.24　④ 2.52

**02** 다음 중 마찰, 타격 등으로 격렬히 폭발하는 예민한 폭발 물질이 아닌 것은?

① $AgN_2$　② $Ag_2Cl_2$
③ $H_2S$　④ $N_4S_4$

**03** 일반도시가스사업의 가스공급시설의 정압기에 대한 분해점검시기는 언제인가?

① 1년에 1회 이상　② 2년에 1회 이상
③ 3년에 1회 이상　④ 4년에 1회 이상

**04** 다음 아세틸렌에 대한 설명 중 적절하지 않은 것은?

① 2중결합을 가지는 불포화 탄화수소이다.
② 압축하면 폭발을 일으킨다.
③ 연소 시 고열을 얻을 수 있어 용접용으로 쓰인다.
④ 구리, 은과 반응하여 폭발성의 화합물을 만든다.

**05** 연소현상 중에서 불꽃의 기저부에 대한 공기의 움직임이 커지면 불꽃이 노즐에서 떨어지게 되어 꺼져버리는 현상을 무엇이라 하는가?

① 불완전연소　② blow-off
③ lifting　④ back-fire

**06** 다음 중 가연성이면서 독성인 가스로 옳은 것은 무엇인가?

① 프로판　② 암모니아
③ 염소　④ 불소

**07** 0℃, 1atm에서 2L이던 기체는 150℃, 1atm일 때 몇 L가 되는가?

① 2　② 2.5
③ 3.1　④ 4

**08** 다음 가스의 저장시설 중 반드시 통풍구조로 하여야 하는 저장소는?

① 질소 저장소　② 헬륨 저장소
③ 부탄 저장소　④ 산소 저장소

**09** 다음 중 공기보다 가벼운 가스는?

① $SO_2$　② $H_2$
③ $CO_2$　④ $O_2$

**10** 다음에서 설명하는 법칙은 무엇인가?

> 제2종 영구기관은 존재할 수 없다. 제2종 영구기관의 제작은 불가능하다.

① 열역학 제0법칙　② 열역학 제1법칙
③ 열역학 제2법칙　④ 열역학 제3법칙

**11** 다음 중 무색 투명한 액체로 복숭아향이 나는 독성가스는 무엇인가?

① $COCl_2$　② $C_2H_4O$
③ CO　④ HCN

**12** 암모니아 취급 시 피부에 닿았을 때 조치 사

항으로 바른 것은?

① 다량의 물로 세척 후 붕산수를 바른다.
② 산으로 중화시키고, 붕대로 감는다.
③ 열습포로 감싸준다.
④ 아연화 연고를 바른다.

**13** 시안화수소에 안정제를 첨가하는 주이유로 바른 것은?

① 소량의 수분으로도 중합하여 그 열로 인해 폭발할 위험이 있으므로
② 분해폭발하므로
③ 시안화수소는 강한 인화성액체이므로
④ 산화폭발을 일으킬 염려가 있으므로

**14** 충전상수가 2.35인 내용적 94L의 액화프로판 용기의 저장능력은 몇 kg인가?

① 10　② 30
③ 40　④ 60

**15** 보일러가스중독사고의 주된 원인이 되는 가스는 무엇인가?

① CO　② $CO_2$
③ $N_2$　④ $Cl_2$

**16** 아세틸렌 용기에 침윤 및 충전하는 다공질물의 다공도는 얼마인가?

① 62% 이상 75% 미만
② 70% 이상 95% 미만
③ 75% 이상 92% 미만
④ 92% 이상

**17** 고압가스 저장능력산정 기준에 따른 액화가스의 저장탱크 저장능력 산정식은 다음 중 무엇인가? (단, Q, W는 저장능력, P는 최고충전압력, V는 내용적, C는 가스종류에 따른 정수, d는 가스의 비중이다)

① $Q=(10P+1)V$　② $Q=CPV$
③ $W=0.9dV$　④ $W=\frac{V}{C}$

**18** LPG나 액화가스와 같이 저비점이고, 내압이 0.41~0.5MPa 이상인 액체에 주로 사용되는 메커니컬 시일의 형식은 어떤 것이어야 하는가?

① 인사이드 시일형　② 밸런스 시일형
③ 아웃사이드 시일형　④ 더블 시일형

**19** 가스액화분리장치의 주요 구성부분으로 틀린 것은 무엇인가?

① 정류장치　② 기화장치
③ 불순물 제거장치　④ 한랭발생장치

**20** 다음 암모니아에 대한 설명으로 거리가 먼 것은?

① 물에 잘 용해된다.
② 무색무취의 가스이다.
③ 요소의 제조에 이용된다.
④ 암모니아가 분해하면 질소와 수소가 된다.

**21** 수소폭명기는 수소와 산소의 혼합비가 얼마일 때를 말하는가? (단, 수소 : 산소의 비이다)

① 1 : 2　② 1 : 3
③ 2 : 1　④ 3 : 1

**22** 임계온도에 대하여 바르게 설명한 것은 무엇인가?

① 가스를 기화시킬 수 있는 최저의 온도
② 액체를 기화시킬 수 있는 최고의 온도
③ 가스를 액화시킬 수 있는 최저의 온도
④ 가스를 액화시킬 수 있는 최고의 온도

**23** 암모니아 합성공정 중 중압법으로 틀린 것은 무엇인가?

① 켈로그법 ② IG법
③ 동공시법 ④ 신파우서법

**24** 가스의 비열비에 대한 설명으로 바른 것은?

① 항상 1보다 크다.
② 항상 1보다 작다.
③ 0.5와 1 사이의 값이다.
④ 1보다 크기도 하고 작기도 하다.

**25** 흡수식 냉동기에서 냉매로 물을 사용할 경우 흡수제 사용으로 적절한 것은?

① 암모니아 ② 파라핀유
③ 사염화에탄 ④ 리튬브로마이드

**26** 저온배관용 탄소강관의 표시기호로 바른 것은?

① SPPH ② SPHT
③ SPPS ④ SPLT

**27** 탄화수소에서 탄소의 수가 증가할 때 생기는 현상으로 옳지 않은 것은?

① 폭발하한계가 낮아진다.
② 비등점이 낮아진다.
③ 증기압이 낮아진다.
④ 발화점이 낮아진다.

**28** 정압과 동압의 차가 수주 10m인 피토관의 중심부의 유속은 약 몇 m/s인가?

① 14 ② 20
③ 26 ④ 30

**29** 압축된 가스를 단열·팽창시키면 온도가 내려가는 것은 어떤 효과에 해당되는가?

① 서징효과 ② 블로어효과
③ 단열효과 ④ 줄-톰슨효과

**30** 양극(+)은 매설배관 등이 설치되어 있는 토양이나 수중에 설치한 외부 전원용 전극에 접속하고, 음극(-)은 매설배관 등에 접속시켜 전기적 부식을 방지하는 방법은?

① 외부 전원법
② 희생 양극법
③ 강제 배류법
④ 선택 배류법

**31** 산화에틸렌의 성질에 대한 설명 중 바르지 않은 것은?

① 무색의 유독한 기체이다.
② 물, 아세톤, 사염화탄소 등에 불용이다.
③ 암모니아와 반응하여 에탄올아민을 생성한다.
④ 알코올과 반응하여 글리콜에테르를 생성한다.

**32** 도시가스에 사용되는 부취제 중 DMS의 냄새로 옳은 것은?

① 마늘 냄새
② 양파 썩는 냄새
③ 암모니아 냄새
④ 석탄가스 냄새

**33** 황화수소에 대한 설명 중 거리가 먼 것은?

① 무색의 특유한 달걀 썩는 냄새가 나는 기체이다.
② 건조된 상태에서 수은, 동과 같은 금속과 반응한다.
③ 농질산, 발연질산 등의 산화제와 심하게 반응한다.
④ 고농도를 다량으로 흡입할 경우에는 인체에 치명적이다.

**34** 일산화탄소와 공기의 혼합가스는 압력이 높아지면 폭발범위의 변화로 바른 것은?

① 일정하지 않다. ② 변함없다.
③ 좁아진다. ④ 넓어진다.

**35** 가스사용시설의 배관을 움직이지 않도록 고정·부착하는 조치에 대한 설명 중 거리가 먼 것은 무엇인가?

① 관경이 13mm 이상, 33mm 미만의 것에는 2,000mm마다 조치를 해야 한다.
② 관경이 33mm 이상의 것에는 3,000mm마다 조치를 해야 한다.
③ 관경이 43mm 이상의 것에는 4,000mm마다 조치를 해야 한다.
④ 관경이 13mm 미만의 것에는 1,000mm마다 조치를 해야 한다.

**36** 탄소강 중에 저온취성을 일으키는 원소로 바른 것은 무엇인가?

① Mo ② S
③ P ④ Cu

**37** 산소없이 분해폭발을 일으킬 수 없는 물질은 무엇인가?

① 아세틸렌 ② 산화에틸렌
③ 시안화수소 ④ 히드라진

**38** 다음 중 오르잣트법(orsat)에 의해서 분석되지 않는 가스는 무엇인가?

① $CO$ ② $CO_2$
③ $O_2$ ④ $C_2H_6$

**39** 2종 금속의 양 끝의 온도차에 따른 열기전력을 이용하여 온도를 측정하는 온도계는 무엇인가?

① 바이메탈식 온도계
② 베크만 온도계
③ 전기저항 온도계
④ 열전대 온도계

**40** 습식 아세틸렌발생기의 표면온도는 몇 ℃ 이하로 유지되어야 하는가?

① 40 ② 60
③ 70 ④ 90

**41** 강관의 스케줄번호(Sch No)는 무엇을 의미하는가?

① 파이프의 길이
② 파이프의 무게
③ 파이프의 두께
④ 파이프의 바깥지름

**42** 연소에 있어서 화염전파속도가 음속보다 크고 파면선단에 충격파가 발생하여 격렬한 파괴작용을 일으키는 현상을 무엇이라 하는가?

① 화염 ② 폭연
③ 폭발 ④ 폭굉

**43** 길고 가는 수직형태의 반응기로 주로 대형 화학공장 등에 채택되는 오토클레이브는 무엇인가?

① 진탕형 ② 회전형
③ 가스교반형 ④ 교반형

**44** 액화가스를 충전하는 탱크는 그 내부에 액면 요동을 방지하기 위하여 설치하는 것으로 옳은 것은?

① 액면계 ② 긴급차단장치
③ 안전밸브 ④ 방파판

**45** 수소나 헬륨을 냉매로 사용한 냉동방식으로 실린더 중에 피스톤과 보조피스톤으로 구성되어 있는 액화 사이클의 종류는 무엇인가?

① 캐피자식 액화 사이클
② 필립스식 액화 사이클
③ 클라우드식 액화 사이클
④ 린데식 액화 사이클

**46** LP가스 설비 중 조정기(regulator) 사용의 주된 목적으로 옳은 것은?

① 공급압력 조절
② 발열량 조절
③ 유량 조절
④ 유속 조절

**47** 1,500rpm으로 회전하는 펌프를 3,000rpm으로 변환하였을 경우 펌프의 유량과 양정은 각각 몇 배인가?

① 유량 4 / 양정 8
② 유량 2 / 양정 4
③ 유량 2 / 양정 8
④ 유량 4 / 양정 2

**48** 다음 중 배관 부속품 중 관 끝을 막을 때 사용하는 것은 무엇인가?

① 캡 ② 엘보
③ 소켓 ④ 니플

**49** 산소압축기의 내부 윤활유로 사용되는 것으로 적절한 것은 무엇인가?

① 디젤엔진유
② 양질의 광유
③ 진한 황산
④ 물 또는 10% 묽은 글리세린수

**50** 도시가스배관을 10m 수직으로 했을 경우, 입상배관에 대한 압력손실은 얼마인가? (단, 가스의 비중은 0.65이다)

① 24Pa ② 44Pa
③ 64Pa ④ 84Pa

**51** 전기설비에 대한 방폭구조로 거리가 먼 것은?

① 일반방폭구조
② 압력방폭구조
③ 안전증방폭구조
④ 유입방폭구조

**52** 메탄($CH_4$)의 성질에 대한 설명 중 바르지 않은 것은?

① 염소와 반응시키면 염소화합물을 만든다.
② 니켈 촉매에 고온에서 산소 또는 수증기를 반응시키면 CO와 $H_2$를 발생한다.
③ 무극성이며 물에 대한 용해도가 크다.
④ 무색, 무취의 기체로 잘 연소한다.

**53** 이상기체 상수 R 값이 1.987일 때 이에 상응하는 단위로 적절한 것은 무엇인가?

① N·m/mol·K
② cal/mol·K
③ J/mol·K
④ atm·L/mol·K

**54** 상용압력이 10MPa인 고압가스 설비의 내압시험압력은 몇 MPa 이상이어야 하는가?

① 8 ② 10
③ 15 ④ 20

**55** 다음 중 전기적 변화를 이용하는 압력계는 무엇인가?

① 스트레인 게이지
② 부르동관 압력계
③ 다이어프램 압력계
④ 벨로우즈 압력계

**56** 전압과 정압의 차이를 측정하여 속도 수두에 따른 유속을 구하여 유량을 측정하는 형식의 유량계는 무엇인가?

① 전자식 유량계
② 초음파식 유량계
③ 열선식 유량계
④ 피토관식 유량계

**57** 공기액화분리기 내의 1kg의 이산화탄소를 제거하기 위해 몇 kg의 NaOH 수용액을 사용해야 하는가?

① 1.8 ② 2.6
③ 3.0 ④ 3.8

**58** 살균 및 섬유의 표백용으로 주로 사용되는 가스는 무엇인가?

① $O_2$ ② $F_2$
③ $Cl_2$ ④ $CO_2$

**59** 도시가스 제조방식 중 촉매를 사용하여 사용온도 400~800℃에서 탄화수소와 수증기를 반응시켜 수소, 메탄, 일산화탄소, 탄산가스 등의 저급 탄화수소로 변환시키는 방법으로 바른 것은 무엇인가?

① 접촉분해 방법
② 열분해 방법
③ 수소화분해 방법
④ 부분연소 방법

**60** 다음 중 압력이 가장 높은 것은 무엇인가?

① $81b/in^2$ ② 1atm
③ 700mmHg ④ $1kg/cm^2$

# 제4회 적중 모의고사

**01** 가연성 가스가 공기 중에서 점화원 없이 연소할 수 있는 최저온도를 무엇이라 하는가?

① 융해점 ② 끓는점
③ 인화점 ④ 발화점

**02** 다음 중 특정고압가스가 아닌 것은?

① 수소
② 이산화탄소
③ 천연가스
④ 산소

**03** 물체에 힘을 가하면 변형이 생긴다는 후크의 법칙을 이용한 압력계는 다음 중 무엇인가?

① 전기식 압력계
② 분동식 압력계
③ 탄성식 압력계
④ 액주식 압력계

**04** 다음 중 염소의 용도로 거리가 먼 것은?

① 소독용으로 쓰인다.
② 표백제로 쓰인다.
③ 냉매로 사용된다.
④ 염화비닐 제조의 원료이다.

**05** 아세틸렌 충전 시 첨가하는 다공질물의 구비조건으로 거리가 먼 것은?

① 기계적인 강도가 클 것
② 다공도가 적을 것
③ 가스의 충전이 쉬울 것
④ 화학적으로 안정할 것

**06** 원심식 압축기의 냉동설비의 1일 냉동능력 1톤은 얼마인가?

① 1.0kW ② 1.2kW
③ 2.4kW ④ 3.6kW

**07** 다음 중 초저온용기에 대한 정의를 옳게 설명한 것은?

① 강판과 동판으로 제조된 용기
② 단열재로 피복하여 용기 내의 가스 온도가 상용의 온도를 초과하도록 조치된 용기
③ 임계온도가 50℃ 이하인 액화가스를 충전하기 위한 용기
④ −50℃ 이하인 액화가스를 충전하기 위한 용기로서 용기 내의 가스온도가 상용의 온도를 초과하지 않도록 한 용기

**08** 0℃, 1atm에서 3L인 완전기체가 273℃, 1atm에서 차지하는 부피는 약 몇 L인가?

① 4 ② 5
③ 6 ④ 9

**09** 주로 탄광 내에서 메탄의 발생을 검출하는데 사용되며, 푸른 불꽃의 길이로 그 농도를 알 수 있는 검지기는 무엇인가?

① 간섭계형
② 흡광 광도계형
③ 열선형
④ 안전등형

**10** 다음 중 액체는 무색투명하고 복숭아향을 가진 독성가스는 무엇인가?

① 포스겐 ② 메탄
③ 일산화탄소 ④ 시안화수소

**11** 절대압력의 의미를 바르게 나타낸 것은?

① 대기압력－게이지압력
② 게이지압력＋대기압력
③ 게이지압력÷대기압력
④ 게이지압력－대기압력

**12** 1kgf는 몇 N인가?

① 4.9　② 9.8
③ 15　④ 20

**13** 폭굉의 연소속도는 얼마인가?

① 100~300m/s
② 700~800m/s
③ 1,000~3,500m/s
④ 1,000~4,000m/s

**14** 다음 중 저온장치 진공단열법에 속하는 것이 아닌 것은 무엇인가?

① 다층 진공단열법
② 분말 진공단열법
③ 격막 진공단열법
④ 고진공 단열법

**15** 내압시험압력 및 기밀시험압력의 기준이 되는 압력으로서 해당 설비 등에 작용하는 최고사용압력을 의미하는 압력은 무엇인가?

① 상용압력
② 작용압력
③ 설정압력
④ 허용압력

**16** 다음 중 흡수식 냉동설비의 냉동능력을 바르게 설명한 것은?

① 발생기를 가열하는 1시간의 입열량 6,640kcal을 1일의 냉동능력 1톤으로 본다.
② 발생기를 가열하는 24시간의 입열량 3,320kcal을 1일의 냉동능력 1톤으로 본다.
③ 발생기를 가열하는 1시간의 입열량 3,320kcal를 1일의 냉동능력 1톤으로 본다.
④ 발생기를 가열하는 24시간의 입열량 6,640kcal를 1일의 냉동능력 1톤으로 본다.

**17** LPG의 연소방식으로 거리가 먼 것은?

① 분젠식
② 전1차 공기식
③ 세미분젠식
④ 적화식

**18** 부피가 $0.6m^3$의 용기에 가스가 12kg 들어 있을 때 이 가스의 밀도는 얼마인가?

① $8kg/m^3$　② $16kg/m^3$
③ $20kg/m^3$　④ $24kg/m^3$

**19** 스테판－볼츠만 법칙을 이용하여 측정 물체에서 나오는 에너지에 대해서 렌즈 등을 이용하여 온도를 측정하는 온도계는 무엇인가?

① 열전대 온도계
② 저항 온도계
③ 광전관 온도계
④ 방사 온도계

**20** 1kW를 열량 단위로 바르게 환산한 것은?

① 632kcal/h　② 720kcal/h
③ 860kcal/h　④ 940kcal/h

**21** 수성가스의 주된 성분은 무엇인가?

① $CO$, $H_2$ ② $CO$, $CO_2$
③ $CO$, $H_2O$ ④ $CO_2$, $N_2$

**22** 공기액화분리장치의 폭발 원인으로 거리가 먼 것은?

① 공기 중에 있는 $NO_2$의 혼입
② 공기 취입구로부터 $C_2H_2$의 혼입
③ 공기 취입구로부터 $O_2$의 혼입
④ 액체 공기 중에 $O_3$의 혼입

**23** 프레온냉매가 실수로 눈에 들어갔을 경우 눈 세척에 사용되는 약품으로 사용되는 것은?

① 요오드용액
② 메탄올
③ 3%붕산 용액
④ 바세린

**24** 가스히트펌프(GHP)는 어떤 분야로 분류되는가?

① 가스용품 ② 냉동기
③ 특정설비 ④ 용기

**25** 염소의 제독제로 거리가 먼 것은 무엇인가?

① 물
② 탄산소다 수용액
③ 소석회
④ 가성소다 수용액

**26** 프로판 20vol%와 부탄 80vol%의 혼합가스의 공기 중 폭발하한값은 약 얼마인가? (단, 프로판의 폭발하한값은 2.1%, 부탄은 1.8%이다)

① 1.75 ② 1.85
③ 1.95 ④ 2.05

**27** 압축기에서 다단압축을 하는 목적은 무엇인가?

① 압축일과 체적효율 감소
② 압축일 감소와 체적효율 증가
③ 압축일 증가와 체적효율 감소
④ 압축일과 체적효율 증가

**28** 다음 중 동일 차량에 적재하여 운반할 수 없는 가스는 무엇인가?

① 탄산가스와 아세틸렌
② 염소와 아세틸렌
③ 산소와 질소
④ 질소와 탄산가스

**29** 수소폭명기의 수소 대 산소 비는 얼마인가?

① 1 : 1 ② 1 : 2
③ 2 : 1 ④ 3 : 2

**30** 내용적이 1,000L 이상인 초저온가스용 용기의 단열성능시험 결과 합격 기준은 몇 kcal/h·℃·L 이하여야 하는가?

① 0.001 ② 0.002
③ 0.005 ④ 0.008

**31** 아세틸렌가스의 주된 연소 형태는 무엇인가?

① 표면연소
② 확산연소
③ 증발연소
④ 분해연소

**32** 충전상수가 1.86인 액화암모니아를 내용적이 300L인 용기에 저장하려고 한다. 이 용기의 저장능력은 몇 kg인가?

① 142 ② 161
③ 232 ④ 279

**33** 피토관의 수주 높이가 10m일 때 유속은 약 몇 m/s인가?

① 10 ② 12
③ 14 ④ 20

**34** 진탕형 오토클레이브의 특징으로 거리가 먼 것은?

① 가스누출의 가능성이 있다.
② 교반효과가 뛰어나며 교반형에 비하여 효과가 작다.
③ 뚜껑판에 뚫어진 구멍에 촉매가 끼여 들어갈 염려가 없다.
④ 고압력에 사용할 수 있고 반응물의 오손이 없다.

**35** 공기액화분리장치의 내부 세정액으로 가장 적절한 것은 무엇인가?

① 사염화탄소 ② 물
③ 묽은 염산 ④ 가성소다

**36** 부취농도 측정방법의 종류로 거리가 먼 것은?

① 오더미터법 ② 무취실법
③ 흡착법 ④ 주사기법

**37** 다음 중 주로 고온·고압의 가스배관에 사용되며 분해, 보수 등이 용이하지만 매설된 배관에는 부적합한 접합방법은 무엇인가?

① 차입 접합 ② 용접 접합
③ 나사 접합 ④ 플랜지 접합

**38** 아세틸렌가스에 첨가하는 희석제로 거리가 먼 것은?

① 이산화황 ② 일산화탄소
③ 메탄 ④ 에틸렌

**39** 원심펌프를 직렬로 연결하면 무엇이 증가하는가?

① 유량 ② 양정
③ 동력 ④ 효율

**40** 공기액화분리장치의 이산화탄소 흡수탑에서 가성소다로 이산화탄소를 제거할 때 이들의 반응식으로 바른 것은 무엇인가?

① $NaOH + CO_2 \rightarrow Na_2CO_3 + H_2O$
② $NaOH + 2CO_2 \rightarrow NaCO_3 + CO + H_2O$
③ $2NaOH + 3CO_2 \rightarrow Na2CO_3 + 2CO + H_2O$
④ $2NaOH + CO_2 \rightarrow Na2CO_3 + H_2O$

**41** 원심식 압축기의 회전속도를 1.5배 증가시키면 동력은 약 몇 배 이상이 되는가?

① 1.2배 ② 1.7배
③ 2.3배 ④ 3.4배

**42** 표준대기압에서 1Btu의 의미를 올바르게 설명한 것은 무엇인가?

① 순수한 물 1kg을 1℃ 변화시키는 데 필요한 열량
② 순수한 물 1kg을 1°F 변화시키는 데 필요한 열량
③ 순수한 물 1lb를 1°F 변화시키는 데 필요한 열량
④ 순수한 물 1lb를 1℃ 변화시키는 데 필요한 열량

**43** 천연가스의 주성분 물질의 분자량은 얼마인가?

① 12 ② 16
③ 32 ④ 44

**44** 다음 기체 중 헨리의 법칙이 잘 적용되지 않은 것은?

① 수소 ② 산소
③ 암모니아 ④ 이산화탄소

**45** 다음에서 설명하는 밸브는?

> 손잡이를 돌리면 원통형의 폐지밸브가 상하로 올라가고 내려가 밸브 개폐를 하므로 폐쇄가 양호하고 유량조절이 용이하다.

① 게이트 밸브
② 글로브 밸브
③ 볼 밸브
④ 플러그 밸브

**46** 다음 중 산소압축기의 내부 윤활유로 적합한 것은?

① 진한 황산
② 물 또는 10% 묽은 글리세린수
③ 디젤엔진유
④ 양질의 광유

**47** 아세틸렌은 은, 수은 등의 사용을 금지하는 이유는 이들과 반응하여 폭발성의 금속 아세틸라이드를 형성하기 때문이다. 이러한 형태의 폭발을 무엇이라 하는가?

① 화합폭발　② 분해폭발
③ 압력폭발　④ 산화폭발

**48** 다음 중 가연성이면서 독성인 가스는 무엇인가?

① 아세틸렌, 프로판
② 암모니아, 산화에틸렌
③ 수소, 이산화탄소
④ 아황산가스, 포스겐

**49** 물질의 온도변화없이 상태의 변화를 일으키는 데 필요한 열을 무엇이라 하는가?

① 현열　② 잠열
③ 반응열　④ 산화열

**50** 폭발한계의 상한과 하한의 차가 몇 % 이상일 때 가연성 가스라 하는가?

① 20　② 30
③ 40　④ 50

**51** 다음 중 액비중에 대한 설명으로 바른 것은?

① 0℃ 물의 밀도와의 비를 말한다.
② 4℃ 물의 밀도와의 비를 말한다.
③ 어떤 물질이 끓기 시작한 온도에서 질량을 말한다.
④ 절대 영도에서 물의 밀도와의 비를 말한다.

**52** 다음의 설명에서 표현되는 법칙은 무엇인가?

> 열은 스스로 다른 물체에 아무런 변화도 주지 않고 저온 물체에서 고온 물체로 이동하지 않는다.

① 열역학 제0법칙
② 열역학 제1법칙
③ 열역학 제2법칙
④ 열역학 제3법칙

**53** 촉매를 사용하여 사용온도 400~800℃에서 탄화수소와 수증기를 반응시켜 메탄, 수소, 일산화탄소, 이산화탄소로 변환하는 공정을 무엇이라 하는가?

① 열분해 공정
② 부분연소 공정
③ 수소화분해 공정
④ 접촉분해 공정

**54** 오리피스미터의 유량측정 원리는 무엇인가?

① 패러데이의 법칙
② 베르누이의 정리
③ 돌턴의 법칙
④ 아르키메데스의 원리

**55** 루츠미터에 대한 설명으로 가장 적절한 것은 무엇인가?

① 대용량이다.
② 일반 수용가에 적합하다.
③ 스트레이너가 필요없다.
④ 설치공간이 크다.

**56** 다음 중 1ppb를 의미하는 것은 무엇인가?

① $\frac{1}{10^6}$ ② $\frac{1}{10^9}$
③ $\frac{1}{10^{10}}$ ④ $\frac{1}{10^{13}}$

**57** 다음 중 물과 반응하여 아세틸렌($C_2H_2$)을 발생하는 것은 무엇인가?

① 가성소다 ② 탄화칼슘
③ 소석회 ④ 금속칼륨

**58** 다음 중 프로판의 착화온도 범위는?

① 340℃~420℃
② 460℃~520℃
③ 550℃~590℃
④ 680℃~740℃

**59** 용기파열의 원인으로 거리가 먼 것은?

① 안전밸브의 작동
② 용기 내에서 폭발성혼합가스에 의한 발화
③ 용기의 내압력 부족
④ 용기 내압의 상승

**60** 95℉는 절대온도로 몇 K인가?

① 298 ② 303
③ 308 ④ 318

# 제5회 적중 모의고사

**01** 프로판 5L를 완전연소시키기 위한 이론공기량은 약 몇 L인가?

① 25 ② 87
③ 91 ④ 119

**02** 가스를 연료로 사용하는 연소의 장점이 아닌 것은?

① 연소의 조절이 신속, 정확하며 자동제어에 적합하다.
② 온도가 낮은 연소실에서도 안정된 불꽃으로 높은 연소 효율이 가능하다.
③ 연소속도가 커서 연료로서 안전성이 높다.
④ 소형 버너를 병용 사용하여 노 내 온도 분포를 자유로이 조절할 수 있다.

**03** 중력 단위계에서 1kgf와 같은 것은?

① $980\text{kg}\cdot\text{m/s}^2$
② $980\text{kg}\cdot\text{m}^2/\text{s}^2$
③ $9.8\text{kg}\cdot\text{m/s}^2$
④ $9.8\text{kg}\cdot\text{m}^2/\text{s}^2$

**04** 연소범위에 대한 일반적인 설명으로 틀린 것은?

① 압력이 높아지면 연소범위는 넓어진다.
② 온도가 올라가면 연소범위는 넓어진다.
③ 산소농도가 증가하면 연소범위는 넓어진다.
④ 불활성가스의 양이 증가하면 연소범위는 넓어진다.

**05** 아세틸렌($C_2H_2$)에 대한 설명 중 틀린 것은?

① 산소와 혼합하여 3,300℃까지의 고온을 얻을 수 있으므로 용접에 사용된다.
② 가연성 가스 중 폭발한계가 가장 적은 가스이다.
③ 열이나 충격에 의해 분해폭발이 일어날 수 있다.
④ 용기에 충전할 때에 단독으로 가압 충전할 수 없으며 용해 충전한다.

**06** 연소기의 이상연소 현상 중 불꽃이 염공 속으로 들어가 혼합관 내에서 연소하는 현상을 의미하는 것은?

① 황염 ② 역화
③ 리프팅 ④ 블로우 오프

**07** 고압가스충전용기의 가스 종류에 따른 색깔이 잘못 짝지어진 것은?

① 아세틸렌 – 황색
② 액화암모니아 – 백색
③ 액화탄산가스 – 갈색
④ 액화석유가스 – 회색

**08** 용기의 내압시험 시 항구증가율이 몇 % 이하인 용기를 합격한 것으로 하는가?

① 3 ② 5
③ 7 ④ 10

**09** 가정용 LP가스용기로 일반적으로 사용되는 용기는?

① 납땜용기 ② 용접용기
③ 구리용기 ④ 이음새 없는 용기

**10** 냉동장치에서 냉매의 일반적인 구비조건으로 옳지 않은 것은?

① 증발열이 커야 한다.
② 증기의 비체적이 작아야 한다.
③ 임계온도가 낮고 응고점이 높아야 한다.
④ 증기의 비열은 크고 액체의 비열은 작아야 한다.

**11** 펌프의 운전 중 공동현상(Cavitation)을 방지하는 방법으로 적합하지 않은 것은?

① 흡입양정을 크게 한다.
② 손실수두를 적게 한다.
③ 펌프의 회전수를 줄인다.
④ 양흡입 펌프 또는 두 대 이상의 펌프를 사용한다.

**12** 표면은 견고하게 하여 내마멸성을 높이고, 내부는 강인하게 하여 내충격성을 향상시킨 이중조직을 가지게 하는 열처리는?

① 불림 ② 담금질
③ 표면경화 ④ 풀림

**13** 공기 중의 산소 농도가 높아질 때 연소의 변화에 대한 설명으로 틀린 것은?

① 연소속도가 빨라진다.
② 화염온도가 높아진다.
③ 발화온도가 높아진다.
④ 폭발이 더 잘 일어난다.

**14** 특정고압가스이면서 그 성분이 독성가스인 것으로 나열된 것은?

① 산소, 수소
② 액화염소, 액화질소
③ 액화암모니아, 액화석유가스
④ 액화암모니아, 액화염소

**15** 다음은 폭굉의 정의에 관한 설명이다. 공란에 알맞은 용어는?

> 폭굉이란 가스의 화염(연소)[ ]가(이)[ ]보다 큰 것으로 파면선단의 압력파에 의해 파괴작용을 일으키는 것을 말한다.

① 전파속도, 화염온도
② 폭발파, 충격파
③ 전파온도, 충격파
④ 전파속도, 음속

**16** 예혼합연소에 대한 설명으로 바르지 않은 것은?

① 난류연소속도는 연료의 종류, 온도, 압력에 대응하는 고유값을 갖는다.
② 전형적인 층류 예혼합화염은 원추상 화염이다.
③ 층류 예혼합화염의 경우 대기압에서 화염두께는 대단히 얇다.
④ 난류 예혼합화염은 층류 화염보다 훨씬 높은 연소속도를 가진다.

**17** 1kWh의 열당량은 약 몇 kcal인가? (단, 1cal는 4.2J이다)

① 427 ② 576
③ 660 ④ 857

**18** 안전간격에 대한 설명으로 옳지 않은 것은?

① 안전간격은 방폭전기기기 등의 설계에 중요하다.
② 한계직경은 가는 관 내부를 화염이 진행할 때 도중에 꺼지는 관의 직경이다.
③ 두 평행판 간의 거리를 화염이 전파하지 않을 때까지 좁혔을 때 그 거리를 소염거리라고 한다.
④ 발화의 제반 조건을 갖추었을 때 화염이 최대한으로 전파되는 거리를 화염일주라고 한다.

**19** 다음 기체 가연물 중 위험도(H)가 가장 큰 것은?

① 수소 ② 아세틸렌
③ 부탄 ④ 메탄

**20** 가로가 3m, 세로가 4m, 높이가 3m인 가스 저장소에 최소 몇 L의 부탄가스가 누출되면 폭발될 수 있는가? (단, 부탄가스의 폭발범위는 1.8~8.4%이다)

① 460 ② 560
③ 660 ④ 760

**21** 다음 중 공기비를 옳게 표시한 것은?

① $\frac{\text{실제 공기량}}{\text{이론 공기량}}$

② $\frac{\text{이론 공기량}}{\text{실제 공기량}}$

③ $\frac{\text{사용 공기량}}{1-\text{이론 공기량}}$

④ $\frac{\text{이론 공기량}}{1-\text{사용 공기량}}$

**22** 화재나 폭발의 위험이 있는 장소를 위험장소라 한다. 다음 중 제1종 위험장소에 해당하는 것은?

① 상용의 상태에서 가연성가스의 농도가 연속해서 폭발하한계 이상으로 되는 장소
② 상용상태에서 가연성가스가 체류해 위험하게 될 우려가 있는 장소
③ 가연성가스가 밀폐된 용기 또는 설비의 사고로 인해 파손되거나 오조작의 경우에만 누출할 위험이 있는 장소
④ 환기장치에 이상이나 사고가 발생한 경우에 가연성가스가 체류하여 위험하게 될 우려가 있는 장소

**23** 방폭구조 종류 중 전기기기의 불꽃 또는 아크를 발생하는 부분을 기름 속에 넣어 유면상에 존재하는 폭발성 가스에 인화될 우려가 없도록 한 구조는?

① 내압방폭구조
② 유입방폭구조
③ 안전증방폭구조
④ 압력방폭구조

**24** 차가운 물체에 뜨거운 물체를 접촉시키면 뜨거운 물체에서 차가운 물체로 열이 전달되지만, 반대의 과정은 자발적으로 일어나지 않는다. 이러한 비가역성을 설명하는 법칙은?

① 열역학 제0법칙
② 열역학 제1법칙
③ 열역학 제2법칙
④ 열역학 제3법칙

**25** 물 250L를 30℃에서 60℃로 가열시킬 때 프로판 0.9kg이 소비되었다면 열효율은 약 몇 %인가? (단, 물의 비열은 1kcal/kg·℃, 프로판의 발열량은 12,000kcal/kg이다)

① 58.4 ② 69.4
③ 78.4 ④ 83.3

**26** $CO_2$ 32vol%, $O_2$ 5vol%, $N_2$ 63vol%의 혼합기체의 평균 분자량은 얼마인가?

① 29.3 ② 31.3
③ 33.3 ④ 35.3

**27** 다음 중 정특성, 동특성이 양호하며 중압용으로 주로 사용되는 정압기는 무엇인가?

① Fisher식 ② KRF식
③ Reynolds식 ④ ARF식

**28** 다음 보기는 가스의 폭발에 관한 설명이다. 바른 내용으로만 짝지어진 것은?

> • 안전간격이 큰 것일수록 위험하다.
> • 폭발범위가 넓은 것은 위험하다.
> • 가스압력이 커지면 통상 폭발범위는 넓어진다.
> • 연소속도가 크면 안전하다.
> • 가스 비중이 큰 것은 낮은 곳에 체류할 위험이 있다.

① Ⓒ, Ⓓ, Ⓔ ② Ⓑ, Ⓒ, Ⓓ, Ⓔ
③ Ⓑ, Ⓒ, Ⓔ ④ Ⓐ, Ⓑ, Ⓒ, Ⓔ

**29** 비중이 1.5인 프로판이 입상 30m일 경우의 압력손실은 약 몇 Pa인가?

① 130 ② 190
③ 256 ④ 450

**30** 염소폭명기의 정의로 바른 것은?

① 염소가 물에 용해하여 염산이 되어 폭발하는 현상
② 염소와 수소가 점화원에 의해 폭발적으로 반응하는 현상
③ 염화수소가 점화원에 의해 폭발적으로 반응하는 현상
④ 염소와 산소가 점화원에 의해 폭발적으로 반응하는 현상

**31** 1기압, 40리터의 공기를 4리터의 용기에 넣었을 때 산소의 분압은 얼마인가? (단, 온도의 변화는 없으며, 공기는 이상기체로 가정하며, 공기 중 산소는 20%이다)

① 1.5 ② 2
③ 2.5 ④ 3

**32** 다음 중 착화온도가 가장 높은 것은?

① 메탄 ② 프로판
③ 휘발유 ④ 목탄

**33** 다음 중 염소압축기의 윤활유로 사용되는 것은 무엇인가?

① 농황산 ② 식물성유
③ 묽은 글리세린 ④ 양질의 광유

**34** 프로판 용기에 V 47, TP 31로 각인되어 있다. 프로판의 충전량은 얼마인가? (단, 프로판의 충전상수는 2.35이다)

① 5kg ② 15kg
③ 20kg ④ 40kg

**35** 다음 중 가스액화분리장치의 구성요소에 해당되지 않는 것은?

① 불순물제거장치
② 한랭발생장치
③ 고온발생장치
④ 정류장치

**36** 시안화수소를 용기에 충전한 후 정치해두어야 하는 시간은 얼마인가?

① 72시간 ② 48시간
③ 36시간 ④ 24시간

**37** 수소의 품질검사용 시약은 다음 중 어느 것인가?

① 발연황산시약
② 피로갈롤시약
③ 브롬시약
④ 동암모니아시약

**38** 내용적 50리터의 용기에 프로판을 충전할 때 최대 충전량은 약 얼마인가? (단, 프로판의 충전정수는 2.35이다)

① 21.3kg ② 42.6kg
③ 83.2kg ④ 117.5kg

**39** 고압가스 배관을 보호하기 위하여 배관과의 수평거리 얼마 이내에서는 파일박기 작업을 하지 않아야 하는가?

① 10cm ② 30cm
③ 50cm ④ 1m

**40** 다음 중 염소누출에 대비하여 보유하여야 하는 제독제가 아닌 것은?

① 가성소다 ② 소석회
③ 물 ④ 탄산소다

**41** 정확한 계량이 가능하여 기준기로 주로 이용되는 가스미터는 다음 중 어느 것인가?

① 회전자식가스미터
② 습식가스미터
③ 벤튜리식가스미터
④ 막식가스미터

**42** 다음 중 방사고온계에 적용되는 이론은 무엇인가?

① 퓨리어법칙
② 제백효과
③ 뉴튼 법칙
④ 스테판-볼츠만 법칙

**43** 길이 2.19mm인 물체를 마이크로미터로 측정한 결과 2.10mm였다. 오차는 몇 %인가?

① +4.1% ② −4.1%
③ +4.3% ④ −4.3%

**44** 다음 중 루츠 가스미터의 특징으로 거리가 먼 것은?

① 설치 후 유지관리가 필요하다.
② 설치공간이 적다.
③ 여과기의 설치가 필요하다.
④ 소유량에서도 작동이 원활하다.

**45** 고압가스 관이음으로 잘 사용되지 않는 것은 무엇인가?

① 용접 ② 플랜지
③ 나사 ④ 리베팅

**46** 산소가스설비를 수리 또는 청소를 할 때는 안전관리상 탱크내부의 산소를 농도가 몇 % 이하로 될 때까지 계속 치환하여야 하는가?

① 22% ② 28%
③ 31% ④ 35%

**47** 아세틸렌을 용기에 충전하는 때의 다공도는?

① 65% 이하 ② 65~75%
③ 75~92% ④ 92% 이상

**48** 가스미터 중 실측식에 속하지 않는 것은 무엇인가?

① 건식 ② 회전식
③ 습식 ④ 오리피스식

**49** 분별연소법 중 산화구리법에 의하여 주로 정량할 수 있는 가스로 옳은 것은 무엇인가?

① $O_2$ ② $N_2$
③ $CH_4$ ④ $CO_2$

**50** 흡수분석법 중 게겔법에 의한 가스분석의 순서로 옳은 것은 무엇인가?

① $CO_2$, $O_2$, $C_2H_2$, $C_2H_4$, CO
② $CO_2$, $C_2H_2$, $C_2H_4$, $O_2$, CO
③ CO, $C_2H_2$, $C_2H_4$, $O_2$, $CO_2$
④ CO, $O_2$, $C_2H_2$, $C_2H_4$, $CO_2$

**51** 전기방식시설의 유지관리를 위한 도시가스시설의 전위측정용 터미널(T/B) 설치에 대한 설명으로 옳은 것은?

① 희생양극법에 의한 배관에는 500m 이내 간격으로 설치한다.
② 배류법에 의한 배관에는 500m 이내 간격으로 설치한다.
③ 외부전원법에 의한 배관에는 300m 이내 간격으로 설치한다.
④ 직류전철 횡단부 주위에 설치한다.

**52** 검사에 합격한 고압가스용기의 각인사항에 해당하지 않는 것은?

① 용기제조업자의 명칭 또는 암호
② 충전하는 가스의 명칭
③ 용기의 번호
④ 기밀시험합격

**53** 고압가스의 제조설비에서 사용개시 전에 점검하여야 할 항목이 아닌 것은?

① 불활성가스 등에 의한 치환 상황
② 자동제어장치의 기능
③ 가스설비의 전반적인 누출 유무
④ 배관계통의 밸브개폐 상황

**54** 가스누출자동차단기의 제품성능에 대한 설명으로 옳은 것은?

① 고압부는 5MPa 이상, 저압부는 0.5MPa 이상의 압력으로 실시하는 내압시험에 이상이 없는 것으로 한다.
② 고압부는 1.8MPa 이상, 저압부는 8.4kPa 이하의 압력으로 실시하는 기밀시험에서 누출이 없는 것으로 한다.
③ 전기적으로 개폐하는 자동차단기는 5,000회의 개폐조작을 반복한 후 성능에 이상이 없는 것으로 한다.
④ 전기적으로 개폐하는 자동차단기는 전기충전부와 비충전금속부와이 절연저항은 1kΩ 이상으로 한다.

**55** 0℃에서 저항이 120Ω이고 저항온도 계수가 0.0025인 저항 온도계를 노 안에 삽입하였을 때 저항이 210Ω이 되었다면 노 안의 온도는 몇 ℃인가?

① 200℃ ② 250℃
③ 300℃ ④ 350℃

**56** 다음 압력계 중 미세압 측정이 가능하여 통풍계로도 사용되며, 감도(정도)가 좋은 압력계는?

① 경사관식 압력계
② 분동식 압력계
③ 부르동관 압력계
④ 마노미터(U자관 압력계)

**57** 양정이 10m이고, 송출량이 0.3$m^3$/min, 효율이 0.65인 터빈펌프의 축출력은 약 몇 kW인가?

① 0.75 ② 0.85
③ 1.02 ④ 1.22

**58** 유속측정을 위해 설치된 피토관의 수주높이가 0.46m일 때 기체의 유속은 약 몇 m/s인가?

① 1.84　② 2.5
③ 3.0　④ 3.5

**59** 다음 중 가스크로마토그래피에서 운반기체의 불순물을 제거하기 위하여 사용되는 장치가 아닌 것은?

① 오일트랩　② 수분제거트랩
③ 산소제거트랩　④ 화학필터

**60** 다음 중 소형으로 설치공간이 적고 가스압력이 높아도 사용이 가능하지만 $0.5m^3/h$ 이하의 소용량에서는 작동하지 않을 수 있는 가스계측기는 무엇인가?

① 습식 가스미터　② 델타형 가스미터
③ 막식 가스미터　④ 루츠식 가스미터

# Part 6

# 정답 및 해설

**기출문제**

**2014년** | 제1회 | 제2회 | 제3회 | 제4회 |

**2015년** | 제1회 | 제2회 | 제3회 | 제4회 |

**2016년** | 제1회 | 제2회 | 제3회 | 제4회 |

**적중 모의고사**

제1회 | 제2회 | 제3회 | 제4회 | 제5회

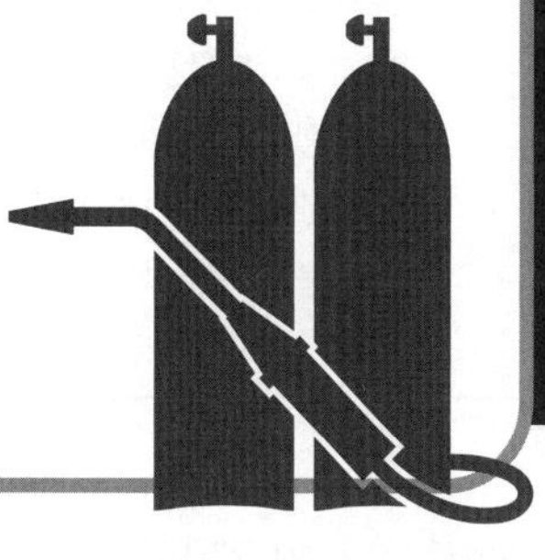

# 가스기능사 필기 기출문제 2014년 제1회 정답 및 해설

## 정답

| | | | | | | | | | | | | | | | | | | | |
|---|---|---|---|---|---|---|---|---|---|---|---|---|---|---|---|---|---|---|---|
| 01 | ② | 02 | ② | 03 | ① | 04 | ② | 05 | ② | 06 | ① | 07 | ④ | 08 | ② | 09 | ④ | 10 | ③ |
| 11 | ② | 12 | ④ | 13 | ① | 14 | ③ | 15 | ④ | 16 | ② | 17 | ④ | 18 | ① | 19 | ③ | 20 | ① |
| 21 | ④ | 22 | ① | 23 | ① | 24 | ④ | 25 | ② | 26 | ① | 27 | ③ | 28 | ② | 29 | ④ | 30 | ② |
| 31 | ② | 32 | ① | 33 | ④ | 34 | ④ | 35 | ④ | 36 | ② | 37 | ② | 38 | ② | 39 | ② | 40 | ④ |
| 41 | ④ | 42 | ② | 43 | ③ | 44 | ④ | 45 | ② | 46 | ① | 47 | ③ | 48 | ① | 49 | ④ | 50 | ④ |
| 51 | ① | 52 | ② | 53 | ② | 54 | ③ | 55 | ④ | 56 | ④ | 57 | ③ | 58 | ② | 59 | ② | 60 | ① |

## 해설

**03** 압력계는 폭발방지대책과는 상관이 없다.

**04** 방호철판의 크기 : 1m 이상
방호철판의 두께 : 최소 4mm 이상
철근콘크리트 방호구조물의 두께 : 10cm 이상
방호파이크 지름 : 50A 이상

**05** 가스용 PE(폴리에틸렌)배관은 노출배관으로 하지 않는다. 단, 지상배관과 연결을 위해서 금속관을 사하고 보호조치를 한 경우로서 지면에서 30cm 이하로 노출하여 시공하는 경우에는 노출배관으로 할 수 있다.

**07** A급 : 일반화재, B급 : 유류화재,
C급 : 전기화재, D급 : 금속화재

**10** 고압가스 배관의 설치기준 중 하천과 병행하여 매설하는 경우
① 배관은 견고하고 내구력을 갖는 방호구조물 안에 설치하여야 한다.
② 배관 외면으로부터 2.5m 이상의 매설심도를 유지하여야 한다.
③ 배관 손상으로 인한 가스누출 등 위급한 상황이 발생할 때에 그 배관에 유입되는 가스를 신속히 차단할 수 있는 장치를 설치하여야 한다. 단, 고압배관으로서 매설된 배관이 포함된 구간 안의 가스를 30분 이내에 화기 등이 없는 안전한 장소로 방출할 수 있는 장치를 설치한 경우에는 그러하지 아니하다.

**11** 소형저장탱크 : 액화석유가스를 저장하기 위하여 지상 또는 지하에 고정 설치된 탱크로서 액화석유가스의 안전관리 및 사업법에서 정한 저장능력이 3톤 미만인 탱크

**12** 전산화 대상 : 설치도면, 시방서, 시공자, 시공연월일

**14** 용기의 가열 : 40℃ 이하의 열습포 사용

**17** 냉동기의 냉동능력 : 3톤 이상

**18** 분자량이 공기의 평균분자량인 29보다 큰 공기
프로판 : $C_3H_8$, 분자량 $= 3\times12+8\times1=44$
염소 : $Cl_2$, 분자량 $= 2\times35.5=71$
포스겐 : $COCl_2$, 분자량 $= 12+16+2\times35.5=99$
수소 : $H_2$, 분자량 $= 2\times1=2$
아세틸렌 : $C_2H_2$, 분자량 $= 2\times12+2\times1=26$
암모니아 : $NH_3$, 분자량 $= 14+3\times1=17$

**19** 에어졸 제조설비와 인화성 물질과의 우회거리 : 8m 이상

**20** 아세틸렌 다공물질의 다공도 : 75% 이상 92% 미만

**21** 가스의 연소한계 : 연소가 가능한 가스의 공기와의

혼합비율의 상한과 하한

**22** 시안화수소의 안정제 : 오산화인, 황산, 인산, 염화칼슘, 아황산가스

**23** 공동주택 등에 도시가스를 공급하기 위한 것으로서 압력조정기의 설치가 가능한 경우
- 가스압력이 중압 이상으로 전체 세대수가 150세대 미만인 경우
- 가스압력이 저압으로서 전체 세대수가 250세대 미만인 경우

**25** 도로굴착공사에 의한 도시가스배관 손상방지기준
- 착공 전 도로에 표시된 가스배관과 기타 지장물 매설 유무를 조사하여야 한다.
- 도로굴착자의 굴착공사로 인하여 노출된 배관 길이가 15m 이상인 경우에는 점검통로 및 조명시설을 하여야 한다.
- 가스배관이 있을 것으로 예상되는 지점으로부터 2m 이내에서 줄파기를 할 때에는 안전관리 전담자의 입회하에 시행하여야 한다.
- 가스배관 주위를 굴착하고자 할 대에는 가스배관의 좌우 1m 이내의 부분은 인력으로 굴착한다.

**26** 독성가스의 탱크내용적 : 12,000L 초과 금지

**28** 방류둑의 용량
- 저장탱크 저장능력의 100%에 상당하는 용적 이상
- 액화산소 저장탱크의 경우는 저장능력의 60% 이상

**29** 굴착으로 인한 도시가스 배관의 노출 : 20m 이상 노출된 배관에 대하여 20m마다 도시가스가 체류하기 쉬운 장소에 가스누출경보기를 설치하여야 한다.

**31** 아세틸렌용기에 주로 사용되는 안전밸브 : 가용전식

**33** 왕복동 압축기의 특징
- 맥동이 생기기 쉽다.
- 고압을 얻을 수 있다.
- 용량 조절의 폭이 넓다.
- 용적식이다.

**34** SPPS : 압력배관용 탄소강관
SPHT : 고온배관용 탄소강관
SPPH : 고압배관용 탄소강관

**35** 광명단 도료 : 사산화납($Pb_3O_4$), 보통 주황색을 띠며, 금속구조물에 1차적으로 칠한다.

**36** 줄-톰슨 효과 : 압축한 기체를 단열된 좁은 구멍으로 분출시키면 온도가 변하는 현상. 분자 간 상호작용에 의해 온도가 변하는 것으로, 공기를 액화시킬 때나 냉매의 냉각에 응용되는 현상

**37** 저온저장장치 재료 선정에 있어서 가장 중요 고려사항 : 저온취성에 의한 충격치의 감소

**38** 저온장치재료로서 가장 우수한 것 : 9%니켈강

**40** 구부림 곡선길이$=2\pi R\times\frac{\theta}{360}$

$\therefore\ 2\pi\times50\times\frac{90}{360}=78.75\text{mm}$

**41** 사방밸브 : 압축기에서 냉매가스를 실외로부터 실내에, 또는 복귀되는 냉매가스를 실내로부터 실외로 전환시킬 때 사용하기 위해 설치하는 밸브

**42** 프라이밍 : 펌프 속 및 펌프의 흡입 배관 속에 물이 없으면 펌프가 회전을 시작해도 양수가 되지 않는 경우가 많다. 이것을 방지하기 위하여 미리 펌프 속이나 흡입 배관 속에 물을 주입함과 동시에 내부의 공기를 배출하는 조작을 말한다.

**46** 천연가스(주성분 : 메탄)의 액화 : 캐스케이드 사이클 이용

**47** 동력은 펌프의 회전수의 3제곱에 비례

**51** 수소의 연소 : $H_2+\frac{1}{2O_2}\rightarrow H_2O$
메탄의 연소 : $CH_4+2O_2\rightarrow CO_2+2H_2O$
아세틸렌의 연소 : $C_2H_2+\frac{3}{2O_2}\rightarrow 2CO_2+H_2O$
에탄의 연소 : $C_2H_6+\frac{7}{2O_2}\rightarrow 2CO_2+3H_2O$
연소에 필요한 공기의 양은 산소에 비례하므로 각 물질의 1몰연소에서 산소가 가장 적은 것은 수소이다.

**52** 기체밀도 = $\frac{PV}{RT}$ 로 구할 수 있다.

동일한 압력과 온도에서는 분자량이 클수록 밀도가 크다.

프로판($C_3H_8$)의 분자량 = 3×12+8×1 = 44

메탄($CH_4$)의 분자량 = 1×12+4×1 =16

부탄($C_4H_{10}$)의 분자량 = 4×12+10×1 = 58

아세틸렌($C_2H_2$)의 분자량 = 2×12+2×1 =26

**53** 비중 2.5 = 2.5g/$cm^3$, 밑면 1$cm^2$이고 높이 1cm일 때 질량이 2.5g라는 의미이다. 따라서 6m인 경우, 600cm의 높이에 해당하는 질량은 2.5×600=1,500g=1.5kg이므로 그 압력은 1.5kg/$cm^2$이다.

**54** 밀도의 단위 = $\frac{질량}{부피}$

**55** 1atm=760mmHg=14.7psi=101.3kPa=29.92inHg =10.33$mH_2O$=1.033$kg_f/cm^2$

**60** 화씨와 섭씨의 관계 : T(°F)=1.8×T(℃)+32

∴ 1.8×100+32=212°F

# 가스기능사 필기 기출문제 2014년 제2회 정답 및 해설

## 정답

| | | | | | | | | | | | | | | | | | | | |
|---|---|---|---|---|---|---|---|---|---|---|---|---|---|---|---|---|---|---|---|
| 01 | ① | 02 | ② | 03 | ① | 04 | ④ | 05 | ② | 06 | ① | 07 | ③ | 08 | ④ | 09 | ③ | 10 | ① |
| 11 | ④ | 12 | ④ | 13 | ④ | 14 | ③ | 15 | ④ | 16 | ③ | 17 | ① | 18 | ② | 19 | ④ | 20 | ④ |
| 21 | ③ | 22 | ④ | 23 | ② | 24 | ④ | 25 | ② | 26 | ② | 27 | ④ | 28 | ② | 29 | ① | 30 | ② |
| 31 | ① | 32 | ① | 33 | ④ | 34 | ③ | 35 | ① | 36 | ③ | 37 | ④ | 38 | ④ | 39 | ① | 40 | ② |
| 41 | ① | 42 | ④ | 43 | ② | 44 | ② | 45 | ③ | 46 | ② | 47 | ② | 48 | ③ | 49 | ② | 50 | ③ |
| 51 | ① | 52 | ① | 53 | ② | 54 | ① | 55 | ② | 56 | ② | 57 | ① | 58 | ② | 59 | ④ | 60 | ④ |

## 해설

**01** $H_2$, $CH_4$은 가연성, $N_2$는 불연성이다.

**02** 가연성 물질을 공기로 연소시키는 경우 공기 중의 산소농도를 높게 하면 산소의 유입으로 연소속도는 빨라지고, 발화온도는 내려간다.

**03**
- 벤트스택 : 폐기가스를 그대로 방출하는 기구
- 인터록기구 : 안전확보를 위한 주요 부문에 설비가 잘못 조작되거나 정상적인 제조를 할 수 없는 경우에 자동으로 원재료의 공급을 차단하는 기구
- 긴급차단장치 : 고압가스 설비에서 가스누설 및 화재 발생 시 1차적인 재해의 확산을 방지하기 위해 설비를 구분하거나 원재료 등의 공급을 차단시켜 2차적인 재해를 방지하기 위하여 설치하는 안전장치

**04** 천연가스는 주성분이 메탄으로 공기보다 가벼우므로 상부에 설치를 한다. 그 기준은 천장에서 30cm 이내이다.

**05**

| 가스명 | 염소 | 시안화수소 | 산화에틸렌 | 불소 |
|---|---|---|---|---|
| $LC_{50}$ | 293 | 140 | 2,900 | 185 |

**08** • AG : 아세틸렌가스를 충전하는 용기의 부속품
• PG : 압축가스를 충전하는 용기의 부속품
• LG : 액화석유가스외의 액화가스를 충전하는 용기의 부속품

**09** 배관용 탄소 강관(SPP)의 최고사용압력은 1MPa로 1.2MPa는 부적합하다.

**10** • 가스 사용시설의 지상배관 색상 : 황색
• 지하매설배관(저압) : 황색
• 지하매설배관(중압) : 적색

**12** 폭굉의 연소속도 : 1,000~3,000m/s

**13**

| 가스의 종류 | 도색의 구분 |
|---|---|
| 산소 | 백색 |
| 액화탄산가스 | 회색 |
| 헬륨 | 갈색 |
| 에틸렌 | 자색 |
| 질소 | 흑색 |
| 아산화질소 | 청색 |
| 사이클로프로판 | 주황색 |
| 그 밖의 가스 | 회색 |

**14** $위험도 = \frac{(연소상한 - 연소하한)}{연소하한}$

교재에 있는 가스성분 중 위험도는 아세틸렌이 가장 높고 그 다음 수소이다.

**16**

| 가스별 | 제독제 |
|---|---|
| 염소 | 가성소다수용액 |
| | 탄산소다수용액 |
| | 소석회 |
| 포스겐 | 가성소다수용액 |
| | 소석회 |
| 황화수소 | 가성소다수용액 |
| | 탄산소다수용액 |
| 시안화수소 | 가성소다수용액 |
| 아황산가스 | 가성소다수용액 |
| | 탄산소다수용액 |
| | 물 |
| 암모니아, 산화에틸렌, 염화메탄 | 물 |

**17** 에어졸 시험방법에서 불꽃길이 시험을 위해 채취한 시료의 온도 조건 : 24℃ 이상, 26℃ 이하

**18** 교량에 도시가스 설치하는 경우 보호조치 등 설계·시공에 대한 기준
• 교량 첨가 배관은 강관을 사용하며 용접을 원칙으로 한다.
• 지진발생 시 등 비상시 긴급차단을 목적으로 첨가 배관의 길이가 300m 이상인 경우 교량 양단의 가까운 곳에 밸브를 설치토록 한다.
• 교량 첨가 배관에 가해자는 여러 하중에 대한 합성응력이 배관의 허용응력을 초과하지 않도록 설계한다.

**19** 고압가스 저장실 등에 설치하는 경계책 기준
• 건축물 내에 설치하거나 차량의 통행 등 조업시행이 현저히 곤란하여 위해 요인이 가중될 우려가 있는 경우에는 경계책 설치를 생략할 수 있다.
• 경계책 안에는 불가피한 사유발생 등 어떠한 경우라도 화기, 발화 또는 인화하기 쉬운 물질을 휴대하고 들어가서는 아니 된다. 단, 해당 설비의 정비 등 불가피한 사유가 발생한 경우에 한해서는 안전관리책임자의 감독하에 휴대 조치할 수 있다.

**20** 2종 보호시설에 대한 안전거리 기준

| 가스 | 처리 및 저장능력(kg) or ($m^3$) | 2종 보호시설 |
|---|---|---|
| 산소 | 1만 이하 | 8m |
| | 1만 초과 2만 이하 | 9m |
| | 2만 초과 3만 이하 | 11m |
| | 3만 초과 4만 이하 | 13m |
| | 4만 초과 | 14m |
| 독성, 가연성 | 1만 이하 | 12m |
| | 1만 초과 2만 이하 | 14m |
| | 2만 초과 3만 이하 | 16m |
| | 3만 초과 4만 이하 | 18m |
| | 4만 초과 | 20m |

**21** 아세틸렌은 흡열화합물이므로 분해폭발의 우려가 있다.

**23** 프로판의 연소반응식
$C_3H_8 + 5O_2 \rightarrow 3CO_2 + 4H_2O$

부탄의 연소반응식

$C_4H_{10} + 6.5O_2 \rightarrow 4CO_2 + 5H_2O$

공기 중 산소의 비는 일정하므로 필요한 산소의 비만큼 공기의 양도 같이 증가한다. 따라서, $\frac{6.5}{5} = 1.3$배

**26** 발화의 원인 : 온도, 조성, 압력, 용기의 크기와 형태

**27** 도시가스 품질기준에 따른 웨버지수의 허용기준 : $51.50 \sim 56.52MJ/m^3$, 단, 자동차 연료용 도시가스는 제외

**28** 충전질량 $= \frac{50}{0.86} = 58.14kg$

$\frac{300}{58.14} = 5.16 \quad \therefore 6$개

**29** 가스계량기는 화기와 2m 이상의 우회거리를 유지해야 한다.

**33** 펌프의 메카니컬 시일의 형식의 종류

- 세트형식
  - 인사이드형(내장형) : 고정면이 펌프측에 있는 것으로 보통 많이 사용한다.
  - 아웃 사이드형(외장형) : 회전면이 펌프측에 있는 것으로 실재료가 부식될 우려가 있거나 스타팅 박스 내가 고진공이고, 점성계수가 100Cp를 초과하는 고점도, 저응고점 액체 등일 때 사용된다.
- 면압 밸런스 형식
  - 언밸런스형 : 펌프의 내압이 시일의 습동면에 직접 받는 경우 사용한다.
  - 밸런스형 : 펌프의 내압이 $4 \sim 5kg/cm^2$일 때, 액체가스와 같이 저비점의 액체일 때 사용한다.

**34** 벨로우즈는 압력계의 한 종류이다.

**35** 온수 가열방식 기화기는 그 온수의 온도가 80℃ 이하이어야 한다.

**37** 기어 펌프의 특징

- 흡입 양정이 크다.
- 토출압력은 회전수에 영향받지 않고 동력에 의해 얼마든지 높이 올릴 수 있다.
- 토출압력이 바뀌어도 토출량은 크게 바뀌지 않는다.
- 고점도액의 이송에 적합하다.
- 베이퍼록이 일어나기 쉽다.

**38** 플런저펌프 : 왕복동식 펌프 중 하나

**39** 가스 액화 분리장치에서 냉동사이클과 액화 사이클을 응용한 장치 : 한냉발생장치

**40** 저압배관의 유량공식

$$Q = K\sqrt{\frac{H \times D^5}{S \times L}} \rightarrow D = \left(\frac{Q^2 \cdot S \cdot L}{K^2 \cdot H}\right)^{\frac{1}{5}}$$

$Q$ : 가스유량($m^3/h$), $D$ : 배관의 내경(cm),

$L$ : 배관의 길이(m),

$H$ : 배관입구의 압력과 말단 압력의 차($mmH_2O$),

$S$ : 가스의 비중, $K$ : 유량계수(0.707)

유량$\propto$H, 유량$\propto$D, 유량$\propto \frac{1}{S}$, 유량$\propto \frac{1}{K}$

**41** 탄소강 중에 저온취성을 일으키는 원소는 인(P)이다.

**43** 소요동력 $= \frac{\gamma QH}{S} = \frac{\frac{1,000 \times 90}{3,600 \times 90}}{102 \times \eta}$

$= \frac{\frac{1,000 \times 90}{3,600 \times 90}}{102 \times 0.6} = 36.76 \fallingdotseq 36.8$

양정 H = 90m, 유량 $Q = 90m^3/h = 90m^3/3,600s$

**44** 크리프 : 재료가 일정 온도 이상에서 응력이 작용할 때 시간이 경과함에 따라 변형이 증대되고 때로는 파괴되는 현상

**46**
- 에너지보존의 법칙 : 열역학 제1법칙
- 열역학 제2법칙 : 엔트로피 증가의 법칙, 외부에서 일을 해주지 않는 한 저온에서 고온으로의 이동은 불가능

**48** 암모니아 건조제 : 수산화나트륨(NaOH), 수산화칼륨(KOH) 등

**49** PV=nRT에서 온도가 일정할 때 $P \propto 1/V$의 관계를 가진다. 따라서 부피가 2배로 증가하면 압력은 $\frac{1}{2}$로 감소한다.

**50** $O_2$, CO, $C_2H_4$는 공기보다 가볍다.

**51** 1atm = 101.3kPa = 1.033kgf/cm$^2$ = 14.7psi = 1013hPa = 760mmHg = 10.33m$H_2O$

**54** • $CO_2$ 흡수액 : 30%KOH
• $O_2$ 흡수액 : 알칼리성 피로갈롤 용액
• CO 흡수액 : 암모니아성 염화 제1동 용액

**56** 나프타(Naphtha)의 가스화 효율은 파라핀계 탄화수소 함량이 많을수록 좋다.

**58** • 보일의 법칙(Boyle law) : 온도가 일정할 때 부피와 압력의 관계
• 샤를의 법칙 : 압력이 일정할 때 부피와 온도의 관계

**59** T(°F) = 1.8T(℃) + 32에서
T(℃) = 1.8T(℃) + 32 → −0.8T(℃) = 32
∴T(℃) = −40

# 가스기능사 필기 기출문제 2014년 제3회 정답 및 해설

## 정답

| | | | | | | | | | | | | | | | | | | | |
|---|---|---|---|---|---|---|---|---|---|---|---|---|---|---|---|---|---|---|---|
| 01 | ① | 02 | ④ | 03 | ③ | 04 | ① | 05 | ① | 06 | ③ | 07 | ② | 08 | ③ | 90 | ① | 10 | ④ |
| 11 | ② | 12 | ④ | 13 | ② | 14 | ② | 15 | ④ | 16 | ② | 17 | ③ | 18 | ① | 19 | ③ | 20 | ① |
| 21 | ② | 22 | ② | 23 | ④ | 24 | ④ | 25 | ④ | 26 | ③ | 27 | ① | 28 | ④ | 29 | ① | 30 | ④ |
| 31 | ① | 32 | ① | 33 | ① | 34 | ② | 35 | ③ | 36 | ④ | 37 | ① | 38 | ② | 39 | ③ | 40 | ③ |
| 41 | ④ | 42 | ① | 43 | ① | 44 | ② | 45 | ① | 46 | ② | 47 | ③ | 48 | ④ | 49 | ① | 50 | ① |
| 51 | ① | 52 | ② | 53 | ② | 54 | ① | 55 | ④ | 56 | ① | 57 | ② | 58 | ④ | 59 | ① | 60 | ① |

## 해설

**03** 침상재료(Bedding)
• 배관에 작용하는 하중을 수직방향 및 횡방향에서 지지하고 하중을 기초 아래로 분산시키기 위하여 배관하단에서 배관상단 30cm까지 포설하는 재료
• 침상재료의 기준 : 19mm 이상의 입자가 포함되지 않은 양질의 흙

**04** 이동식 압축천연가스 자동차충전 시설의 기준
이동충전차량과 가스배관구를 연결하는 호스의 길이가 5m 이내

**06** 입상관이 화기 등이 있을 우려가 있는 주위를 통과할 경우에는 화기 등과 차단조치를 하여야 하고, 이에 부착된 밸브는 분리가능한 것으로서 바닥으로부터 1.6m 이상 2m 이내(단단한 상자 안에 설치하는 경우는 제외)에 설치할 것

**07** • 인화점 : 가연성 물질에 점화원을 접촉시켰을 때 불이 붙은 최저온도
• 착화점 : 가연성 물질이 점화원 없이 축적된 열만으로 연소를 일으키는 최저온도
• 인화점보다 착화점의 온도가 높다.

**10** 고압가스 제조설비에 설치하는 가스누설검지 경보

설비의 기준
- 경보농도는 검지경보장치의 설치장소, 주위의 분위기 온도에 따라 가연성가스는 폭발한계의 $\frac{1}{4}$ 이하이므로 수소의 경우는 1% 이하여야 한다.
- 격막 갈바니 전지방식은 주로 조연성가스인 산소의 검지에 사용한다.

**12** 시안화수소는 아황산가스, 황산 등의 안정제를 첨가하고, 용기 충전 후 24시간 정치하고 그 후 1일 1회 이상 질산구리벤젠지 등의 시험지로 가스의 누출 검사를 한다. 또한, 충전한 후 60일이 지나기 전에 다른 용기에 옮겨 충전해야 한다.

**15**

| 가스별 | 제독제 |
|---|---|
| 염소 | 가성소다수용액 |
| | 탄산소다수용액 |
| | 소석회 |
| 포스겐 | 가성소다수용액 |
| | 소석회 |
| 황화수소 | 가성소다수용액 |
| | 탄산소다수용액 |
| 시안화수소 | 가성소다수용액 |
| 아황산가스 | 가성소다수용액 |
| | 탄산소다수용액 |
| | 물 |
| 암모니아<br>산화에틸렌<br>염화메탄 | 물 |

**16** 아세틸렌은 폭발 형태 : 화합, 산화, 분해폭발
산화에틸렌이 중합폭발과 분해폭발을 일으킨다.

**18** 일반도시가스 사업자는 도시가스를 공급하기 전에 연소기 열량의 변경 사실을 확인하여야 한다.

**19** 고압가스설비에 장치하는 압력계의 눈금의 기준 : 상용압력의 1.5배 이상, 2배 이하

**22** 정압기의 분해점검 주기의 기준
- 2년에 1회 이상
- 단독정압기 : 3년에 1회 이상

**23** 이황화탄소는 특수인화물로 보기 중에서 가장 위험도가 높다.

**24** C1~C4까지의 판화수소는 분자량이 커질수록 폭발범위의 폭이 좁아지고 그 하한도 낮아진다.

**25** 안전간격에 따른 폭발등급

| 폭발등급 | 안전간격 | 해당가스 |
|---|---|---|
| 1등급 | 0.6mm 이상 | 대부분 가연성가스 |
| 2등급 | 0.4mm 이상<br>0.6mm 미만 | 에틸렌, 석탄가스 |
| 3등급 | 0.4mm 미만 | 아세틸렌, 수소<br>수성가스, 이황화가스 |

**26** 아세틸렌을 용기에 충전하는 때에는 미리 용기에 다공질물을 고루 채워 다공도가 75% 이상 92% 미만이 되도록 한 후 아세톤 또는 디메틸포름아미드를 고루 침윤시키고 충전해야 한다.

**28** 도시가스사용시설 중 자연배기식 반밀폐식 보일러에서 배기톱의 옥상돌출부는 지붕면으로부터 수직거리로 100cm 이상으로 하여야 한다.

**29** 피스톤의 압출량($m^3$/min.)

$$= \frac{\pi}{4} D^2 \times L \times N \times R$$

D = 0.1m, L = 0.2m, R = 100, N = 1

위 식으로 구하면 0.157$m^3$/min. 시간당으로 환산하면 나온 값에 60을 곱해서 9.42$m^3$/h가 된다.

**30**
- 위험과 운전분석(HAZOP) : 공정에 존재하는 위험 요소들과 공정의 효율을 떨어뜨릴 수 있는 운전상의 문제점을 찾아내어 그 원인을 제거하는 정성적인 기법
- 결함수분석(FTA) : 사고를 일으키는 장치의 이상이나 운전사 실수의 조합을 연역적으로 분석하는 정량적 평가기법
- 이상 위험도 분석(FMECA) : 공정 및 설비의 고장의 형태 및 영향, 고장형태별 위험도 순위 등을 분석하는 평가기법

**31** 흡입절대압력×압축비 = 토출절대압력

토출절대압력 - 대기압 = 게이지압력

3단 : $x \times 2 = 2+0.1$, ∴ 3단흡입절대압력 = 1.05

2단 : $x \times 2 = 1.05$, ∴ 2단흡입절대압력 = 0.525

1단 : $x \times 2 = 0.525$, ∴ 1단흡입절대압력 = 0.263

1단 흡입 게이지압력 = 0.26 - 0.1 = 0.16

**32** • 레이놀드식(Reynolds), KRF식
- 언로딩형, 정특성이 극히 좋으나 안전성이 부족하다.
- 다른 것에 비하여 커서 장소를 많이 차지한다.

• 피셔식 정압기
- 로딩형, 정특성, 동특성이 양호하다.
- 비교적 콤팩트하다. 사용압력 범위가 넓다.

• 엑셀 플로우식 정압기
- 변칙 언로딩형, 정특성, 동특성이 양호하다.
- 고차압이 될수록 특성 양호하다. 극히 컴팩트하다.

**34**

| 종류 | 규격기호 KS | 주요용도 외 기타사항 |
|---|---|---|
| 배관용 탄소강관 | SPP | 사용압력이 비교적 낮은 증기, 물, 가스 및 공기 등의 배관용, 흑관과 백관이 있다. |
| 압력배관용 탄소강관 | SPPS | 350℃ 이하의 온도에서 압력이 10~100kg/cm²까지의 배관에 사용 |
| 고압배관용 탄소강관 | SPPH | 350℃ 이하의 온도에서 압력 100kg/cm² 이상의 배관에 사용 |
| 고온배관용 탄소강관 | SPHT | 350℃ 이상 온도에서 사용하는 배관 |
| 배관용아크용접 탄소강관 | SPW | 사용압력 10kg/cm² 이하의 비교적 낮은 증기, 물, 기름, 가스 및 공기 등의 배관용 |
| 배관용 합금강관 | SPA | 주로 고온도의 배관에 사용 |
| 저온배관용 강관 | SPLT | 빙점 이하의 특히 저온도 배관에 사용 |

**37** 자연기화방식의 LPG기화기

• 용기 내의 LPG가 대기 중의 열을 흡수해서 기화하는 방식으로 기화능력의 한계가 있어 소량소비에 적당하다.

• 가스 조성의 변화가 크다.

• 발열량의 변화가 크다.

**39** 내면으로부터 열전도는 열의 침입현상과 상관이 없다.

**40** 펌프의 메카니컬 시일의 형식의 종류

• 세트형식
- 인사이드형(내장형) : 고정면이 펌프측에 있는 것으로 보통 많이 사용
- 아웃 사이드형(외장형) : 회전면이 펌프측에 있는 것으로 실재료가 부식될 우려가 있거나 스타팅 박스 내가 고진공이고, 점성계수가 100Cp를 초과하는 고점도, 저응고점 액체 등일 때 사용된다.

• 면압 밸런스 형식
- 언밸런스형 : 펌프의 내압이 실의 습동면에 직접 받는 경우 사용한다.
- 밸런스형 : 펌프의 내압이 4~5kg/cm²일 때, 액체가스와 같이 저비점의 액체일 때 사용

**41** 펌프 효율 = $\dfrac{\text{실제송출유량}}{\text{회전차를 지나는 총유량}}$

실제송출유량 = Q

회전차를 지나는 총유량 = Q + 0.6Q = 1.6Q

∴ $\dfrac{\eta 1}{1.6} = 0.625$, 62.5%

**43** 가연성가스를 냉매로 사용하는 냉동제조시설의 수액기에 설치하는 액면계는 파손의 위험이 적은 것으로 하여야 한다.

**44** 안전등형

• $CH_4$ 존재 시 불꽃 주변의 발열량이 증가하여 불꽃모양이 커지므로 청색 불꽃길이에서 $CH_4$의 농도를 대략적으로 알 수 있다.

• $CH_4$의 누출 여부를 가장 손쉽게 알 수 있다.

**46** 액화가스는 고압가스의 성질에 따른 분류가 아니라 상태에 따라 분류된 것이다.

**47** 확산속도는 분자량이 작을수록 빠르다.

**48** 온도의 환산

$T(°F) = 1.8T(℃) + 32$
$T(K) = T(℃) + 273.15$
$T(°R) = T(°F) + 460 = 1.8T(K)$
$0K = 0°R$

**50** 일정압력에서 온도와 부피의 관계 : 샤를의 법칙
$V \propto T$

**51** 수소($H_2$)의 공업적 제조법 : 물의 전기분해, 수성가스법, 천연가스분해법, 석유의 분해법, 일산화탄소 전화법

**53**
- 열분해 프로세스 : 원유, 나프타, 중유 등의 분자량이 큰 탄화수소를 고온(800~900℃)으로 분해하여 10,000kcal/$m^3$ 정도의 고열량가스를 제조하는 방법
- 접촉분해 프로세스 : 촉매를 사용하여 반응온도 400~800℃로 탄화수소와 수증기를 반응시켜 $CH_4$, $H_2$, $CO$, $CO_2$로 변환시키는 방법
- 부분연소 프로세스 : 메탄에서 원유까지의 탄화수소를 산소 또는 공기 및 수증기를 이용하여 $CH_4$, $CO_2$, $CO$, $CO_2$ 등으로 변환하는 방법
- 수소화분해 프로세스 : 수소기류 중에 탄화수소원료를 열분해 또는 접촉분해해서 메탄을 주성분으로 하는 고열량의 가스를 제조하는 방법

**54** $\rho = \dfrac{PM}{RT} = \dfrac{1atm \times 44g/mol}{0.082\dfrac{atm-L}{mol-K} \times 273K} = 1.96g/L$

**55** 공기보다 무거운 기체 즉, 공기의 평균분자량인 29보다 큰 분자량을 가지는 기체를 찾는 문제이다.

**57** $1atm = 101.3kPa = 1.033kgf/cm^2 = 14.7psi$
$= 1,013hPa = 760mmHg = 10.33mH_2O$

**58** 암모니아에 의한 강의 질화
- 고온, 고압하에서 $NH_3$의 해리가 일어나는 조건에서는 보통강에 대해 질화와 수소취성을 일으킨다.
- 질화작용의 방지제 : 니켈

**59** $1cal = 4.184J$

**60** $dU = dQ - PdV = C_v dT$ ······(1)
$H \equiv U + PV$
$\rightarrow dQ = dU + PdV = d(U + PV) = dH = C_p dT$ ······(2)
$PdV = RdT$ ······(3)
정리하면, $C_p dT = C_v dT + RdT \rightarrow C_p = C_v + R$
비열비 $K = \dfrac{C_p}{C_v}$로 정의

# 가스기능사 필기 기출문제 2014년 제4회 정답 및 해설

## 정답

| | | | | | | | | | | | | | | | | | | | |
|---|---|---|---|---|---|---|---|---|---|---|---|---|---|---|---|---|---|---|---|
| 01 | ① | 02 | ② | 03 | ② | 04 | ④ | 05 | ④ | 06 | ④ | 07 | ④ | 08 | ② | 09 | ① | 10 | ③ |
| 11 | ① | 12 | ② | 13 | ③ | 14 | ④ | 15 | ③ | 16 | ③ | 17 | ① | 18 | ③ | 19 | ② | 20 | ④ |
| 21 | ① | 22 | ④ | 23 | ② | 24 | ④ | 25 | ② | 26 | ④ | 27 | ③ | 28 | ① | 29 | ② | 30 | ② |
| 31 | ② | 32 | ④ | 33 | ④ | 34 | ② | 35 | ① | 36 | ② | 37 | ② | 38 | ④ | 39 | ③ | 40 | ② |
| 41 | ④ | 42 | ③ | 43 | ③ | 44 | ④ | 45 | ① | 46 | ④ | 47 | ① | 48 | ③ | 49 | ③ | 50 | ② |
| 51 | ④ | 52 | ④ | 53 | ① | 54 | ② | 55 | ② | 56 | ④ | 57 | ① | 58 | ② | 59 | ③ | 60 | ③ |

## 해설

**01** 일반도시가스사업 정압기실에 설치되는 기계환기설비 중 배기구의 관경 : 100mm 이상

**02** 충전질량 $= \frac{50}{0.8} = 62.5$kg

$\frac{1,375}{62.5} = 22$개

**03** 경계표시 : 위험고압가스라는 경계표시와 위험물 알리는 도형 및 전화번호를 표시하여야 한다.

**04**

| 구분 | 시약 | 순도 |
|---|---|---|
| 산소 | 동암모니아시약(올잣드법) | 99.5% 이상 |
| 아세틸렌 | 발연황산(올잣드법)<br>브롬시약(뷰렛법)<br>질산은시약(정성시험) | 98% 이상 |
| 수소 | 피로갈롤 또는<br>하이드로설파이드시약 | 98.5% 이상 |

**05** 액화석유가스 사용시설 중 조정기 출구로부터 연소기까지의 배관 또는 호스의 기밀시험 : 내부에 서서히 압력을 가하여 8.4kPa 이상 10kPa 이하의 압력(조정기의 조정압력이 3.3kPa 이상 30kPa 이하의 것은 35kPa 이상의 압력, 30kPa 초과의 것은 최고사용압력의 1.1배 또는 35kPa 중 높은 압력)에 이를 때까지 가압

**06** 지하배관 보호포의 바탕색
- 최고사용압력이 저압인 관 : 황색
- 최고사용압력이 중압 이상인 관 : 적색

**07** 도시가스 공급시설을 제어하기 위한 기기를 설치한 계기실의 구조
- 계기실의 구조는 내화구조로 한다.
- 내장재는 불연성 재료로 한다.
- 창문은 망입유리 및 안전유리 등으로 한다.
- 출입구는 2곳 이상에 설치하고 출입문은 방화문으로 한다.

**08** LPG 저장탱크에 설치하는 압력계 : 상용압력의 1.5~2배

**13** 과압안전장치 : 용전의 용융온도 75℃(단, 저압부에서 사용하는 것은 제외)

**14** 역류방지장치는 특정고압가스 사용시설에서 독성가스 감압설비와 그 가스의 반응설비 간의 배관에 반드시 설치하여야 하는 설비이다.

**15** 가연성 탱크는 처리능력이 20만 $m^3$ 이상인 압축기와 30m 이상 유지해야 한다.

**16** 가스보일러의 급배기방식에 따른 구분

| | | |
|---|---|---|
| 반밀폐형 | 자연배기방식 (CF) | 연소용 공기 : 실내<br>연소 배기가스 : 옥외로 자연배기 |
| | 강제배기방식 (FE) | 연소용 공기 : 실내<br>연소 배기가스 : 옥외로 강제배기 |
| 밀폐형 | 자연급배기방식 (BF) | 연소용 공기 : 옥외에서 자연급기<br>연소 배기기스 : 옥외로 자연배기 |
| | 강제급배기방식 (FF) | 연소용 공기 : 옥외에서 강제급기<br>연소 배기가그 : 옥외로 강제배기 |

**18** 용기의 재검사 주기에 대한 기준
- 압력용기는 4년마다 재검사
- 저장탱크가 없는 곳에 설치한 기화기는 3년마다 재검사
- 용접용기로서 신규검사 후 15년 이상 20년 미만인 용기는 2년마다 재검사

**19** 도시가스 공급시설의 안전조작에 필요한 조명 등의 조도 : 150Lux 이상

**20**

| 가스별 | 제독제 |
|---|---|
| 암모니아<br>산화에틸렌<br>염화메탄 | 물 |

**21** 차량에 고정된 탱크 운반차량의 탱크
가연성가스(액화석유가스는 제외) 및 산소탱크의 내용적은 18,000리터, 독성가스(액화암모니아는 제외)의 탱크의 내용적은 12,000리터를 초과하지 않을 것

**22** 가연성 가스용 가스누출경보 및 자동차단장치의 경보농도 설정치의 기준 : ±25% 이하

**23** 저장 탱크의 방류둑의 용량
- 저장 탱크의 저장 능력에 상당하는 용적 이상의 용적이어야 한다.
- 액화산소저장 탱크는 저장능력에 60% 이상, 집합 방류둑 내에 설치하는 경우에는 최대저장 탱크 저장능력에 잔여저장 탱크 총량에 10%를 더한 값

**24** 도시가스법에서 정한 특정가스사용시설
- 월사용예정량 2,000m³(제1종 보호시설 안에 있는 경우에는 1,000m³) 미만인 가스사용시설 중 다중이 이용하는 시설로서 시·도지사가 안전 관리상 필요하다고 인정하여 지정하는 가스사용시설
- 월사용예정량 2,000m³(제1종 보호시설 안에 있는 경우에는 1,000m³) 미만인 가스사용시설 중 다중이 이용하는 시설로서 시·도지사가 안전 관리상 필요하다고 인정하여 지정하는 가스사용시설

**25** LPG충전·집단공급 저장시설의 공기에 의한 내압시험 시 사용압력의 일정압력 이상으로 승압한 후 단계적으로 승압시킬 때, 상용압력의 10%씩 증가시켜 내압시험 압력에 달하였을 때 이상이 없어야 한다.

**27** 독성가스란 인체에 유해한 독성을 가진 가스로서 허용농도가 100만 분의 5,000 이하인 것을 말한다.

**28**
- 아세틸렌가스를 충전하는 용기의 부속품 : AG
- 압축가스를 충전하는 용기의 부속품 : PG
- 액화석유가스 외의 액화가스를 충전하는 용기의 부속품 : LG
- 액화석유가스를 충전하는 용기의 부속품 : LPG
- 초저온용기 및 저온용기의 부속품 : LT

**32** 증기 압축식 냉동기에서 냉매가 순환되는 경로 :
압축기 → 응축기 → 팽창밸브 → 증발기

**35** 고압가스 안전관리법령에 따라 고압가스 판매시설에서 갖추어야 할 계측설비 : 압력계, 계량기

**36** 반밀폐형 연소기는 급기구 및 배기통을 설치하여야 한다.

**38**

| | 1단감압식 저압조정기 | 1차감압식 준저압조정기 | 자동절체식 일체형조정기 |
|---|---|---|---|
| 입구압력 | 0.07~1.56MPa | 0.1~1.56MPa | 0.1~1.56MPa |
| 조정압력 | 2.3~3.3kPa | 5~30KPa | 2.55~3.3kPa |
| 내압시험 (입구측) | 3MPa | 3MPa | 3MPa |
| 내압시험 (출구측) | 0.3MPa | 0.3MPa | 0.3MPa |

| | | | |
|---|---|---|---|
| 기밀시험 (입구측) | 1.56MPa | 1.56MPa | 1.8MPa |
| 기밀시험 (출구측) | 5.5kPa | 조정압력의 2배 | 5.5kPA |
| 최대 폐쇄압력 | 3.5kPa | 조정압력의 1.25배 | 3.5kPa |

**39** 충전량 $= \frac{105}{1.86} = 56.45\text{kg}$

**41** 부자식 액면계
액면이 상하로 움직임에 따라서 같이 움직이는 플로트를 액면에 직접 띄워서 그 움직임을 직접 지시하거나 회전 혹은 레버에 의해서 전기량이나 공기압으로 변환시켜 전송한다. 고압밀폐탱크 및 초대형 지하탱크의 액면을 측정한다. 정도는 ±1~2%이다.

**42** 입상관이 화기 등이 있을 우려가 있는 주위를 통과할 경우에는 화기 등과 차단조치를 하여야 하고, 이에 부착된 밸브는 분리가능한 것으로서 바닥으로부터 1.6m 이상 2m 이내(단단한 상자 안에 설치하는 경우는 제외)에 설치할 것

**43** 스케쥴(Sch, SCH) 번호 계산법

$$\text{Sch No.} = 10 \times \frac{P}{S}$$

P : 압력 ($\text{kg}_f/\text{cm}^2$),
S : 허용응력, $S = \frac{\text{인장강도}}{\text{안전율}}$,
인장강도 : $\text{kg}_f/\text{mm}^2$

$S = \frac{20}{4} = 5$

$P = 2\text{MPa} = 20\text{kg}_f/\text{cm}^2$

$\text{Sch No.} = 10 \times \frac{20}{5} = 40$

**45** 부취제 주입방식
- 펌프 주입방식 : 부취제 첨가율의 조절이 용이하다. 대규모 공급용에 적합하다.
- 적하 주입방식 : 부취제 첨가율을 일정하게 하기 위해 수동조절이 필요하다. 긴급용, spot용, 소규모용에 적합하다.
- 바이패스 증발식 : 온도, 압력 등의 변동에 따라 부취제 첨가율이 변동한다. 중·소규모 용에 적합하다.
- 위크 증발식 : 부취제 첨가율이 변동한다. 소규모용에 적합하다.

**48** 효율이 100%인 열기관(제2종 영구기관)은 제작이 불가능 : 열역학 제2법칙

**49**
- 일산화탄소 전화법 : $CO + H_2O \rightarrow CO_2 + H_2$
- 수소의 공업적 제법 : 물의 전기분해, 수성가스법, 천연가스분해법, 석유의 분해법, 일산화탄소 전화법

**50** 입상배관에 의한 압력손실을 구하는 식

$h = 1.293 \times (S-1) \times H$,
h : 허용압력손실($mmH_2O$),
S : 가스비중, H : 높이(m)

S=0.6, H=45m

$h = 1.293 \times (0.6-1) \times 40 = -23.27mmH_2O$

**52** 기체의 확산속도는 분자량의 제곱근에 반비례한다.

**55** 절대압력 = 게이지압력 + 대기압
$1\text{atm} = 101.3\text{kPa} = 1.033\text{kgf/cm}^2 = 14.7\text{psi}$
$= 1,013\text{hPa} = 760\text{mmHg} = 10.33mH_2O$

**56** 기체의 비중 $= \frac{\text{기체의 분자량}}{\text{공기의 평균분자량}}$

**57** 부취제의 농도 : 공기 중의 혼합비율이 용량의 $\frac{1}{1000}$의 상태에서 감지할 수 있도록 냄새가 나야 한다.

**58** 비중=0.5이므로 액화 LPG밀도는 500g/ℓ
10kg = 10,000g이고 이 때 액화 LPG의 부피는 20ℓ이다.
∴ 기화 시 250배가 되므로
$20 \times 250 = 5,000\ell = 5\text{m}^3$

**59** 시안화수소 충전기준
- 용기에 충전하는 시안화수소는 순도가 98% 이상이어야 한다.
- 시안화수소를 충전한 용기는 충전 후 24시간 이상 정치한다.
- 시안화수소는 충전 후 60일이 경과되기 전에 다른 용기에 옮겨 충전하여야 한다.
- 시안화수소 충전용기는 1일 1회 이상 질산구리벤젠 등의 시험지로 가스누출 검사를 한다.

# 가스기능사 필기 기출문제 2015년 제1회 정답 및 해설

## 정답

| | | | | | | | | | | | | | | | | | | | |
|---|---|---|---|---|---|---|---|---|---|---|---|---|---|---|---|---|---|---|---|
| 01 | ③ | 02 | ③ | 03 | ① | 04 | ② | 05 | ④ | 06 | ③ | 07 | ① | 08 | ④ | 09 | ② | 10 | ④ |
| 11 | ① | 12 | ③ | 13 | ② | 14 | ③ | 15 | ② | 16 | ② | 17 | ④ | 18 | ④ | 19 | ① | 20 | ④ |
| 21 | ① | 22 | ② | 23 | ④ | 24 | ② | 25 | ① | 26 | ② | 27 | ③ | 28 | ③ | 29 | ③ | 30 | ③ |
| 31 | ② | 32 | ① | 33 | ② | 34 | ① | 35 | ④ | 36 | ② | 37 | ② | 38 | ① | 39 | ① | 40 | ④ |
| 41 | ④ | 42 | ③ | 43 | ② | 44 | ① | 45 | ④ | 46 | ③ | 47 | ① | 48 | ③ | 49 | ③ | 50 | ① |
| 51 | ④ | 52 | ③ | 53 | ④ | 54 | ③ | 55 | ① | 56 | ① | 57 | ① | 58 | ② | 59 | ④ | 60 | ② |

## 해설

**01** 보호판의 구멍 : 직경 30mm 이상 50mm 이하의 구멍을 3m 이하의 간격으로 뚫어 누출된 가스가 지면으로 확산될 수 있도록 한다.

**02**

| 가스 | 처리 및 저장능력 (kg) or ($m^3$) | 1종 보호시설 | 2종 보호시설 |
|---|---|---|---|
| 산소 | 1만 이하 | 12m | 8m |
| | 1만 초과 2만 이하 | 14m | 9m |
| | 2만 초과 3만 이하 | 16m | 11m |
| | 3만 초과 4만 이하 | 18m | 13m |
| | 4만 초과 | 20m | 14m |
| 독성, 가연성 | 1만 이하 | 17m | 12m |
| | 1만 초과 2만 이하 | 21m | 14m |
| | 2만 초과 3만 이하 | 24m | 16m |
| | 3만 초과 4만 이하 | 27m | 18m |
| | 4만 초과 | 30m | 20m |
| 기타 | 1만 이하 | 8m | 5m |
| | 1만 초과 2만 이하 | 9m | 7m |
| | 2만 초과 3만 이하 | 11m | 8m |
| | 3만 초과 4만 이하 | 13m | 9m |
| | 4만 초과 | 14m | 10m |

**03** 도시가스사업자는 굴착공사 정보지원센터로부터 굴착계획의 통보내용을 통지받은 때에는 24시간 이내에 매설된 배관이 있는지를 확인하고, 그 결과를 굴착공사 정보지원센터에 통지하여야 한다.

**04** 폭발범위는 아세틸렌이 가장 넓고, 그 다음 수소이다. 탄화수소에서 C1에서 C4까지 볼 때, 탄소 수가 많아질수록 좁아지고 연소하한도 낮아진다.

**05** 용기에 의한 액화석유가스 저장소에서 실외 저장소 주위의 경계 울타리와 용기보관장소 사이에는 20m 이상의 거리를 유지하여야 한다.

**06** 철강공업시설 및 그 부대시설에서 고압가스를 제조하는 것으로 그 처리능력이 10만 $m^3$ 이상인 것은 고압가스 특정제조 허가의 대상이 된다.

**07** 암모니아와 브롬화메탄의 제조설비는 방폭성능을 가지는 구조 제외 대상이다.

**08** 가스도매사업제조소의 배관장치에 설치하는 경보장치가 울려야 하는 시기의 기준

- 배관 안의 압력이 상용압력의 1.05배를 초과한 때
- 배관 안의 압력이 정상운전 때의 압력보다 15% 이상 강하한 경우 이를 검지한 때
- 긴급차단밸브의 조작회로가 고장난 때 또는 긴급차단 밸브가 폐쇄된 때
- 상용압력이 4MPa 이상인 경우에는 상용압력에 0.5MPa를 더한 압력을 초과할 때

**09** 메탄은 비등점이 −162℃ 정도로 낮아서 액화가 어렵기 때문에 압축가스로 취급된다. 프로판과 부탄이 주성분인 LPG는 액화석유가스지만 메탄이 주성분인 CNG는 말 그대로 압축천연가스이다.

**10** 가스배관의 표면색상은 지상배관은 황색으로, 매설배관은 최고사용압력이 저압인배관은 황색, 중압인 배관은 적색으로 할 것

**11** 가스도매사업의 가스공급시설 중 지하매설 배관은 그 외면으로부터 수평거리로 건축물까지 1.5m 이상을 유지한다.

**16** 1kcal = 4.2kJ(혹은 4.184kJ)이므로
10,400 × 4.2 = 43,680kJ = 43.68MJ

**20**
- 독성가스 : 허용농도가 TLV-TWA 200ppm(Parts Per Million) 이하인 가스 및 $LC_{50}$ 5,000ppm 이하인 가스
- $LC_{50}$(Lethal concentration 50%) : 성숙한 흰 쥐 집단에 대해 대기 중에서 1시간 동안의 흡입실험에 의하여 14일 이내에 실험동물의 50%를 사망시킬 수 있는 가스의 농도로 $LC_{50}$값이 200ppm이하인 경우에는 맹독성으로 분류

**21** 고압가스 저장의 시설에서 가연성가스시설에 설치하는 유동방지 시설의 기준
- 높이 2m 이상의 내화성 벽으로 한다.
- 가스설비 등 화기를 취급하는 장소와의 우회거리는 8m, 액화석유가스판매점의 경우에는 2m 이상

**23** 충전 중 엔진정지 표지판 : 황색바탕에 흑색글씨

**24** 배관의 고정 : 호칭지름이 13mm 미만의 것에는 1m마다, 13mm 이상 33mm 미만의 것에는 2m 마다, 33mm 이상의 것에는 3m마다 고정 장치를 설치할 것

**27** 독성가스인 암모니아의 저장탱크에는 그 가스의 용량이 그 저장탱크 내용적의 90%를 초과하지 않아야 한다.

**28** 표준상태 : 1atm, 0℃
암모니아($NH_3$)의 분자량 = 17g/mol

$$\text{암모니아 10kg의 mol수} = \frac{10{,}000}{17} = 588.24\text{mol}$$

$$V = \frac{nRT}{P} = 588.24 \times 0.082 \times \frac{273}{1} = 13{,}168\ell$$

$$= 13.17\text{m}^3$$

**30** 사용자 공급관이란 공급관 중 가스사용자가 소유하거나 점유하고 있는 토지의 경계에서 가스사용자가 구분하여 소유하거나 점유하는 건축물의 외벽에 설치된 계량기의 전단 밸브(계량기가 건축물의 내부에 설치된 경우에는 그 건축물의 외벽)까지에 이르는 배관을 말한다.

**31** 벨로우즈(bellows) 압력계의 특징
- 두께가 얇은 금속 또는 비금속제 원통의 바깥둘레에 물결 모양의 주름 부분이 있어 외부에서 압력을 가하게 되어 있고, 내부에는 변형에 반응하는 탄성 보조스프링이 들어 있다.
- 측정압력이 0.01~10kg/cm², 오차가 ±1~2% 정도이다.
- 유체 내의 먼지 등의 영향이 적으나, 압력 변동에 적응하기 어렵다.
- 주위 온도차에 의한 충분한 주의를 요한다.

**32**

| | 1단감압식 저압조정기 | 1차감압식 준저압조정기 | 자동절체식 일체형조정기 |
|---|---|---|---|
| 입구압력 | 0.07~ 1.56MPa | 0.1~ 1.56MPa | 0.1~ 1.56MPa |
| 조정압력 | 2.3~3.3kPa | 0.057~ 0.083MPa | 2.55~3.3kPa |
| 내압시험 (입구측) | 3MPa | 3MPa | 3MPa |

**33** 차압식(햄퍼슨식) 액면계
- 기준 수위에서의 압력과 측정 액면계에서의 차이로부터 액위를 측정하는 방식
- 고압 밀폐탱크의 측정에 적합하며, 초저온의 설비에 많이 사용된다.

**34** 분말진공단열법 : 규조토, 센드셀, 펄라이트, 알루미늄 분말 등의 미세한 분말을 충진하고 $10^{-2}$Torr 정도로 압력을 낮추어 진공단열의 효과를 얻는다.

**36** 시간당 열량(kcal/hr)에 대한 계산이므로
60kcal/kg × 4.8kg/12hr = 24kcal/hr

**37** 도시가스용 압력조정기
- 유량성능은 제조자가 제시한 설정압력의 ±20% 이내로 한다.

• 합격표시는 바깥지름이 5mm의 "K"자 각인을 한다.
• 입구 측 연결배관 관경은 50A 이하의 배관에 연결되어 사용되는 조정기이다.
• 최대 표시유량 $300Nm^3/h$ 이하인 사용처에 사용되는 조정기이다.

**38** 차압식 유량계의 종류 : 오리피스, 벤튜리, 플로우노즐

**39** 내질화성 원소 : Ni

**40** 수소는 강을 탈탄시킨다.

**41** 아세틸렌은 동, 은, 수은, 마그네슘과 반응하여 폭발성의 금속아세틸라이드를 형성한다.

**42** 캐스케이드 액화사이클 : 여러 대의 압축기를 이용하여 각단의 압축기를 통과하는 동안에 비점이 점차 낮은 냉매를 사용하여 저비점의 기체를 액화하는 사이클

**43** $mgh = \frac{1}{2}mv^2$에서

$$h = \frac{v^2}{2g} = \frac{25}{2(2\times9.8)} = 1.275m$$

**44**

| 종류 | 규격기호 KS | 주요용도 외 기타사항 |
|---|---|---|
| 배관용 탄소강관 | SPP | 사용압력이 비교적 낮은(10kg/cm²) 증기, 물, 가스 및 공기 등의 배관용, 흑관과 백관이 있다. |
| 압력배관용 탄소강관 | SPPS | 350℃ 이하의 온도에서 압력이 10~100kg/cm²의 배관에 사용 |
| 고압배관용 탄소강관 | SPPH | 350℃ 이하의 온도에서 압력 100kg/cm² 이상의 배관에 사용 |
| 고온배관용 탄소강관 | SPHT | 350℃ 이상의 온도에서 사용하는 배관 |
| 배관용아크용접 탄소강관 | SPW | 사용압력 10kg/cm² 이하의 비교적 낮은 증기, 물, 기름, 가스 및 공기 등의 배관용 |
| 배관용 합금강관 | SPA | 주로 고온도의 배관에 사용 |
| 저온배관용 강관 | SPLT | 빙점 이하의 특히 저온도 배관에 사용 |

**45** 내력비 : 내력과 인장강도의 비

**48** 하버-보시법 : $N_2 + 3H_2 \rightarrow 2NH_3$
암모니아 44g = 2.59mol
2mol의 암모니아 생성을 위해서 3mol의 수소가 필요하므로 필요한 수소 $= \frac{3}{2} \times 2.59mol = 3.885mol$
표준상태 1mol의 기체는 22.4ℓ이므로
3.885mol에 대해서는 22.4×3.885 = 87.024ℓ
≒87ℓ

**50** 비중 13.6이 0.5보다 27.2배 더 크다.
따라서 76cm×27.2 = 2,067.2cm = 20.67m

**52** 시안화수소 : 액체는 무색 · 투명하고, 특유의 복숭아 향을 가진 맹독성 가스

**54** 지연성가스(조연성가스) : 스스로는 타지 않고 다른 물질의 연소를 돕는 가스
• 질소, 아르곤 : 불활성가스
• 수소, 일산화탄소, 석탄가스 : 가연성가스

**57** 수소의 특징
• 폭발범위는 공기 중에서 약 4~75%이다.
• 염소와 반응하여 폭명기를 형성한다.
• 고온 · 고압에서 강재 중 탄소와 반응하여 수소취성을 일으킨다.

# 가스기능사 필기 기출문제 2015년 제2회 정답 및 해설

## 정답

| | | | | | | | | | | | | | | | | | | | |
|---|---|---|---|---|---|---|---|---|---|---|---|---|---|---|---|---|---|---|---|
| 01 | ④ | 02 | ② | 03 | ③ | 04 | ③ | 05 | ① | 06 | ② | 07 | ③ | 08 | ② | 09 | ④ | 10 | ① |
| 11 | ③ | 12 | ② | 13 | ④ | 14 | ④ | 15 | ④ | 16 | ① | 17 | ③ | 18 | ④ | 19 | ④ | 20 | ④ |
| 21 | ④ | 22 | ② | 23 | ① | 24 | ④ | 25 | ② | 26 | ③ | 27 | ② | 28 | ② | 29 | ① | 30 | ③ |
| 31 | ③ | 32 | ① | 33 | ④ | 34 | ③ | 35 | ③ | 36 | ② | 37 | ② | 38 | ① | 39 | ② | 40 | ② |
| 41 | ① | 42 | ② | 43 | ③ | 44 | ③ | 45 | ① | 46 | ④ | 47 | ① | 48 | ④ | 49 | ③ | 50 | ③ |
| 51 | ④ | 52 | ① | 53 | ① | 54 | ③ | 55 | ③ | 56 | ② | 57 | ② | 58 | ③ | 59 | ① | 60 | ① |

## 해설

**02** 아르곤은 0족에 있는 원소로 불활성이다.

**03** 에어졸 제조설비는 화기 또는 인화성 물질과 8m 이상의 우회거리를 유지한다.

**04** 도시가스 사용시설에서 PE배관은 40℃ 이상이 되는 장소에는 설치금지

**05** 액화 조연성가스에 대한 운반책임자의 동승기준은 6,000kg이다.

**06** 0종 장소에는 원칙적으로 본질안전방폭구조의 것으로 한다.

**07** CO와 $H_2$는 압력이 증가하면 폭발범위는 증가하며, $H_2$는 10기압 이상에서는 다시 넓어진다.

**08** 아세틸렌($C_2H_2$)은 분자량이 26으로 공기보다 가볍다.

**11** 고압가스 충전용기는 항상 40℃ 이하의 온도를 유지하여야 한다.

**13** 최대지름합의 $\frac{1}{4}$ 이상 거리를 유지하여야 하므로 $\frac{(6+6)}{4} = 3m$ 이상

**14** 방호벽을 설치하여야 하는 장소

- 아세틸렌가스 압축기와 충전장소 사이
- 판매소의 용기 보관실
- 고압가스 저장설비와 사업소 안의 보호시설과의 사이
- 충전장소와 그 충전용 주관밸브 조작밸브 사이
- 압축기와 그 가스 충전용기의 보관장소 사이
- 충전장소와 그 가스 충전 및 용기보관장소 사이

**17** 용접용기는 20년 경과 시 모두 1년마다 재검사를 실시한다.

| 15년 미만인 용접용기의 재검사 주기 | |
|---|---|
| 500리터 이상 | 매 5년마다 |
| 500리터 미만 | 매 3년마다 |

**18** 충전용기란 액화석유가스 충전 질량의 $\frac{1}{2}$ 이상이 충전되어 있는 상태의 용기를 말한다.

**19** 도시가스 사용시설에 대한 기밀시험압력 : 8.4kPa 이상

**21**

| 가스별 제독제 | |
|---|---|
| 산화에틸렌<br>암모니아, 염화메탄 | 물 |
| 염소 | 가성소다<br>탄산소다, 소석회 |

| | |
|---|---|
| 아황산가스 | 가성소다<br>탄산소다, 물 |
| 황화수소 | 가성소다<br>탄산소다 |
| 시안화수소 | 가성소다 |
| 포스겐 | 가성소다<br>소석회 |

**25** 산소압축기의 내부 윤활제 : 물 혹은 10% 글리세린 수용액

**26** $C_2H_2$(아세틸렌), 산화에틸렌, 히드라진 : 분해폭발

**28** 정압기에 설치되는 가스방출관의 방출구는 주위에 불 등이 없는 안전한 위치로서 지면으로부터 5m 이상의 높이에 설치하여야 한다.

**29** 충전용 주관의 압력계에 대한 정기 검사 기준 : 매년 1회 이상

**30** 고압가스 설비에 설치하는 압력계의 최고눈금에 대한 측정범위의 기준 : 상용압력의 1.5배 이상, 2.0배 이하

**31**

| 주요 열전대 온도계별 측정범위 | |
|---|---|
| 백금 – 백금로듐 | 0~1,700℃ |
| 크로멜 – 알루멜 | -270~1,370℃ |
| 철 – 콘스탄탄 | -210~760℃ |

**32** 외경과 내경의 비가 1.2 미만인 경우, 배관의 두께

$$t=\frac{PD}{\frac{2f}{s}-P}$$

P : MPa, D : mm, f(인장강도) : N/mm²

s : 안전율, C(부식여유) : mm

$$\therefore t=\frac{15\times 15}{\frac{2\times 480}{4}-15}+1=2\text{mm}$$

**33** 정압기(Governor)의 기능 : 감압기능, 정압기능, 폐쇄기능

**35** 압축기에 사용하는 윤활유 선택 시 주의사항

- 인화점이 높을 것
- 잔류탄소의 양이 적을 것
- 점도가 적당하고 항유화성이 있을 것
- 사용가스와 화학반응을 일으키지 않을 것

**36** 탄소강은 탄소함유량이 증가할수록 인장강도가 감소한다.

**37** 압력배관용 탄소강관의 사용압력범위 : 10~100kg/cm²(1~10MPa)

**39** $\text{오차(\%)}=\frac{\text{오차}}{\text{진실치}}\times 100$

진실치 = $20\text{kg}/(\pi 2^2)=6.36\text{kg/cm}^2$

오차 = $7-6.36$

$\therefore \frac{(7-6.36)}{6.36}\times 100=10\%$

**40** 수동조절은 부취제를 외기로 분출하거나 부취설비로부터 부취제가 흘러나오는 경우 냄새를 감소시키는 방법으로 좋지 않다.

**42** 1단감압식 저압조정기, 2단감압식 2차조정기, 자동절체식 일체형 조정기의 최대 폐쇄압력 : 3.5kPa 이하

**46** $100\text{atm} \fallingdotseq 100\text{kg/cm}^2$

$2\text{kg/mm}^2 \fallingdotseq 20{,}000\text{kg/cm}^2$

$15\text{mHg} \fallingdotseq 19.7\text{kg/cm}^2$

**47** 산소용기

- 안전밸브는 파열판식을 주로 사용한다.
- 용기는 탄소강으로 된 무계목용기이다.
- 의료용 용기는 백색으로 도색한다.
- 압축기 내부 윤활유는 물이나 10%글리세린 수용액을 사용한다.

**48** 에틸렌($C_2H_4$)이 수소와 첨가반응을 주로 한다.

**50** 이상기체에 대한 정압비열 = 기체상수 + 정적비열

**51** $-45°\text{F}=-42.78℃$, $213\text{K}=-60℃$, $450°\text{R}=-23℃$

**55** $CO_2$에서 탄소의 함유율 = $\frac{12}{44}$

$CH_4$에서 탄소의 함유율 = $\frac{12}{16}$

$C_2H_4$에서 탄소의 함유율 = $\frac{24}{28}$

CO에서 탄소의 함유율 = $\frac{12}{28}$

**56** 에너지보존의 법칙(열역학 제1법칙) : 어떤 물체의 외부에서 일정량의 열을 가하면 물체는 이 열량의 일부분을 소비하여 외부에 대하여 일을 하고 남은 부분은 전부 내부 에너지로 내부에 저장되고, 그 사이에 소비된 열은 발생되는 일과 같다.

**57** 각각의 분자량을 비교하여 가장 큰 값을 갖는 분자가 가장 무겁다.

메탄 $CH_4$ : 12+4×1 = 16

프로판 $C_3H_8$ : 3×12 + 8×1 = 44

암모니아 $NH_3$ : 14 + 3×1 = 17

헬륨 He : 2

**58** PV=nRT에서 P는 일정(n도 일정)

따라서, $T = \frac{V}{R}$에서 부피가 2배가 되었으므로 T도 2배가 된다. 즉, T = 2×273 = 546K = 273℃

**60** 일산화탄소와 염소의 반응 : CO + $Cl_2$

포스겐의 화학식 : $COCl_2$

포스핀의 화학식 : $PH_3$

사염화탄소의 화학식 : $CCl_4$

# 가스기능사 필기 기출문제 2015년 제3회 정답 및 해설

## 정답

| | | | | | | | | | | | | | | | | | | | |
|---|---|---|---|---|---|---|---|---|---|---|---|---|---|---|---|---|---|---|---|
| 01 | ② | 02 | ④ | 03 | ③ | 04 | ④ | 05 | ① | 06 | ③ | 07 | ④ | 08 | ② | 09 | ① | 10 | ④ |
| 11 | ③ | 12 | ② | 13 | ③ | 14 | ③ | 15 | ③ | 16 | ④ | 17 | ③ | 18 | ③ | 19 | ② | 20 | ④ |
| 21 | ④ | 22 | ③ | 23 | ③ | 24 | ② | 25 | ② | 26 | ③ | 27 | ① | 28 | ② | 29 | ① | 30 | ④ |
| 31 | ② | 32 | ① | 33 | ② | 34 | ④ | 35 | ④ | 36 | ③ | 37 | ① | 38 | ③ | 39 | ④ | 40 | ② |
| 41 | ① | 42 | ② | 43 | ① | 44 | ④ | 45 | ③ | 46 | ① | 47 | ① | 48 | ② | 49 | ① | 50 | ② |
| 51 | ④ | 52 | ③ | 53 | ④ | 54 | ① | 55 | ② | 56 | ③ | 57 | ① | 58 | ③ | 59 | ④ | 60 | ④ |

## 해설

**01** 압축 또는 액화 그 밖의 방법으로 처리할 수 있는 가스의 용적이 1일 $100m^3$ 이상인 사업소는 압력계를 2개 이상 비치하여야 한다.

**02** 고압가스의 충전용기는 항상 40℃ 이하의 온도를 유지하여야 한다.

**03** $W = \frac{V}{C} = \frac{50}{1.86} = 26.88kg$

$\therefore \frac{200}{26.88} = 7.44$개 → 8개

**04** 가스도매사업자 가스공급시설의 시설기준 및 기술기준에 의한 배관의 해저설치의 기준

- 배관은 원칙적으로 다른 배관과 교차하지 아니한다.
- 두 개 이상의 배관을 동시에 설치하는 경우에는 배관이 서로 접촉하지 아니하도록 필요한 조치를 한다.
- 배관이 부양하거나 이동할 우려가 있는 경우에는 이를 방지하기 위한 조치를 한다.
- 배관은 원칙적으로 다른 배관과 30m 이상의 수평거리를 유지한다.

**05** 도시가스 제조시설의 플레어스택 기준

- 연소능력은 긴급이송설비로 이송되는 가스를 안전하게 연소시킬 수 있을 것
- 스택에서 발생하는 최대열량에 장시간 견딜 수 있는 재료 및 구조로 되어 있을 것
- 폭발을 방지하기 위한 조치가 되어 있을 것

밴트스택의 기준

- 스택에서 방출된 가스가 지상에서 폭발한계에 도달하지 아니하도록 할 것

**06** 초저온 용기 : 섭씨 영하 50도 이하의 액화가스를 저장하기 위한 저장 탱크로서 단열재로 피복하거나 냉동설비로 냉각하는 등의 방법으로 저장 탱크 내의 가스 온도가 상용의 온도를 초과하지 아니하도록 한 것

**07**

| 가스별 | 제독제 |
|---|---|
| 염소 | 가성소다수용액 |
| | 탄산소다수용액 |
| | 소석회 |
| 포스겐 | 가성소다수용액 |
| | 소석회 |
| 황화수소 | 가성소다수용액 |
| | 탄산소다수용액 |
| 시안화수소 | 가성소다수용액 |
| 아황산가스 | 가성소다수용액 |
| | 탄산소다수용액 |
| | 물 |
| 암모니아<br>산화에틸렌<br>염화메탄 | 물 |

**09** 아세틸렌 제조설비의 방호벽 설치 기준
- 압축기와 그 충전장소 사이
- 압축기와 그 가스충전용기보관장소 사이
- 충전장소와 그 가스충전용기보관장소 사이
- 충전장소와 그 충전용주관 밸브 조작밸브 사이

**11** 저장 탱크의 방류둑의 용량
- 저장 탱크의 저장 능력에 상당하는 용적 이상의 용적이어야 한다.
- 액화산소저장 탱크는 저장능력에 60% 이상, 집합 방류둑 내에 설치하는 경우에는 최대저장 탱크 저장능력에 잔여저장 탱크 총량에 10%를 더한 값

**12** 감압밸브 : 고압을 저압으로 낮추어 입구측의 압력에 관계없이 저압측의 압력을 일정하게 조절하는 장치

**14** 배기가스의 실내누출로 인한 사고발생방지를 위하여 반드시 전용보일러실에 설치하여야 하는 가스보일러는 반밀폐식 가스보일러이다.

**15** 압축기의 윤활유
- 공기 : 양질의 광유
- 아세틸렌 : 양질의 광유
- 수소가스 : 순광물성 기름으로 점도가 높은 것
- 산소가스 : 물이나 10% 묽은 글리세린 수용액

**16** 용접용기 동판의 최대두께와 최소두께와의 차이는 평균 두께의 20% 이하로 한다.
아세틸렌용기에 충전하는 다공물질의 다공도는 75% 이상 92% 미만으로 한다.

**18**
- LPG : 액화석유가스를 충전하는 용기의 부속품
- LG : 액화석유가스 이외의 액화가스를 충전하는 용기의 부속품

**20**

| 가스의 종류 | 도색의 구분 |
|---|---|
| 액화석유가스 | 회색 |
| 수소 | 주황색 |
| 아세틸렌 | 황색 |
| 액화암모니아 | 백색 |
| 액화염소 | 갈색 |
| 그 밖의 가스 | 회색 |

**21** 액화석유가스의 가스설비 : 저장설비 외의 설비로서 액화석유가스가 통하는 설비(배관 제외)와 그 부속설비를 말한다.

**22** $1\text{ppm}=\dfrac{1}{1{,}000{,}000}$

$1\% = \dfrac{1}{100}$

$\therefore\ 1\% = 10{,}000\text{ppm}$

**23** 방사선투과시험의 종류 : 내부선원법, 이중벽 이중상법 등

**24** 차량에 고정된 탱크운반차량의 탱크설치 기준
가연성가스(액화석유가스는 제외) 및 산소탱크의 내용적은 18,000리터, 독성가스(액화암모니아는 제외)의 탱크의 내용적은 12,000리터를 초과하지 않을 것

**25** 폭발범위와 압력과의 관계
- 일반적으로 압력이 높아질수록 발화온도는 낮아지고, 폭발범위는 넓어진다.
- 수소와 공기의 혼합 가스는 10atm 정도까지는 폭발범위가 좁아지나 그 이상의 압력에서는 다시 점차 넓어진다.
- 일산화탄소 공기의 혼합 가스는 압력이 높아질수록 폭발범위가 오히려 좁아진다.

**26** 일반도시가스 지하매설기준
- 공동주택 등의 부지 안에서는 0.6m 이상
- 폭 8m 이상의 도로에서는 1.2m 이상
- 폭 4m 이상 8m 미만인 도로에서는 1m 이상
- 철도부지에 매설하는 경우
  - 배관의 외면으로부터 궤도중심까지 4m 이상
  - 그 철도부지 경계까지는 1m 이상의 거리 유지
  - 지표면으로부터 배관의 외면까지의 깊이 1.2m 이상

**29** 액화석유가스 판매업소의 충전용기 보관실에 강제통풍장치 설치 기준
- 통풍능력 : 바닥면적 $1m^2$마다 $0.5m^3$/분 이상
- 배기구 : 바닥면(공기보다 가벼운 경우에는 천정면) 가까이에 설치하여야 한다.

• 배기가스 방출구 : 지면에서 5m 이상의 높이

**31** 캐비테이션 방지법

• 펌프의 설치 위치를 낮추어 흡입양정을 낮게 한다.
• 입축 펌프를 사용하고, 임펠러를 수중에 완전히 잠기게 한다.
• 흡입배관계는 관지름을 굵게 하거나 굽힘을 적게 한다.
• 펌프의 회전수를 낮추어 흡입 비교회전도를 적게 한다. 양흡입 펌프를 사용한다.
• 두 대 이상의 펌프를 사용한다.

**33** $CO_2$ 흡수탑에서 가성소다(NaOH)를 이용하여 제거

$2NaOH + CO_2 \rightarrow Na_2CO_3 + H_2O$

1kg $CO_2 \rightarrow$ 22.73mol

필요한 NaOH = 22.73×2 = 45.46mol

NaOH 분자량 = 23 + 16 + 1 = 40g/mol

∴ 필요한 NaOH = 40×45.46 = 1,818.47g = 1.82kg

**34** 왕복동 압축기 용량조정 방법 중 단계적으로 조절하는 방법 : 클리어런스 밸브에 의해 용적효율을 낮추는 방법

**38** 터보압축기에서 주로 발생할 수 있는 현상 : 서징(surging)현상

**42** • 암모니아용 장치나 계기에는 직접 구리나 황동, 알루미늄합금을 현저하게 부식시키며 수분이 있으면 그 작용이 더욱 격렬해진다.
• 참고 : 아세틸렌 제조 설비 중 아세틸렌에 접촉하는 부분에는 동 또는 동함유량이 62%를 초과하는 동합금의 사용금지

**43** 오르자트 시료성분분석 순서 : $CO_2 \rightarrow O_2 \rightarrow CO$

**45** 분광분석법 : 용액의 물질이 빛을 흡수하는 성질을 이용하여 시료의 농도를 측정하는 흡광 분석법에 사용된다. 농도가 높을수록 흡수되는 빛의 양은 많아진다. 따라서 광도계를 사용하여 용액을 투과한 빛의 세기를 측정한다. Nernst 백열등 등이 있다.

**46** $PV=nRT \rightarrow n = \dfrac{PV}{RT}$

P = 1atm, V = 1,000L, R = 0.082atm−L/mol−K, T = 273K

∴ n = 44.67mol

부탄($C_4H_{10}$)의 분자량 = 4×12 + 10×1 = 58g/mol

→ 부탄($C_4H_{10}$)의 질량

= 58×44.67 = 2,590.86g = 2.59kg

**47** R = 0.082atm−L/mol−K

= 8.314J/mol−K = 1.98cal/mol−K

**49** $CH_4 + 2O_2 \rightarrow CO_2 + 2H_2O$

이론공기량 = 2/0.21 = 9.52

$C_3H_8 + 5O_2 \rightarrow 3CO_2 + 4H_2O$

이론공기량 = $\dfrac{5}{0.21}$ = 23.8

**51** 아세틸렌의 발생방식 : 투입식(공업적 대량생산용), 주수식, 침지식

**52** $dH = C_p dT$ 일정온도에서 엔탈피의 변화량은 0

**53** 1kW = 1kJ/s

3,600s = 1hr, 1kJ = $\dfrac{1}{4.2}$kcal

∴ 1kW = $\dfrac{3{,}600}{4.184}$ = 860.4kcal/h

**54** T(℉) = 1.8T(℃) + 32, T(℉) = T(℃)이므로

T(℃) = 1.8T(℃) + 32 → −0.8T(℃) = 32

∴ T(℃) = −40

**55** 1atm = 760mmHg = 10.332mH$_2$O

= 101.3kPa = 1.013bar

**56** 1atm×10,000L = n×0.082atm−L/mol−K×303K

∴ n = 402.5mol

0.6atm×V = 402.5×0.082atm−L/mol−K×253

→ V = 13,917 ≒ 14,000L

**59** 산소는 연소하지 않는다.

**60** 메탄($CH_4$)의 비점 : −162℃

# 가스기능사 필기 기출문제 2015년 제4회 정답 및 해설

## 정답

| | | | | | | | | | | | | | | | | | | | |
|---|---|---|---|---|---|---|---|---|---|---|---|---|---|---|---|---|---|---|---|
| 01 | ④ | 02 | ① | 03 | ③ | 04 | ③ | 05 | ④ | 06 | ② | 07 | ④ | 08 | ② | 09 | ④ | 10 | ③ |
| 11 | ② | 12 | ② | 13 | ① | 14 | ③ | 15 | ② | 16 | ④ | 17 | ② | 18 | ④ | 19 | ① | 20 | ④ |
| 21 | ② | 22 | ② | 23 | ① | 24 | ① | 25 | ③ | 26 | ④ | 27 | ② | 28 | ② | 29 | ① | 30 | ① |
| 31 | ② | 32 | ① | 33 | ① | 34 | ③ | 35 | ② | 36 | ③ | 37 | ④ | 38 | ③ | 39 | ④ | 40 | ③ |
| 41 | ① | 42 | ④ | 43 | ③ | 44 | ④ | 45 | ④ | 46 | ③ | 47 | ① | 48 | ② | 49 | ① | 50 | ① |
| 51 | ① | 52 | ① | 53 | ② | 54 | ④ | 55 | ① | 56 | ③ | 57 | ② | 58 | ④ | 59 | ④ | 60 | ① |

## 해설

**01** 특정고압가스 : 게르만, 삼불화질소, 사불화규소, 포스핀, 셀렌화수소, 디실란, 오불화비소, 오불화인, 삼불화붕소 등

**02** LPG 저장탱크 지하에 설치하는 기준

- 저장탱크실 상부 윗면으로부터 저장탱크 상부까지의 깊이는 0.6m 이상으로 한다.
- 저장탱크를 2개 이상 인접하여 설치하는 경우에는 상호 간에 1m 이상의 거리를 유지한다.
- 저장탱크실은 천장, 벽 및 바닥의 두께가 각각 30cm 이상의 방수조치를 한 철근콘크리트구조로 한다.

**04** 압력용기 등의 재질이 주철인 경우 내압시험압력 : 설계압력의 2배의 압력

**05** $Q = \dfrac{W \times q}{H \times \Delta T \times V}$

$Q$ : 침입열량(kcal/hr · ℃ · ℓ)
$W$ : 기화된 가스량(kg)
$q$ : 시험용 가스의 기화잠열(kcal/kg)
$H$ : 측정기간(hr)
$\Delta T$ : 시험용 가스의 비점과 대기온도와의 온도차(℃)
$V$ : 초저온용기의 내용적(ℓ)

**06** 인체용 에어졸 제품 : 인체에서 20cm 이상 떨어져서 사용할 것

**07** 비등액체팽창 증기폭발(BLEVE) : 인화점이나 비점이 낮은 인화성액체(유류)가 가득차 있지 않는 저장탱크 주위에 화재가 발생할 때 일어날 수 있다.

**10** $\text{웨버지수} = \dfrac{\text{발열량}}{\text{비중}^{\frac{1}{2}}}$

$\therefore \dfrac{9{,}500}{0.65^{\frac{1}{2}}} = 11{,}780$

**11**
- 도시가스법에 따른 보호판의 두께 : 고압배관(6mm 이상), 중압배관(4mm 이상)
- 고압가스법에 따른 보호판의 두께 : 6mm 이상

**12** 고압가스의 종류 및 범위

- 압축가스 : 상용온도 또는 35℃에서 1MPa 이상인 것
- 액화가스 : 상용온도 또는 35℃에서 0.2MPa 이상인 것
- 아세틸렌가스 : 15℃에서 0Pa 이상인 것
- 특수가스 : 35℃에서 액화산화 에틸렌, 액화 브롬화메탄, 액화 시안화수소는 0Pa 이상 시 고압이라 한다.

**13** 고압가스 제조허가의 종류 : 고압가스 특정제조, 고압가스 일반제조, 고압가스 충전, 냉동제조

**14**

| 용기의 종류 | | 부식여유 수치 |
|---|---|---|
| 암모니아 충전 용기 | 내용적이 1천 ℓ 이하인 것 | 1 |
| | 내용적이 1천 ℓ 초과한 것 | 2 |
| 염소 충전 용기 | 내용적이 1천 ℓ 이하인 것 | 3 |
| | 내용적이 1천 ℓ 초과한 것 | 5 |

**15** 물분무장치와 소화전 등은 당해 설비를 30분 이상 연속하여 동시에 방수할 수 있는 수량을 가지는 수원에 접속할 것

**16** 산화에틸렌의 저장 탱크 및 충전용기에는 45℃에서 그 내부가스의 압력이 0.4MPa 이상이 되도록 질소($N_2$)가스 또는 탄산($CO_2$)가스를 충전할 것

**19**
- 가스배관의 표면색상은 지상배관은 황색으로, 매설배관은 최고사용압력이 저압인배관은 황색 · 중압인 배관은 적색으로 할 것
- 지하에 매설하는 배관은 그 외부에 가스의 흐름방향을 표시하지 않을 수 있다.

**21** 배관을 철도부지에 매설하는 경우에는 배관의 외면으로부터 궤도중심까지 4m 이상, 그 철도부지 경계까지는 1m 이상의 거리를 유지하고, 지표면으로부터 배관의 외면까지의 깊이를 1.2m 이상으로 한다.

**22** 가스도매사업시설에서 배관 지하매설의 설치기준
- 산과 들 이외의 지역에서 배관의 매설깊이는 1.2m 이상
- 산과 등에서의 배관의 매설깊이는 1m 이상

**23** $CS_2$은 특수인화물로 인화온도가 약 −30℃이다.

**24** 액화가스를 충전하는 차량에 고정된 탱크는 그 내부에 액면요동을 방지하기 위하여 방파판을 설치하여야 한다.

**25** 가연성가스의 지상저장탱크 외부에는 은 · 백색의 도료를 바르고 가스의 명칭을 붉은색으로 표시한다.

**26**

| 가스의 종류 | 도색의 구분 |
|---|---|
| 산소 | 녹색 |
| 액화탄산가스 | 청색 |
| 질소 | 회색 |
| 소방용 용기 | 소방법에 따른 도색 |
| 그 밖의 가스 | 회색 |

**28** 다공물질 충전검사 적합판정기준 : 다공물질은 용기벽을 따라서 용기 안지름의 $\frac{1}{200}$ 또는 3mm를 초과하는 틈이 없는 것으로 한다.

**29** 액화석유가스를 차량에 고정된 탱크 또는 용기에 충전할 경우 공기 중의 혼합비율이 용량의 $\frac{1}{1000}$의 상태에서 감지할 수 있도록 냄새가 나는 물질을 섞어 충전할 수 있는 설비(부취제혼합설비)를 설치할 것

**31** 도시가스 사용시설의 정압기실에 설치된 가스누출경보기의 점검주기 : 1주일 1회 이상

**32** 고압가스 제조설비에서 정전기 방지
- 가연성 제조설비의 탑류, 벤드스택 등은 단독으로 접지한다.
- 제조장치 등에 본딩용 접속선은 단면적이 $5.5mm^2$ 이상의 단선을 사용한다.
- 접지 저항치 총합이 100Ω 이하

**35** 저압식(Linde−Frankl식) 공기액화 분리장치의 정류탑 하부의 압력 : 0.5MPa(5기압)

**36** $\frac{\pi}{4} \times (0.025)^2 \times 30 \times 1,000 = 14.72L$

**38**

| 연소방식 | |
|---|---|
| 적화식 | 연소에 필요한 공기의 전부를 불꽃 주변에서 확산에 의해 취한다. 연소에 필요한 공기를 2차로 전부 취한다. |
| 분젠식 | 혼합관 내에서 가스와 공기가 혼합되어 염공을 통해 분출하여 연소한다. 연소 시 1차 공기, 2차 공기가 필요하다. |
| 세미 분젠식 | 적화식과 분젠식의 중간으로 1차 공기율이 낮으므로 내염과 외염의 구분이 확실하지 않은 불꽃을 만든다. |

| | |
|---|---|
| 전1차 공기식 | 연소에 필요한 공기 전부를 1차 공기로서 흡입하여 이를 혼합관 내에서 혼합 연소시키는 방식이다. |

**40** 압축천연가스자동차 충전소에 설치하는 압축가스설비의 압력계의 지시눈금은 설계압력의 1.5배까지 지시하는 것이어야 한다. 따라서, $25 \times 1.5 = 37.5$MPa

**45** 암모니아용 장치나 계기에는 직접 구리나 황동, 알루미늄합금을 현저하게 부식시키며 수분이 있으면 그 작용이 더욱 격렬해진다.

**46** $가스의\ 비중 = \dfrac{가스의\ 분자량}{공기의\ 평균분자량}$

$= \dfrac{58}{29} = 2.0$

**47**

| 가스 | 하한계 | 상한계 |
|---|---|---|
| 수소($H_2$) | 4.0 | 75.0 |
| 메탄 | 5.0 | 15.0 |
| 에탄 | 3.0 | 12.5 |
| 프로판 | 2.2 | 9.5 |
| 부탄 | 1.8 | 8.4 |

48.1atm = 1.033kgf/$cm^2$ = 760mmHg
= 10.33m $H_2O$ = 14.71bf/$in^2$(psi)
= 1.01325bar = 101,325N/$m^2$(Pa)

**50** 포스겐 : $COCl_2$　　　포스핀 : $PH_3$

**51** 헨리(Henry)의 법칙 : 일정한 온도에서 일정량인 액체에 녹는 기체(용해도가 그리 크지 않은)의 질량은 그 기체의 압력(분압)에 비례하고 부피와는 무관하다는 법칙

- 헨리의 법칙에 잘 적용되는 기체(물에 대한 용해도가 적은 물질) : $CO_2$, $Cl_2$, $H_2S$, $H_2$ 등
- 헨리의 법칙에 잘 적용되지 않는 기체(물에 잘 용해되는 물질) : $NH_3$, HCl, $SO_2$ 등

**54** 시안화수소를 충전한 용기는 충전 후 24시간 정치해야 한다.

**57** $기체의\ 밀도 = \dfrac{PM}{RT}$

$1 \times \dfrac{32}{(0.082 \times 273)} = 1.429$g/L

**59** $C_p = C_v + R,\ k = \dfrac{C_p}{C_v}$

# 가스기능사 필기 기출문제 2016년 제1회 정답 및 해설

## 정답

| | | | | | | | | | | | | | | | | | | | |
|---|---|---|---|---|---|---|---|---|---|---|---|---|---|---|---|---|---|---|---|
| 01 | ② | 02 | ③ | 03 | ③ | 04 | ① | 05 | ③ | 06 | ③ | 07 | ② | 08 | ④ | 09 | ① | 10 | ② |
| 11 | ② | 12 | ① | 13 | ④ | 14 | ② | 15 | ③ | 16 | ④ | 17 | ④ | 18 | ② | 19 | ① | 20 | ④ |
| 21 | ④ | 22 | ① | 23 | ② | 24 | ④ | 25 | ② | 26 | ② | 27 | ③ | 28 | ③ | 29 | ① | 30 | ④ |
| 31 | ④ | 32 | ① | 33 | ③ | 34 | ① | 35 | ③ | 36 | ② | 37 | ① | 38 | ② | 39 | ① | 40 | ③ |
| 41 | ③ | 42 | ③ | 43 | ④ | 44 | ③ | 45 | ① | 46 | ② | 47 | ③ | 48 | ① | 49 | ② | 50 | ④ |
| 51 | ④ | 52 | ④ | 53 | ④ | 54 | ③ | 55 | ④ | 56 | ④ | 57 | ① | 58 | ② | 59 | ③ | 60 | ② |

## 해설

**01**
- 희생양극법 · 배류법은 배관길이 300m 이내의 간격으로 터미널 설치
- 외부전원법은 배관길이 500m 이내의 간격으로 터미널 설치

**02** 저장탱크에 의한 액화석유가스 저장소에서 지상에 노출된 배관을 차량 등으로부터 보호하기 위하여 설치하는 방호철판의 두께는 4mm 이상으로 하여야 한다.

**04** 워터햄머 : 배관 내 유체의 흐름이 급격히 차단될 때 발생하는 충격파로 소음과 진동을 수반한다.

**05** 가스배관 주위를 굴착하는 경우 가스배관의 좌우 1m 이내 부분은 인력으로 굴착할 것

**06** 환기구의 통풍가능 면적의 합계가 바닥면적 $1m^2$ 마다 $300cm^2$의 비율로 계산한 면적 이상
$\therefore 3 \times 300 = 900$

**07** 고속도로휴게소에서 액화석유가스 저장능력이 500kg을 초과하는 경우에는 소형저장탱크를 설치해야 한다.

**10** 허용농도가 100만 분의 200 이하인 독성가스 용기 중 내용적이 1,000L 미만인 충전용기를 운반하는 차량의 적재함에 대하여 밀폐된 구조로 하여야 한다.

**11** 고압가스 설비의 안전밸브 작동압력
= 상용압력×1.2배 = 10×1.2 = 12MPa

**12** 안전증 방폭구조(e), 내압 방폭구조(d), 유입 방폭구조(o), 압력 방폭구조(p)

**14** 고압가스안전관리법의 적용 범위에서 제외되는 고압가스가 아닌 것은 섭씨 15℃의 온도에서 압력이 0Pa을 초과하는 아세틸렌가스이다.

**15** 액화석유가스 집단공급 시설에서 가스설비의 내압시험압력 = 상용압력×1.5배 이상 = 1×1.5 = 1.5MPa

**17** 액화석유가스 사용시설의 연소기 설치 기준
- 밀폐형 연소기는 급기구, 배기통과 벽과의 사이에 배기가스가 실내로 들어올 수 없게 한다.
- 반밀폐형 연소기는 급기구와 배기통을 설치한다.
- 개방형 연소기를 설치한 실에는 환풍기 또는 환기구를 설치한다.
- 배기통이 가연성의 벽을 통과하는 부분은 방화조치를 하고 배기가스가 실내로 유입되지 않도록 조치한다.

**18** 고압가스 특정제조시설에서 선임하여야 하는 안전관리원의 선임인원 : 2명 이상

**19** LPG 충전자가 실시하는 용기의 안전점검기준에서

내용적 15L 이하의 용기에 대하여 "실내보관 금지" 표시 여부를 확인하여야 한다.

**20** 아세틸렌가스 또는 압력이 9.8MPa 이상인 압축가스를 용기에 충전하는 경우 방호벽의 설치기준

- 압축기와 그 충전장소 사이
- 압축기와 그 가스 충전용기 보관장소 사이
- 충전장소와 그 가스 충전용기 보관장소 사이
- 충전장소와 그 충전용주관 밸브 조작밸브 사이

**23** 독성가스란 공기 중에서 일정량이 존재하는 경우 인체에 유해한 독성을 가진 가스로서 허용 농도가 100만 분의 5,000 이하인 것을 말한다.

**25** 액화석유가스 용기보관소의 저장설비는 용기집합식으로 하면 안된다.

**26** 정압기의 분해점검 주기 : 2년에 1회 이상

**27** 액화석유가스 자동차에 고정된 용기 충전시설에 게시한 "화기엄금" 게시판 : 백색 바탕에 적색 글씨

**28** 제조시설에 설치하는 방호벽 : 철근콘크리트 벽으로 두께 12cm 이상, 높이 2m 이상

**29** 도시가스 배관에는 도시가스를 사용하는 배관 표시기준

- 지상에 설치하는 배관 외부에는 사용가스명, 최고사용압력 및 가스의 흐름 방향을 표시한다.
- 배설배관 표면색상은 최고사용압력이 저압인 경우에는 황색으로 도색한다.
- 매설배관의 표면색상은 최고사용압력이 중압인 경우에는 적색으로 도색한다.

**30** 보기 중에서 $LC_{50}$이 가장 강한 것은 아크릴로니트릴($LC_{50}=666$)이다.

**31** 암모니아를 사용하는 고온, 고압가스 장치의 재료로 가장 적당한 것 : 18−8 스테인리스 강

**36** 유량 : 회전수 변화에 비례

$$Q'=Q\left(\frac{N'}{N}\right)\left(\frac{D'}{D}\right)^3$$

양정 : 회전수 변화의 2승에 비례

$$H'=H\left(\frac{N'}{N}\right)^2\left(\frac{D'}{D}\right)^3$$

**37** 도시가스 소비량 산정은 보일러 본체에 표시된 가스소비량 기준

**38** 다공도 $=\frac{V\times E}{V}\times 100$

V : 다공물질의 용적($m^3$), E : 침윤잔용적($m^3$)

**40** 공기액화 분리장치의 내부를 세척하고자 할 때 세정액으로 가장 적당한 것은 보기 중에서는 사염화탄소이다.

**41** 조정압력이 3.3kPa 이하인 조정기의 안전장치의 작동압력

- 작동표준압력 : 7kPa
- 작동개시압력 : 5.6~8.4kPa
- 작동정지압력 : 5.04~8.4kPa

**42** $P_2-P_1=h=600mmHg$

$1.033kg/cm^2=760mmHg$

$\rightarrow 600mmHg=0.815kg/cm^2$

$P_2=P_1+0.815\fallingdotseq 1.82kg/cm^2$

**43**
- 차압식유량계 : 오리피스, 벤튜리, 플로우노즐 등
- 면적식 : 플로우트식(로터리 미터), 피스톤식, 게이트식

**44** 저압배관에서의 유량결정식

$Q=K\sqrt{\left(\frac{H\times D^5}{S\times L}\right)}$ 사용

(기능사 범위 밖일 수도 있음)

Q = 유량($m^3/h$), K = 유량계수, S = 가스비중,
D = 관의 내경(cm), L = 관의 길이(m),
H = 압력차($mmH_2O$)

$$2.03kg/h=\frac{2.03kg/h}{2.04kg/m^3}=0.995m^3/h$$

$$H=\frac{Q^2\times S\times L}{K^2\times D^5}=\frac{0.995^2\times 1.58\times 20}{0.436^2\times 1.61^5}=15.2mmH_2O$$

**45** LP가스의 자동교체식 조정기 설치 시의 장점

- 도관의 압력손실을 크게 해도 된다.

- 용기 숫자가 수동식보다 적어도 된다.
- 용기 교환주기의 폭을 넓힐 수 있다.
- 잔액이 거의 없어질 때까지 소비가 가능하다.

**48** 200mmHg = 0.272kg/$cm^2$

$\therefore$ P = 1.033 − 0.272 = 0.761kg/$cm^2$abs

**49** 420°R = −40°F = −40℃

**50** 임계온도 : 물질이 임계상태에 도달했을 때의 온도로 기체상과 액체상이 별개의 상으로 존재할 수 있는 가장 높은 온도이다.

**51** LNG의 주성분은 메탄이다.

**52** 포화온도 : 기체로 존재하는 물질이 압력을 일정하게 유지한 채 냉각되어 온도가 저하하여 액상 또는 고상이 출현하기 시작하는 온도로 액체와 증기가 공존할 때 그 압력에 상당한 일정한 값의 온도가 본문에서 가장 적절하다.

**54** 일산화탄소는 무색의 무취 기체로 허용농도는 TLV−TWA 기준으로 50ppm이다.

**56** $S = \frac{Q}{T}$

**57** 압축가스 : 산소

액화가스 : 염소, 탄산가스, 암모니아

**59** Q = mC△T

m = 50kg, 물의 비열 C = 1kcal/kg−℃

△T = (90 − 20) = 70℃

Q = 50 × 1 × 70 = 3,500kcal

LPG의 발열량 × 효율 × LPG 사용량 = 3,500kcal

10,000 × 0.5 × LPG 사용량 = 3,500kcal

LPG 사용량 = $\frac{3,500}{5,000}$ = 0.7kg

# 가스기능사 필기 기출문제 2016년 제2회 정답 및 해설

## 정답

| | | | | | | | | | | | | | | | | | | | |
|---|---|---|---|---|---|---|---|---|---|---|---|---|---|---|---|---|---|---|---|
| 01 | ① | 02 | ① | 03 | ③ | 04 | ③ | 05 | ④ | 06 | ② | 07 | ① | 08 | ④ | 09 | ④ | 10 | ③ |
| 11 | ① | 12 | ② | 13 | ③ | 14 | ③ | 15 | ③ | 16 | ② | 17 | ③ | 18 | ③ | 19 | ① | 20 | ④ |
| 21 | ③ | 22 | ② | 23 | ① | 24 | ② | 25 | ① | 26 | ④ | 27 | ② | 28 | ④ | 29 | ① | 30 | ① |
| 31 | ④ | 32 | ④ | 33 | ② | 34 | ③ | 35 | ④ | 36 | ③ | 37 | ① | 38 | ② | 39 | ④ | 40 | ① |
| 41 | ① | 42 | ③ | 43 | ③ | 44 | ② | 45 | ① | 46 | ④ | 47 | ④ | 48 | ② | 49 | ④ | 50 | ① |
| 51 | ② | 52 | ④ | 53 | ① | 54 | ② | 55 | ④ | 56 | ④ | 57 | ② | 58 | ② | 59 | ③ | 60 | ③ |

## 해설

**02** LPG, 이산화탄소, 질소는 특정고압가스에 해당되지 않는다.

**03** 액화가스의 저장능력 = 0.9dV

$\therefore$ 0.9 × 1.14 × 25,000 = 25,650kg

**04** 수취기 설치 : 압축기와 충전용배관 사이에 설치

**05** • 위험과 운전분석(HAZOP) 기법(정성분석법) : 공정에 존재하는 위험요소와 비록 위험하지는 않더라도 공정의 효율을 떨어트릴 수 있는 운전상의 문제를 파악하기 위한 안전성 평가 기법
• 사고 예상 질문(What If Analysis)(정성분석법) : 공정에 잠재하고 있으면서 원하지 않은 나쁜 결과를 초래할 수 있는 사고에 대하여 예상질문을 통해 사전에 확인함으로써 그 위험과 결과 및 위험을 줄이는 방법을 제시하는 정성적 평가기법

**06** 재검사대상에서 제외되는 특정설비
• 저형 및 이중각 진공단열형 저온저장탱크
• 역화방지장치
• 독성가스 배관용 밸브
• 자동차용가스 자동주입기
• 냉동용특정설비
• 초저온가스용 대기식 기화장치

**07** 경계표지 크기의 가로 치수는 차체 폭의 30% 이상, 세로 치수는 가로 치수의 20% 이상으로 된 직사각형으로 하고, 삼각기는 적색바탕에 글자색은 황색, 경계표지는 적색글씨로 표시할 것

**09** 고압가스 특정제조시설 중 도로 밑에 매설한 배관에 대한 기준
• 시가지의 도로 밑에 배관을 설치하는 경우에는 보호판을 배관의 정상부로부터 30cm 이상 떨어진 그 배관의 직상부에 설치한다.
• 배관은 그 외면으로부터 도로의 경계와 수평거리로 1m 이상을 유지한다.
• 배관은 자동차 하중의 영향이 적은 곳에 매설한다.
• 배관은 그 외면으로부터 다른 시설물과 30cm 이상의 거리를 유지한다.

**10** 공기보다 비중이 가벼운 도시가스의 공급시설로서 공급시설이 지하에 설치된 경우의 통풍구조의 기준
• 통풍구조는 환기구를 2방향 이상 분산하여 설치
• 배기구는 천장 면으로부터 50cm 이내에 설치
• 흡입구 및 배기구의 관경의 100mm 이상으로 하되, 통풍이 양호하도록 한다.
• 배기가스 방출구는 지면에서 3m 이상 높이에 설치

**12** 도시가스법에서 정한 액화가스 : 상용의 온도 또는 섭씨 35도의 온도에서 압력이 0.2MPa 이상이 되는 것

**13** 과충전 방지장치 : 내용적이 90%를 초과하는 것을 방지

**16** 일반 도시가스 배관 중 중압 이하의 배관과 고압배관을 매설하는 경우 서로 간의 거리를 2m 이상을 유지하여야 한다.

**18** 고압가스 판매소의 시설기준
• 용기 보관실 및 사무실을 동일부지 안에 설치할 수 있다.
• 산소, 독성가스 또는 가연성가스를 보관하는 용기 보관실의 면적은 각 고압가스별로 $10m^2$ 이상으로 한다.

**19** 운전 중인 액화석유가스 충전설비의 작동상황에 대한 점검 주기 : 1일에 1회 이상

**21** 도시가스배관이 굴착으로 20m 이상이 노출되어 누출가스가 체류하기 쉬운 장소일 때 가스누출경보기는 20m마다 설치해야 한다.

**22** 시안화수소의 안정제 : 황산, 아황산가스

**23** 용접용기 두께 계산식

$$t = \frac{PD}{2S\eta - 1.2p} + C$$

| |
|---|
| • 동체 두께 : 2mm<br>• 최고충전압력 : 2.5MPa<br>• 인장강도 : 480N/mm²<br>• 부식여유 : 0<br>• 용접효율 : 1 |

$$S = 허용응력 = \frac{인장강도}{4} = 120$$

$$\therefore D = \frac{(t-C)\times(2S\eta - 1.2p)}{P}$$

$$= \frac{(2-0)\times(2\times120\times1-1.2\times2.5)}{2.5}$$

$$= 189.6 \fallingdotseq 190$$

**24** 독성가스 : 인체에 유해한 독성을 가진 가스로서 허용농도가 100만 분의 5,000 이하인 것을 말한다.

**25** 압축금지
- 산소 중 아세틸렌, 에틸렌 및 수소의 용량합계가 전체 용량의 2% 이상의 것
- 아세틸렌 중 산소용량이 전용량의 2% 이상의 것
- 산소 중 가연성가스(아세틸렌, 에틸렌 및 수소를 제외)의 용량이 전체 용량의 4% 이상의 것

**27** 고압가스 저장시설에 설치하는 방류둑에는 계단, 사다리 또는 토사를 높이 쌓아올림 등에 의한 출입구를 둘레 50m마다 1개 이상을 두어야 하며, 둘레가 50m 미만인 경우에는 2개 이상을 분산하여 설치한다.

**28**

| 용기의 종류 | 안전밸브의 형식 |
|---|---|
| 염소, 아세틸렌, 산화에틸렌, 암모니아 용기 | 가용 합금식(가용전식) |
| 산소, 수소, 질소, 아르곤 등의 압축가스 용기 | 파열판식 |
| 초저온용기 | 파열판식과 스프링식의 2중 구조 |
| LPG 용기 | 스프링식 |

**30** 산은 해당되지 않는다.

**31** $0.5 \times 100,000 = 50,000(\text{kg})$
$5\text{ton} = 5,000\text{kg}$
$\therefore \dfrac{50,000}{5,000} = 10$개

**33** 보호구의 장착훈련 : 3개월마다 1회 이상

**35** 도시가스업법에 따른 고압, 중압, 저압 기준
- 고압 : 1MPa 이상의 압력(게이지 압력을 말한다)
- 중압 : 0.1MPa 이상 1MPa 미만의 압력. 다만, 액화가스가 기화되고 다른 물질과 혼합되지 아니한 경우에는 0.01MPa 이상 0.2MPa 미만의 압력
- 저압 : 0.1MPa 미만의 압력. 다만, 액화가스가 기화되고 다른 물질과 혼합되지 아니한 경우에는 0.01MPa 미만의 압력

**36** 경보농도 : 검지경보장치의 설치장소, 주위의 분위기 온도에 따라 가연성가스는 폭발한계의 $\frac{1}{4}$ 이하, 독성가스는 허용농도 이하로 할 것

**37** $W = \dfrac{V}{C} = \dfrac{47}{2.35} = 20\text{kg}$

**38** 면적식 유량계
- 교축기구의 면적을 변화시켜 유량을 측정하는 방식
- 변환기를 부착하여 전기적으로 지시 또는 기록하는 방식을 사용한다.
- 부식성 유체나 고점도의 유체 및 소량의 유체측정에 적합하다.

**39** LP가스 이송설비 중 압축기에 의한 이송방식의 특징
- 베이퍼록 현상이 없다.
- 잔가스 회수가 용이하다.
- 펌프에 비해 이송시간이 짧다.
- 저온에서 부탄가스가 재액화될 우려가 있다.

**40** 구데 공기액화사이클은 해당되지 않는다.

**41** 다기능 가스안전계량기의 구조
- 통상의 상태에서 빗물, 먼지 등이 침입할 수 없는 구조일 것
- 차단밸브가 작동한 후에는 복원조작을 하지 않는 한 열리지 않는 구조일 것
- 복원을 위한 버튼 또는 레버 등은 가스계량기의 정면에서 용이하게 확인할 수 있고, 복원조작을 용이하게 실시할 수 있는 위치에 있을 것
- 사용자가 용이하게 조작할 수 없는 테스트차단기능이 있을 것
- 가스에 접하는 부분 및 가스에 닿는 부분이 있는 부분의 충전부는 방폭성능을 가지는 구조일 것

**43** 압축기 두압 : 피스톤 상부의 압력

**44** 반밀폐식 보일러의 배기통의 굴곡수는 4개 이하로 한다.

**45** $P1 = 1,\ P4 = 15 + 1 = 16$
압축비 $= \sqrt[z]{\dfrac{P4}{P1}}$, z = 단수
$\therefore$ 압축비 $= \sqrt[4]{\dfrac{16}{1}} = 2$

**46** 순수한 HCN 액체는 안정하나 소량의 수분이나 알카리성 물질을 함유하면 중합이 촉진되어 중합열에 의해 폭발한다.

**49** LNG는 기체상태에서 공기보다 가벼우며, 액체상태에서는 물보다 가볍다.

**52** 요소비료 제조 시 주로 사용되는 가스 : 암모니아

**53** 수분이 존재할 때 일반 강재를 부식시키는 가스 : 황화수소, 염소, 이산화탄소, 포스겐, 아황산가스

**56** 부탄의 연소반응식

$C_4H_{10} + 6.5O_2 \rightarrow 4CO_2 + 5H_2O$

부탄 $1Nm^3$을 완전연소에 필요한 이론 산소량 = $6.5Nm^3$, 이론공기량 $= \frac{6.5}{0.21} = 30.95 \fallingdotseq 31Nm^3$

**57** $410°F = 870°R = 1.8T(K)$

$\therefore T(K) = 483.3K$

**58** DMS : 마늘 냄새, THT : 석탄가스 냄새,
TBM : 양파 썩는 냄새

**60** $C_3H_8$ $15kg = \frac{15}{0.5} = 30L$

$\therefore \frac{(47-30)}{47} \times 100 = 36.17\%$

# 가스기능사 필기 기출문제 2016년 제3회 정답 및 해설

## 정답

| | | | | | | | | | | | | | | | | | | | |
|---|---|---|---|---|---|---|---|---|---|---|---|---|---|---|---|---|---|---|---|
| **01** | ① | **02** | ② | **03** | ④ | **04** | ③ | **05** | ② | **06** | ② | **07** | ④ | **08** | ③ | **09** | ④ | **10** | ② |
| **11** | ④ | **12** | ① | **13** | ③ | **14** | ② | **15** | ① | **16** | ④ | **17** | ④ | **18** | ④ | **19** | ② | **20** | ② |
| **21** | ① | **22** | ① | **23** | ③ | **24** | ③ | **25** | ① | **26** | ① | **27** | ③ | **28** | ① | **29** | ② | **30** | ② |
| **31** | ② | **32** | ② | **33** | ① | **34** | ② | **35** | ④ | **36** | ④ | **37** | ① | **38** | ① | **39** | ① | **40** | ③ |
| **41** | ① | **42** | ④ | **43** | ① | **44** | ② | **45** | ② | **46** | ① | **47** | ④ | **48** | ③ | **49** | ③ | **50** | ② |
| **51** | ④ | **52** | ③ | **53** | ③ | **54** | ③ | **55** | ② | **56** | ① | **57** | ③ | **58** | ② | **59** | ③ | **60** | ③ |

## 해설

**02**

| 가스명 | 암모니아 $NH_3$ | 일산화탄소 CO | 황화수소 $H_2S$ | 염화수소 HCl |
|---|---|---|---|---|
| $LC_{50}$ | 7,338 | 3,760 | 444 | 3,120 |

**04** 가스의 품질검사 합격기준

- 수소 : 98.5% 이상
- 산소 : 99.5% 이상
- 아세틸렌 : 98.0% 이상

**05** $PV = nRT$에서 $P = nRT/V$,

산소($O_2$)의 분자량 = 32g/mol

$n = \frac{32}{32} = 1mol$, $T = 273K$, $V = 10L$,

$R = 0.082atm - L/mol - K$

$\therefore P = 1 \times 0.082 \times \frac{273}{10} = 2.24atm$

일정부피에서 $P \propto T$(절대온도)

150℃ = 423K, 273K의 1.55배

∴ 가열 후 압력 P = 1.55 × 2.24 = 3.47atm

**07** 고압가스 특정제조시설에서 배관의 해저설치 기준
- 배관은 해저면 밑에 매설한다.
- 배관은 원칙적으로 다른 배관과 교차하지 아니하여야 한다.
- 배관은 원칙적으로 다른 배관과 수평거리 30m 이상을 유지하여야 한다.
- 배관의 입상부에는 방호시설물을 설치하여야 한다.

**08** 저장능력이 5톤(비가연성 가스 또는 비독성가스의 경우에는 10톤) 또는 $500m^3$(비가연성 가스 또는 비독성가스의 경우에는 $1{,}000m^3$) 이상인 저장 탱크 및 압력용기(반응·분리·정제·증류 등을 행하는 탑류로서 동체부의 높이 5m 이상인 것)와 그 저장 탱크 및 압력용기의 지지구조물 및 기초는 지식경제부장관이 정하여 고시하는 기준에 따라 지진의 영향에 대하여 안전한 구조로 설계·제작·설치되어야 하고, 그 성능이 유지되어야 한다.

**10**
- 원심식 냉동능력 : 압축기의 원동기 정격출력 1.2kW를 1일의 냉동능력 1톤으로 한다.
- 흡수식 냉동능력 : 발생기를 가열하는 1시간의 열량 6,640kcal를 1일의 냉동능력 1톤으로 한다.

**12** 도시가스사용시설에서 배관의 이음부과 절연전선과의 이격거리는 10cm 이상으로 하여야 한다.

**13** 압축기 최종단에 설치된 고압가스 냉동 제조시설의 안전밸브는 1년에 1회 이상 작동압력을 조정하여야 한다.

**16** $20kg = \frac{V}{C} = \frac{V}{2.35}$

∴ V = 47L

**17** 독성가스 용기를 운반할 때에는 그 차량의 승무원 수에 상당한 수량의 보호구를 갖추어야 한다.

**19** 고압가스배관의 설치기준 중 하천과 병행하여 매설하는 경우
- 배관은 견고하고 내구력을 갖는 방호구조물 안에 설치한다.
- 매설심도는 배관의 외면으로부터 2.5m 이상으로 한다.
- 설치지역은 하상(하천의 바닥)이 아닌 곳으로 한다.
- 배관손상으로 인한 가스누출 등 위급한 상황이 발생한 때에 그 배관에 유입되는 가스를 신속히 차단할 수 있는 장치를 설치한다.

**21** 가스배관과 수평거리 30cm 이내에서는 파일박기를 하지 말 것

**22**

| 품명 | 운반하는 독성가스의 양 | |
|---|---|---|
| | 액화가스질량 1,000kg | |
| | 미만 | 이상 |
| 소석회 | 20kg 이상 | 40kg 이상 |

**23** 고압가스를 취급하는 자가 용기 안전점검 기준
- 용기의 내·외면을 점검하여 사용할 때에 위험한 부식·금·주름 등의 여부 확인
- 용기는 도색 및 표시가 되어 있는지의 여부 확인
- 용기의 스커트에 찌그러짐이 있는지, 사용할 때에 위험하지 않도록 적정 간격을 유지하고 있는지의 여부 확인
- 유통 중 열영향을 받았는지의 여부를 점검할 것. 이 경우 열영향을 받은 용기는 재검사를 받아야 한다.
- 용기 캡이 씌워져 있거나 프로텍터가 부착되어 있는지의 여부 확인
- 재검사기간의 도래 여부 확인
- 용기 아랫부분의 부식 상태 확인
- 밸브의 몸통·충전구나사·안전밸브에 사용에 지장을 주는 홈, 주름, 스프링의 부식 등의 여부 확인
- 밸브의 그랜드너트가 고정핀 등에 의하여 이탈 방지를 위한 조치가 있는지 여부 확인
- 브의 개폐조작이 쉬운 핸들이 부착되어 있는지 여부 확인
- 용기에는 충전가스의 종류에 맞는 용기부속품이 부착되어 있는지 여부 확인
- 고압가스판매자는 부적합한 용기의 경우에는 고압가스제조자에게 반송하여야 하고, 고압가스제조자는 부적합한 용기를 수선하거나 보수하며, 수선·보수할 수 없는 용기는 폐기

**24** 도시가스 도매사업의 가스공급시설 기준

- 고압의 가스공급시설은 안전구획 안에 설치하고 그 안전구역의 면적은 2만 $m^3$ 미만으로 한다.
- 안전구역 안의 고압인 가스공급시설은 그 외면으로부터 다른 안전구역 안에 있는 고압인 가스공급시설의 외면까지 30m 이상의 거리를 유지한다.
- 액화천연가스의 저장탱크는 그 외면으로부터 처리능력이 20만 $m^3$ 이상인 압축기까지 30m 이상의 거리를 유지한다.
- 두 개 이상의 제조소가 인접하여 있는 경우의 가스공급시설은 그 외면으로부터 그 제조소와 다른 제조소의 경계까지 20m 이상의 거리를 유지한다.

**25** 최소점화전류비는 메탄의 최소점화전류를 기준으로 나타낸다.

**26** 수소 : 열전도도가 크고 착화점이 높아 열에 대하여 안정하다.

**27** LT : 초저온용기 및 저온용기의 부속품

**29** 운반책임자 동승기준

| 가스의 종류 | | 기준 |
|---|---|---|
| 액화가스 | 가연성가스 | 3천 kg 이상 |
| | 독성가스 | 1천 kg 이상 |
| | 조연성가스 | 6천 kg 이상 |
| 압축가스 | 가연성가스 | 300$m^3$ 이상 |
| | 독성가스 | 100$m^3$ 이상 |
| | 조연성가스 | 600$m^3$ 이상 |

**32**

| | 1단감압식 저압조정기 | 2단감압식 1차조정기 | 자동절체식 일체형조정기 |
|---|---|---|---|
| 입구압력 | 0.07~1.56MPa | 0.1~1.56MPa | 0.1~1.56MPa |
| 조정압력 | 2.3~3.3kPa | 0.057~0.083MPa | 2.55~3.3kPa |
| 내압시험(입구측) | 3MPa | 3MPa | 3MPa |

**33** 수소($H_2$)가스 분석방법으로 가장 적당한 것은 팔라듐관 연소법이다.

**35** 피토관 : 기체의 유속이 5m/s 이하에는 적용할 수 없다.

**37** 터보형 압축기의 날개출구각도

- 터보형 : 90° 보다 작다.
- 레이디얼형 : 90° 일 때
- 다익형 : 90° 보다 크다.

**38** 압력에 의해 변화하는 물질의 성질을 이용한 압력계 : 부르돈관식, 다이아프램식, 벨로우즈식, 전기식, 피에조 전기압력계

**40** 나사식 : $V = C \times D^2 \times L \times R$

V : 피스톤의 압출량($m^3$/min.), C : 형상계수

R : 압축기의 분당회전수(rpm), D : 로터의 지름(m)

L : 로터의 길이(m)

D = 0.15m, L = 0.1m, R = 350rpm, C = 0.476

$\therefore V = 0.476 \times 0.15^2 \times 0.1 \times 350 = 0.3748 m^3/min.$

**41**

| 구분 | 시약 | 순도 |
|---|---|---|
| 산소($O_2$) | 동암모니아시약(올잣드법) | 99.5% 이상 |
| 아세틸렌($C_2H_2$) | 발연황산(올잣드법)<br>브롬시약(뷰렛법)<br>질산은시약(정성시험) | 98% 이상 |
| 수소($H_2$) | 피로갈롤 또는 하이드로설파이드시약 | 98.5% 이상 |

**43** 자연기화능력(kg/h) $= \dfrac{D \times L \times K \times T}{12{,}000}$

$D$ : 외경(mm)

$L$ : 길이(mm)

$K$ : 충전량에 대한 상수

$T$ : 외부 온도에 대한 보정 계수

D = 1,000mm, L = 2,000mm, K = 0.03125, T = 2.15

자연기화(kg/h)

$= 1{,}000 \times 2{,}000 \times 0.03125 \times \dfrac{2.15}{12{,}000}$

$= 11.2$

**45** 단별 최대 압축비를 가질 수 있는 압축기는 왕복동식 압축기이다.

**46** 입상배관에 의한 압력손실을 구하는 식

$$h = 1.293 \times (S-1) \times H$$

h : 허용압력손실($mmH_2O$),

S : 가스비중, H : 높이 (m)

$\therefore h = 1.293 \times (1.5-1) \times 20 = 12.93 mmH_2O$

**47** 압력이 낮고 온도가 높을 때 실제기체가 이상기체에 가까워진다.

**51** PONA 값
P : 파라핀계 탄화수소, O : 올레핀계 탄화수소
N : 나프텐계 탄화수소, A : 방향족계 탄화수소

**52** $Q = mC\Delta T + m\lambda$
$m = 10kg$, 물의 비열$C = 1kcal/kg-℃$,
$\Delta T = (100-25)$
물의 잠열 $\lambda = 540kca/kg$
$Q = 10 \times 1 \times 75 + 10 \times 540 = 6{,}150kcal$

**55** 인화점과 발화점(착화점)의 구분 : 점화원의 유무

**56** 아세틸렌의 폭발 : 산화폭발, 분해폭발, 화합폭발

**57** DMS : 마늘 냄새, THT : 석탄가스 냄새
TBM : 양파 썩는 냄새

**58** $1kg/cm^2 = 735.6mmHg$

**59** 프레온(Freon)의 성질
- 불연성이다.
- 무색, 무취이다.
- 증발잠열이 크다.
- 가압에 의해 액화되기 쉽다.

**60** $-40°F = -40℃$, $430°R = -30°F$
$240K = -33℃$

# 가스기능사 필기 기출문제 2016년 제4회 정답 및 해설

## 정답

| | | | | | | | | | | | | | | | | | | | |
|---|---|---|---|---|---|---|---|---|---|---|---|---|---|---|---|---|---|---|---|
| 01 | ④ | 02 | ② | 03 | ① | 04 | ② | 05 | ④ | 06 | ③ | 07 | ① | 08 | ② | 09 | ③ | 10 | ② |
| 11 | ① | 12 | ④ | 13 | ② | 14 | ④ | 15 | ④ | 16 | ① | 17 | ① | 18 | ② | 19 | ① | 20 | ③ |
| 21 | ③ | 22 | ③ | 23 | ② | 24 | ④ | 25 | ② | 26 | ③ | 27 | ① | 28 | ② | 29 | ① | 30 | ④ |
| 31 | ② | 32 | ④ | 33 | ④ | 34 | ④ | 35 | ③ | 36 | ② | 37 | ② | 38 | ① | 39 | ① | 40 | ② |
| 41 | ① | 42 | ② | 43 | ① | 44 | ① | 45 | ① | 46 | ③ | 47 | ③ | 48 | ③ | 49 | ① | 50 | ② |
| 51 | ③ | 52 | ④ | 53 | ② | 54 | ③ | 55 | ① | 56 | ③ | 57 | ④ | 58 | ③ | 59 | ③ | 60 | ② |

## 해설

**02** 운반책임자의 동승자 기준

| 가스의 종류 | | 기준 |
|---|---|---|
| 액화가스 | 가연성가스 | 3천 kg 이상 |
| | 독성가스 | 1천 kg 이상 |
| | 조연성가스 | 6천 kg 이상 |
| 압축가스 | 가연성가스 | $300m^3$ 이 상 |
| | 독성가스 | $100m^3$ 이상 |
| | 조연성가스 | $600m^3$ 이상 |

**03**

| 품명 | 운반하는 독성가스의 양 | |
|---|---|---|
| | 액화가스질량 1,000kg | |
| | 미만 | 이상 |
| 소석회 | 20kg 이상 | 40kg 이상 |

**05** 독성가스 용기를 운반할 때에는 보호구의 비치 기준 : 그 차량의 승무원 수에 상당한 수량

**06** 가스의 품질검사 합격기준

| 구분 | 시약 | 순도 |
|---|---|---|
| 산소($O_2$) | 동암모니아시약(오르잣드법) | 99.5% 이상 |
| 아세틸렌($C_2H_2$) | 발연황산(오르잣드법)<br>브롬시약(뷰렛법)<br>질산은시약(정성시험) | 98% 이상 |
| 수소($H_2$) | 피로갈롤 또는<br>하이드로설파이드시약 | 98.5% 이상 |

**07** 도시가스사용시설에서 배관의 이음부와 절연전선과의 이격거리는 10cm 이상이며, 절연조치를 하지 않은 전선과는 30cm 이상이다.

**08**
- 원심식 냉동설비 : 압축기의 원동기 정격출력 1.2kW를 1일의 냉동능력 1톤으로 한다.
- 흡수식 냉동설비 : 발생기를 가열하는 1시간의 열량 6,640kcal를 1일의 냉동능력 1톤으로 한다.

**09** 도시가스 도매사업의 가스공급시설기준
- 고압의 가스공급시설은 안전구획 안에 설치하고 그 안전구역의 면적은 2만 $m^2$ 미만으로 한다.
- 안전구역 안의 고압인 가스공급시설은 그 외면으로부터 다른 안전구역 안에 있는 고압인 가스공급시설의 외면까지 30m 이상의 거리를 유지한다.
- 액화천연가스의 저장탱크는 그 외면으로부터 처리능력이 20만 $m^3$ 이상인 압축기까지 30m 이상의 거리를 유지한다.
- 두 개 이상의 제조소가 인접하여 있는 경우의 가스공급시설은 그 외면으로부터 그 제조소와 다른 제조소의 경계까지 20m 이상의 거리를 유지한다.

**10**

| 가스명 | 암모니아 $NH_3$ | 일산화탄소 CO | 황화수소 $H_2S$ | 염화수소 HCl |
|---|---|---|---|---|
| $LC_{50}$ | 7,338 | 3,760 | 444 | 3,120 |

**12** $W = \frac{V}{C}$, $20kg = \frac{V}{2.35}$, $V = 47L$

**13** 고압가스배관이 설치기준 중 하천과 병행하여 매설하는 경우에 대한 기준
- 배관은 견고하고 내구력을 갖는 방호구조물 안에 설치한다.
- 매설심도는 배관의 외면으로부터 1.2m 이상 유지한다.
- 설치지역은 하상(하천의 바닥)이 아닌 곳으로 한다.

**14** 가연성 가스의 발화점이 낮아지는 경우
- 압력이 높을수록
- 산소 농도가 높을수록
- 탄화수소의 탄소수가 많을수록
- 화학적으로 발열량이 높을수록

**15** 고압가스 특정제조시설에서 배관을 해저에 설치하는 경우의 기준
- 배관은 해저면 밑에 매설한다.
- 배관은 원칙적으로 다른 배관과 교차하지 아니하여야 한다.
- 배관은 원칙적으로 다른 배관과 수평거리로 30m 이상을 유지하여야 한다.
- 배관의 입상부에는 방호시설물을 설치해야 한다.

**16** 최소점화전류비는 메탄의 최소점화전류를 기준으로 나타낸다.

**18** 긴급이송설비로 이송되는 가스를 대기로 방출할 수 있는 것으로 하는 것은 벤트스택에 대한 기준이다.

**19** 수소는 열전도도가 대단히 크다.

**20** 저장능력이 5톤(비가연성 가스 또는 비독성가스의 경우에는 10톤) 또는 500$m^3$(비가연성 가스 또는 비독성가스의 경우에는 1,000$m^3$) 이상인 저장 탱크 및 압력용기와 그 저장 탱크 및 압력용기의 지지구조물 및 기초는 지진의 영향에 대하여 안전한 구조로 설계·제작·설치되어야 한다.

**21** 고압가스를 취급 하는 자의 용기 안전점검 기준
- 용기의 내·외면을 점검하여 사용할 때에 위험한 부식·금·주름 등의 여부 확인
- 용기는 도색 및 표시가 되어 있는지의 여부 확인
- 용기의 스커트에 찌그러짐이 있는지, 사용할 때에 위험하지 않도록 적정 간격을 유지하고 있는지의 여부 확인
- 유통 중 열영향을 받았는지의 여부를 점검할 것. 이 경우 열영향을 받은 용기는 재검사를 받아야

한다.

- 용기 캡이 씌워져 있거나 프로텍터가 부착되어 있는지의 여부 확인
- 재검사기간의 도래 여부 확인
- 용기 아랫부분의 부식 상태 확인
- 밸브의 몸통·충전구나사·안전밸브에 사용에 지장을 주는 홈, 주름, 스프링의 부식 등의 여부 확인
- 밸브의 그랜드너트가 고정핀 등에 의하여 이탈 방지를 위한 조치가 있는지 여부 확인
- 밸브의 개폐조작이 쉬운 핸들이 부착되어 있는지 여부 확인
- 용기에는 충전가스의 종류에 맞는 용기부속품이 부착되어 있는지 여부 확인
- 고압가스판매자는 부적합한 용기의 경우에는 고압가스제조자에게 반송하여야 하고, 고압가스제조자는 부적합한 용기를 수선하거나 보수하며, 수선·보수할 수 없는 용기는 폐기

**22** LT : 초저온용기 및 저온용기의 부속품

**23** $V_1 = 10L, T_1 = 273K, n_1 = 1mol$
$\rightarrow P_1 = n_1RT_1/n_1 = 2.24atm$
$V_2 = V_1 = 10L, n_1 = n_2 = 1mol, T_2 = 423K$
$P \propto T \rightarrow \frac{423}{273} = 1.55, P_2 = P_1 \times 1.55 = 3.47atm$

**24** 공기 중 아세틸렌가스의 폭발범위는 약 2.5~81%. 고온 고압일 때 폭발범위는 대부분 넓어진다.

**25** 암모니아의 폭발범위 : 15~28%
프로판의 폭발범위 : 2.1~9.5%
메탄의 폭발범위 : 5~15%
일산화탄소의 폭발범위 : 12.5~74%

**26** 압축기 최종단에 설치된 고압가스냉동제조시설의 안전밸브는 1년에 1회 이상 작동 압력을 조정하여야 한다.

**27** 가스배관과 수평거리 30cm 이내에서는 파일박기를 하지 말 것

**28** 염소에 수소를 혼합하면 수소폭명기가 된다.

**30** 압축도시가스 이동식 충전차량 충전시설에서 가스누출 검지경보장치의 설치위치 : 펌프 주변, 압축설비 주변, 압축가스설치 주변

**31** 동관은 열전도율이 높다.

**32** 수소를 취급할 때 상온에서는 탄소강을 사용할 수 있지만 고온고압에서는 스테인레스 혹은 크롬-바나듐관을 사용한다.

**33** 정압기의 특성 : 정특성, 동특성, 유량특성

**34** 피토관은 5m/s 이하의 유속에서는 사용하기 곤란하다.

**35** $V = C \times D^2 \times L \times R = 0.476 \times 0.15^2 \times 0.1 \times 350$
$= 0.3748m^3/min.$

**36**

| | 1단감압식 저압조정기 | 2단감압식 1차조정기 | 자동절체식 일체형조정기 |
|---|---|---|---|
| 입구압력 | 0.07~ 1.56MPa | 0.1~ 1.56MPa | 0.1~ 1.56MPa |
| 조정압력 | 2.3~ 3.3kPa | 0.057~ 0.083MPa | 2.55~3.3kPa |
| 내압시험 (입구측) | 3MPa | 3MPa | 3MPa |

**37** 단별 최대 압축비를 가질 수 있는 압축기는 왕복식이다.

**38** 탄성압력계 : 부르동관, 벨로우즈, 다이어프램식

**39**

| 구분 | 시약 | 순도 |
|---|---|---|
| 산소($O_2$) | 동암모니아시약(올잣드법) | 99.5% 이상 |
| 아세틸렌 ($C_2H_2$) | 발연황산(올잣드법)<br>브롬시약(뷰렛법)<br>질산은시약(정성시험) | 98% 이상 |
| 수소($H_2$) | 피로갈롤 또는 하이드로설파이드시약 | 98.5% 이상 |

**40** 가스누출 자동차단기의 구성요소 : 제어부, 검지부, 차단부

**41** 임펠러식은 액면측정 장치가 아니다.

**42** 피스톤은 피스톤식 압축기의 구성요소이다.

**43** 자연기화능력

$= D \times L \times K \times \frac{T}{12,000}$

$= 1,000 \times 2,000 \times 0.03125 \times \frac{2.15}{12,000}$

$= 11.198 kg/h$

**44** 수소($H_2$)가스 분석방법으로 가장 적당한 것은 팔라듐관 연소법이다.

**45** 원심식 압축기 날개 출구각도
- 터보형 : 90° 보다 작다.
- 레이디얼형 : 90° 일 때
- 다익형 : 90° 보다 크다.

**46** $Q = mC\triangle T + m\lambda_{잠열}$

$= 10 \times 1(100-25) + 10 \times 540$

$= 6,150 kcal$

**47** 프레온(Freon)은 증발잠열이 크다.

**49** $h = 1.293(s-1) \times H$

$= 1.293(1.5-1) \times 20$

$= 12.93 mmH_2O$

**50** $1.033 kg/cm^2 = 760 mmHg$

**51** Avogadro의 법칙 : 같은 온도(T)와 압력(P)에서 같은 부피(V)의 기체는 같은 분자수를 가진다.

**52** 실제기체가 이상기체의 상태식을 만족시키는 경우 : 압력이 낮고 온도가 높을 때

**54** −40°F = 233K, 430°R = 240K, −50℃ = 223K

**55** 아세틸렌가스 폭발 : 산화폭발, 분해폭발, 화학폭발

**57** PONA 값의 의미
- P : 파라핀계 탄화수소
- O : 올레핀계 탄화수소
- N : 나프텐계 탄화수소
- A : 방향족 탄화수소

**58** DMS : 마늘 냄새, THT : 석탄가스 냄새, TBM : 양파 썩는 냄새

**59** 황화수소의 산화 : 주로 이산화황산 생성

# 가스기능사 필기 CBT 대비 제1회 적중 모의고사 정답 및 해설

## 정답

| | | | | | | | | | | | | | | | | | | | |
|---|---|---|---|---|---|---|---|---|---|---|---|---|---|---|---|---|---|---|---|
| 01 | ③ | 02 | ④ | 03 | ③ | 04 | ② | 05 | ③ | 06 | ③ | 07 | ③ | 08 | ① | 09 | ② | 10 | ④ |
| 11 | ② | 12 | ① | 13 | ① | 14 | ② | 15 | ② | 16 | ④ | 17 | ② | 18 | ② | 19 | ③ | 20 | ③ |
| 21 | ③ | 22 | ② | 23 | ④ | 24 | ④ | 25 | ③ | 26 | ② | 27 | ④ | 28 | ③ | 29 | ① | 30 | ④ |
| 31 | ② | 32 | ④ | 33 | ③ | 34 | ① | 35 | ④ | 36 | ② | 37 | ② | 38 | ④ | 39 | ① | 40 | ② |
| 41 | ② | 42 | ③ | 43 | ③ | 44 | ③ | 45 | ① | 46 | ③ | 47 | ① | 48 | ④ | 49 | ④ | 50 | ③ |
| 51 | ④ | 52 | ③ | 53 | ① | 54 | ④ | 55 | ② | 56 | ① | 57 | ④ | 58 | ② | 59 | ② | 60 | ③ |

## 해설

**02** 기체의 연소형태 : 확산연소

**04** 저설치 배관의 기준
- 해저면 밑에 매설할 것. 단, 닻내림 등에 의한 배관 손상의 우려가 없거나 그 밖에 부득이한 경우에는 제외
- 원칙적으로 다른 배관과 교차 금지
- 원칙적으로 다른 배관과 30m 이상의 수평거리를 유지할 것
- 두 개 이상의 배관을 동시에 설치하는 경우에는 배관의 접촉금지
- 배관의 입상부에는 방호시설물을 설치할 것

**08** 제조소 및 공급소의 정압기는 설치 후 2년에 1회 이상 분해점검을 실시할 것

**09** 유출 방지조치 : 독성가스를 사용하는 내용적이 1만 L 이상인 수액기 주위

**10** 자동차 용기충전시설의 "화기엄금" 게시판 : 백색바탕에 적색문자

**11** 탄소수가 증가할수록 비점은 증가한다.

**12** 특정고압가스용 실린더캐비닛 제조설비 : 세척설비, 가공설비, 용접설비

**14** 탄소의 연소반응식 : $C + O_2 \rightarrow CO_2$
탄소 12g = 탄소 1mol, 탄소 1mol의 연소로 이산화탄소 1mol 생성. 기체 1mol은 표준상태에서 22.4L의 부피를 가진다(아보가드로의 법칙).

**15** 저장탱크와 다른 저장탱크 또는 가스홀더와의 사이에는 두 저장탱크의 최대지름을 더한 길이의 $\frac{1}{4}$ 이상에 해당하는 거리(두 저장탱크의 최대지름을 더한 길이의 $\frac{1}{4}$이 1m 미만인 경우에는 1m 이상의 거리)를 유지

$$\therefore \frac{(8+4)}{4} = 3\text{m}$$

**16** $100/L = \frac{15}{2.1} + \frac{85}{1.8}$, $\therefore L = 1.84$

**17** 다이어프램은 탄성식 압력계이다.

**18** 지역정압기 시설의 조명도 : 150룩스

**20** 내진설계에 대한 기준 : 저장능력이 5톤(비가연성 가스 또는 비독성가스의 경우에는 10톤) 또는 $500m^3$(비가연성 가스 또는 비독성가스의 경우에는 $1,000m^3$) 이상인 저장 탱크 및 압력용기(반응·분리·정제·증류 등을 행하는 탑류로서 동체부의 높이 5m 이상인 것)와 그 저장 탱크 및 압력용기의 지지구조물 및 기초는 지식경제부장관이 고시하는 기준에 따라 지진의 영향에 대하여 안전한 구조로 설

계·제작·설치되어야 하고, 그 성능이 유지되어야 한다. 내진등급기준은 고압가스안전관리법과 산업안전보건법 등에 따라 등급을 특, I, II 등급으로 나눈다.

**23** 시안화수소 충전 : 충전한 후 60일이 지나기 전에 다른 용기에 옮겨 충전(순도 98% 이상으로 착색되지 않은 것은 예외)

**25** 가스도매사업시설에서 배관지하매설의 설치기준
- 산과 들 이외의 지역에서 매설 깊이 : 1.2m 이상
- 산과 들에서의 배관의 매설 깊이 : 1m 이상
- 배관 외면으로부터 건축물까지 수평거리 : 1m 이상

**26** 시·도지사는 도시가스를 사용하는 자에게 퓨즈콕 등 가스안전장치의 설치를 권고할 수 있다.

**28** $WI = \frac{Hg}{\sqrt{d}} = \frac{15{,}000}{\sqrt{0.5}} = 21{,}213$

**29** 조정압력이 3.3kPa 이하인 조정기의 안전장치의 작동압력
- 작동표준압력 : 7kPa
- 작동개시압력 : 5.6~8.4kPa
- 작동정지압력 : 5.04~8.4kPa

**30** 인화점과 발화점의 차이 : 착화원의 유무. 인화점은 착화원(점화원)이 있다.

**31** 고압가스배관의 내압시험압력 : 상용압력의 1.5배 이상

**32** 브롬화수소(HBr) : 기체는 공기보다 무겁다.

**33** 전기설비방폭구조 예외 가스 : 암모니아, 브롬화메탄

**35** 왕복식 압축기에서 피스톤과 크랭크샤프트를 연결하여 왕복운동을 시키는 역할을 하는 것은 커넥팅로드이다.

**37** 물분무장치와 소화전 등은 당해 설비를 30분 이상 연속하여 동시에 방수할 수 있는 수량을 가지는 수원에 접속할 것

**38** 도시가스용 염화비닐호스의 규격 : 6.3, 9.5, 12.7mm

**39** 소성 : 재료에 하중을 작용하여 항복점 이상의 응력을 가하면, 하중을 제거하여도 본래의 형상으로 돌아가지 않도록 하는 성질

**40** 좁은 수로를 횡단하여 배관을 매설하는 경우 배관의 외면과 계획하상 높이와의 거리는 원칙적으로 1.2m 이상

**41** $PS = \frac{\gamma QH}{75\eta} = \frac{1{,}000 \times 12\text{m}^3/60\text{s} \times 45}{75 \times 0.8} = 150$

상사법칙에 따라 동력은 회전수의 세제곱에 비례하므로 $P2 = 150 \times 1.1^3 = 199.65$

**42** 전기기기의 불꽃이나 아크가 발생하여 착화원이 될 염려가 있는 부분을 기름 속에 넣은 것은 유입방폭구조이다.

**43** 황화수소는 물에 녹아 산성을 나타내며, 금속과 반응하여 황화물을 만들고 부식시킨다.

**45**
- 원심식 압축기를 사용하는 냉동설비 : 압축기의 원동기 정격출력 1.2kW를 1일의 냉동능력 1톤으로 한다.
- 흡수식 냉동설비 : 발생기를 가열하는 1시간의 열량 6,640kcal를 1일의 냉동능력 1톤으로 한다.

**46** 메틸아민 : 강암모니아 냄새를 가진 무색의 기체로 공해의 한 원인이다.

**47**

| 가스별 | 제독제 |
|---|---|
| 염소 | 가성소다수용액, 탄산소다수용액, 소석회 |
| 포스겐 | 가성소다수용액, 소석회 |
| 황화수소 | 가성소다수용액, 탄산소다수용액 |
| 시안화수소 | 가성소다수용액 |
| 아황산가스 | 가성소다수용액, 탄산소다수용액, 물 |
| 암모니아<br>산화에틸렌<br>염화메탄 | 물 |

**48** 분해폭발의 위험성으로 인해 아세틸렌은 축열식 반응기를 사용한다.

**50** 거버너 : 가스의 공급압력을 일정하게 제어하기 위한 설비이다.

**51** 도시가스공급시설에 대하여 공사가 실시하는 정밀안전진단의 실시시기 및 기준에 의거 본관 및 공급관에 대하여 최초로 시공감리증명서를 받은 날부터 15년이 지난 날이 속하는 해 및 그 이후 매 5년이 지난 날이 속하는 해에 받아야 한다.

**54** $Q = C_v D^2 Ln = 0.476 \times 0.15^2 \times 0.1 \times 350 = 0.3749$

**56** 공기 1mol 중 산소 부피(몰)비 = 0.21
공기 1mol = 29g, 산소 0.21몰 = 6.72g

$\therefore \frac{6.72}{29} \times 100 = 23.17\%$

**57** 가연성가스 또는 독성가스를 냉매로 사용하는 냉매설비 중 수액기에 설치하는 액면계는 환형유리관액면계 사용 금지

**58** 아세틸렌의 사용금지 금속 : 구리, 은, 수은, 마그네슘 및 이를 함유한 합금

**60** 안전등형 : $CH_4$ 존재 시 불꽃 주변의 발열량이 증가하여 불꽃모양이 커지므로 청색 불꽃길이에서 $CH_4$의 농도를 대략적으로 알 수 있다.

# 가스기능사 필기 CBT 대비 제2회 적중 모의고사 정답 및 해설

## 정답

| | | | | | | | | | | | | | | | | | | | |
|---|---|---|---|---|---|---|---|---|---|---|---|---|---|---|---|---|---|---|---|
| 01 | ③ | 02 | ③ | 03 | ② | 04 | ③ | 05 | ① | 06 | ③ | 07 | ① | 08 | ② | 09 | ② | 10 | ② |
| 11 | ① | 12 | ② | 13 | ② | 14 | ④ | 15 | ③ | 16 | ③ | 17 | ① | 18 | ② | 19 | ③ | 20 | ① |
| 21 | ③ | 22 | ① | 23 | ④ | 24 | ④ | 25 | ① | 26 | ② | 27 | ④ | 28 | ④ | 29 | ③ | 30 | ② |
| 31 | ① | 32 | ③ | 33 | ② | 34 | ① | 35 | ③ | 36 | ④ | 37 | ④ | 38 | ③ | 39 | ② | 40 | ④ |
| 41 | ③ | 42 | ④ | 43 | ③ | 44 | ① | 45 | ② | 46 | ② | 47 | ③ | 48 | ② | 49 | ④ | 50 | ① |
| 51 | ④ | 52 | ① | 53 | ① | 54 | ③ | 55 | ② | 56 | ④ | 57 | ① | 58 | ④ | 59 | ④ | 60 | ① |

## 해설

**01** 수소($H_2$) : 밀도가 작고, 열전달율이 아주 크며, 금속을 취화시킨다.

**05** 의료용 가스용기의 도색

| 가스 | 도색 | 가스 | 도색 |
|---|---|---|---|
| 산소 | 백색 | 질소 | 흑색 |
| 액화탄산가스 | 회색 | 아산화질소 | 청색 |
| 헬륨 | 갈색 | 사이클로프로판 | 주황색 |
| 에틸렌 | 자색 | 그 밖의 가스 | 회색 |

**06**
- AG : 아세틸렌가스용
- LG : 액화석유가스를 제외한 액화가스용
- LT : 초저온용기용

**07** 독성가스 : 인체에 유해한 독성을 가진 가스로서 허용농도가 100만 분의 5,000 이하인 것

**08** 저비점액체용 펌프는 가급적 저장용기와 가깝게 설치한다.

**09** 아보가드로의 법칙 : 기체의 종류에 관계없이 모든 기체 1몰은 표준상태(0℃, 1기압)에서 22.4L의 부피를 차지한다.

**10** 공기 1mol 중 산소 부피(몰)비 = 0.21
공기 1mol = 29g, 산소 0.21몰 = 6.72g
$\therefore \frac{6.72}{29} \times 100 = 23.17\%$

**11**
- 도시가스사용시설에 대한 정압기와 필터는 설치 후 3년까지 1회 이상, 이 후 4년에 1회 이상 분해점검 실시
- 제조소 및 공급소의 정압기는 설치 후 2년에 1회 이상 분해점검을 실시

**12** 스택에서 방출된 가스가 지상에서 폭발한계에 도달하지 않도록 하는 것은 벤트스택의 기준이다.

**14** 2중관으로 하여야 하는 고압가스 : 황화수소, 아황산가스, 암모니아, 산화에틸렌, 염화메탄, 포스겐, 시안화수소, 염소

**15** 비중량(kg/m³) $= (0.8-0.2) \times \frac{1,000}{0.4} = 1,500$

**16** $1\text{atm} = 1.033\text{kg/cm}^2 = 760\text{mmHg} = 10.33\text{mH}_2\text{O} = 101.3\text{kPa}$

**18** 방폭구조의 종류
내압 방폭구조(d), 유입 방폭구조(o), 압력 방폭구조(p), 안전증 방폭구조(e), 본질안전 방폭구조(ia 또는 ib), 특수방폭구조(s)

**19** $C_2H_2 + \frac{5}{2}O_2 \rightarrow 2CO_2 + H_2O$
화학식 앞의 계수와 몰수는 비례하므로 1몰의 아세틸렌의 연소에 필요한 산소의 몰수는 2.5몰

**20** 방류둑의 성토 기울기 : 수평에 대하여 45° 이하

**21** 에탄, 에틸렌 : 가연성

**22** 폭굉 : 화염전파속도가 음속보다 빠른 경우로 파면선단에 발생하는 충격파로 인해서 격렬한 파괴작용을 일으키는 현상

**23** 플레어접합 : 동관의 접합법

**24** 저장탱크의 방류둑의 용량
- 저장 탱크의 저장 능력에 상당하는 용적 이상의 용적
- 액화산소저장 탱크는 저장능력의 60% 이상

$\therefore 1,000 \times 0.6 = 600\text{m}^3$

**25** 염소($Cl_2$)는 수분이 있을 때 강재에 대하여 부식성을 갖는다.

**26** 아세틸렌 제조설비의 방호벽 설치기준
- 압축기와 그 충전 장소 사이
- 압축기와 그 가스충전용기보관장소 사이
- 충전장소와 그 가스충전용기보관장소 사이
- 충전장소와 그 충전용주관밸브 조작밸브 사이

**28** 시안화수소(HCN) : 무색의 복숭아 냄새가 나는 독성가스

**29** 지식경제부령이 정하는 냉동능력 : 냉동능력산정기준에 의해 계산된 냉동능력 3톤을 말한다.

**30** 아세틸렌의 연소범위 : 2.5~81
가연성 기체 중 연소범위가 가장 넓다.

**31** 제0종 장소에 원칙적으로 설치해야 하는 방폭구조 : 본질안전방폭구조

**34** 배관의 고정 : 호칭지름이 13mm 미만의 것에는 1m마다, 13mm 이상 33mm 미만의 것에는 2m마다, 33mm 이상의 것에는 3m마다 고정 장치를 설치할 것

**36** Cr, Ti, Al은 질소와 친화력이 커서 질화성이 증대되고 부식이 일어난다.

**37** $\text{Sch No.} = 10 \times \frac{P}{S}$
P : 압력($\text{kg}_f/\text{cm}^2$)
S : 허용응력, $S = \frac{\text{인장강도}}{\text{안전율}}$
인장강도 : $\text{kg}_f/\text{mm}^2$
$P = 2\text{MPa} = 20\text{kg/cm}^2,\ S = \frac{20}{4} = 5$

$\therefore 10 \times \frac{20}{5} = 40$

**38** 재검사용기 및 특정설비의 파기 시에는 검사장소에서 검사원 입회하에 용기 및 특정설비의 사용자가 실시할 수 있으며, 검사원으로 하여금 직접 실시하게 할 것

**40** 부취제의 냄새
- THT(Tera hydro Thiophene) : 석탄가스 냄새
- TBM(Tertiary Buthyl Mercaptan) : 양파 썩는 냄새
- DMS(Dimethyl Sulfide) : 마늘 냄새

**41** 11A~13A는 천연가스이며, 역화한계시험가스는 13A−2이다.

**42** LP 가스 사용 시 조정기는 함부로 만지지 않는다.

**43** 차압식 유량계 : 오리피스, 벤튜리, 플로노즐

**44** 도시가스 품질기준에 따른 웨버지수의 허용기준 : 웨버지수 51.50~56.52MJ/m³
웨버지수 36.52MJ/m³으로 낮으므로 불합격

**45** 적화식 : 연소에 필요한 공기를 전부 2차 공기로 취하며 불꽃의 길이가 길고, 온도가 가장 낮은 연소방식

**46** 고압가스충전용기는 항상 40℃ 이하로 온도를 유지하여야 한다.

**47** 공동주택 등에 도시가스를 공급하기 위한 것으로서 압력조정기의 설치가 가능한 경우 : 가스압력이 중압으로서 전체 세대수가 100세대인 경우

**49** 메탄을 다량 액화시키기 위해 주로 적용되는 액화사이클 : 케스케이드 사이클

**50** 프라이밍 : 펌프를 운전할 때 펌프 내에 액이 충만되지 않으면 공회전하여 펌프 작업이 이루어지지 않는 현상을 방지하기 위해 펌프 내에 액을 충만시키는 것으로 원심펌프는 프라이밍이 필요하다.

**52** $2.0\text{kg/L} \times 1{,}000\text{L/m}^3 \times 7.5\text{m} \times \frac{1}{104} = 1.5\text{kg/cm}^2$

**53** 중요가스의 윤활유
- 공기 : 양질의 광유
- 아세틸렌 : 양질의 광유
- 아황산가스 : 가스에 침윤하지 않고 수분 함량이 없는 것
- 수소가스 : 순광물성 기름으로 점도가 높은 것
- 산소가스 : 물이나 10% 묽은 글리세린 수용액
- 염소가스 : 진한 황산이나 글리세린에 사탕을 더하고 120℃로 용해한 것

**56** 가연성물질을 공기로 연소시킬 때, 공기 중 산소 농도를 높게 하면 연소속도는 빨라지고 발화온도는 낮아진다.

**57** 저압배관의 유량 결정식

$$Q = K\sqrt{\frac{H \times D^5}{S \times L}} \rightarrow D = \left(\frac{Q^2 \cdot S \cdot L}{K^2 \cdot H}\right)^{\frac{1}{5}}$$

$Q$ : 가스유량(m³/h), $D$ : 배관의 내경(cm)
$L$ : 배관의 길이(m)
$H$ : 배관입구의 압력과 말단 압력의 차(mmH₂O)
$S$ : 가스의 비중, $K$ : 유량계수(0.707)

가스비중에 반비례한다.

**58** 고압가스 특정제조시설에서 배관의 해저 설치 기준
- 배관은 해저면 밑에 매설
- 배관의 입상부에는 방호시설물을 설치
- 배관은 원칙적으로 다른 배관과 교차하지 않도록 설치
- 배관은 원칙적으로 다른 배관과 수평거리로 30m 이상을 유지하도록 설치

**59** 도시가스 매설배관의 주위에 파일박기 작업을 실시할 때 손상방지를 위해 유지하여야 할 최소거리는 30cm이다.

# 가스기능사 필기 CBT 대비 제3회 적중 모의고사 정답 및 해설

## 정답

| | | | | | | | | | | | | | | | | | | | |
|---|---|---|---|---|---|---|---|---|---|---|---|---|---|---|---|---|---|---|---|
| 01 | ① | 02 | ③ | 03 | ② | 04 | ① | 05 | ② | 06 | ② | 07 | ③ | 08 | ③ | 09 | ② | 10 | ③ |
| 11 | ④ | 12 | ① | 13 | ① | 14 | ③ | 15 | ① | 16 | ③ | 17 | ③ | 18 | ② | 19 | ② | 20 | ② |
| 21 | ③ | 22 | ④ | 23 | ① | 24 | ① | 25 | ④ | 26 | ④ | 27 | ② | 28 | ① | 29 | ④ | 30 | ① |
| 31 | ② | 32 | ① | 33 | ② | 34 | ③ | 35 | ③ | 36 | ③ | 37 | ③ | 38 | ④ | 39 | ④ | 40 | ③ |
| 41 | ③ | 42 | ④ | 43 | ③ | 44 | ④ | 45 | ② | 46 | ① | 47 | ② | 48 | ① | 49 | ④ | 50 | ② |
| 51 | ① | 52 | ③ | 53 | ② | 54 | ③ | 55 | ① | 56 | ④ | 57 | ① | 58 | ③ | 59 | ① | 60 | ② |

## 해설

**01** 표준상태(0℃, 1atm) 아세틸렌($C_2H_2$)의 분자량=26

$$\rho=\frac{PV}{RT}=\frac{1\times26}{(0.082\times273)}=1.163\text{g/L}$$

**02** 황화수소($H_2S$)는 마찰, 타격 등에 민감하게 반응하지 않는다.

**03** 정압기는 설치 후 2년에 1회 이상 분해점검을 실시할 것

**05** 
- 역화(back-fire) : 연소속도보다 가스의 분출압력이 낮아서 불꽃이 염공 속으로 빨려 들어가 혼합관 내에서 연소하는 현상
- 리프팅(lifting) : 가스의 분출압력이 연소속도보다 빨라서 불꽃이 염공을 떠나서 연소하는 현상
- 블로우 오프(blow-off) : 불꽃의 주위 특히 불꽃의 기저부에 대한 공기의 움직임이 세어지면 불꽃이 노즐에 정착하지 않고 떨어지게 되어 꺼버리는 현상

**07** 부피와 온도는 정비례 관계를 가진다.
0℃(273K)에서 150℃(423K)이므로
$273:2=423:x$, $\therefore x=3.098\text{L}$

**11** 시안화수소(HCN) : 특유의 복숭아 향이 나는 맹독성 기체
산화에틸렌($C_2H_4O$) : 상온에서 무색의 가연성 가스이며 에테르냄새를 가지고 있는 중성의 액체

**13** 순수한 HCN 액체는 안정하나 소량의 수분이나 알카리성 물질을 함유하면 중합이 촉진되어 중합열에 의해 폭발한다.

**14** $W=\frac{V}{C}=\frac{94}{2.35}=40\text{kg}$

**16** 아세틸렌 용기의 다공질물의 다공도 : 75% 이상 92% 미만

**17** 액화가스의 저장탱크 저장능력 산정식
$W=0.9dV$

**18** 메커니컬 시일(mechanical seal)
- 세트형식
  - 인사이드형(내장형) : 고정면이 펌프측에 있는 것으로 보통 많이 사용된다.
  - 아웃사이드형(외장형) : 회전면이 펌프측에 있는 것으로 실재료가 부식될 우려가 있거나 스타팅 박스 내가 고진공이고, 점성계수가 100Cp를 초과하는 고점도, 저응고점 액체 등일 때 사용된다.
- 시일형식
  - 싱글형 : 접촉면(습동면)이 1개로 된 것
  - 블형 : 접촉면(습동면)이 2개로 누설을 완전히 차단하고, 독성액, 누설시 응고액, 내부 고진동, 내부가 기체인 곳, 슬러지 함유액에 쓰인다.

• 면압 밸런스 형식
 – 언밸런스형 : 펌프의 내압이 실의 습동면에 직접 받는 경우 사용
 – 밸런스형 : 펌프의 내압이 4~5kg/$cm^2$일 때, 액체가스와 같이 저비점의 액체일 때 사용

**19** 가스·액화분리장치의 구성 : 정류장치, 불순물 제거장치, 한랭발생장치

**21** 수소폭명기 : $2H_2 + O_2 \rightarrow 2H_2O$

**23** 암모니아합성의 반응압력에 따른 구분
- 고압합성(600~1,000kg/$cm^2$) : 클라우드법, 카자레법
- 중압합성(300kg/$cm^2$ 전후) : IG법, 신파우저법, 뉴파우더법, 케미그법, JCI법, 하버보시법
- 저압합성(150kg/$cm^2$ 전후) : 구데법, 케로그법

**24** 가스의 비열비 = $\frac{Cp}{Cv}$

$Cp = Cv + R$

**25** 냉매와 흡수제 :
물 → 리튬브로마이드(LiBr), 암모니아 → 물,
염화메틸 → 사염화에탄

**26** SPPH : 고압배관용, SPHT : 고온배관용,
SPPS : 압력배관용, SPLT : 저온배관용

**27** 탄화수소에서 탄소의 수가 증가할 때 생기는 현상
- 폭발하한계가 낮아진다.
- 비등점이 높아진다.
- 연소열이 증가한다
- 증기압이 낮아진다.
- 발화점이 낮아진다.

**28** $u = (2g\triangle h)^{0.5} = (2 \times 9.8 \times 10)^{0.5} = 14m/s$

**30**
- 외부전원법 : 외부직류전원장치의 양극(+)은 매설배관 등이 설치되어 있는 토양이나 수중에 설치한 외부 전원용 전극에 접속하고, 음극(−)은 매설배관 등에 접속시켜 전기적 부식을 방지하는 방법
- 희생양극법 : 지중 또는 수중에 설치된 양극금속과 매설배관 등을 전선으로 연결하여 양극금속과 매설배관 등 사이의 전지작용에 의하여 전기적 부식을 방지하는 방법

**32** 부취제의 냄새
- THT(Tera hydro Thiophene) : 석탄가스 냄새
- TBM(Tertiary Buthyl Mercaptan) : 양파 썩는 냄새
- DMS(Dimethyl Sulfide) : 마늘 냄새

**34** 폭발범위와 압력과의 관계
- 일반적으로 압력이 높아질수록 발화온도는 낮아지고, 폭발범위는 넓어진다.
- 수소와 공기의 혼합가스는 10atm 정도까지는 폭발범위가 좁아지나 그 이상의 압력에서는 다시 점차 넓어진다.
- 일산화탄소 공기의 혼합가스는 압력이 높아질수록 폭발범위가 오히려 좁아진다.

**35** 배관의 고정 : 호칭지름이 13mm 미만의 것에는 1m마다, 13mm 이상 33mm 미만의 것에는 2m마다, 33mm 이상의 것에는 3m마다 고정 장치를 설치할 것

**36** S : 적열취성의 원인
P : 상온 및 저온취성의 원인

**39** 열기전력을 이용한 온도계 : 열전대 온도계

**40** 습식 아세틸렌발생기의 표면온도 : 70℃ 이하

**43** 가스교반형 오토클레이브 : 길고 가는 수직형태의 반응기로 주로 대형 화학공장 등에 채택

**45**
- 린데(Linde)식 : 액화기에서 액화되어 나오고 일부는 열교환기로 다시 보내져 압축가스와 열교환하여 온도가 상승하여 압축기로 흡입되게 한 형식의 액화장치이다.
- 클라우드(Claude)식 : 실린더 내에서 압축공기를 팽창시켜 피스톤을 작동시켜 외부에서 일을 하게 된 공기는 자신이 갖고 있던 엔탈피가 감소하게 되어 온도가 강하되는 것을 이용하여 액화시킨다.
- 카피자(Kapiza)식 : 비교적 저압(7atm)의 압축공

기로 하여금 팽창기인 터빈을 돌려 외부로부터 일을 하게 하여 공기의 엔탈피를 감소시킴으로서 온도를 강하시켜 액화하는 방법이다.

- 필립스(Philips)식 : 수소, 헬륨을 냉매로 한 것이 특징. 하나의 실린더에 피스톤과 보조 피스톤이 있어서 두 개의 피스톤이 팽창기와 압축기의 역할을 하는 것으로 소형이다.

**47** 상사법칙에 따라

- 유량 : $Q' = Q\left(\frac{N'}{N}\right)\left(\frac{D'}{D}\right)^3 = \frac{3,000}{1,500} = 2$
- 양정 : $H' = H\left(\frac{N'}{N}\right)^2\left(\frac{D'}{D}\right)^3 = 2^2 = 4$

**49** 중요가스의 윤활유

- 공기 : 양질의 광유
- 아세틸렌 : 양질의 광유
- 아황산가스 : 가스에 침윤하지 않고 수분 함량이 없는 것
- 수소가스 : 순광물성 기름으로 점도가 높은 것
- 산소가스 : 물이나 10% 묽은 글리세린 수용액
- 염소가스 : 진한 황산이나 글리세린에 사탕을 더하고 120℃로 용해한 것

**50** 입상배관에 관한 압력손실

$h = 1.293(1-S)h = 1.29\times(1-0.65)\times 10$
$= 4.525mmH_2O = 44Pa$

**54** 내압시험압력 = 상용압력 × 1.5 = 10 × 1.5 = 15MPa

**56** 피토관식 유량계 : 유속이 일정한 장소에서 전압과 정압의 차이를 측정하여 속도 수두에 따른 유속을 구하여 유량을 측정하는 형식의 유량계

**59**
- 열분해 프로세스 : 원유, 나프타, 중유 등의 분자량이 큰 탄화수소를 고온(800~900℃)으로 분해하여 10,000(kcal/$m^3$) 정도의 고열량가스를 제조하는 방법
- 접촉분해(수증기개질)프로세스 : 촉매를 사용하여 반응온도 400~800℃로 탄화수소와 수증기를 반응시켜 메탄($CH_4$), 수소($H_2$), 일산화탄소(CO), 이산화탄소($CO_2$)로 변환시키는 방법
- 부분연소 프로세스 : 메탄에서 원유까지의 탄화수소를 산소 또는 공기 및 수증기를 이용하여 $CH_4$, $CO_2$, CO, $CO_2$ 등으로 변환하는 방법
- 수소화분해(수첨분해) 프로세스 : 수소기류 중에 탄화수소원료를 열분해 또는 접촉분해해서 메탄을 주성분으로 하는 고열량의 가스를 제조하는 방법

# 가스기능사 필기 CBT 대비 제4회 적중 모의고사 정답 및 해설

## 정답

| | | | | | | | | | | | | | | | | | | | |
|---|---|---|---|---|---|---|---|---|---|---|---|---|---|---|---|---|---|---|---|
| 01 | ④ | 02 | ② | 03 | ③ | 04 | ③ | 05 | ④ | 06 | ② | 07 | ④ | 08 | ③ | 09 | ④ | 10 | ④ |
| 11 | ② | 12 | ② | 13 | ③ | 14 | ③ | 15 | ① | 16 | ① | 17 | ② | 18 | ③ | 19 | ④ | 20 | ③ |
| 21 | ① | 22 | ③ | 23 | ③ | 24 | ② | 25 | ① | 26 | ② | 27 | ② | 28 | ② | 29 | ③ | 30 | ② |
| 31 | ② | 32 | ② | 33 | ③ | 34 | ③ | 35 | ① | 36 | ③ | 37 | ④ | 38 | ① | 39 | ② | 40 | ④ |
| 41 | ④ | 42 | ③ | 43 | ② | 44 | ③ | 45 | ② | 46 | ② | 47 | ① | 48 | ② | 49 | ② | 50 | ① |
| 51 | ② | 52 | ③ | 53 | ④ | 54 | ② | 55 | ① | 56 | ② | 57 | ② | 58 | ② | 59 | ① | 60 | ③ |

## 해설

**02** 특정고압가스 : 수소, 산소, 액화암모니아, 아세틸렌, 액화염소, 천연가스 등

**03** 탄성식 압력계 : 물체에 힘을 가하면 변형이 생긴다는 후크의 법칙을 이용

**06**
- 원심식 압축기를 사용하는 냉동설비 : 그 압축기의 원동기 정격출력 1.2kW를 1일의 냉동능력 1톤으로 한다.
- 흡수식 냉동설비 : 발생기를 가열하는 1시간의 열량 6,640kcal를 1일의 냉동능력 1톤으로 한다.

**07** 초저온용기 : −50℃ 이하의 액화가스를 충전하기 위한 용기. 단열재로 피복하거나 냉각 등의 방법으로 용기 내의 가스온도가 상용의 온도를 초과하지 않도록 한 것

**09** 안전등형 : $CH_4$ 존재 시 불꽃 주변의 발열량이 증가하여 불꽃모양이 커지므로 청색 불꽃길이에서 $CH_4$의 농도를 대략적으로 알 수 있다.

**10** 시안화수소(HCN) : 무색투명하고 복숭아향을 가진 맹독성가스

**13** 폭굉의 연소속도 : 1,000~3,500m/s

**14** 진공단열법 : 다층 진공단열법, 분말 진공단열법, 고진공 단열법

**16** 06번 해설 참고

**17** LPG 연소방식 : 분젠식, 세미분젠식, 적화식

**19** 스테판-볼츠만 법칙 : 복사(방사)에너지의 기본 법칙 중 하나

**20** 1kW = 1,000J/s, 4.184kJ = 1kcal, 3,600s = 1hr

$$\therefore 1\text{kW} = \frac{3,600}{4.184} = 860\text{kcal/h}$$

**21** 수성가스법 : 가열된 코크스에 수증기를 불어 넣어 일산화탄소와 수소를 얻는 방법

$$C + H_2O \rightleftarrows H_2 + CO$$

**22** 공기액화분리장치의 폭발원인
- 공기 취입구로부터 아세틸렌의 혼입
- 압축기용 윤활유의 분해에 의한 탄화수소의 생성
- 공기 중에 있는 산화질소, 이산화질소 등의 질소산화물의 혼입
- 액체공기 중의 오존의 흡입

**25**

| 가스별 | 제독제 |
|---|---|
| 염소 | 가성소다수용액, 탄산소다수용액, 소석회 |
| 포스겐 | 가성소다수용액, 소석회 |
| 황화수소 | 가성소다수용액, 탄산소다수용액 |
| 시안화수소 | 가성소다수용액 |
| 아황산가스 | 가성소다수용액, 탄산소다수용액, 물 |

**26** 100/L = 20/2.1 + 80/1.8
L = 1.85

**27** 압축기에서 다단압축을 하는 목적 : 압축일 감소와 체적효율 증가

**29** 수소폭명기 : $2H_2 + O_2 \rightarrow 2H_2O$

**30** 초저온가스용 용기의 단열성능시험 결과 합격 기준 : 침입열량이 0.0005kcal/hr · ℃ · ℓ(내용적이 1,000ℓ 이상인 초저온용기는 0.005kcal/hr · ℃ · ℓ) 이하인 경우

**32** $W = \frac{V}{C} = \frac{300}{1.86} = 161.29kg$

**33** $u = (2g\triangle h)^{0.5} = (2 \times 9.8 \times 10)^{0.5} = 14m/s$

**34** 진탕형 오토클레이브의 특징
- 가스누설의 가능성이 없다.
- 고압력에서 사용할 수 있고, 반응물의 오손이 없다.
- 뚜껑 판에 뚫어진 구멍에 촉매가 끼여 들어갈 염려가 없다.

**35** 공기액화분리장치의 내부 세정액 : 사염화탄소

**36** 부취농도 측정방법의 종류 : 오더미터법, 무취실법, 주사기법

**37** 플랜지 접합 : 주로 고온 · 고압의 가스배관에 사용되며 분해, 보수 등이 용이하지만 매설된 배관에는 부적합

**38** 아세틸렌가스에 첨가하는 희석제 : 일산화탄소, 메탄, 질소, 에틸렌

**39**
- 원심펌프의 직렬 연결 : 양정증가 유량일정
- 원심펌프의 병렬 연결 : 유량증가 양정일정

**40** 가성소다와 이산화탄소의 반응식
$NaOH + CO_2 \rightarrow Na_2CO_3 + H_2O$

**41** 동력 : $KW' = KW\left(\frac{N'}{N}\right)^3\left(\frac{D'}{D}\right)^5 = 1.5^3 = 3.375$

**42** 1Btu : 순수한 물 1lb를 1°F 변화시키는 데 필요한 열량

**43** 천연가스의 주성분 물질 : 메탄

**44**
- 헨리의 법칙 : 온도가 일정할 때 어떤 기체의 용해도는 그 기체의 분압에 비례한다.
- 헨리의 법칙이 잘 적용되는 기체 : 수소, 질소, 산소, 이산화탄소

**45** 글로브밸브 : 손잡이를 돌리면 원통형의 폐지밸브가 상하로 올라가고 내려가 밸브 개폐를 하므로 폐쇄가 양호하고 유량조절이 용이하다.

**46** 중요가스의 윤활유
- 공기 : 양질의 광유
- 아세틸렌 : 양질의 광유
- 아황산가스 : 가스에 침윤하지 않고 수분 함량이 없는 것
- 수소가스 : 순광물성 기름으로 점도가 높은 것
- 산소가스 : 물이나 10% 묽은 글리세린 수용액

**48** 가연성이면서 독성인 가스 : 암모니아, 산화에틸렌

**50** 가연성 가스 : 폭발한계의 상한과 하한의 차가 20% 이상인 것. 폭발하한값이 10% 이하인 것

**52** 열이동의 비가역성 : 열역학 제2법칙

**53**
- 열분해 프로세스 : 원유, 나프타, 중유 등의 분자량이 큰 탄화수소를 고온(800~900℃)으로 분해하여 10,000(kcal/$m^3$) 정도의 고열량가스를 제조

하는 방법

- 접촉분해(수증기개질) 프로세스 : 촉매를 사용하여 반응온도 400~800℃로 탄화수소와 수증기를 반응시켜 메탄($CH_4$), 수소($H_2$), 일산화탄소(CO), 이산화탄소($CO_2$)로 변환시키는 방법
- 부분연소 프로세스 : 메탄에서 원유까지의 탄화수소를 산소 또는 공기 및 수증기를 이용하여 $CH_4$, $CO_2$, CO, $CO_2$등으로 변환하는 방법
- 수소화분해(수첨분해) 프로세스 : 수소기류 중에 탄화수소원료를 열분해 또는 접촉분해해서 메탄을 주성분으로 하는 고열량의 가스를 제조하는 방법

**55**

| | 장점 | 단점 |
|---|---|---|
| 막식 | • 값이 싸다.<br>• 유지관리에 시간을 요하지 않는다. | 대용량 : 큰 설치면적 |
| 습식 | • 정확한 계량<br>• 적은 기차 변동 | • 수위조정 등의 관리 필요<br>• 큰 설치면적 |
| 루츠식 | • 대유량 및 중압가스 계량 가능<br>• 적은 설치면적 | • 스트레이너의 설치 및 설치 후 유지관리 필요<br>• 소유량은 부동의 우려가 있다. |
| 와류식 | 중고압에 적합 | • 전원 필요<br>• 정기점검 필요 |
| 터빈식 | 중고압에 적합 | • 전원 불필요<br>• 정기점검 필요 |

**56** ppb = parts per billion

# 가스기능사 필기 CBT 대비 제5회 적중 모의고사 정답 및 해설

## 정답

| | | | | | | | | | | | | | | | | | | | |
|---|---|---|---|---|---|---|---|---|---|---|---|---|---|---|---|---|---|---|---|
| 01 | ④ | 02 | ③ | 03 | ③ | 04 | ④ | 05 | ② | 06 | ① | 07 | ③ | 08 | ④ | 09 | ② | 10 | ③ |
| 11 | ① | 12 | ③ | 13 | ③ | 14 | ④ | 15 | ④ | 16 | ① | 17 | ④ | 18 | ④ | 19 | ② | 20 | ③ |
| 21 | ① | 22 | ② | 23 | ② | 24 | ③ | 25 | ② | 26 | ③ | 27 | ① | 28 | ③ | 29 | ② | 30 | ② |
| 31 | ② | 32 | ① | 33 | ① | 34 | ③ | 35 | ③ | 36 | ④ | 37 | ② | 38 | ① | 39 | ② | 40 | ③ |
| 41 | ② | 42 | ④ | 43 | ② | 44 | ④ | 45 | ④ | 46 | ① | 47 | ③ | 48 | ④ | 49 | ③ | 50 | ② |
| 51 | ④ | 52 | ④ | 53 | ① | 54 | ② | 55 | ③ | 56 | ① | 57 | ① | 58 | ③ | 59 | ① | 60 | ④ |

## 해설

**01** $C_3H_8 + 5O_2, \rightarrow 3CO_2 + 4H_2O$

프로판 1L 연소에 산소 5L가 필요하므로 프로판 5L에 대해서는 산소 25L가 필요하다.

$\therefore$ 이론 공기량 $= \dfrac{25}{0.21} = 119L$

**02** 기체연료의 특징

- 연소조절이 용이하고, 점화·소화가 쉽다.
- 연소 효율이 높고 적은 과잉 공기로 완전연소가 가능하다.
- 연소의 자동 제어에 가장 적합하다.
- 회분 및 매연 등의 오염물 생성량이 거의 없다.
- 저발열량의 연료로 고온을 얻을 수 있다.
- 연료 중에 황성분이 거의 없다.

**03** $1kgf/cm^2$에서

$1kgf = 1kg \times 9.8m/s^2 = 9.8kg \cdot m/s^2 = 9.8N$

**04** 불활성가스는 불연성이므로 그 양이 증가하면 연소 범위는 감소한다.

**05** 아세틸렌의 폭발범위는 2.5~81%로 상당히 넓다.

**07** 용기의 도색

| 가스의 종류 | 도색 | 가스의 종류 | 도색 |
|---|---|---|---|
| 액화석유가스 | 회색 | 액화암모니아 | 백색 |
| 수소 | 주황색 | 액화염소 | 갈색 |
| 아세틸렌 | 황색 | 그 밖의 가스 | 회색 |

**08** 영구증가율 10%이하인 용기가 내압시험에 합격 (영구증가율이 작을수록 양호한 용기)

**10** 냉매의 구비조건

- 대기압보다 약간 높은 증발압력과 낮은 응축압력을 가져야 한다.
- 임계온도는 상온보다 높고, 응고점은 낮아야 한다.
- 화학적으로 안정성이 있어야 한다.
- 증발열 및 증기의 비열이 커야 한다.
- 증기의 비체적이 작아야 한다.
- 인화점이 높아야 한다.

**11** 공동현상(Cavitation) 방지법

- 펌프의 설치 위치를 낮추어 흡입양정을 낮게 한다.
- 입축 펌프를 사용하고, 임펠러를 수중에 완전히 잠기게 한다.
- 흡입배관계는 관지름을 굵게 하거나 굽힘을 적게 한다.
- 펌프의 회전수를 낮추어 흡입 비교회전도를 적게 한다.
- 양흡입 펌프를 사용한다.
- 두 대 이상의 펌프를 사용한다.

**12**
- 불림(normalizing) : 재료를 가열한 후 일정 시간을 유지하여 균일한 결정 조직으로 만든 다음, 공기 중에서 냉각시키면 미세하고 균일한 표준 조직이 된다. 이와 같이 재료의 조직을 미세하게 균일화시켜 기계적 조작을 향상시키는 조작이다.
- 풀림(annealing) : 재료를 연화하여 결정조직을 조정하며, 잔류응력을 제거하고 상온가공을 쉽게 하기 위하여 가열 후 노 중에서 서서히 냉각시키는 열처리 방법이다.
- 뜨임(tempering) : 재료의 내부응력을 제거하며 재료에 연성이나 인장강도를 주기 위하여 담금질 온도보다 낮은 적당한 온도로 재가열한 후 냉각시키는 조작이다.
- 표면경화법 : 재료는 마멸이나 충격에 견디기 위해서는 내마멸성과 충분한 강도 그리고 인성이 있어야 한다. 이러한 성질을 갖추게 하기 위해 강의 표면은 단단하고 내부는 질기도록 열처리하는 것이다.

**13** 공기 중 산소의 농도가 높아지면 발화온도는 낮아진다.

**16** 난류화염의 특징

- 특유한 소리를 낸다.
- 화염면이 두꺼워짐과 동시에 선단이 둥글고 짧아지고 흩어지는 것이 증가함에 따라 연소속도는 증가한다.
- 화염 배후에 다량의 미연소분이 존재한다.
- 화염의 밝기가 밝다.

**17** $1kWh = 1kW \times 1h$

$= 1kJ/s \times 3,600s$

$= 3,600kJ$

$= 857.14kcal$

**18** 화염일주(소염) : 화염이 전파되지 않고 도중에 꺼져버리는 현상

**19** 위험도 = (폭발상한 − 폭발하한)/폭발하한

아세틸렌의 폭발범위 : 2.5~81%

**20** 가로가 3m, 세로가 4m, 높이가 3m인 가스저장소의 부피 = $36m^3$

$\therefore 36 \times 0.018 = 0.648m^3 = 648L$

**21** $공기비 = \frac{실제\ 공기량}{이론\ 공기량}$

**22** 제1종 위험장소 : 상용상태에서 가연성가스가 체류해 위험하게 될 우려가 있는 장소

**23** 유입방폭구조 : 전기기기의 불꽃 또는 아크를 발생하는 부분을 기름 속에 넣어 유면상에 존재하는 폭발성 가스에 인화될 우려가 없도록 한 구조

**24** 열역학 제2법칙 : 에너지 이동의 비가역성을 설명하는 법칙

**25** 물이 얻은 열량 = 프로판의 발열량 × 열효율
물의 밀도 = 1kg/L, 250L = 250kg
물이 얻은 열량 = 250 × 1 × (60 − 30) = 7,500kcal
프로판의 발열량 = 0.9 × 12,000 = 10,800kcal
∴ 열효율 = 7,500/10,800 = 0.694, 69.4%

**26** 평균분자량 = $0.32 \times M_{CO_2} + 0.05 \times M_{O_2} + 0.63 \times M_{N_2}$
$= 0.32 \times 44 + 0.05 \times 32 + 0.63 \times 28 = 33.32$

**27** Fisher식 : 정특성, 동특성이 양호하며 중압용으로 주로 사용되는 정압기

**29** 입상배관에 의한 압력손실수두
$h = 1.293 \times (1 - S) \times H$
h : 손실수두($mmH_2O$),
S : 가스비중
H : 입상높이(m)
∴ $h = 1.293 \times (1 - 1.5) \times 30 = -19.395mmH_2O$
$101.3kPa = 10.33mH_2O$이므로
$19.395mmH_2O = 190.07Pa$

**30** 염소폭명기 : 염소와 수소가 점화원에 의해 폭발적으로 반응하는 현상

**31** $P_1V_1 = P_2V_2$
$1 \times 40 = P_2 \times 4$, $P_2 = 10$,
산소의 분압 = $0.2 \times P_2 = 2$기압

**32** 메탄의 착화온도 : 615~682℃
프로판의 착화온도 : 460~520℃
부탄의 착화온도 : 430~510℃
휘발유의 착화온도 : 210~400℃
목탄의 착화온도 : 250~320℃

**33** 중요가스의 윤활유
- 공기 : 양질의 광유
- 아세틸렌 : 양질의 광유
- 아황산가스 : 가스에 침윤하지 않고 수분 함량이 없는 것
- 수소가스 : 순광물성 기름으로 점도가 높은 것
- 산소가스 : 물이나 10% 묽은 글리세린 수용액
- 염소가스 : 진한 황산이나 글리세린에 사탕을 더하고 120℃로 용해한 것

**34** G = V/C = 47/2.35 = 20kg

**35** 가스액화분리장치의 구성요소 : 불순물제거장치, 한랭발생장치, 정류장치

**36** 시안화수소를 용기에 충전한 후 24시간 정치해두어야 한다.

**37** 품질검사용 시약

| 구분 | 품질검사용 시약 | 순도 |
|---|---|---|
| 산소($O_2$) | 동암모니아시약(올잣드법) | 99.5% 이상 |
| 아세틸렌($C_2H_2$) | 발연황산(올잣드법)<br>브롬시약(뷰렛법)<br>질산은시약(정성시험) | 98% 이상 |
| 수소($H_2$) | 피로갈롤 또는<br>하이드로설파이드시약 | 98.5% 이상 |

**38** G = V/C = 50/2.35 = 21.28kg

**39** 가스배관과 수평거리 30cm 이내에서는 파일박기 금지

**40** 가스별 제독제

| 가스별 | 제독제 |
|---|---|
| 염소 | 가성소다수용액, 탄산소다수용액, 소석회 |
| 포스겐 | 가성소다수용액, 소석회 |
| 황화수소 | 가성소다수용액, 탄산소다수용액 |
| 시안화수소 | 가성소다수용액 |
| 아황산가스 | 가성소다수용액, 탄산소다수용액, 물 |

**42** 열전대온도계 : 제백효과
열전달의 기본법칙 : 퓨리어법칙
복사열에 대한 기본법칙 : 스테판-볼츠만 법칙

**43** 오차=(측정값-참값)/참값×100
=(2.10-2.19)/2.19×100=-4.1%

**44** 루츠 가스미터의 특징
- 설치 후 유지관리가 필요하다.
- 설치공간이 적다.
- 여과기의 설치가 필요하다.
- 소유량에서는 부동의 우려가 있다.
- 중압가스계량이 가능하다.

**47** 아세틸렌 용기의 다공도 : 75~92%

**48** 추량식 가스미터 : 터빈식, 델타형, 오리피스식

**49** 산화구리법 : 산화구리를 250℃로 가열하여 시료가스를 통하면 $H_2$와 CO는 연소되고 $CH_4$가 남는다.

**50** 게겔법에 의한 가스분석의 순서
$CO_2 \rightarrow C_2H_2 \rightarrow C_2H_4 \rightarrow O_2 \rightarrow CO$

**51** 전기방식시설의 전위측정용 터미널(T/B) 설치기준
- 희생양극법과 배류법에 의한 배관에는 300m 이내 간격으로 설치한다.
- 외부전원법에 의한 배관에는 500m 이내 간격으로 설치한다.
- 직류전철 횡단부 주위에 설치한다.

**54** 가스누출자동차단기의 기준
- 고압부는 3MPa 이상, 저압부는 0.3MPa 이상의 압력으로 실시하는 내압시험에 이상이 없는 것으로 한다.
- 고압부는 1.8MPa 이상, 저압부는 8.4kPa 이하의 압력으로 실시하는 기밀시험에서 누출이 없는 것으로 한다.

**55** $t=(R-R_o)/(R_o \times \alpha)$
$=(210-120)/(120\times 0.0025)$
$=300$℃

**56** 경사관식 압력계 : 미세압 측정이 가능하여 통풍계로도 사용되며, 감도(정도)가 좋다.

**57** $kW=\gamma \times Q \times H/(102 \times \eta \times 60)$
$=1000\times 0.3\times 10/(102\times 0.65\times 60)$
$=0.754$kW

**58** 피토관에서의 유속 $u=\sqrt{\dfrac{2g(p_T-p)}{r}}$

$P_T-P$(전압-정압=동압)=h(수주높이),
$\gamma$=비중량
$\therefore u=(2gh/\gamma)^{1/2}=(2\times 9.8\times 0.46/1)^{1/2}=3.00$m/s

**59** 가스크로마토그래피에서 운반기체의 불순물을 제거하기 위하여 사용되는 장치 : 수분제거트랩, 산소제거트랩, 화학필터

**60** 루츠식 가스미터 : 소형으로 설치공간이 적고 가스압력이 높아도 사용이 가능하지만 $0.5m^3/h$ 이하의 소용량에서는 작동하지 않을 수 있다.

# 퍼펙트 가스기능사 필기시험문제


발 행 일 2023년 1월 5일 개정판 1쇄 인쇄
2023년 1월 10일 개정판 1쇄 발행

저자협의 인지생략

저 자 이재욱

발 행 처 크라운출판사
http://www.crownbook.com

발 행 인 이상원
신고번호 제 300-2007-143호
주 소 서울시 종로구 율곡로13길 21
공 급 처 (02) 765-4787, 1566-5937, (080) 850~5937
전 화 (02) 745-0311~3
팩 스 (02) 743-2688, 02) 741-3231
홈페이지 www.crownbook.co.kr
I S B N 978-89-406-4643-4 / 13570

**특별판매정가 25,000원**




이 도서의 문의를 편집부(02-744-4959)로 연락주시면
친절하게 응답해 드립니다.